普通高等教育“十二五”规划教材

土木工程概论

主　编　尹紫红
副主编　苏　谦　钟新樵
编　写　曾　勇　陈庚生　梁明学
　　　　刘堂辉　马　玲　蒋良潍
　　　　杨　明　梁　东
主　审　陈伟庆

中国电力出版社
CHINA ELECTRIC POWER PRESS

内容提要

本书为普通高等教育“十二五”规划教材。全书共分 10 章，分别为建筑材料、建筑工程、道路工程、铁道工程、桥梁工程、隧道及地下工程、港口工程及水工建筑物、飞机场工程、建筑给水排水工程、土木工程防灾减灾。本书内容涵盖了土木工程的主要研究领域，力求构建土木工程的知识体系，尽可能多地反映现代土木工程新技术、新方法、新工艺和新成就，突出综合运用土木工程及相关学科的基础理论和知识，着重培养解决工程实际问题的能力，以满足新时期人才培养的需要。

本书可作为普通高等院校土木工程专业教材，也可作为其他专业选修课教材，还可供从事土木工程设计、研究的专业人员参考。

图书在版编目（CIP）数据

土木工程概论 / 尹紫红主编. —北京：中国电力出版社，2011.6（2020.1重印）
普通高等教育“十二五”规划教材
ISBN 978-7-5123-1967-7

Ⅰ. ①土… Ⅱ. ①尹… Ⅲ. ①土木工程－高等学校－教材 Ⅳ. ①TU

中国版本图书馆 CIP 数据核字（2011）第 154295 号

中国电力出版社出版、发行
（北京市东城区北京站西街 19 号 100005 http: //www.cepp.sgcc.com.cn）
三河市百盛印装有限公司印刷
各地新华书店经售
*
2011 年 6 月第一版 2020 年 1 月北京第四次印刷
787 毫米 × 1092 毫米 16 开本 17.25 印张 423 千字
定价 30.00 元

前 言

培养高素质创新人才已成为国内外高水平研究型大学本科教学改革的主要趋势。当前，我国建设创新型国家和人才强国，加快转变经济发展方式，持续调整经济结构，对自主创新能力和高素质创新人才的依存度日益增强。为此，工程人才培养模式改革要在充分借鉴世界各国高等工程教育先进经验的基础上，通过与行业、企业的密切合作，以实际工程为背景，以工程技术为主线，以提高学生的工程意识、工程素质和工程实践能力为目标，培养创新能力强、适应企业发展、类型多样的卓越工程师。

本书是依据教育部《普通高等学校本科专业目录和专业介绍》、教育部"卓越工程师教育培养计划"、土木工程专业人才的培养目标和培养方案要求编写而成的，是土木工程专业及相关学科学生了解土木工程专业的一本概论性教材。它从不同的角度介绍了宽口径土木工程学科的若干分支领域，介绍了土木工程专业的总体情况和最新发展。全书共分 10 章，主要包括建筑材料、建筑工程、道路工程、铁道工程、桥梁工程、隧道及地下工程、港口工程及水工建筑物、飞机场工程、建筑给水排水工程、土木工程防灾减灾等内容。

书中扼要地介绍了这些学科的概念和基本知识，是土木工程及相关各专业学生在学习专业课之前，对自己将要从事的专业以及相关的知识有所了解，并奠定一定的专业知识基础的书籍，有助于学生了解土木工程的基本知识，开阔视野，培养对土木工程学科的兴趣和热情。

本书由西南交通大学尹紫红主编，苏谦、钟新樵担任副主编。此外，参与本书编写的人员还有曾勇、陈庚生、梁明学、蒋良潍、杨明、梁东，以及成都市工业职业技术学校的刘堂辉、马玲。本书由西南交通大学陈伟庆主审。

限于编者水平，书中不足之处在所难免，敬请广大读者批评指正。

编 者

2011 年 6 月

目 录

绪　论

土木工程是建造各类工程设施的科学技术的统称。它既指所应用的材料、设备和所进行的勘测、设计、施工、保养维修等技术活动，也指工程建设的对象，即建造在地上或地下、陆上或水中，直接或间接为人类生活、生产、军事、科研服务的各种工程设施，如房屋、道路、铁路、运输管道、隧道、桥梁、运河、堤坝、港口、电站、飞机场、海洋平台、给水和排水及防护工程等。

中国古代哲学（五行学说）认为，世界万物是由金、木、水、火、土五大类物质组成的。而在几千年漫长的时间内，土木工程所用的材料，主要是五行中的"土"（包括岩石、沙子、泥土、石灰以及由土烧制成的砖、瓦和陶、瓷器等）和"木"（包括木材、茅草、藤条、竹子等植物材料）。古代常将大兴土木作为大搞工程建设的代名词，因而土木工程又得名 Civil Engineering，即民用工程。

一、土木工程的三个基本属性

（一）综合性

工程设施的建造一般要经过勘察、设计和施工三个阶段，需要运用工程地质勘察（见图0-1）、水文地质勘察、工程测量、土力学、工程力学、工程设计、建筑材料、建筑设备、工程机械、建筑经济等学科和施工技术、施工组织等领域的知识，以及电子计算机和力学测试等技术。因而，土木工程是一门范围广阔的综合性学科。

（二）社会性

土木工程是伴随着人类社会的发展而发展起来的。它所建造的工程设施反映了各个历史时期社会、经济、文化、科学、技术发展的面貌，因而土木工程也就成为社会历史发展的见证之一，显示了人类在该历史时期的创造力，如中国的长城、都江堰、大运河、赵州桥、应县木塔，埃及的金字塔，希腊的巴台农神庙，罗马的给水工程、科洛西姆圆形竞技场（罗马大斗兽场，见图0-2），以及其他许多著名的教堂、宫殿等。

图 0-1　工程地质勘察

图 0-2　罗马大斗兽场

工业革命以后，特别是到了 20 世纪，社会对土木工程提出了新的要求，同时社会各个领域也为土木工程的发展创造了良好的条件，如建筑材料（钢材、水泥）工业化生产的实现、机械和能源技术以及设计理论的进展，都为土木工程的发展提供了材料和技术上的保证。因而，这个时期的土木工程得到了突飞猛进的发展，在世界各地出现了现代化规模宏大的工业厂房、摩天大厦、核电站、高速公路和铁路、大跨桥梁、大直径运输管道、长隧道、大运河（见图 0-3）、大堤坝、大飞机场、大海港及海洋工程等。现代土木工程不断地为人类社会创造崭新的物质环境，成为人类社会现代文明的重要组成部分。

（三）实践性

土木工程是具有很强实践性的学科。在早期，土木工程是通过工程实践，总结成功的经验，尤其是吸取失败的教训发展起来的。在土木工程的发展过程中，工程实践经验常先行于理论，工程事故常显示出未能预见的新因素，触发了新理论的研究和发展。至今，不少工程问题的处理在很大程度上仍然依靠实践经验。

二、技术上、经济上和建筑艺术上的统一性

人们总是力求最经济地建造一项工程设施，以满足使用者的预定需要，其中包括审美要求。而一项工程的经济性又是和各项技术活动密切相关的。工程的经济性首先表现在工程选址、总体规划上，其次表现在设计和施工技术上。工程建设的总投资、工程建成后的经济效益和使用期间的维修费用等，都是衡量工程经济性的重要方面。这些技术问题联系密切，需要综合考虑。

在土木工程的长期实践中，人们不仅对房屋建筑艺术给予很大关注，并取得了卓越的成就，而且对其他工程设施，也通过选用不同的建筑材料，如采用石料、钢材和钢筋混凝土，配合自然环境建造了许多艺术上十分优美、功能上十分良好的工程。古代中国的万里长城（见图 0-4）、现代世界上的许多电视塔和斜拉桥，都是这方面的例子。

图 0-3 苏伊士大运河

图 0-4 古代中国的万里长城

三、土木工程需要解决的问题

（1）形成人类活动所需要的、功能良好且舒适美观的空间和通道；它既有物质方面的需要，又有精神方面的需要，这是土木工程建设的根本目的和出发点。

（2）能够抵御自然或人为的作用力。这是土木工程之所以存在的根本原因。

（3）充分发挥所采用的材料的作用。材料所需的资金占土木工程投资的大部分。材料是建造土木工程的根本条件。

（4）通过有效的技术途径和组织手段，利用社会提供的物质设备条件，“好、快、省”地完成土木工程建设任务，这是土木工程的最终归属。

四、土木工程历史上的三次飞跃

自人类出现以来，为了满足住和行以及生产活动的需要，从构木为巢、掘土为穴的原始操作开始，到今天能建造摩天大厦、万米长桥，以至移山填海的宏伟工程，土木工程经历了漫长的发展过程。

对土木工程的发展起关键作用的，首先是作为工程物质基础的土木建筑材料，其次是随之发展起来的设计理论和施工技术。每当出现新的优良的建筑材料时，土木工程就会有飞跃式的发展。

人类在早期只能依靠泥土、木料及其他天然材料从事营造活动，后来出现了砖和瓦等人工建筑材料，使人类第一次冲破了天然建筑材料的束缚。中国在公元前 11 世纪的西周初期制造出瓦，最早的砖则出现在公元前 5 世纪至公元前 3 世纪战国时期的墓室中。砖和瓦具有比土更优越的力学性能，可以就地取材，且易于加工制作。图 0-5 所示为汉代“大飞鸿”瓦当。

砖和瓦的出现使人们开始广泛、大量地修建房屋和城防工程等，从此土木工程技术得到了飞速的发展。直至 18～19 世纪，在长达 2000 多年的时间里，砖和瓦一直是土木工程的重要建筑材料，为人类文明作出了伟大的贡献，直至目前还被广泛采用。

钢材的大量应用是土木工程的第二次飞跃。17 世纪 70 年代人类开始使用生铁，19 世纪初开始使用熟铁建造桥梁和房屋，这是钢结构出现的前奏。

从 19 世纪中叶开始，冶金业冶炼并轧制出抗拉和抗压强度都很高、延展性好、质量均匀的建筑钢材（见图 0-6），随后又生产出高强度钢丝、钢索。于是，适应发展需要的钢结构得到蓬勃发展。除应用原有的梁、拱结构外，新兴的桁架、框架、网架结构和悬索结构逐渐推广，出现了结构形式多样化的局面。

图 0-5　汉代“大飞鸿”瓦当

图 0-6　建筑钢材

建筑物跨径从砖结构、石结构、木结构的几米、几十米发展到钢结构的百米、几百米，直到现代的千米以上。于是，人类在大江、海峡上架起了大桥，在地面上建造了摩天大楼和高耸的铁塔，甚至在地面下铺设了铁路，创造出了前所未有的奇迹。

为适应钢结构工程发展的需要，在牛顿力学的基础上，材料力学、结构力学、工程结构设计理论等应运而生。施工机械、施工技术和施工组织设计的理论也随之发展，土木工程从经验上升成为科学，在工程实践和基础理论方面都面目一新，从而促进了土木工程更迅速的发展。

19 世纪 20 年代，波特兰水泥发明后，混凝土问世了。混凝土集料可以就地取材，构件易于成型，但混凝土的抗拉强度很小，用途受到限制。19 世纪中叶以后，钢铁产量激增，随之出现了钢筋混凝土这种新型的复合建筑材料，其中钢筋承担拉力，混凝土承担压力，均发挥了各自的优势。20 世纪初以来，钢筋混凝土广泛应用于土木工程的各个领域。

从 20 世纪 30 年代开始，出现了预应力混凝土。预应力混凝土结构的抗裂性能、刚度和承载能力远远高于钢筋混凝土结构，因而用途更为广阔。从此，土木工程进入了钢筋混凝土和预应力混凝土占主要地位的历史时期。混凝土的出现给建筑物带来了新的经济、美观的工程结构形式，使土木工程产生了新的施工技术和工程结构设计理论，这是土木工程发展的又一次飞跃。

五、土木工程发展简史

土木工程的发展贯通古今，它与社会、经济，特别是科学、技术的发展有着密切的联系。土木工程内涵丰富，而就其本身而言，则主要是围绕着材料、施工、理论三个方面的演变而不断发展的。为便于叙述，权且将土木工程发展史划分为古代土木工程、近代土木工程和现代土木工程三个阶段。

（一）古代土木工程

古代土木工程的发展史具有很长的时间跨度，大致从公元前 5000 年的新石器时代到 17 世纪中叶，前后约 7000 年。在此阶段，房屋建筑、桥梁工程、水利工程、高塔工程等方面都取得了辉煌的成就。一些文明古国的不少传世杰作至今仍巍然屹立，如我国的八达岭长城（见图 0-7）、埃及的金字塔（见图 0-8）等。公元 6 世纪建成的赵州桥是世界上最早的敞肩式拱桥（见图 0-9），此桥于 1991 年被美国土木工程学会选为世界上第 12 个土木工程里程碑。

图 0-7 八达岭长城

（二）近代土木工程

近代土木工程的发展史时间跨度为 17 世纪中叶到 20 世纪中叶，前后约 300 年。该时期土木工程的主要特征为：

图 0-8　埃及金字塔

（1）有力学和结构理论作为指导。

（2）木、石、砖、瓦等的使用日益广泛，混凝土、钢材、钢筋混凝土及早期的预应力混凝土得到发展。

（3）结构形式，如桁架、框架、拱结构等得到长足发展，高层建筑不断出现。

（4）施工技术进步很大，建造规模日益扩大，建造速度大大加快。

图 0-9　赵州桥

在这种情况下，土木工程逐渐发展到包括房屋、道路、桥梁、铁路、隧道、港口、市政、卫生等工程建筑和工程设施，不仅能够在地面，而且有的工程还能在地下或水域内修建。

近代土木工程的发展又可分为奠基时期、进步时期和成熟时期三个阶段。

（1）奠基时期。

17 世纪到 18 世纪下半叶是近代科学的奠基时期，也是近代土木工程的奠基时期。伽利略、牛顿等所阐述的力学原理是近代土木工程发展的起点。意大利学者伽利略在 1638 年出版的著作《关于两门新科学的叙述与数学研究》中论述了建筑材料的力学性质和梁的强度，首次用公式表达了梁的设计理论。该著作是材料力学领域中的第一本著作，也是弹性体力学史的开端。1687 年，牛顿总结的力学运动三大定律是自然科学发展史的一个里程碑，直到现在还是土木工程设计理论的基础。瑞士数学家欧拉在 1744 年出版的《曲线变分法》中建立了柱的压屈公式，计算出了柱的临界压屈荷载。该公式在分析工程构筑物的弹性稳定方面得到了广泛的应用。法国工程师库仑在 1773 年完成的著名论文《建筑静力学各种问题极大极小法则的应用》中说明了材料的强度理论、梁的弯曲理论、挡土墙上的土压力理论及拱的计算理论。这些近代科学奠基人突破了以现象描述、经验总结为主的古代科学的模式，创造出比较严密的逻辑理论体系，加之对工程实践有指导意义的复形理论、振动理论、弹性稳定理论等在 18 世纪相继产生，从而促使土木工程向更深和更广的方向发展。

尽管同土木工程有关的基础理论已经出现，但就建筑物的材料和工艺来看，仍属于古代的范畴，如中国的雍和宫、法国的罗浮宫、印度的泰姬陵（见图 0-10）、俄国的冬宫等。土木工程实践的近代化，还有待于工业革命的推动。

随着理论的发展，土木工程作为一门学科逐步建立起来，法国在这方面则是先驱。1716年法国成立道桥部队，1720年成立交通工程队，1747年创立巴黎桥路学校，专门培养建造道路、河渠和桥梁的工程师。所有这些表明，土木工程学科已经形成。

（2）进步时期。

18世纪下半叶，瓦特对蒸汽机作了根本性的改进，而蒸汽机的使用大力推进了工业革命。规模宏大的工业革命，为土木工程提供了多种性能优良的建筑材料及施工机具，也对土木工程提出了新的需求，从而促使土木工程以空前的速度向前迈进。

土木工程的新材料、新设备接连问世，新型建筑物纷纷出现。1824年，英国人阿斯普丁取得了一种新型水硬性胶结材料——波特兰水泥的专利权，1850年左右开始生产。1856年，大规模炼钢方法——贝塞麦转炉炼钢法发明后，钢材越来越多地应用于土木工程。1851年，英国伦敦建成水晶宫，采用铸铁梁柱建造，玻璃覆盖。1867年，法国人莫尼埃用铁丝加固混凝土制成了花盆，并将这种方法推广到工程中，建造了一座储水池。这是钢筋混凝土应用的开端。1875年，莫尼埃又主持建成了第一座长16m的钢筋混凝土桥。1886年，美国芝加哥建成家庭保险公司大厦；大厦高9层，初次按独立框架设计，并采用钢梁建造，被认为是现代高层建筑的开端。1889年，法国巴黎建成高300m的埃菲尔铁塔（见图0-11），使用熟铁近8000t。

图0-10 泰姬陵

图0-11 法国埃菲尔铁塔

土木工程的施工方法在这个时期开始了机械化和电气化的进程。蒸汽机逐步应用于抽水、打桩、挖土、轧石、压路、起重等作业。19世纪60年代内燃机问世和70年代电机出现后，很快便制造出各种各样的供起重运输、材料加工、现场施工用的专用机械和配套机械，使一些难度较大的工程得以加速完工；1825年，英国首次使用盾构开凿泰晤士河河底隧道；1906年，瑞士修筑了通往意大利的19.8km长的辛普朗隧道（见图0-12），使用了大量黄色炸药及凿岩机等先进设备。

工业革命还从交通方面推动了土木工程的发展。在航运方面，有了蒸汽机为动力的轮船，航运事业面目一新，这就要求修筑港口工程，开凿通航轮船的运河。19世纪上半叶开始，英国、美国大规模开凿运河；1869年苏伊士运河的通航和1914年巴拿马运河的凿成，体现了海上交通已完全将世界连成一体。在铁路方面，1825 年，斯蒂芬森建成了从斯托克顿到达灵顿的长 32km 的世界第一条铁路，并用他自己设计的蒸汽机车行驶，取得了成功。以后，世界上其他国家纷纷建造铁路。1869 年，美国建成了横贯北美大陆的铁路；20 世纪初，俄国建成西伯利亚大铁路；1863 年，英国建成了世界第一条地下铁道，长 7.6km。在公路方面，1819 年，英国马克当筑路法明确了碎石路的施工工艺和路面锁结理论，提倡积极发展道路建设，促进了近代公路的发展。铁路和公路的空前发展也促进了桥梁工程的进步。早在 1779 年，英国就用铸铁建成了跨度为 30.5m 的拱桥；1826 年，英国 T.特尔福德用煅铁建成了跨度为 177m 的麦内悬索桥；1850 年，R.斯蒂芬森用锻铁和角钢拼接成不列颠箱管桥；1890 年，英国福斯湾建成了两孔主跨达 521m 的悬臂式桁架梁桥。从此，现代桥梁的三种基本形式（梁式桥、拱桥、悬索桥）在这个时期相继出现。

图 0-12 瑞士辛普朗隧道

工程实践经验的积累促进了理论的发展。19 世纪，土木工程逐渐需要有定量化的设计方法。对房屋和桥梁设计，要求实现规范化。另一方面，由于材料力学、静力学、运动学、动力学逐步形成，各种静定和超静定桁架内力分析方法和图解法得到很快的发展。19 世纪末，G.D.A.里特尔等人提出钢筋混凝土理论，应用了极限平衡的概念；1900 年前后，钢筋混凝土弹性方法被普遍采用，各国还制定了各种类型的设计规范。1818 年，英国不列颠土木工程师会的成立是工程师结社的创举，其他各国和国际性的学术团体也相继成立。理论上的突破，极大地促进了工程实践的发展，从而使近代土木工程这个工程学科日臻成熟。

（3）成熟时期。

第一次世界大战以后，近代土木工程发展到成熟阶段。该阶段的一个标志是道路、桥梁、房屋大规模建设的出现。

在交通运输方面，由于汽车在陆路交通中具有快速和机动灵活的特点，道路工程的地位日益重要。沥青和混凝土开始用于铺筑高级路面。1931～1942 年，德国首先修筑了长达 3860km 的高速公路网，美国和欧洲其他一些国家相继效法。20 世纪初，飞机出现，飞机场工程迅速发展起来。同时，钢铁质量的提高和产量的上升，使建造大跨桥梁成为现实。1918 年，加拿大建成魁北克悬臂桥，跨度为 548.6m；1937 年，美国旧金山建成金门悬索桥，跨度为 1280m，全长 2825m，是公路桥的代表性工程；1932 年，澳大利亚建成悉尼港桥（见图 0-13），为双绞钢拱结构，跨度为 503m。

工业的发达、城市人口的集中，使工业厂房向大跨度发展，民用建筑向高层发展。日益增多的电影院、摄影场、体育馆、飞机库等都要求采用大跨度结构。1925～1933 年，法国、苏联和美国分别建成了跨度达 60m 的圆壳、扁壳和圆形悬索屋盖，中世纪的石砌拱终于被近代的壳体结构和悬索结构所取代。1931 年，美国纽约的帝国大厦（见图 0-14）落成，共 102

层，高 378m，有效面积 16 万 m^2，结构用钢约 5 万余吨，内装电梯 67 部，还有各种复杂的管网系统，可谓集当时技术成就之大成。该建筑保持世界房屋最高纪录达 40 年之久，代表了 20 世纪 30 年代建筑科学技术的发展水平。

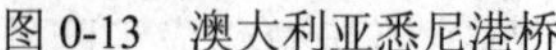

图 0-13　澳大利亚悉尼港桥

图 0-14　帝国大厦

1906 年美国旧金山发生大地震，1923 年日本关东发生大地震，人民生命财产遭受了严重的损失。1940 年美国塔科马悬索桥毁于风振。这些自然灾害推动了结构动力学和工程抗灾技术的发展；此外，超静定结构计算方法也因此不断得到完善，在弹性理论成熟的同时，塑性理论、极限平衡理论也得到发展。

近代土木工程发展到成熟阶段的另一个标志是预应力钢筋混凝土的广泛应用。1886 年，美国人 P.H.杰克逊首次应用预应力混凝土制作建筑构件，后又用于制作楼板。1930 年，法国工程师 E.弗雷西内把高强钢丝用于预应力混凝土。1939 和 1940 年，弗雷西内及比利时工程师 G.马涅尔分别改进了张拉和锚固方法，于是预应力混凝土便广泛地应用于工程领域，将土木工程技术推向现代化。

我国清朝政府实行闭关锁国政策，近代土木工程发展缓慢，直到清末出现洋务运动，才引进一些西方技术。1909 年，我国著名工程师詹天佑主持的京张铁路建成，铁路全长约 200km，达到当时世界先进水平。全路有四条隧道，其中八达岭隧道长 1091m。到 1911 年辛亥革命时，我国铁路总里程为 9100km。1894 年我国建成了用气压沉箱法施工的滦河桥，1901 年建成了全长 1027m 的松花江桁架桥，1905 年则建成了全长 3015m 的郑州黄河桥。我国近代市政工程始于 19 世纪下半叶。1865 年上海开始供应煤气，1879 年旅顺建成近代给水工程，相隔不久，上海也开始供应自来水和电力。1889 年唐山设立水泥厂，1910 年开始生产机制砖。我国近代土木工程教育事业开始于 19 世纪末，其中最具代表性的教育机构为 1895 年创办的天津北洋西学学堂（后称北洋大学，今天津大学）和 1896 年创办的北洋铁路官学堂（后称唐山交通大学，今西南交通大学）。

我国近代建筑以 1929 年建成的中山陵（见图 0-15）和 1931 年建成的广州中山纪念堂（跨度为 30m）为代表。1934 年，上海建成了 24 层钢结构的国际饭店、21 层的百老汇大厦（今上海大厦）和 12 层钢筋混凝土结构的大新公司。到 1936 年，我国已有近代公路 11 万 km。我国工程师自己修建了浙赣铁路、粤汉铁路的株洲至韶关段以及陇海铁路西段等。1937 年建成了公路、铁路两用钢桁架的钱塘江大桥，桥长1453m，采用沉箱基础。1912年中华工程师会成立，詹天佑为首任会长；20世纪30年代，中国土木工程师学会（现中国土木工程学会）成立。到1949年，土木工程高等教育基本形成了完整的体系，我国已拥有一支庞大的近代土木工程技术力量。

图0-15　中山陵

（三）现代土木工程

现代土木工程起始于20世纪中叶。发展至今，土木工程在建筑材料、结构理论和建造技术方面都取得了巨大的进步。建筑材料方面，高强度混凝土、高强低合金钢、高分子材料、钢化玻璃越来越多地出现在建筑上。结构理论方面，利用电子计算机强大的运算和绘图能力，力学分析和计算的结果更加符合结果的实际情况，使得在结构设计上更为可靠。对于建造技术，已经发展到机—电—计算机的一体化，施工过程中，不论是上天、入地还是翻山、下海，都已不是施工的障碍；而焊接技术的普遍使用，也使得钢结构的发展进入了一个新的阶段。

现代土木工程造就的举世瞩目的建筑有：我国上海的金茂大厦、马来西亚吉隆坡的石油大厦双塔楼（见图0-16）和法国的诺曼底斜拉桥等。

现代土木工程以社会生产力的发展为动力，以现代科学技术为背景，以现代工程材料为基础，以现代工艺与机具为手段高速地向前发展。

第二次世界大战结束后，社会生产力出现了新的飞跃，现代科学技术突飞猛进，土木工程进入了一个新的时代。在近40年的时间里，前20年土木工程的特点是进一步大规模工业化，而后20年的特点则是现代科学技术对土木工程的进一步渗透。

从世界范围来看，为了适应社会经济发展的需求，现代土木工程具有以下特征：

（1）工程功能化。

现代土木工程的特征之一，是工程设施同它的使用功能或生产工艺更紧密地结合。复杂的现代生产过程和日益提高的生活水平，对土木工程提出了各种专门的要求。

现代土木工程为了适应不同工业的发展，有的工程规模极为宏大，如大型水坝混凝土用量达数千万立方米，大型高炉的基础也达数千立方米；有的则要求十分精密，如电子工业和精密仪器工业要求能防微振。现代公用建筑和住宅建筑不再是传统意义上徒具四壁的房屋，而要求同采暖、通风、给水、排水、供电、供燃气等现代技术设备结成一体。

现代土木工程的功能化问题日益突出，为了满足专门和更多样的功能需求，土木工程更多地需要与各种现代科学技术相互渗透。

（2）城市立体化。

随着经济的发展和人口的不断增长，城市用地更加紧张，交通更加拥挤，这就迫使房屋建筑和道路交通不得不向高空和地下发展。

高层建筑几乎成为现代化城市的象征。1974年，芝加哥建成了高达433m的西尔斯大厦（见图0-17），楼高已超过1931年建造的纽约帝国大厦。高层建筑的设计和施工是对现代土木工程成就的一个总检阅。

图 0-16　马来西亚吉隆坡的石油大厦双塔楼

图 0-17　西尔斯大厦

城市道路和铁路很多已采用高架，同时又向地层深处发展。地下铁道近几十年来得到了进一步发展，地铁早已电气化，并与建筑物地下室连接，形成地下商业街。北京地下铁道（见图 0-18）于 1969 年通车后，1984 年又建成了新的环形线。

图 0-18　北京地下铁道（建国门车站）

地下停车库、地下油库日益增多。城市道路下面密布着电缆及给水、排水、供热、供燃气的管道，构成了城市的脉络。现代城市建设已经成为一个立体、有机的系统，对土木工程各个分支以及它们之间的协作提出了更高的要求。

（3）交通高速化。

现代世界是开放的世界，人、物和信息的交流都要求更高的速度。高速公路虽然 1934 年就在德国出现，但在世界各地较大规模地修建，是在第二次世界大战以后。高速公路的里程数，已成为衡量一个国家现代化程度的标志之一。铁路也出现了电气化和高速化的趋势。日本的“新干线”铁路行车时速达 210km 以上，法国巴黎到里昂的高速铁路运行时速达 260km。2008 年 8 月 1 日，京津城铁通车，最高时速达 350km，全长 120km；2009 年 12 月 26 日，武广客运专线建成通车，最高时速可达 394km，全长约 1069km；2010 年 1 月 28 日，郑西客运专线通车，速度目标值为 350km/h，正线长 457km；2011 年，我国还将有近 5000km 的高速铁路工程投产。交通高速化直接推动着桥梁、隧道技术的发展，穿山越江的隧道日益增多，同时也出现了长距离的海底隧道。

航空事业在现代得到了飞速发展，航空港遍布世界各地。航海业也有很大发展，世界上的国际贸易港口超过 2000 个，并出现了大型集装箱码头。

（4）材料轻质高强化。

现代土木工程的材料进一步轻质化和高强化。工程用钢的发展趋势是采用低合金钢。标号为 500～600 号的水泥已在工程中普遍应用，轻集料混凝土和加气混凝土近年来也已用于高层建筑。而大跨、高层、结构复杂的工程又要求混凝土进一步轻质、高强化。

高强钢材与高强混凝土的结合使预应力结构得到了较大的发展。我国在桥梁工程、房屋工程中广泛采用预应力混凝土结构。重庆长江大桥的预应力 T 构桥，跨度达 174m；24～32m 的预应力混凝土梁在铁路桥梁工程中用了 6 万多孔；先张法和后张法的预应力混凝土屋架、起重机梁和空心板在工业建筑和民用建筑中广泛使用。

铝合金、镀膜玻璃、石膏板、建筑塑料、玻璃钢等工程材料发展迅速，而新材料的出现与传统材料的改进都是以现代科学技术的进步为背景。

（5）施工过程工业化。

大规模现代化建设使我国和苏联、东欧的建筑标准化达到了很高的程度。人们力求推行工业化生产方式，在工厂中成批地生产房屋、桥梁的构配件、组合体等。

在标准化向纵深发展的同时，种种现场机械化施工方法在 20 世纪 70 年代以后发展极快。采用了同步液压千斤顶的滑升模板广泛用于高耸结构。1975 年建成的加拿大多伦多电视塔高达 553m（见图 0-19），施工时就采用了滑模，安装天线时还使用了直升飞机。此外，钢制大型模板、大型吊装设备与混凝土自动化搅拌站、混凝土搅拌输送车、输送泵等相结合，形成了一套现场机械化施工工艺，使传统的现场灌注混凝土方法获得了新的发展，在高层、多层房屋和桥梁中部分取代了装配化，成为一种发展很快的方法。

现代技术使许多复杂的工程成为可能。例如，我国宝成铁路有 80%的线路穿越山岭地带，桥隧相连，成昆铁路桥隧道总长占 40%（见图 0-20）；日本山阳线新大阪至博德段的隧道占 50%；苏联在靠近北极圈的寒冷地带建造了第二条西伯利亚大铁路；我国的川藏公路、青藏公路直通世界屋脊。由于采用了现代化的盾构技术，隧道施工加快，精度也得到提高。土石方工程中广泛采用定向爆破技术，以解决大量土石方的施工问题。

图 0-19　加拿大多伦多电视塔

图 0-20　中国成昆线一线天两隧道间拱桥

（6）理论研究精密化。

现代科学信息传递速度大大加快，一些新理论与方法，如计算力学、结构动力学、动态规划法、网络理论、随机过程论、滤波理论等的成果，随着计算机的普及而应用到了土木工程领域。

电算技术也促进了大跨度桥梁的建设。1980 年，英国建成亨伯悬索桥，单跨达 1410m；1983 年，西班牙建成卢纳预应力混凝土斜拉桥，跨度达 440m；我国于 1975 年在云阳建成第一座斜拉桥后，济南黄河斜拉桥跨度为 220m，见图 0-21。我国目前跨度最大的公路预应力混凝土斜拉桥——天津永和桥于 1982 年建成，该桥跨度达 260m。

图 0-21　济南黄河斜拉桥

大跨度建筑的形式多样，薄壳、悬索、网架和充气结构覆盖大片面积，可满足种种大型社会公共活动的需要。1959 年巴黎建成的多波双曲薄壳的跨度达 210m；1976 年美国新奥尔良建成的网壳穹顶直径为 207.3m；1975 年美国密歇根建成的庞蒂亚克体育馆充气塑料薄膜覆盖面积达 35 000m^2 以上，可容纳 8 万人；我国也建成了许多大空间结构，其中上海体育馆的圆形网架直径为 110m（见图 0-22），北京工人体育馆悬索屋面净跨为 94m。

图 0-22　上海体育馆

从材料特性、结构分析、结构抗力计算到极限状态理论，在土木工程的各个分支中都得到了充分发展。理论研究的日益深入，使现代土木工程取得了许多质的飞跃，并使工程实践更加离不开理论指导。

此外，现代土木工程与环境的关系更加密切，在从使用功能上考虑使工程造福人类的同时，还要注意工程与环境的协调问题。现代土木工程规模日益扩大，世界水利工程中，库容达 300 亿 m^3 以上的水库就有 28 座，高于 200m 的大坝达 25 座。乌干达欧文瀑布水库库容达 2040 亿 m^3；苏联罗贡土石坝高 325m；巴基斯坦引印度河水的西水东调工程规模也极大；我国葛洲坝截断了长江，并成功建成三峡高坝；1983 年，我国还完成了引滦入津工程。这些大水坝的建设和水系调整会对自然环境产生新的影响，即干扰自然和生态平衡，而且现代土木工程规模越大，它对自然环境的影响也越大。因此，伴随大规模现代土木工程的建设，保持自然界生态平衡的课题将有待综合研究和解决。

六、土木工程发展趋势

（一）超大型工程的修建

21世纪，随着新材料、新结构、新工艺、新施工方法的出现，人类将有可能从事更大规模的土木工程建设，为改造世界作出新的贡献，取得新的突破。一直以来，西班牙与摩洛哥之间的直布罗陀海峡割断了欧洲和非洲大陆的交通，而今天人们已经提出了多种联络线方案，如全长30km、最大主跨为2000m的吊桥方案，全长14km、最大主跨为5000m的吊桥方案，也有的提出采用最大主跨为5000m的海中浮游式桥梁方案等。此外，对马海峡的地下隧道工程、白令海峡的填筑等也是酝酿中的超大型工程。

（二）高性能材料的发展

钢材将朝着高强度，具有良好的塑性、韧性和可焊性方向发展。日本、美国、俄罗斯等国家已经把屈服点为700N/mm^2 以上的钢材列入了规范；如何合理利用高强度钢也是一个重要的研究课题。高性能混凝土及其他复合材料也将向着轻质、高强度、良好的韧性和工艺性方面发展。

（三）计算机应用

随着计算机的应用普及和结构计算理论的日益完善，计算结果将更能反映实际情况，从而更能充分发挥材料的性能并保证结构的安全。人们将会设计出更为优化的方案进行土木工程建设，以缩短工期，提高经济效益。

（四）环境工程

环境问题，特别是气候变化的影响将越来越受到重视。城市综合症、海平面上升、水污染、沙漠化等问题与人类的生存和发展密切相关，又无一不与土木工程有关。较大工程建成后对环境的影响乃至建设过程中的振动、噪声等，都将成为土木工程师必须考虑的问题。

（五）建筑工业化

建筑业长期以来停留在以手工操作为主的小生产方式上。新中国成立后，我国大规模的经济建设推动了建筑业机械化的进程，特别是在重点工程建设和大城市中具有一定程度的发展，但总的来说仍落后于其他工业部门。所以，建筑业的工业化是我国建筑业发展的必然趋势。要正确理解建筑产品标准化和多样化的关系，尽量实现标准化生产；要建立适应社会化大生产方式的科学管理体制，采用专业化、联合化、区域化的施工组织形式；同时还要不断推进新材料、新工艺的使用。

（六）高空延伸、地下发展、海洋拓宽、沙漠进军、太空迈进

20世纪末，世界人口急剧增长，城市化程度越来越高，世界人均耕地面积急剧减少，人类的生存空间问题已受到广泛关注，由此将对传统的土木工程产生深远的影响。

（1）向高空延伸。早在20世纪初期，人类为了争取更多的生存空间，已经建造了许多高层建筑，其中最高的波兰Gabin 227Hz长波台钢塔达646m。据不完全统计，世界目前在建的和将要建造的高度在400m以上的高层建筑还有1000多座。日本提出建造X-SEED4000超整体都市结构。该结构高 4000m，已超过富士山（海拔 3776m），实际上是一座空心城市。城市活动安排在2000m以下，其上部一半是自然和空间观察中心、能源和空中眺望处等场所，有效面积为5000万～7000万m^2，居民可达50万～70万人。由此可见，在21世纪，高层建

筑仍将是土木工程发展的一个重要方向。

（2）向地下发展。综合国内外城市发展的经验、教训可以看出，城市发展与土地资源紧张的矛盾，是持续城市化面临的最大挑战，出路之一在于节约城市土地资源，开发利用地下空间。开发地下空间是缓解城市发展中诸多问题的有效措施。建设地下交通网也有利于优化地上交通网，减缓交通阻塞和“停车难”的问题，改善汽车尾气和噪声污染，腾出空间发展，实行立体化再开发。

（3）向海洋拓宽。为了防止机场噪声对城市居民产生影响，也为了节约土地，日本关西国际机场建造在位于大阪府泉州冲海域的人工岛上。

（4）向沙漠进军。全世界约有 1/3 的陆地为沙漠。世界未来学会对 22 世纪初世界十大工程的设想之一是将西亚和非洲的沙漠改造成绿洲。如果沙漠大面积绿化，将同时改造沙漠气候。改造沙漠首先必须有水，然后才能绿化和改造沙土。在缺乏地下水的沙漠地区，国际上正在研究开发使用沙漠地区太阳能淡化海水在经济上可行的方案。该方案一旦付诸实施，毗邻海洋地区的沙漠将出现大规模的建设工程，而最先可能受益的地区包括墨西哥的加利福尼亚半岛南部、秘鲁和智利西海岸、中东、纳米比亚以及许多岛屿。

（5）向太空迈进。21 世纪 50 年代以后，空间工业化、空间旅游、空间商业化活动等可能会得到很大的发展。利用太空洁净的环境和微重力条件，可以制造均匀合金，生产治疗癌症的新药和高纯度半导体材料，组装特大功率的太阳能电站，把植物种子带到空间，以提高发芽率等。

（七）结构形式

计算理论和计算手段的进步以及新材料、新工艺的出现，为结构形式的革新提供了有利条件。空间结构将得到更广泛的应用，不同受力形式的结构融为一体，结构形式将更趋于合理和安全。

（八）新能源和能源多极化

能源问题是当前世界各国极为关注的问题，寻找新的替代能源和能源多极化是 21 世纪人类必须解决的重大课题。这也对土木工程提出了新的要求，应当予以足够的重视。此外，由于我国是一个发展中国家，经济还不发达，基础设施还远远不能满足人民生活和国民经济可持续发展的要求，因此在基本建设方面还有许多工作要做。

（九）信息化施工技术

信息化是现代社会产生的一种管理平台，即通过互联网把项目部、分公司、集团的各个部门连接起来，以提高工作效率。

施工信息化（或信息化施工）就是以建筑业信息化为总体目标，在施工过程涉及的各部门、各阶段中广泛地应用信息技术，开发信息资源，促进施工技术和管理水平不断提高、施工生产效益显著增加的过程，涉及建筑业管理、建筑设计和工程施工等一系列活动。施工信息化技术是利用信息系统的处理功能，以工程项目为中心，将政府行政管理、工程设计、工程施工过程（经营管理和技术管理）所发生的主要信息有序、及时、成批地存储；以部门间信息交流为中心，以业务工作标准为切入点，采用工作流程和数据后处理技术，解决工程项目从数据采集、信息处理与共享到决策目标生成等环节的信息化，及时、准确地量化指标，为政府主管行政部门、业主、设计单位、承包商、材料设备供应商等单位的决策管理提供依据。

由于信息技术渗透性强、发展快以及施工生产自身的复杂性，施工信息化概念的内涵极为丰富，并处于不断的发展变化之中。

建筑施工企业除了要解决各种施工技术问题外，还必须关注施工进度、质量、安全、资金应用、环保、财务及成本等状况，以及中央和地方政府的各种法律和规章制度、材料设备供应情况和设计变更等。以上问题远不是单项软件所能解决的，而必须采用系统的信息技术，通过应用现代信息技术把上述内容有机地联系起来，供企业的决策管理层利用。只有这样，才能使企业的领导及时、准确地掌握各类资源信息，进行快速、正确的决策，使施工项目有计划、协调、均衡地进行，实现人力、物力和资金等各方面的最优组合，保证工程质量、施工速度、经济和社会效益。

1 建筑材料

1.1 概 述

1.1.1 建筑材料发展史

建筑材料是随着人类的进化而发展的，它和人类文明有着十分密切的关系，是体现人类历史发展的各个阶段的文化的主要标志之一。

建筑材料的发展是一个悠久而又漫长的过程。原始人类为了躲避雨雪、雷电和野兽等的侵害，最初居住在洞穴中，这种洞穴就是天然的建筑物。人类为了适应自身的生存和发展，从天然洞穴之中走出来，开始利用土、石、草、木、竹等作为建筑材料，这又经历了一个漫长的历史过程。以后，随着社会的进步，人类对建筑物有了更高的要求，建筑材料就从简单的利用逐渐地过渡到发明和创造，开始出现了规矩石材的生产和砖瓦的烧制。而砖瓦的出现，带来了建筑的革新，地球上从此便有了村庄和城市，有了佛塔、神庙、寺院……。建筑和建筑材料，总是互相推动和促进的。新的建筑材料的出现给建筑科学的发展以新的推动，如建筑结构的创新等；而建筑科学的发展，又对建筑材料提出了新的、更高的要求。

现代建筑材料的发展，已经突破了建筑的范畴，它有了更加广泛的发展和应用。

一、人类初期的建筑材料

人类利用建筑材料解决居住问题，可以追溯到几十万年以前。在旧石器时代，人类居住在洞穴中。到了新石器时代，出现部分草木窝棚。1973 年开始发掘的河姆渡遗址（见图 1-1），是新石器时代"干栏"式建筑遗迹，是早期的木结构建筑，梁柱间用榫卯接合，地板用企口板密拼，有相当高的木构技术，开始创造了黄河、长江两大流域灿烂的原始文化。

图 1-1 河姆渡遗址

在人类历史上，工具的进步也促进了建筑材料的创新。进入青铜器时代和铁器时代，人类就有了大规模砍伐森林和利用石材的能力。而在我国古代，在建筑上使用石材则开始于墙垣的砌筑。内蒙古赤峰东八家石城遗址，可能是人类最早的聚居处。遗址四周用石块围垒，以防猛兽袭击。商周时期，石材已用作柱础和垫石。于河南安阳小屯发现的商朝宫室遗址中，就有不少按一定间距呈直线排列的石柱础，柱础石全部用天然卵石铺垫，见图 1-2。

战国时期开始兴起的炼铁业，在很大程度上推动了采石业的发展。各种铁制工具的使用，为石材的开采和加工创造了条件。

图 1-2 河南安阳小屯商朝宫室遗址

火药的发明使石材的开采和加工出现了新的突破，石材在使用上更加广泛了。

我国南北朝时期，由于佛教的兴盛，各地大量地修建石庙、石陵、石窟，如龙门石窟、云冈石窟（见图 1-3）、敦煌莫高窟（见图 1-4）等，其雕琢技术水平已经很高。

图 1-3 云冈石窟

图 1-4 敦煌莫高窟

宋代，石材在宫殿、住宅、祠庙、陵墓、寺塔、桥梁工程中得到了更广泛的应用，卢沟桥（见图 1-5）、宝带桥（见图 1-6）就是其中较为典型的代表。明、清时期，石材建筑技术

图 1-5 卢沟桥

图 1-6　宝带桥

和石材艺术又有了新的发展。

二、砖瓦的出现和使用

瓦（见图 1-7 和图 1-8）的出现早于砖，大约始于西周（公元前 11 世纪至 771 年）。在西周遗址中发现，那时已有板瓦、筒瓦、人字形断面的脊瓦和圆柱形瓦钉。

图 1-7　瓦

(a)　(b)

图 1-8　古代瓦

（a）白虎；（b）玄武

宋代的琉璃瓦制造技术达到了较高的水平，如北宋庆历四年（公元 1044 年）重建的开封赫国寺八角多层檐琉璃塔（见图 1-9），其所用琉璃瓦较唐代有了更大的进步。瓦的出现，是中国古代建筑的重要进步，也是整个建筑材料发展史上的一个重要阶段。

砖的使用在我国已有几千年的历史，最早出现于公元前 475 年至 221 年的战国时期。在已发掘的遗址中，曾发现条砖、方砖、栏杆砖，并使用大量空心砖砌筑墓底和墓壁。秦始皇统一中国后，兴建宫殿、都城，修筑长城、陵墓，都用了大量砖瓦；铺地方砖和空心砖，有许多是模印花纹的。到了清代，砖瓦的修饰更是精致，故宫就是典型代表之一，见图 1-10。

图 1-9 开封赫国寺八角多层檐琉璃塔

图 1-10 故宫

三、金属建筑材料和玻璃

将金属用作建筑材料，虽在古代就已开始，但是，以钢铁作为建筑结构材料则始于近代。随着铸铁业的兴起，1775 年，英国工程师利用生铁建造了第一座金属桥——塞文河桥，桥长 30m、高 12m，见图 1-11。1786 年，法国工程师用铁建造了铁结构屋顶的法兰西剧院。

在近代，由于钢铁工业的进一步发展，建筑上采用了钢铁框架结构。1885 年，美国芝加哥出现了第一座钢框架结构桥。

据考证，人类在公元前 2200 年第一次生产玻璃。后来，人们开始学会吹制各种形状的器皿。公元 1～5 世纪，产生了玻璃成型吹制法，即用吹管蘸取适量的玻璃液吹成圆筒形，切去两端，沿纵向剪开，再将玻璃烘软、摊平，退火后即成平板玻璃。

1876 年建成的巴黎廉价商场是第一座以铁和玻璃建造起来的、具有全部自然采光的百货商店（见图 1-12）。

1908 年，比利时人艾米尔·弗克发明了拉引玻璃固定边子的关键技术，1913 年便生产了弗克法平板玻璃。1925 年，美国匹兹堡平板玻璃公司发明了无槽垂直引上法。1952 年，英国皮尔金顿兄弟公司发明了浮法新技术。至此，玻璃工业的发展进入了一个新的阶段。

四、胶凝材料、混凝土、钢筋混凝土的发展

胶凝材料的发展亦可追溯到古代。那时，人们为了建造房屋和其他建筑物，曾经寻找黏结性的各种胶凝物质。其中，黏土就是最早使用的胶凝物质。黏土中含有极细的分散颗粒，

这些颗粒与水拌和后，能成为容易加工的可塑性矿物质。一定成分的黏土砂浆在干燥后具有胶结性和一定的强度。至今，我国许多地方仍使用切细的稻草、植物纤维等掺入黏土做黏土砖和抹砌建筑物。

图 1-11 塞文河桥

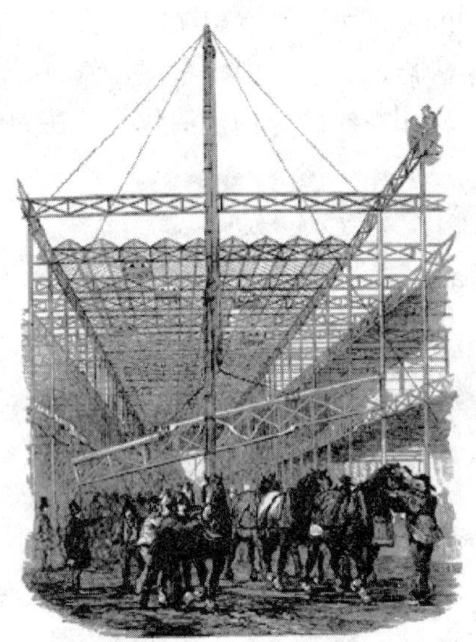

图 1-12 施工中的百货商店

人类发明火以后，火的利用促使胶凝材料产生了一次大的飞跃。大约在公元前 3000 年，人类就开始使用经过煅烧的胶凝物质，如石膏、石灰等。古埃及的金字塔、狮身人面像和其他一些古建筑，就已经使用石膏和石灰作为胶凝材料。这就是建材发展史上称为石膏和石灰的时期。

人类社会进入资本主义时代，由于工业革命的兴起，城市、工业与民用建筑、交通运输和军事建筑的发展，对建筑材料，特别是对胶凝材料提出了更高的要求。1756 年，英国人约翰·斯梅顿制成水硬性石灰；1796 年，约瑟夫·派克制成罗马水泥。1924 年 10 月 21 日，英国利兹（Leads）的泥水工约瑟夫·阿斯普丁（J.Aspdin）设厂制造水泥，并以《改进人造石块的生产方法》一文申请获得专利，同时把他制成的水泥命名为波特兰水泥（因水泥凝结后的外观颜色与波特兰的石头相似而得名）。

波特兰（硅酸盐）水泥的出现，以及 1855 年贝塞麦炼钢法（转炉炼钢法）出现后钢铁工业的发展，为建筑结构与建筑造型提供了新的可能性。

1774 年，英国艾地斯东灯塔在建设中第一次采用了石块与混凝土（石灰、黏土、砂子、铁渣）的混合结构，但真正的混凝土和钢筋混凝土则是近代的产物。自此，混凝土和钢筋混凝土在城市建筑、道路（铁路、公路）、桥梁、宫殿、仓库、车站、机场、地铁、水坝、工厂建设等各个领域得到广泛的使用，并使城市建筑物及立交桥梁得以向空间发展。

我国近代胶凝物质的发展始于 19 世纪末。1898 年（清光绪 15 年）唐山细棉土厂成立，它以唐山的石灰石和广东香山县的黏土为原料，采用立窑生产水泥。1906 年，唐山启新洋灰公司创建，采用回转窑生产水泥。而采用湿法工艺最早的是上海水泥厂，即 1923 年创建的上海华商水泥公司。云南省水泥工业发展也很早，20 世纪 30 年代末即创建华新水泥股份公司云南水泥厂（曾一度改称海口水泥厂），采用立窑生产水泥。

随着现代工业的发展，对胶凝物质提出了更高的要求。而现代科学的发展对研究胶凝物质的主要物理、化学特性，生产过程及其技术原理，生产工艺等提供了科学依据。近几十年来，又先后出现了许多特殊用途的水硬性胶凝物质，如高强快硬水泥、抗硫酸盐水泥、膨胀水泥、堵塞水泥、低热水泥、白水泥、加气水泥、油井水泥等。

1.1.2 建筑材料的定义及分类

一、建筑材料的定义

从广义上讲，建筑材料是指建造建筑物和构筑物的所有材料，包括原材料、半成品和成品的总称；从狭义上讲，建筑材料是指直接构成建筑物和构筑物的材料，即用于地基、地面、墙体、屋顶等各个部位的各种材料。

二、建筑材料的分类

（1）按来源分，可分为天然材料和人造材料。

（2）按使用部位分，可分为承重材料、墙体材料、地面材料和屋面材料等。

（3）按功能用途分，可分为结构材料、装饰材料、防水材料、保温绝热材料、吸声材料等。

（4）按组成物质的种类和化学成分分，可分为无机材料、有机材料、复合材料三大类，具体见表 1-1。

表 1-1　常用建筑材料的分类

<table>
<tr><td rowspan="7">无机材料</td><td rowspan="2">金属材料</td><td>黑色金属</td><td colspan="2">钢、铁</td></tr>
<tr><td>有色金属</td><td colspan="2">铜、铝及其合金</td></tr>
<tr><td rowspan="5">非金属材料</td><td>天然石材</td><td colspan="2">花岗岩、石灰岩、砂岩、大理岩等</td></tr>
<tr><td>烧土及熔融制品</td><td colspan="2">烧结砖、烧结瓦、陶瓷、玻璃等</td></tr>
<tr><td rowspan="2">胶凝材料</td><td>气硬性胶凝材料</td><td>石灰、石膏、菱苦土、水玻璃</td></tr>
<tr><td>水硬性胶凝材料</td><td>各种水泥</td></tr>
<tr><td>无机人造石材</td><td colspan="2">混凝土、砂浆、硅酸盐建筑制品等</td></tr>
<tr><td rowspan="3">有机材料</td><td colspan="2">植物材料</td><td colspan="2">木材、竹材</td></tr>
<tr><td colspan="2">沥青</td><td colspan="2">沥青及沥青制品</td></tr>
<tr><td colspan="2">合成高分子材料</td><td colspan="2">塑料、橡胶、涂料、胶黏剂</td></tr>
<tr><td rowspan="3">复合材料</td><td colspan="2">金属—无机非金属材料</td><td colspan="2">钢纤维增强混凝土</td></tr>
<tr><td colspan="2">无机非金属—有机材料</td><td colspan="2">玻璃钢、聚合物水泥</td></tr>
<tr><td colspan="2">有机材料—金属</td><td colspan="2">轻质金属夹芯板</td></tr>
</table>

注　通性：

金属材料——不透明、密度大、导电、导热、变形大（金属键）。

有机材料——透明或半透明、密度小、绝缘、导热性差、变形大、耐热性差（共价键）。

无机非金属材料——硬、脆、热和电的绝缘体、耐热、耐化学侵蚀（离子键）。

1.1.3 建筑材料的发展趋势

随着人类文明和科学技术的发展，土木工程材料不断进步与改善。现代土木工程中，尽管传统的土、石等材料的主导地位已逐渐被新型材料所取代，但就目前而言，水泥混凝土、钢材、钢筋混凝土已是不可替代的结构材料；新型合金、陶瓷、玻璃、有机材料，以及其他人工合成材料和各种复合材料等在土木工程中将占有越来越重要的地位。

一、土木工程材料现状及要求

与以往相比，当代土木工程材料的物理力学性能（如水泥和混凝土的强度、耐久性及其他性能）也已获得明显改善；随着现代陶瓷与玻璃性能的改进，其应用范围与使用功能已经大大拓宽。此外，随着技术的进步，传统的应用方式也发生了较大变化；现代施工技术与设备的应用，也使得材料的性能比以往更好，从而为现代土木工程的发展奠定了良好的物质基础。尽管目前土木工程材料在品种与性能上已有很大的进步，但与人们对其性能要求的期望之间还有较大差距。

二、新型土木工程材料——绿色建材

土木工程材料行业在资源的利用和环境的影响方面都起着重要的位置，在产值、能耗、环保等方面都是国民经济中的大户。为了保证源源不断地为工程建设提供质量可靠的材料，避免新型材料的生产和发展对环境造成危害，绿色建材应运而生。目前正在开发和已经开发的绿色建材和准绿色建材主要有以下几种：

（1）利用废渣类物质为原料生产的建材。这类建材以废渣为原料，可用于生产砖、砌块、材板及胶凝材料，优点是节能利废。但仍需依靠科技进步，继续研究和开发更为成熟的生产技术，使这类产品无论是在成本上还是在性能方面，都真正能达到绿色建材的标准。

（2）利用化学石膏生产的建材。用工业废石膏代替天然石膏，利用先进的生产工艺和技术可生产各种土木建筑材料。这些材料具有石膏的许多优良性能，开辟了石膏建材的新来源，并且消除了化工废石膏对环境的危害，符合可持续发展战略的要求。

（3）利用废弃的有机物生产的建材。利用废塑料、废橡胶及废沥青等可生产多种土木工程材料，如防水材料、保温材料、道路工程材料及其他室外工程材料。这些材料消除了有机物对环境的污染，还节约了石油等资源，符合资源可持续发展的基本要求。

（4）利用其他废料制造的代木材料。利用其他废料制造的代木材料在生产使用中不会对人的身体健康产生危害，而利用高新技术使其成本和能耗降低，将是未来绿色建材的主要发展方向。

（5）以来源广泛的地方材料为原料，利用高科技生产的低成本健康建材。不同的地区都可能有来源丰富、不同种类的地方材料，根据这些地方材料的性质和特点，利用现代技术，可生产具有各种性能的健康材料，如某些人造石材、水性涂料和某些复合性材料等。

三、土木工程材料的发展趋势

众多现象表明，进入21世纪以后，在我国甚至是全世界范围内，土木工程材料的发展应具有以下趋势：

（1）研制高性能材料，如研制轻质、高强、高耐久性、优异装饰性和多功能的材料，以及充分利用和发挥各种材料的特性，采用复合技术，制造出具有特殊功能的复合材料。

（2）充分利用地方材料，尽量减少天然资源，大量使用尾矿、废渣、垃圾等废弃物作为生产土木工程材料的资源，以及保护自然资源和维护生态环境的平衡。

（3）节约能源，采用低能耗、无环境污染的生产技术，优先开发、生产低能耗的材料以及能降低建筑物使用能耗的节能型材料。

（4）材料生产中不得使用有损人体健康的添加剂和颜料，如甲醛、铅、镉、铬及其化合物等，同时要开发对人体有益的材料，如抗菌、灭菌、除臭、除霉、防火、调温、消磁、防辐射、抗静电材料等。

（5）产品可循环再生和回收利用，无污染废弃物产生，以防止二次污染。

总而言之，土木工程材料往往标志着一个时代的特点。土木工程材料的发展进程反映了社会生产力的发展水平，它和工程技术的进步有着不可分割的联系。工程中选用材料时，通常从对环境的影响及对后人的影响方面来决定土木工程材料的好坏。不久的将来，在材料原有性质的基础上，“可持续发展”将是衡量建筑工程的一把标尺。

1.2 砌 体 结 构

砌体是由各种块材和砂浆按一定的砌筑方法砌筑而成的整体。用砖砌体、石砌体或砌块砌体建造的结构，一般又称砖石结构。由于砌体的抗压强度较高，而抗拉强度很低，因此，砌体结构构件主要承受轴心或小偏心压力，而很少受拉或受弯，一般民用和工业建筑的墙、柱和基础都可采用砌体结构。在采用钢筋混凝土框架和其他结构的建筑中，常用砖墙作围护结构，如框架结构的填充墙。烟囱、隧道、涵洞、挡土墙、坝、桥和渡槽等，也常采用砖砌体、石砌体或砌块砌体建造。

1.2.1 砌体结构的优缺点和发展方向

一、砌体结构的优点

砌体结构的主要优点是：①容易就地取材。砖主要用黏土烧制；石材的原料是天然石；砌块可以用工业废料——矿渣制作，取材方便，价格低廉。②砖砌体、石砌体或砌块砌体具有良好的耐火性和较好的耐久性。③砌体砌筑时不需要模板和特殊的施工设备。在寒冷地区，冬季可用冻结法砌筑，而不需采取特殊的保温措施。④砖墙和砌块墙体能够隔热和保温，所以既是较好的承重结构，又是较好的围护结构。

二、砌体结构的缺点

砌体结构的缺点是：①与钢和混凝土相比，砌体的强度较低，因而构件的截面尺寸较大、材料用量多、自重大。②砌体的砌筑基本上是手工方式，施工劳动量大。③砌体的抗拉和抗剪强度都很低，因而抗震性能较差，在使用上受到一定限制，且砖、石的抗压强度也不能充分发挥。④黏土砖需用黏土制造，在某些地区将过多占用农田，影响农业生产。

三、砌体结构的发展方向

采用高强度砖石和砂浆，用较薄的承重墙建造较高的建筑物是现代砌体结构的主要特点。例如，瑞士在 16 层高的公寓建筑中以 15cm 厚的砖墙承重，并采用抗压强度达 40MPa 的特种 BS 砖建成了 18 层高的公寓；此外，还采用抗压强度达 60MPa、孔洞率为 28%的多孔砖建成了 19 层和 24 层高的塔式住宅建筑，砖墙仅厚 38cm。英国采用卡尔柯龙（Calculon）多孔砖（抗压强度达 35、49MPa 和 70MPa）建成了 11～19 层高的公寓。美国用两片 9cm 厚的单砖墙，中间夹 7cm 厚的配筋灌浆层建成了 21 层高的公寓，还用灌浆配筋混凝土砌块墙建成了 18 层高的旅馆。

预制砖墙板提高了施工机械化的程度，施工速度快，质量也容易保证。预制黏土砖墙板的形式随各国气候、地理条件及建筑传统的不同而异，大多数采用夹心式构造，少数采用空心砖；有的用带孔砖在孔内配筋灌浆，有的则在内侧用轻混凝土兼作保温材料。墙板的大小和房间墙面的大小相同。预制砖墙板多用于低层居住建筑，也用于高层公寓中做承重墙或非承重墙。

砌体结构发展的主要方向是要求砖及砌块材料具有轻质、高强的性能，砂浆具有高强度，特别是高黏结强度，尤其是采用高强度空心砖或空心砌块砌体时。在墙体内适当配置的纵向钢筋，对克服砌体结构的缺点、减小构件截面尺寸、减轻自重和加快建造速度具有重要意义。相应地研究设计理论、改进构件强度计算方法和提高施工机械化程度等，也是进一步发展砌体结构的重要课题。

1.2.2 砖

建筑用的人造小型块材（俗称砖头），大致分烧结砖（主要指黏土砖）和非烧结砖（灰砂砖、粉煤灰砖等）两类。

黏土砖以黏土（包括页岩、煤矸石等粉料）为主要原料，经配料处理、成型、干燥和焙烧而成。

砖瓦作为建筑材料使用，在我国历史悠久。在凤凰山下的周公庙遗址——西周贵族大墓群考古现场发现的先周时期的空心砖、条砖和板瓦说明，该遗址是一处新石器时代的仰韶文化（距今6000年）、龙山文化（距今4000年）和先周—西周（距今3100年至2770年）文化叠压的大型周代聚落。据介绍，此次发现的大量空心砖、条砖和板瓦是在一处包括3组建筑、占地超过500m^{2}的大型建筑基址周围发现的。这些体量形制非同一般的建筑材料，过去在周人早期都邑遗址从未发现过，显示出周公庙遗址曾经有类似宫殿、宗庙性质的高等级大型建筑存在。

据考古专家推断，在周公庙遗址西周贵族大墓群考古现场发现的空心砖、条砖和板瓦为先周时期的遗物。从残块断面看，砖体、瓦体较大，不平整，平面密布粗绳纹，是手制泥质灰陶，颜色不纯。

我国在春秋战国时期陆续创制了方形砖和长形砖，而在秦汉时期，制砖的技术和生产规模、质量和花式品种都有显著发展，世称“秦砖汉瓦”。

普通砖（实心黏土砖）的标准规格为 240mm×115mm×53mm（长×宽×厚）；多孔黏土砖根据各地区的情况有所不同，如KP1型多孔黏土砖，其外形尺寸为240mm×115mm×90mm，外墙厚度一般为240mm或370mm，按抗压强度（单位为N/mm^2）的大小分为MU30、MU25、MU20、MU15、MU10、MU7.5六个强度等级。

黏土砖就地取材，价格低廉，经久耐用，具有防火、隔热、隔声、吸潮等优点，废碎砖块还可作混凝土的集料，因此在土木建筑工程中使用广泛。为改进普通黏土砖块小、自重大、耗土多的缺点，黏土砖正向轻质、高强度、空心、大块的方向发展。灰砂砖是以适当比例的石灰和石英砂、砂或细砂岩，经磨细、加水拌和、半干法压制成型并经蒸压养护而成。粉煤灰砖则以粉煤灰为主要原料，掺入煤矸石粉或黏土等胶结材料，经配料、成型、干燥和焙烧而成，可充分利用工业废渣，节约燃料。

一、砖的分类

砖的分类方法主要有以下几种：

（1）按材质分，可分为黏土砖、页岩砖、煤矸石砖、粉煤灰砖、灰砂砖、混凝土砖等，见图1-13～图1-18。

（2）按孔洞率分，可分为实心砖（无孔洞或孔洞率小于25%的砖）、多孔砖（孔洞率等于或大于25%，孔的尺寸小而数量多的砖，常用于承重部位，强度等级较高）和空心砖（孔洞率等于或大于40%，孔的尺寸大而数量少的砖，常用于非承重部位，强度等级偏低）。

图 1-13　黏土砖

图 1-14　页岩砖

图 1-15　煤矸石砖

图 1-16　粉煤灰砖

图 1-17　灰砂砖

图 1-18　混凝土砖

（3）按生产工艺分，可分为烧结砖和非烧结砖，又分为塑型砖和压制砖。

（4）按用途分，可分为承重砖和非承重砖。

二、砖的通用技术要求

当砖用作建筑主体材料时，其放射性核素限量应符合 GB 6566—2001《建筑材料放射性核素限量》的规定。当建筑主体材料中天然放射性核素镭-226、钍-232、钾-40 的放射性比活度同时满足 $I_{Ra}≤1.0$ 和 $I_r≤1.0$ 时，其产销与使用范围不受限制。对空心率大于 25%的建筑主体材料，其天然放射性核素镭-226、钍-232、钾-40 的放射性比活度同时满足 $I_{Ra}≤1.0$ 和 $I_r≤1.3$ 时，其产销与使用范围不受限制。

1.2.3　石材

目前常用的石材分为沉积岩、变质岩、火成岩和人造石四大类，见图 1-19～图 1-21。

图 1-19　沉积岩

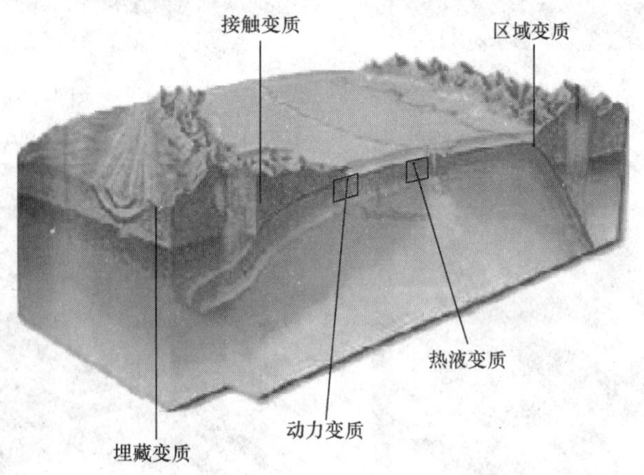

图 1-20　变质岩

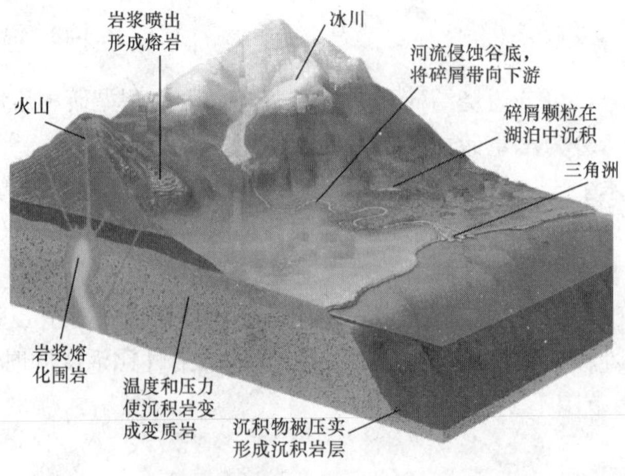

图 1-21　火成岩

一、沉积岩

沉积岩是由冰川、河流、风、海洋和植物等有机体中的碎屑脱离出来，沉积形成岩石矿床，并经过数百万年的高温高压固结而成的岩石。

二、变质岩

变质岩是在高温高压和矿物质的混合作用下，由一种石头自然变质成的另一种石头。质变可能是重结晶、纹理改变或颜色改变。

三、人造石

人造石是用非天然的混合物，如树脂、水泥加碎石黏合剂制成的，如图 1-22 所示。常见的人造石有以下几类：

（1）水磨石：由大理石和花岗岩碎片嵌入水泥混合物中制成。

（2）凝聚石或聚集石：由大理石碎片嵌入有颜色的树脂混合物中制成。

（3）文化石或仿造石：由树脂混合物上油漆或与油漆混合制成，貌似大理石。

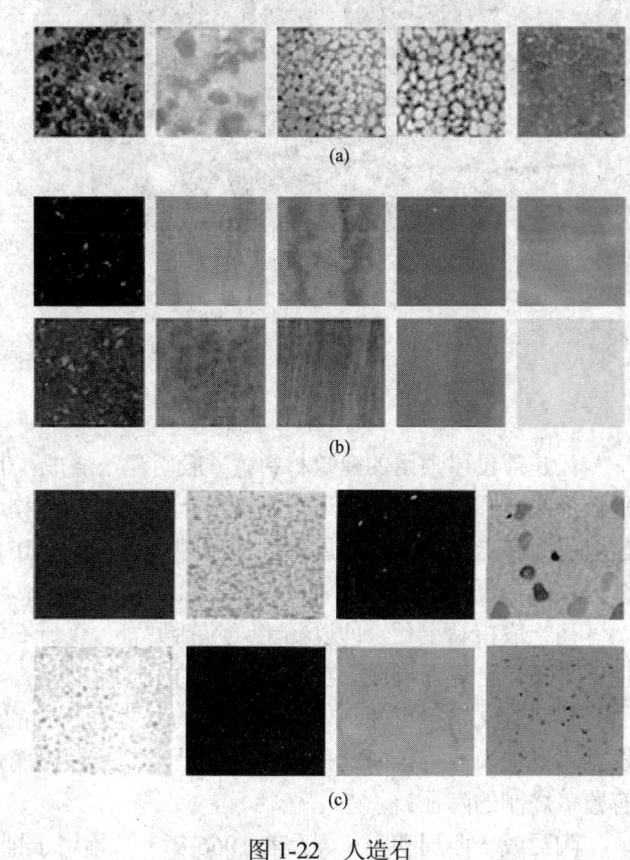

图 1-22 人造石

（a）水磨石；（b）凝聚石；（c）文化石

1.2.4 砌块

砌块是利用混凝土、工业废料（如炉渣、粉煤灰等）或地方材料制成的人造块材，外形尺寸比砖大，具有设备简单、砌筑速度快等优点，符合建筑工业化发展中墙体改革的要求。

砌块按尺寸和质量的大小不同，分为小型砌块、中型砌块和大型砌块。砌块系列中，主规格的高度为 180～350mm 的称为小型砌块，高度为 350～900mm 称为中型砌块，高度大于 900mm 的称为大型砌块。使用中以中、小型砌块居多。

砌块按外观形状分，可分为实心砌块和空心砌块。空心砌块有单排方孔、单排圆孔和多排扁孔三种形式，其中多排扁孔对保温较有利。按砌块在组砌中的位置与作用分，砌块又可分为主砌块和辅助砌块。

根据材料不同，常用的砌块有普通混凝土与装饰混凝土小型空心砌块、轻集料混凝土小型空心砌块、粉煤灰小型空心砌块、蒸汽加气混凝土砌块、免蒸加气混凝土砌块（又称环保轻质混凝土砌块）和石膏砌块。吸水率较大的砌块不能用于长期浸水、经常受干湿交替或冻融循环的建筑部位。目前市场上常用的砌块分混凝土砌块、粉煤灰砌块、石膏砌块和复合砌块四大类，见图 1-23～图 1-26。

图 1-23 混凝土砌块

图 1-24 粉煤灰砌块

图 1-25 石膏砌块

图 1-26 复合砌块

1.3 瓦

瓦是铺设屋顶用的建筑材料，一般用泥土烧成，也有用水泥等材料制成的，形状有拱形、平板形或半圆筒形等。瓦适用于混凝土结构、钢结构、木结构、砖木混合结构等各种结构新建坡屋面和老建筑平改坡屋面，适用坡度为 15°～90°，适用温度为－50～70℃。

1.3.1 瓦的发展

瓦一般指黏土瓦，即以黏土（包括页岩、煤矸石等粉料）为主要原料，经配料处理、成型、干燥和焙烧而制成。在我国，瓦的生产比砖早。

从甲骨文字形可知，3000 多年前的屋脊有高耸的装饰或结构构件，但尚未有实物陶瓦的发掘、发现，故可推断此种构件可能是木制——已腐烂，或铜制——尚未被今人识别，但没有覆盖烧制的陶瓦。

陶瓦或于西周初年（公元前 1066 年）开始用于铺设屋顶。从岐山遗址可见遗存判断，陶瓦当时仅用于屋脊部分。而春秋时期的遗址中却较多发现了板瓦、筒瓦、瓦当，且表面多刻有各种精美的图案，从而可知当时屋面也开始覆瓦。

春秋早期，屋面覆瓦的建筑还不多。《春秋》中记载：“隐公八年，宋公、齐侯、卫侯盟于瓦屋”。可见，这是在当时人人皆知的伟大建筑。而到了战国时代，普通老百姓盖房也能用瓦了。

到了秦汉时期，形成了独立的制陶业，并在工艺上作了许多改进，如改用瓦榫头使瓦间相接更为吻合，以取代瓦钉和瓦鼻。西汉时期，工艺上又取得明显的进步，使带有圆形瓦当的筒瓦的制造工艺由三道简化成一道，瓦的质量也有较大提高，故称“秦砖汉瓦”。

1.3.2 常见的瓦

黏土瓦的生产工艺与黏土砖相似，但对黏土的质量要求较高，如含杂质少、塑性高、泥料均化程度高等。我国目前生产的黏土瓦有小青瓦、脊瓦和平瓦，如图 1-27 所示。

(a)

(b)

(c)

图 1-27　小青瓦、脊瓦和平瓦
（a）小青瓦；（b）脊瓦；（c）平瓦

瓦的种类和形式繁多，常见的有以下几种。

一、屋面瓦和配件瓦

按瓦的铺设部位分，可分为屋面瓦和配件瓦两类。

（1）屋面瓦。屋面瓦按形状分，主要有平瓦、三曲瓦、双筒瓦、鱼鳞瓦、牛舌瓦、板瓦、筒瓦、滴水瓦、沟头瓦、J 形瓦、S 形瓦和其他异形瓦。

（2）配件瓦。配件瓦按功能分，主要有檐口瓦和脊瓦两个配瓦系列。其中，檐口瓦系列包括檐口封头、檐口瓦和檐口瓦顶，脊瓦系列包括脊瓦封头、脊瓦、双向脊顶瓦、三向脊顶瓦和四向脊顶瓦等。此外，不同形状的屋面瓦还有其特有的配件。

二、有釉瓦和无釉瓦

按瓦的表面状态分，可分为有釉瓦和无釉瓦两类。

三、琉璃瓦

瓦，原本色泽灰黑无光，然而，琉璃瓦［见图 1-28（a）］表面光润如镜。作为我国早期帝王之家的专属建材，琉璃瓦也成为我国建筑的象征。我国最早的琉璃瓦实物见于唐昭陵。

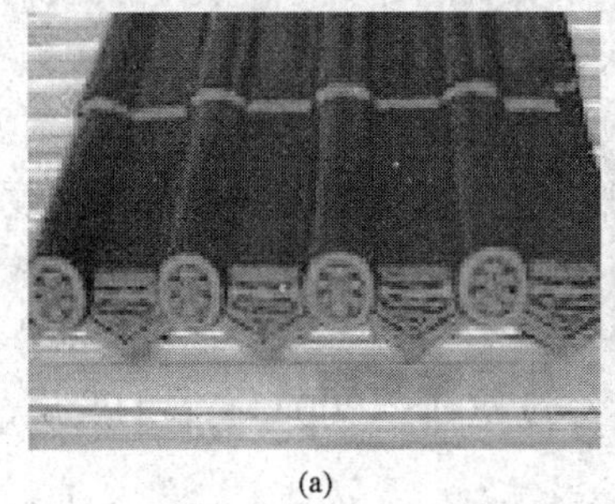
(a)

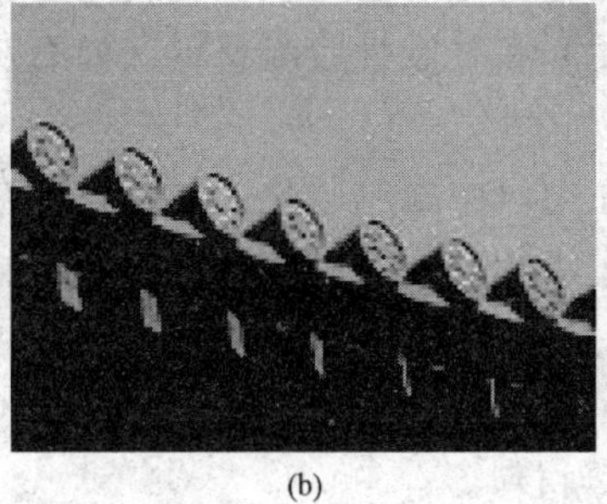
(b)

(c)

图 1-28　琉璃瓦、唐青瓷瓦、石棉瓦
（a）琉璃瓦；（b）唐青瓷瓦；（c）石棉瓦

琉璃瓦一般采用两次煅烧的方式制成：第一次是将制好的黑色瓦坯烧成洁白的素坯，第二次则是为素坯施釉后烧成色彩缤纷的琉璃瓦。上釉的素坯经过窑火的洗礼，火温稍有差异，从而使出窑的琉璃瓦呈现出不同的色彩，具有良好的防水性和稳定性。

出于承重、美观的考虑，琉璃瓦与建筑之间有着严格的比例关系。数百年来，琉璃匠们将琉璃的法式总结成口诀。吻兽所放置的位置在正脊和殿顶两坡的交汇处，是屋顶梁柱的支点。要制作琉璃瓦，首先应确定吻兽的大小。按照琉璃行内的口诀，吻兽的高度由大梁决定，为梁高的2/5。

四、唐青瓷瓦

唐青瓷瓦是我国唐代建筑使用的传统代表瓦型，主要由板瓦和筒瓦组合铺设而成，见图1-28（b）。唐瓦单件瓦片尺寸较大、厚实感强，是我国传统的寺院、亭台、仿古建筑等必不可少的高档屋瓦。

五、石棉瓦

石棉瓦是水泥石棉瓦的简称，外形见图1-28（c）。通常，水泥抗压能力很强而抗拉能力很弱，而石棉抗压能力很弱而抗拉能力很强。夹石棉是为了提高复合材料的抗拉能力。

六、水泥彩瓦

水泥彩瓦是近年来较为流行的一种屋面材料。作为新型建材的一种高强度彩瓦，水泥彩瓦具有新颖、简洁流畅的造型，高密实度的内在品质和科学的外形尺寸，既摆脱了传统的建筑风格，又增强了防水性能，广泛应用于高档别墅、花园洋房等坡面屋顶的铺设。

图1-29 合成树脂瓦

七、合成树脂瓦

合成树脂瓦（见图1-29）也叫塑料瓦、PVC瓦、PVC波浪瓦、复合瓦、轻质瓦、仿古瓦、塑钢瓦等。

1.4 水泥及其他无机胶凝材料

建筑上经过一系列物理、化学作用，能将松散物质黏结成整体的材料统称为胶凝材料。胶凝材料根据其化学组成的不同，可分为有机胶凝材料和无机胶凝材料。其中，无机胶凝材料又分为水硬性胶凝材料（水泥）和气硬性胶凝材料（如石灰、石膏等）两类。

1.4.1 气硬性胶凝材料

气硬性胶凝材料是指只能在空气中凝结硬化，并且只能在空气中保持或继续发展其强度的无机胶凝材料。建筑工程中常用的气硬性胶凝材料有石灰、石膏、水玻璃等。

一、石灰

石灰是以碳酸盐类岩石（如石灰石、白云石等）为原料，经过900～1300℃高温的煅烧，分解出CO_2后所得到的一种胶凝材料。

石灰根据成品加工方法的不同，可分为以下几种：

（1）块状生石灰：主要成分为CaO。

（2）生石灰粉：主要成分为CaO。

（3）消石灰：主要成分为$Ca(OH)_2$。

（4）石灰浆：主要成分为 $Ca(OH)_2$ 和水。

石灰的用途主要有：

（1）石灰乳是传统的涂料。

（2）配制成石灰砂浆或混合砂浆。

（3）石灰与黏土配制石灰土，或与黏土、砂石、炉渣等填料拌制成三合土。

（4）石灰可以用来生产各种硅酸盐制品。

（5）与纤维材料或轻质集料制成轻质的炭化石灰板材。

二、石膏

石膏具有凝结、硬化速度快，导热性弱，吸声性强等特点。常用的石膏胶凝材料有建筑石膏、高强石膏、无水石膏水泥、高温煅烧石膏等。

建筑石膏适宜用作室内装饰、保温绝热、吸声及阻燃等方面的材料，一般做成石膏抹面灰浆、建筑装饰制品和石膏板等。

1.4.2 水泥

水泥为粉状水硬性无机胶凝材料（见图 1-30）。它是以石灰石和黏土为主要原料，经破碎、配料、磨细制成生料，喂入水泥窑中煅烧成熟料，再加入适量石膏（有时还掺加混合材料或外加剂）后磨细而成。水泥与水或适当的盐溶液混合后，在常温下经过一定的物理和化学作用，能由浆体状逐渐凝结硬化，具有一定强度，同时能将砂、石等散粒材料或砖、砌块等块状材料胶结为整体。

水泥是重要的建筑材料。用水泥制成的砂浆或混凝土坚固、耐用，广泛应用于土木建筑、水利、国防等工程中。

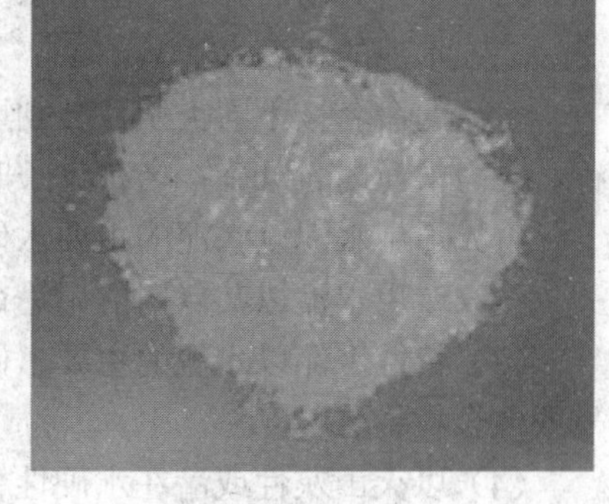

图 1-30 水泥

水泥（cement）一词由拉丁文 cemented 发展而来，含义为碎石及片石。世界上最早出现的水泥为古罗马人在建筑工程中使用的石灰和火山灰的混合物。1796 年，英国人 J.帕克用泥灰岩烧制成一种棕色水泥，称为罗马水泥或天然水泥。1824 年，英国人阿斯普丁用石灰石和黏土烧制成水泥，硬化后的颜色与英格兰岛上波特兰地方用于建筑的石头相似，因此被命名为波特兰水泥，并取得了专利权。20 世纪初，随着人民生活水平的提高，对建筑工程的要求日益严格，在不断改进波特兰水泥的同时，人类还研制成功一批适用于特殊建筑工程的水泥，如高铝水泥、硫铝酸盐水泥等，水泥品种已发展到 100 多种。

一、水泥的分类

（一）按用途及性能分

水泥按用途及性能分，可分为：

（1）通用水泥：一般的土木建筑工程通常采用的水泥。通用水泥主要是指 GB 175—2007《通用硅酸盐水泥》中规定的六大类水泥，即硅酸盐水泥、普通硅酸盐水泥、矿渣硅酸盐水泥、火山灰质硅酸盐水泥、粉煤灰硅酸盐水泥和复合硅酸盐水泥。

（2）专用水泥：专门用途的水泥，如 G 级油井水泥、道路硅酸盐水泥。

（3）特性水泥：某种性能比较突出的水泥，如快硬硅酸盐水泥、低热矿渣硅酸盐水泥、膨胀硫铝酸盐水泥。

(二)按其主要的水硬性物质名称分

水泥按其主要的水硬性物质名称分，可分为：

(1)硅酸盐水泥，即国外通称的波特兰水泥。

(2)铝酸盐水泥。

(3)硫铝酸盐水泥。

(4)铁铝酸盐水泥。

(5)氟铝酸盐水泥。

(6)以火山灰或潜在水硬性材料及其他活性材料为主要组分的水泥。

(三)按主要技术特性分

水泥按其主要技术特性分，可分为：

(1)按快硬性分：分为快硬和特快硬两类。

(2)按水化热分：分为中热和低热两类。

(3)按抗硫酸盐性分：分为中抗硫酸盐腐蚀和高抗硫酸盐腐蚀两类。

(4)按膨胀性分：分为膨胀和自应力两类。

(5)按耐高温性分：铝酸盐水泥的耐高温性以水泥中氧化铝的含量进行分级。

二、水泥的命名

水泥的命名按不同类别，分别以水泥的主要水硬性矿物、混合材料、用途和主要特性进行，并力求简明、准确；名称过长时，允许有简称。

(1)通用水泥以水泥的主要水硬性矿物名称冠以混合材料名称或其他适当名称命名。

(2)专用水泥以其专门的用途命名，并可冠以不同型号。

(3)特性水泥以水泥的主要水硬性矿物名称冠以水泥的主要特性命名，并可冠以不同型号或混合材料名称。

(4)以火山灰性或潜在水硬性材料，以及其他活性材料为主要组分的水泥是以主要组成成分的名称冠以活性材料的名称进行命名，也可再冠以特性名称，如石膏矿渣水泥、石灰火山灰水泥等。

三、水泥的生产工艺

水泥的生产工艺随生料制备方法不同，可分为干法(包括半干法)与湿法(包括半湿法)两种。

(1)干法生产。将原料同时烘干并粉磨，或先烘干经粉磨成生料粉后喂入干法窑内煅烧成熟料的方法称为干法。但也有将生料粉加入适量水制成生料球后，送入立波尔窑内煅烧成熟料的方法，称为半干法。半干法仍属干法生产的一种。

(2)湿法生产。将原料加水粉磨成生料浆后，喂入湿法窑煅烧成熟料的方法称为湿法。也有将湿法制备的生料浆脱水后，制成生料块入窑煅烧成熟料的方法，称为半湿法。半湿法仍属湿法生产的一种。

干法生产的主要优点是热耗低(如带有预热器的干法窑熟料热耗为3140～3768J/kg)，缺点是生料成分不均匀、车间扬尘大、电耗较高。湿法生产具有操作简单、生料成分容易控制、产品质量好、料浆输送方便、车间扬尘少等优点，缺点是热耗高(熟料热耗通常为5234～6490J/kg)。

1.5 沥　　青

沥青是一种暗褐色至黑色的有机胶凝材料。它是由一些复杂的碳氢化合物及其非金属衍生物组成的混合物，能溶于苯或二硫化碳等溶剂，在常温下呈固态、半固态或液态。

沥青属憎水性材料，它与矿物质材料有较强的黏结力，具有良好的防水、抗渗和耐化学腐蚀性，广泛应用于屋面或地下防水工程、防腐蚀工程和道面工程中。

按获取方式不同，沥青可分为天然沥青、石油沥青和煤焦沥青三大类。

（1）天然沥青。天然沥青储藏在地下，有的则形成矿层或在地壳表面堆积。这种沥青大都经过天然蒸发、氧化，一般不含有任何毒素。

（2）石油沥青。石油沥青是原油蒸馏后剩余的残渣，根据提炼程度的不同，在常温下分别呈液态、半固态或固态。石油沥青色黑而有光泽，具有较高的感温性。由于它在生产过程中曾经蒸馏至 400℃以上，因而所含挥发成分甚少，但仍可能有高分子的碳氢化合物未挥发出来，这些物质会对人体健康造成危害。

石油沥青又可按以下方法加以分类：

1）按生产方法分，可分为直馏沥青、溶剂脱油沥青、氧化沥青、调合沥青、乳化沥青、改性沥青等。

2）按外观形态分，可分为液体沥青、固体沥青等。

3）按用途分，可分为道路沥青、建筑沥青、防水防潮沥青和以用途或功能命名的各种专用沥青等。

（3）煤焦沥青。煤焦沥青是炼焦的副产品，即焦油蒸馏后残留在蒸馏釜内的黑色物质。它与精制焦油只是物理性质有分别，而没有明显的界限。一般的划分方法是：软化点在 26.7℃以下的为焦油，26.7℃以上的为沥青。煤焦沥青中主要含有难挥发的蒽、菲、芘等，这些物质具有毒性。由于这些成分的含量不同，煤焦沥青的性质也不同。温度的变化对煤焦沥青的影响很大，冬季容易脆裂，夏季容易软化；加热时有特殊气味，且加热到 260℃后再经过 5h，其所含的蒽、菲、芘等成分就会挥发出来。

当石油沥青不能满足土木工程中对石油沥青的性能要求时，可通过某些途径改善其性能。目前，石油沥青的改性途径大致可分为两类：一类是工艺改性，即从改进工艺着手改进沥青性能；另一类是材料改性，即掺入高聚物等改进其性能。

工艺改性主要是氧化工艺，即向熔融沥青中吹入少量氧气，从而产生新的氧化和聚合作用，使沥青聚合成更大的分子。氧化时，这种反应将进行多次，从而形成越来越大的分子；分子变大，则沥青的黏性得到提高，温度稳定性也可得到改善。

材料改性主要是在沥青中掺入橡胶、树脂、矿物填充料以进行改性，所得沥青混合物分别为橡胶沥青、树脂沥青、矿物填充料改性沥青。

1.6 钢　　材

钢材是由钢锭、钢坯通过压力加工制成的具有各种形状、尺寸和性能的材料，是由一种或一种以上的金属元素与非金属元素组成的合金的总称。钢材是土木工程中使用量最大的金属材料，包括用于钢结构工程中的各种型钢（角钢、槽钢、工字钢等）、钢板和用于钢筋混凝土结构工程中的各种钢筋及钢丝。

钢材的优点是质量均匀，性能可靠，强度、硬度高，塑性、韧性好；缺点是易锈蚀，维修费用高，耐火性差。

一、钢的冶炼

将生铁中的碳含量降至2.0%以下，使硫、磷等杂质含量降至一定范围内即成为钢。炼钢的基本原理是除碳、造渣、脱氧。

钢的冶炼方法有平炉法、氧气顶吹转炉法和电炉法。

二、钢的分类

（一）按化学成分分

钢按化学成分为，可分为：

（1）碳素钢：又分为低碳钢（碳含量小于0.25%）、中碳钢（碳含量为0.25%～0.60%）、高碳钢（碳含量大于0.6%）。

（2）合金钢：低合金钢（合金含量小于5.0%）、中合金钢（合金含量为5%～10%）、高合金钢（合金含量大于10%）。

（二）按杂质（硫、磷）含量分

钢按其所含杂质（硫、磷）的多少分，可分为普通碳素钢、优质碳素钢、高级碳素钢。

（三）按冶炼方式分

钢按冶炼方式分，可分为平炉钢、氧气转炉钢、电炉钢。

（四）按冶炼时的脱氧程度分

钢按冶炼时的脱氧程度分，可分为：

（1）沸腾钢（代号F）：脱氧不充分，在浇铸钢锭时，钢液中有大量CO气体逸出，碳及其他元素的偏析现象较严重，钢材中成分不均匀，质量较差。

（2）镇静钢（代号Z）：脱氧完全，浇铸钢时基本没有气体逸出，所以钢液平静冷却，钢材质量好。

（3）半镇静钢（代号b）：脱氧程度和质量介于沸腾钢和镇静钢之间。

（4）特殊镇静钢（代号TZ）：脱氧相当完全，钢材质量最好。

（五）按用途分

钢按用途分，可分为结构钢、工具钢、特殊钢。

土木工程中常用的钢材主要是普通碳素钢中的低碳钢和合金钢中的低合金钢。

三、钢材的力学性能

钢材的力学性能主要包括抗拉、冷弯、冲击韧性和疲劳特性等。

1.7 砂浆和混凝土

1.7.1 砂浆

建筑上砌砖石用的黏结物质，一般由一定比例的砂子和胶结材料（如水泥、石灰膏、黏土等）加水拌制成，也叫灰浆。

砂浆是由胶凝材料（水泥、石灰、黏土等）和细集料（砂）加水拌和而成，常用的有水泥砂浆、混合砂浆（或称水泥石灰砂浆）、石灰砂浆和黏土砂浆。

一、砂浆的用途与成分

用于砌筑和抹灰工程的砂浆可分为砌筑砂浆和抹面砂浆。前者用于砖、石块、砌块等的砌筑以及构件安装；后者则用于墙面、地面、屋面及梁柱结构等表面的抹灰，以达到防护和装饰等要求。还有的普通砂浆是用石膏、石灰膏或黏土掺加纤维性增强材料加水配制成膏状物，称为灰、膏、泥或胶泥，常用的有麻刀灰（掺入麻刀的石灰膏）、纸筋灰（掺入纸筋的石灰膏）、石膏灰（在熟石膏中掺入石灰膏及纸筋或玻璃纤维等）和掺灰泥（黏土中掺少量石灰和麦秸或稻草）。

二、砂浆的分类

（1）按组成材料的不同，普通砂浆可分为：

1）石灰砂浆：由石灰膏、砂和水按一定配比制成，一般用于强度要求不高、不受潮湿的砌体和抹灰层。

2）水泥砂浆：由水泥、砂和水按一定配比制成，一般用于潮湿环境或水中的砌体、墙面或地面等。

3）混合砂浆：在水泥或石灰砂浆中掺加适当的掺合料，如粉煤灰、硅藻土等制成，以节约水泥或石灰用量，并改善砂浆的和易性。常用的混合砂浆有水泥石灰砂浆、水泥黏土砂浆和石灰黏土砂浆等。

（2）按用途的不同，分为砌筑砂浆、抹面砂浆（包括装饰砂浆、防水砂浆）等。

1.7.2 混凝土

混凝土是当代最主要的建筑材料之一。它是由胶结材料、集料（也称骨料）和水按一定比例配制，经搅拌振捣成型，在一定条件下养护而成的人造石材，见图 1-31。混凝土具有原料丰富、价格低廉、生产工艺简单的特点，因而其使用量越来越大。同时，混凝土还具有抗压强度高、耐久性好、强度等级范围宽等特点。这些特点使其使用范围十分广泛，不仅在各种土木工程中使用，在造船业、机械工业、海洋的开发和地热工程等方面也是重要的材料。

图 1-31 施工中的混凝土

一、混凝土的应用和发展

混凝土的出现可以追溯到古老的年代，其所用的胶凝材料为黏土、石灰、石膏、火山灰等。自 19 世纪 20 年代出现了波特兰水泥后，用其配制成的混凝土具有工程所需要的强度和耐久性，而且原料易得、造价较低，特别是能耗较低，因而用途极为广泛。

20 世纪初，水灰比等学说的发表初步奠定了混凝土强度的理论基础。以后，相继出现了轻集料混凝土、加气混凝土及其他混凝土，各种混凝土外加剂也开始使用。20 世纪 60 年代以来，减水剂应用广泛，并出现了高效减水剂和相应的流态混凝土；高分子材料进入混凝土材料领域，出现了聚合物混凝土；多种纤维被用于分散配筋的纤维混凝土。现代测试技术也越来越多地应用于混凝土材料科学的研究。

二、混凝土的分类

（一）按胶凝材料分

混凝土按胶凝材料分，可分为：

（1）无机胶凝材料混凝土，如水泥混凝土、石膏混凝土、硅酸盐混凝土、水玻璃混凝土等。

（2）有机胶结料混凝土，如沥青混凝土、聚合物混凝土等。

（二）按表观密度分

混凝土按表观密度的大小分，可分为重混凝土、普通混凝土和轻质混凝土。这三种混凝土的不同之处就是集料的不同。

（1）重混凝土的表观密度大于 2500kg/m^3，是用特别密实和特别重的集料制成的，如重晶石混凝土、钢屑混凝土等。它们具有不透 X 射线和 γ 射线的性能。

（2）普通混凝土是建筑工程中常用的混凝土，表观密度为 1950～2500kg/m^3，集料为砂、石。

（3）轻质混凝土是表观密度小于 1950kg/m^3 的混凝土，通常又可以分为以下三类：

1）轻集料混凝土，其表观密度为 800～1950kg/m^3。轻集料包括浮石、火山渣、陶粒、膨胀珍珠岩、膨胀矿渣、矿渣等。

2）多孔混凝土（包括泡沫混凝土、加气混凝土），其表观密度为 300～1000kg/m^3。泡沫混凝土是由水泥浆或水泥砂浆与稳定的泡沫制成的，加气混凝土是由水泥、水与发气剂制成的。

3）大孔混凝土（包括普通大孔混凝土、轻集料大孔混凝土），其组成中无细集料。普通大孔混凝土的表观密度为 1500～1900kg/m^3，是用碎石、软石、重矿渣作集料配制而成的；轻集料大孔混凝土的表观密度为 500～1500kg/m^3，是用陶粒、浮石、碎砖、矿渣等作为集料配制而成的。

（三）按使用功能分

混凝土按使用功能分，可分为结构混凝土、保温混凝土、装饰混凝土、防水混凝土、耐火混凝土、水工混凝土、海工混凝土、道路混凝土、防辐射混凝土等。

（四）按施工工艺分

混凝土按施工工艺分，可分为离心混凝土、真空混凝土、灌浆混凝土、喷射混凝土、碾压混凝土、挤压混凝土、泵送混凝土等。

（五）按配筋方式分

混凝土按配筋方式分，可分为素（即无筋）混凝土、钢筋混凝土、钢丝网水泥、纤维混凝土、预应力混凝土等。

（六）按用途分

混凝土按用途分，可分为普通混凝土、防水混凝土、耐热混凝土、耐酸混凝土、膨胀混凝土、防辐射混凝土、道路混凝土、装饰混凝土等。

（七）按生产和施工方法分

混凝土按生产和施工方法分，可分为预拌混凝土、喷射混凝土、泵送混凝土、压力灌浆混凝土、离心混凝土、碾压混凝土、挤压混凝土、真空吸水混凝土、加气混凝土等。

（八）按拌和物的和易性分

混凝土按拌和物的和易性分，可分为硬性混凝土、半干硬性混凝土、塑性混凝土、流动性混凝土、高流动性混凝土、流态混凝土等。

三、混凝土的原材料

水泥、石灰、石膏等无机胶凝材料与水拌和可使混凝土拌和物具有可塑性，进而通过化学和物理作用使混凝土凝结硬化而产生强度。

一般来说，饮用水都可满足混凝土拌和用水的要求。水中过量的酸、碱、盐和有机物都会对混凝土产生有害的影响。集料不仅有填充作用，而且对混凝土的容重、强度和变形等性质有重要影响。

为改善混凝土的性质，可加入外加剂。由于掺用外加剂有明显的技术经济效果，因此外加剂已日益成为混凝土中不可缺少的组分。为改善混凝土拌和物的和易性或硬化后混凝土的性能，节约水泥，在搅拌混凝土时也可掺入磨细的矿物材料——掺合料。掺合料又分为活性和非活性两类。掺合料的性质和数量，影响混凝土的强度、变形、水化热、抗渗性和颜色等。

四、混凝土的性能

(一) 和易性

和易性是混凝土拌和物最重要的性能，其综合表示拌和物的稠度、流动性、可塑性、抗分层离析泌水的性能及易抹面性等。测定和表示拌和物和易性的方法和指标很多，我国主要采用截锥坍落筒测定的坍落度（单位为 mm）及用维勃仪测定的维勃时间（单位为 s）作为稠度的主要指标。

(二) 强度

强度是混凝土硬化后的最重要的力学性能，是指混凝土抵抗压、拉、弯、剪等应力的能力。水灰比、水泥品种和用量、集料的品种和用量以及搅拌、成型、养护，都直接影响混凝土的强度。混凝土按标准抗压强度（以边长为 150mm 的立方体为标准试件，在标准养护条件下养护 28 天，按照标准试验方法测得的具有 95%保证率的立方体抗压强度）划分的强度等级称为标号，一般分为 C10、C15、C20、C25 等。混凝土的抗拉强度仅为其抗压强度的 1/13～1/8。提高混凝土抗拉、抗压强度的比值是混凝土改性的重要方面。

(三) 变形

混凝土在荷载或温度、湿度的作用下会产生变形。变形主要包括弹性变形、塑性变形、收缩和温度变形等。混凝土在短期荷载作用下的弹性变形主要采用弹性模量表示。在长期荷载作用下，应力不变、应变持续增加的现象称为徐变，而应变不变、应力持续减少的现象称为松弛。由于水泥水化、水泥石的炭化和失水等原因产生的体积变形，称为收缩。

混凝土的变形总体上可分为两类，一类是在荷载作用下的受力变形，如单调短期加载的变形、荷载长期作用下的变形及多次重复加载的变形；另一类与受力无关，称为体积变形，如混凝土收缩及由于温度变化而引起的变形。

(四) 耐久性

混凝土的耐久性是指混凝土在实际使用条件下抵抗各种破坏因素作用，长期保持强度和外观完整性的能力，包括混凝土的抗冻性、抗渗性、抗蚀性及抗炭化能力等。

五、混凝土发展前景

混凝土是土木工程中用途最广、用量最大的一种建筑材料。按预定性能设计和制作混凝土，研制轻质、高强度、多功能的混凝土新品种；利用现代新技术，大力发展新工艺、新设备；广泛利用工业废渣作原材料等，都是今后需要不断解决的课题。

高性能混凝土（High Performance Concrete，HPC）是20世纪80年代末90年代初，一些发达国家基于混凝土结构耐久性设计提出的一种全新概念的混凝土，它以耐久性为首要设计指标，有可能为基础设施工程提供100年以上的使用寿命。区别于传统混凝土，高性能混凝土由于具有高耐久性、高工作性、高强度和高体积稳定性等许多优良特性，被认为是目前世界上性能最为全面的混凝土。至今，高性能混凝土已在不少重要工程中得到应用，特别是在桥梁、高层建筑、海港建筑等工程中显示出其独特的优越性，在工程安全使用期、经济合理性、环境条件的适应性等方面产生了明显的效益，因此被各国学者所接受，被认为是今后混凝土技术的发展方向。

高性能混凝土作为建设部推广应用的十大新技术之一，是建设工程发展的必然趋势。发达国家早在20世纪50年代即已开始研究应用，我国大约于20世纪80年代初首先在轨枕和预应力桥梁工程中投入使用。高性能混凝土在高层建筑中的应用始于20世纪80年代末。进入90年代以来，关于高性能混凝土的研究和应用增加，北京、上海、广州、深圳等许多大中城市已建起了多幢高性能混凝土建筑。

随着国民经济的发展，高性能混凝土在建筑、道路、桥梁、港口、海洋、大跨度及预应力结构、高耸建筑物等工程中的应用将越来越广泛，强度等级也将不断提高，C50～C80的混凝土将普遍得到使用，C80以上的混凝土也将在一定范围内得到应用。

1.8 木　　材

木材泛指用于工业和民用建筑的木制材料，又分为软材和硬材。工程中所用的木材主要取自树木的树干部分。木材因取得和加工容易，自古以来就是一种主要的建筑材料。

1.8.1 木材的种类

木材按树种进行分类，可分为针叶树材和阔叶树材两大类。杉木（见图1-32）及各种松木、云杉和冷杉等属于针叶树材，柞木、水曲柳、香樟、檫木及各种桦木、楠木和杨木等属于阔叶树材。我国树种很多，各地区常用于工程的木材树种也各异。东北地区主要分布有红松、落叶松（黄花松）、鱼鳞云杉、红皮云杉、水曲柳；长江流域主要分布有杉木、马尾松；西南、西北地区主要分布有冷杉、云杉、铁杉。

图1-32　杉木

1.8.2 木材的构造

树干由树皮、形成层、木质部（即木材）和髓心组成。从树干横截面的木质部上可看到环绕髓心的年轮。年轮一般由两部分组成：色浅的部分称为早材（春材），一般在季节早期生长，细胞较大，材质较疏；色深的部分称为晚材（秋材），一般在季节晚期生长，细胞较小，材质较密。有些木材，在树干中部颜色较深，称为心材；在树干边部颜色较浅，称为边材。针叶树材主要由管胞、木射线及轴向薄壁组织等组成，排列规则，材质较均匀。阔叶树材主要由导管、木纤维、轴向薄壁组织、木射线等组成，构造较复杂。组成木材的细胞呈定向排列，形成顺纹和横纹的差别。横纹又可分为与木射线一致的径向和与木射线相垂直的弦向。针叶树材一般树干高大，纹理通直，易加工、干燥，开裂和变形较小，适于作结构用材。某些阔叶树材质地坚硬、纹理色泽美观，适于作装修用材。

1.8.3 木材的缺陷

木材的缺陷也称疵病，可分为以下三类：

（1）天然缺陷，如木节、斜纹理以及因生长应力或自然损伤而形成的缺陷。木节是树木生长时被包在木质部中的树枝部分。原木的斜纹理常称为扭纹，对锯材则称为斜纹。

（2）生物危害的缺陷，主要有腐朽、变色和虫蛀等。

（3）干燥及机械加工引起的缺陷，如干裂、翘曲、锯口伤等。

缺陷会降低木材的利用价值。为了合理使用木材，通常按不同用途的要求，限制木材允许缺陷的种类、大小和数量，将木材划分等级使用。腐朽和虫蛀的木材不允许用于结构，因此影响结构强度的缺陷主要是木节、斜纹和裂纹。

1.8.4 木材的物理性质

木材的物理性质主要包括以下几个方面。

一、密度

木材的密度是指单位体积木材的质量。木材的质量和体积均受含水率的影响。木材试样的烘干质量与其饱和水分时的体积、烘干后的体积及炉干时的体积之比，分别称为基本密度、绝干密度及炉干密度。木材在气干后的质量与气干后的体积之比，称为木材的气干密度。木材密度随树种而异。大多数木材的气干密度为 0.3～0.9g/cm^3。密度大的木材，其力学强度一般较高。

二、含水率

木材的含水率是指木材中水的质量占烘干木材质量的百分数。木材中的水分分为两部分，一部分存在于木材细胞壁内，称为吸附水；另一部分存在于细胞腔和细胞间隙之间，称为自由水（游离水）。当吸附水达到饱和而尚无自由水时，称为纤维饱和点。木材的纤维饱和点因树种而异，一般为 23%～33%。当含水率大于纤维饱和点时，水分对木材性质的影响很小。当含水率自纤维饱和点降低时，木材的物理和力学性质随之变化。木材在大气中能吸收或蒸发水分，与周围空气的相对湿度和温度相适应而达到恒定的含水率，称为平衡含水率。木材平衡含水率随地区、季节及气候等因素而变化，一般为 10%～18%。

三、胀缩性

木材吸收水分后体积膨胀，丧失水分后体积收缩，这种特性称为木材的胀缩性。木材自纤维饱和点到炉干的干缩率，顺纹方向约为 0.1%，径向为 3%～6%，弦向为 6%～12%。径向和弦向干缩率的不同，是木材产生裂缝和翘曲的主要原因。

1.8.5 木材的力学性质

木材具有很好的力学性质，但木材是有机各向异性材料，顺纹方向与横纹方向的力学性质有很大差别。木材的顺纹抗拉和抗压强度均较高，但横纹抗拉和抗压强度均较低。木材强度还因树种而异，并受木材缺陷、荷载作用时间、含水率及温度等因素的影响，其中木材缺陷及荷载作用时间两者的影响最大。因木节尺寸和位置不同、受力性质（拉或压）不同，有节木材的强度比无节木材低 30%～60%。在荷载的长期作用下，木材的长期强度几乎仅为瞬时强度的 1/2。

1.8.6 木材的加工、处理和应用

除直接使用原木外，木材都加工成板方材或其他制品使用。使用前，为防止木材使用中发

生变形和开裂，通常板方材须经自然干燥或人工干燥。自然干燥是将木材堆垛进行气干。人工干燥主要采用干燥窑法，亦可用简易的烘、烤方法。干燥窑是一种装有循环空气设备的干燥室，能调节和控制空气的温度和湿度。经干燥窑干燥的木材质量好，含水率可达10%以下。使用过程中，易于腐朽的木材应事先进行防腐处理。通常，用胶合的方法能将板材胶合成为大构件，主要用于木结构、木桩等。此外，木材还可加工成胶合板、碎木板、纤维板等。

在古代，木材广泛应用于寺庙、宫殿、寺塔及民房建筑中。我国现存的古建筑中，最著名的有山西五台山佛光寺东大殿（建于公元857年）和山西应县木塔（建于公元1056年），塔高达67.31m。在现代土木建筑中，木材主要用于建造木结构、木桥、模板、电杆、枕木、门窗、家具和建筑装修等。

1.9 新型建筑材料

“新型建筑材料”这一概念的提出，在我国始于改革开放之初。而如何界定新型建筑材料所包含的内容，是一个比较复杂的问题。最后，经多方讨论后拟定为：除传统的砖、瓦、灰、砂、石外，其品种和功能处于增加、更新、完善状态的建筑材料均属于新型建筑材料。这就是说，新型建筑材料可以理解为既不是传统材料，也不是在花色品种和性能方面大致已经处于很少变化的材料。因此，新型建筑材料可以有以下定义：

（1）新型建筑材料实际上就是新品种的房建材料，既包括新出现的原料和制品，也包括原有材料的新制品。

（2）新型建筑材料一般指在建筑工程实践中已有成功应用，并且代表建筑材料发展方向的建筑材料。

（3）新型建筑材料是指最近发展或正在发展中的、有特殊功能和效用的一类建筑材料。它具有传统建筑材料从来没有或无法比拟的功能，具有比已使用的传统建筑材料更优异的性能。

（4）凡具有轻质、高强和多种功能的建筑材料，均属新型建筑材料。即使是传统建筑材料，为满足某种建筑功能需要而再复合或组合所制成的材料，也属于新型建筑材料。

经过20多年的发展，我国的新型建材工业已具备相当的规模和较为齐全的品种。随着社会主义市场经济体制的建立、城镇居民安居工程的实施，我国的新型建材工业必将得到更大的发展。

2 建筑工程

建筑是建筑物与构筑物的总称。建筑物是为了满足社会的需要，利用所掌握的物质技术手段，通过对空间的限定、组织而创造的人为的社会生活环境，主要是指供人们生活居住、工作学习、娱乐和从事生产的建筑（如住宅、教学楼、办公楼、厂房或体育馆、影剧院等）；构筑物是指人们一般不直接在内进行生产和生活的建筑，如烟囱、水塔、桥梁、挡土墙、堤坝等。

建筑工程是土木工程学科中最具代表性的分支，它所涉及的主要对象是房屋建筑。建筑工程是指通过对各类房屋建筑及其附属设施的建造和与其配套的线路、管道、设备的安装活动所形成的工程实体。建筑工程在满足建筑物各项功能要求的前提下，还必须综合运用相关的技术，并且综合考虑结构的安全性和耐久性能，同时做到技术条件先进、合理降低造价等。

2.1 建筑的分类

建筑的分类方法很多。可以按建筑的使用性质、建筑的层数进行分类，也可以按建筑结构采用的材料等进行分类。人们往往根据不同的习惯或不同的需要，采用不同的分类方法。

2.1.1 按建筑的使用性质分

建筑按使用性质分，通常可分为生产性建筑和非生产性建筑两大类。其中，生产性建筑主要提供工农业生产所用的建筑物，根据其生产内容的不同，又可划分为工业建筑和农业建筑等；非生产性建筑统称为民用建筑，又分为居住建筑和公共建筑两类。

（1）工业建筑。工业建筑是指供人们进行工业生产用的各类建筑物与构筑物。

（2）农业建筑。农业建筑主要是指从事农业生产用的建筑，如暖棚、畜牧场、大型养鸡场、粮食和饮料加工厂等。

（3）居住建筑。居住建筑主要是指提供家庭和集体生活起居用的建筑物，如住宅、宿舍、别墅和公寓等。这类建筑的内部房间尺寸较小，但使用布局却十分重要，对朝向、采光、隔热、隔声等建筑技术问题有较高要求。

（4）公共建筑。公共建筑主要是指提供人们进行各种政治、经济、文化、娱乐、休闲等社会活动用的建筑物。它是人群聚集的场所，室内空间要求较大，对使用功能及其设施的要求较高。

2.1.2 按建筑的层数分

房屋层数是指房屋的自然层数，一般按室内地坪±0.000 以上计算；采光窗在室外地坪以上的半地下室，其室内层高在 2.20m 以上（不含 2.20m）的，计算自然层数。假层、附层（夹层）、插层、阁楼（暗楼）、装饰性塔楼，以及突出屋面的楼梯间、水箱间不计层数。地下室是指房屋全部或者部分在室外地坪以下的部分（包括层高在 2.2m 以下的半地下室）。房屋总层数为房屋地上层数与地下层数之和。

GB 50353—2005《民用建筑设计通则》中按地上层数或高度对民用建筑进行分类。

住宅建筑按层数分类：1～3 层为低层住宅，4～6 层为多层住宅，7～9 层为中高层住宅，10 层及以上为高层住宅。

公共建筑及综合性建筑总高度超过 24m 的建筑为高层建筑（但不包括高度超过 24m 的单层建筑）。

建筑物高度超过 100m 时，不论是住宅建筑还是公共建筑，均称为超高层建筑。

建筑物按层数进行划分，主要是依据我国现行的防火设计规范以及结构设计方法的不同而定的。世界各国对高层建筑界限的界定不尽相同。

2.1.3 按建筑承重结构采用的材料分

按建筑承重结构采用的材料分，可分为木结构、砌体结构、钢筋混凝土结构、钢结构和钢—混凝土组合结构等。

（1）木结构。由木材（原木、方木和板材）或主要由木材组成的承重结构称为木结构。由于木材产量受到自然生长条件的限制，资源有限，因此目前在大、中城市的建设中已严禁采用木结构。

（2）砌体结构。由块体和砂浆砌筑而成的整体材料称为砌体，由砌体材料为主要承重材料建造而成的结构称为砌体结构。

（3）钢筋混凝土结构。钢筋混凝土结构是由钢筋和混凝土两种物理、力学性能不相同的材料结合成整体共同受力的工程结构。钢筋混凝土结构主要包括普通钢筋混凝土结构、钢骨混凝土结构、钢管混凝土结构和预应力混凝土结构。其中，钢筋混凝土结构和预应力混凝土结构在工程中应用最多。

（4）钢结构。钢结构是用各种型钢通过连接建造而成的工程结构。该结构具有力学性能好、强度高、自重轻、便于制作和安装、施工工期短等优点，目前主要用于建造超高层建筑、大跨度建筑、高耸构筑物和重型厂房。

（5）钢—混凝土组合结构。钢—混凝土组合结构是指建筑物的承重构件部分为钢构件，部分为钢筋混凝土构件，或承重构件（如梁、板、柱等）的同一截面内有混凝土和型钢或钢管同时存在，依靠交互作用或材料的黏结作用协同工作的结构。目前这种结构在工程中的应用十分广泛。

2.2 建筑的组成

房屋建筑尽管其使用功能不同、结构不同，所用材料和做法上各有差别，但通常都是由基础、墙或柱、楼地层、楼（电）梯、屋顶和门窗六大部分组成，见图 2-1。各组成部分所处的部位不同，发挥着不同的作用。

2.2.1 基础

基础是位于建筑最下部的垂直承重构件，埋在自然地面以下，起着承受建筑的全部荷载，并将荷载传给地基的作用。地基就是基础下面承受建筑全部荷载的土层。基础必须具有足够的强度和稳定性，并能抵御地下水、冰冻等因素的侵蚀影响。基础埋深一般不得浅于 0.5m。

按构造形式的不同，基础一般分为扩展基础、柱下条形基础、柱下交叉条形基础、筏形基础、箱形基础和桩基础等。基础的类型必须根据建筑的特点和工程地质条件等情况进行选择。

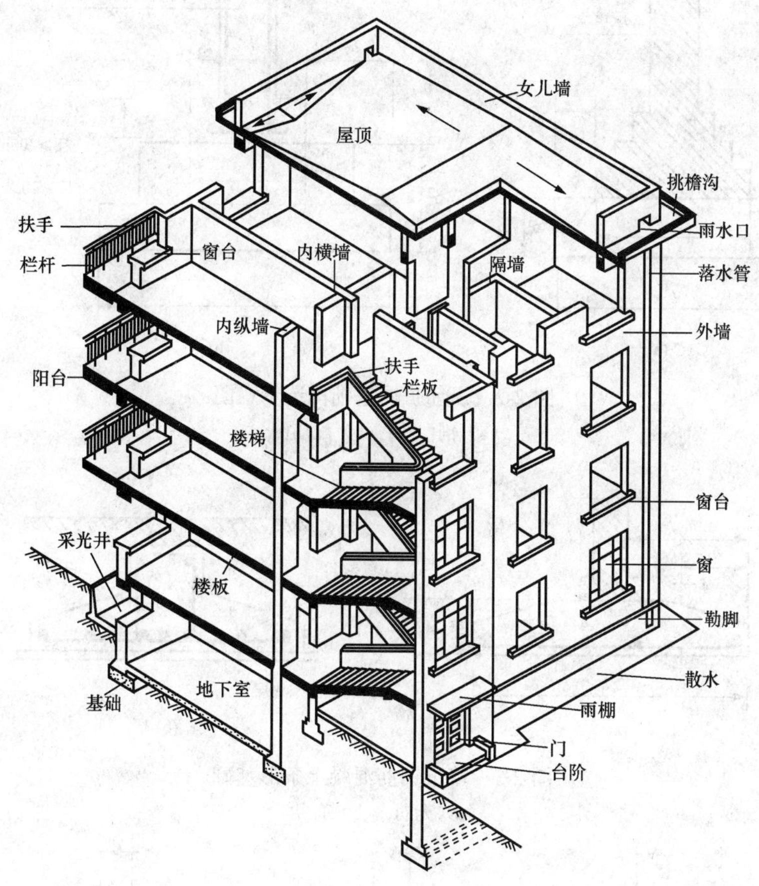

图 2-1 建筑的组成

一、扩展基础

墙下条形基础和柱下独立基础（单独基础）统称为扩展基础。扩展基础的作用是把墙或柱的荷载侧向扩展到土中，使之满足地基承载力和变形的要求。扩展基础包括无筋扩展基础和钢筋混凝土扩展基础。

（一）无筋扩展基础

无筋扩展基础是指由砖、毛石、混凝土或毛石混凝土、灰土和三合土等材料组成的无须配置钢筋的墙下条形基础或柱下独立基础，其构造见图 2-2。无筋扩展基础的材料都具有较好的抗压性能，但抗拉、抗剪强度都不高；为了使基础内产生的拉应力和剪应力不超过相应的材料强度设计值，设计时需要加大基础的高度。因此，这种基础几乎不发生挠曲变形，所以习惯上把无筋扩展基础称为刚性基础。无筋扩展基础适用于多层民用建筑和轻型厂房。

（二）钢筋混凝土扩展基础

钢筋混凝土扩展基础通常简称为扩展基础，是指墙下钢筋混凝土条形基础和柱下钢筋混凝土独立基础，分别见图 2-3 和图 2-4。这类基础的抗弯和抗剪性能良好，可在竖向荷载较大、地基承载力不高以及承受水平力和弯矩作用等情况下使用。与无筋扩展基础相比，扩展基础高度较小，因此更适宜在基础埋置深度较小时使用。

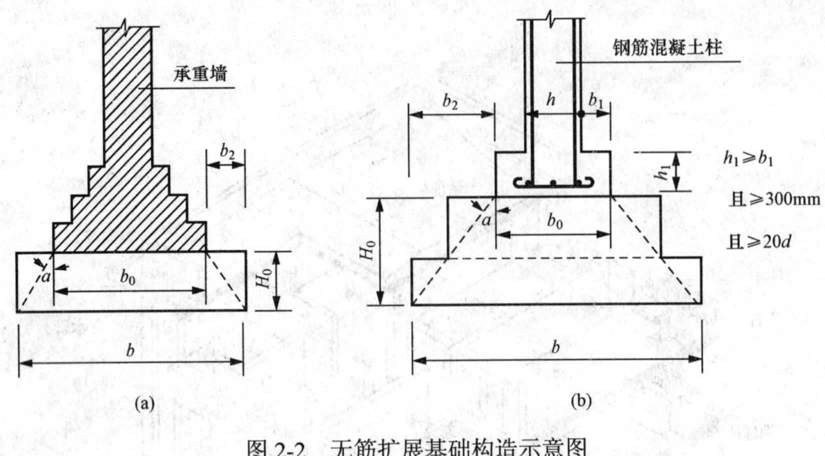

图 2-2　无筋扩展基础构造示意图

（a）剖面图；（b）配筋图

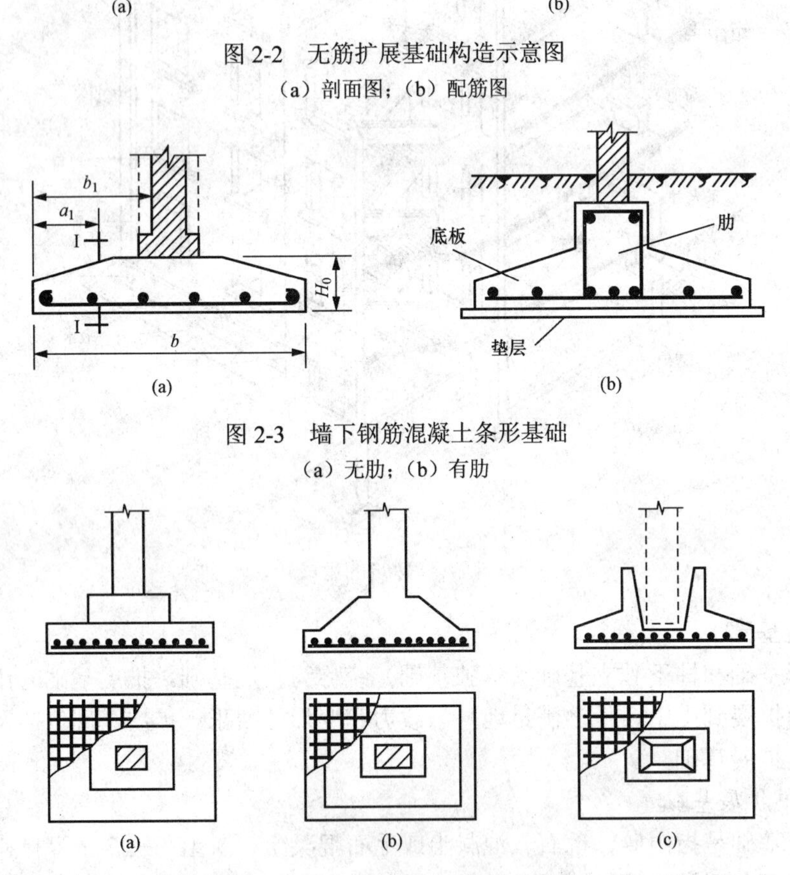

图 2-3　墙下钢筋混凝土条形基础

（a）无肋；（b）有肋

图 2-4　柱下钢筋混凝土独立基础

（a）阶形基础；（b）锥形基础；（c）杯口基础

二、柱下条形基础

当地基较为软弱、柱荷载或地基压缩性分布不均匀，以至于采用扩展基础可能产生较大的不均匀沉降时，若采用柱下独立基础，基础底面积可能很大，从而使基础边缘互相接近甚至重叠。为增加基础的整体性并方便施工，常将同一方向（或同一轴线）上若干柱子的基础连成一体而形成柱下条形基础，见图 2-5。柱下条形基础的抗弯刚度较大，因而具有调整不均匀沉降的能力，并能将所承受的集中柱荷载较均匀地分布到整个基底面积上。柱下条形基础是常用于软弱地基上框架或排架结构的一种基础形式。

三、柱下交叉条形基础

当荷载较大，采用柱下钢筋混凝土条形基础不能满足地基基础设计要求时，可采用十字交叉钢筋混凝土条形基础，即柱下交叉条形基础，见图 2-6。这种基础在纵横两向上都具有一定的刚度，当地基较软且在两个方向的荷载和土质不均匀时，柱下交叉条形基础具有良好的调整不均匀沉降的能力。

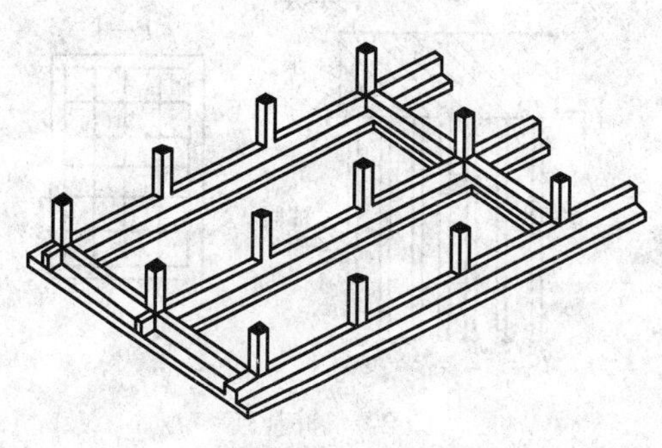

图 2-5 柱下条形基础

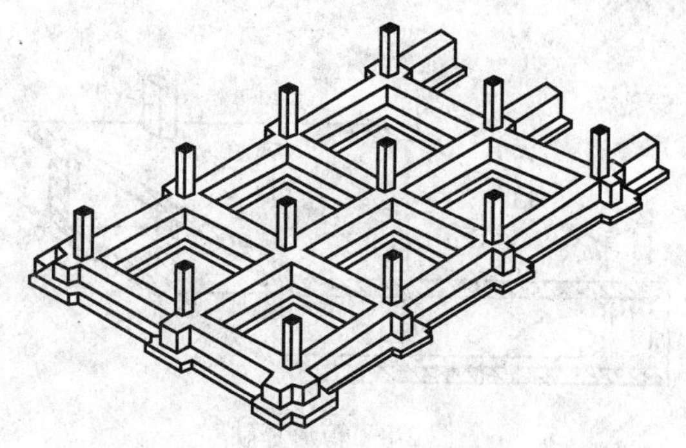

图 2-6 柱下交叉条形基础

四、筏形基础

筏形基础亦称片筏基础或筏板基础。当建筑上部荷载较大而地基承载能力又较弱时，用简单的独立基础或条形基础已不能适应地基变形的需要。这时常将墙或柱下基础连成一片，使整个建筑的荷载承受在一块整板上，这种满堂式的板式基础即称筏形基础（见图 2-7）。筏形基础由于其底面积大，故可减小基底压力，同时也可提高地基土的承载力，并能更有效地增强基础的整体性，调整不均匀沉降。

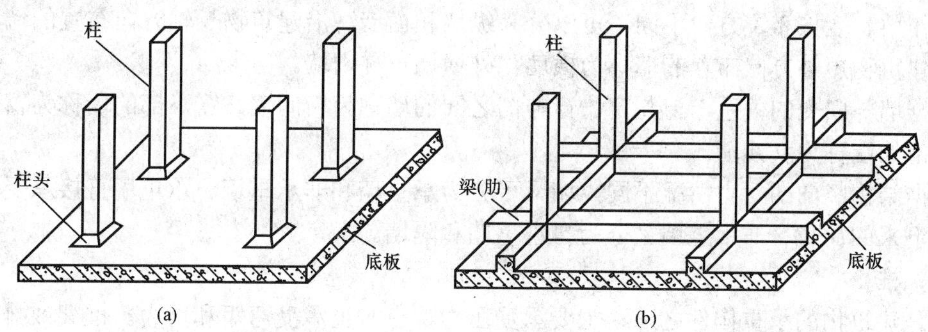

图 2-7 筏形基础

（a）平板式；（b）梁板式

五、箱形基础

箱形基础是由钢筋混凝土的底板、顶板、外墙和内隔墙组成的具有一定高度的整体空间结构（见图 2-8），适用于软弱地基上的高层、重型或对不均匀沉降有严格要求的建筑物。箱形基础具有比筏形基础更大的空间刚度和抵抗不均匀沉降的能力。此外，箱形基础的抗震性能好，且基础顶板与底板之间的空间可作为地下室使用。但是，箱形基础的材料用量大、造价高、施工技术复杂，尤其是进行深基坑开挖时，需要考虑可能遇到的各种问题，因此，选型时应进行方案比较后谨慎选择。

六、桩基础

桩基础是由桩和连接于桩顶的承台共同组成的一种深基础（见图 2-9），其应用较为广泛。当浅层地基上不能满足建筑物对地基承载力和变形的要求，而又不适宜采取地基处理措施时，就要考虑采用以下部坚实土层或岩层作为持力层的深基础。

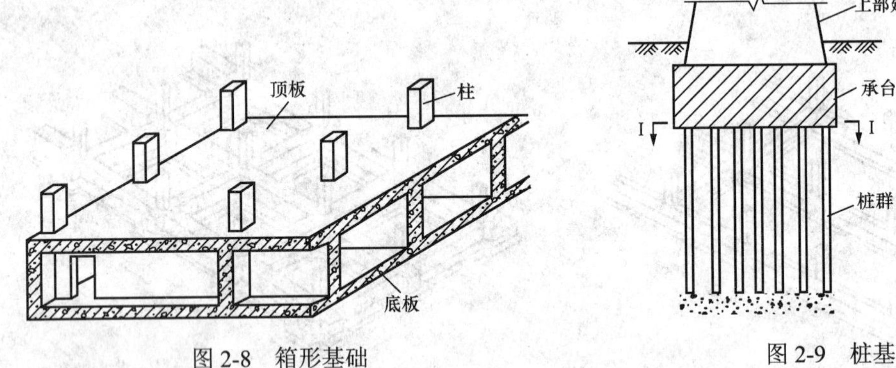

图 2-8 箱形基础

图 2-9 桩基础

2.2.2 墙或柱

一、墙

墙是建筑物的承重构件和围护构件。墙应具有足够的强度和稳定性，要有保温、隔热、防水、防火、耐久及经济等性能，并且要适应工业化的发展要求。

墙按所处的位置不同，可以分为外墙和内墙。外墙位于房屋的四周，也称外围护墙；内墙位于房屋内部。作为承重构件的外墙，其作用是抵御自然界各种因素对室内的侵袭；内墙主要起分隔空间及保证舒适环境的作用。框架或排架结构的建筑物中，柱起承重作用，墙仅起围护作用。墙按布置方向不同，可以分为纵墙和横墙。沿建筑物长轴方向布置的墙称为纵墙；沿建筑物短轴方向布置的墙称为横墙，外横墙也称山墙。

根据墙与门窗的关系，窗与窗、窗与门之间的墙称为窗间墙，窗下部的墙称为窗下墙，屋顶上部的墙称为女儿墙。

根据结构竖向的受力情况不同，墙又可分为承重墙和非承重墙。承重墙直接承受楼板及屋顶传下来的荷载。非承重墙又分为自承重墙和隔墙。

二、柱

柱是建筑物的承重构件之一，主要承受压力，有时也承受弯矩和剪力。框架或排架结构的建筑物中，柱是独立支承结构的竖向构件，主要承受梁和板传来的荷载。柱按截面形式不同，可分为方柱、矩形柱、圆柱、工字形柱、十字形柱、双肢柱等；按所用材料不同，可分为石柱、砖柱、钢筋混凝土柱、钢柱、钢管混凝土柱、劲性混凝土柱等；按轴向压力作用位置不同，可分为轴心受压柱和偏心受压柱。

2.2.3 楼地层

楼地层是指建筑物的楼层和地坪层，是水平承重、分隔构件。楼层将房屋从高度方向分隔成若干层，承受着家具、设备、人体荷载及自重，并将这些荷载传给墙或柱。在砖混结构中，楼板通常支撑在墙体上，对墙体起着水平支撑的作用，从而增强了建筑物的刚度和稳定性。楼板除应具有足够的强度和刚度外，还应具有隔声、防潮、防水等性能。地坪层是底层房间与地基土层相接的构件，起承受底层房间荷载的作用。地坪应具有耐磨、防潮、防水、防尘和保温的性能。

2.2.4 楼（电）梯

楼（电）梯是联系建筑物上下各层的垂直交通设施，供人们上下楼层和紧急疏散之用，故要求具有足够的通行能力，并且防滑、防火，能保证安全使用。楼梯一般由楼梯段、休息平台、楼梯栏杆或栏板及扶手组成。室内通常设置主要楼梯和辅助楼梯，室外则设置安全楼梯和消防楼梯。电梯由机房、井道、轿厢三大部分组成。自动扶梯是一种特殊的电梯，由电动机械牵动，梯级踏步连同扶手同步运行，可以提升或下降；当机械停止运转时，可作为普通楼梯使用。

2.2.5 屋顶

屋顶是建筑物顶部的围护和承重构件，既可抵抗风、雨、雪霜、冰雹等的侵袭和太阳辐射热的影响，又可承受风雪荷载及施工、检修等屋顶荷载，并将这些荷载传给墙或柱。因此，屋顶应具有足够的强度、刚度及防水、保温、隔热等性能。屋顶的形式往往对建筑物的形态起着非常重要的作用。根据不同的屋面材料和承重结构形式，屋顶可分为平屋顶、坡屋顶、曲面屋顶和多波式折板屋顶四大类。

2.2.6 门窗

门和窗均属非承重构件，也称为配件。门的主要作用是满足水平交通、分隔房间的需要，有时还可采光和通风。窗的主要作用是采光和通风；处于外墙上的门窗又是围护构件的一部分，应满足热工及防水的要求。某些有特殊要求的房间，门、窗均应具有保温、隔声和防火的功能。

一般的房屋建筑除包括上述主要组成部分以外，还有一些附属的组成部分。这些附属部分是房屋本身所必需的构（配）件，为人们使用房屋创造有利条件，如阳台、垃圾道、散水、明沟、台阶、雨棚等。

2.3 建 筑 结 构

2.3.1 建筑结构的概念

建筑结构是形成一定空间及造型，并具有承受人为和自然界施加于建筑物的各种荷载作用，使建筑物得以安全使用的骨架，是建筑物得以存在的基础。

建筑结构的功能，首先是骨架所形成的空间能很好地为人类生活与生产服务，并满足人类对美观的需求，为此，需选择合理的结构形式；其次，应合理选择结构的材料和受力体系，充分发挥所用材料的作用，使结构具有抵御自然界各种作用的能力，如结构自重、使用荷载、风荷载和地震作用等。

此外，建筑结构必须适应当时、当地的环境，与施工方法有机结合。因为任何建筑工程都将受到政治、经济、文化、科技和法规等因素的制约，任何建筑结构都是靠合理的施工技术来实现的。所以，优秀的建筑结构应具有以下特点：

（1）在应用上，要满足空间和功能的需求。

（2）在安全上，要符合承载力和耐久性的需要。

（3）在技术上，要体现科技和工程的新发展。

（4）在造型上，要与建筑艺术融为一体。

（5）在建造上，要合理用材，并与施工实际相结合。

2.3.2 建筑结构设计与建筑设计的关系

建筑结构作为建筑物的基本受力骨架而形成人类活动的空间，以满足人类的生产、生活需求及对建筑物美观的要求。结构是建筑物赖以存在的物质基础。无论是工业建筑、居住建筑、公共建筑还是某些特种构筑物，都必须承受自重和外部荷载作用（如活荷载、风荷载、雪荷载和地震作用等）、变形作用（温度变化引起的变形、地基沉降、结构材料的收缩和徐变变形等）以及环境作用（阳光、雷雨和大气污染作用等）。结构失效将带来生命和财产的巨大损失。因此，建筑结构设计是建筑的三大构成要素中建筑技术的组成内容，主要解决支撑体系问题，处于服务地位，是保证房屋安全的重要手段。结构设计由注册结构工程师完成。

建筑设计一般分为三个阶段，即方案设计阶段、初步设计阶段和施工图设计阶段。建筑设计是解决建筑功能、适用和美观的问题，处于先行与主导地位，由注册建筑师完成。建筑师在建筑设计过程中应充分考虑如何更好地满足结构最基本的功能要求。

建筑设计必须和结构设计有机结合起来，只有真正符合结构逻辑的建筑才具有真实的表现力和实际的可行性，富有建筑的个性。在设计过程中，各专业要密切配合，互相协调，不断修改完善，以满足建筑、结构、设备等各方面的要求。建筑师应全面了解各种结构形式的基本力学特点及其适用范围，并尽可能熟练地掌握。这样，建筑师不仅与结构工程师有了共同语言，而且在创作建筑空间时，还能主动考虑并建议最适宜的结构体系，并使之与建筑形象融合起来。也只有这样，建筑师在设计领域里才能比较自由地进行创造。一栋成功的建筑是建筑师、结构工程师、设备工程师等许多专业人员创造性合作的产物，其中各专业相互渗透、密切配合是十分重要的。

2.3.3 建筑结构的类型及选型原则

一、建筑结构的类型

（1）按建筑材料划分，常见的建筑结构有木结构、砌体结构、钢筋混凝土结构、钢结构等。

（2）按建筑主体的结构形式划分，常见的建筑结构有混合结构、排架结构、框架结构、剪力墙结构、框架—剪力墙结构、简体结构、巨型框架结构、网架结构、门式刚架结构、拱结构、悬索结构、膜结构等。

二、结构选型原则

建筑结构的结构选型就是选择合理的结构方案，是一项综合性很强的技术工作，一般要考虑下列因素：

（1）要满足建筑的使用功能和结构功能。各类房屋都有对结构的特定要求，因此应在满足使用功能的情况下，保证建筑结构的功能要求，即可靠度要求。对于某些公共建筑，其功能有视听要求。例如，体育馆为保证较好的视觉效果，比赛大厅内不能设柱，而必须采用大跨度结构；大型超市为满足购物的需要，室内空间具有流动性和灵活性，所以应采用框架结构。

（2）当地建筑材料的供应情况。结构造型与材料的关系十分密切，各种材料均有其最佳的结构形式，考虑结构材料必须因地制宜。例如，砌体结构所用材料多为就地取材，施工简单，适用于低层、多层建筑。当钢材供应紧缺或钢材加工、施工技术不完善时，不可大量采用钢结构。

（3）现场地形、地质及自然气候条件。地形、地质条件对结构选型有较大的影响，考虑不周将会造成难以弥补的损失。风、雪、气温，特别是地震对结构选型也有很大影响，必须综合考虑。

（4）施工技术条件。不同的结构形式对施工技术有不同的要求，如果脱离施工技术条件，就不可能实现结构技术方案。

（5）技术经济指标。这是选择结构方案的重要因素之一，但不能片面强调经济指标而忽视结构可靠度。应在保证结构可靠度的前提下，最大限度地取得良好的经济效果，并考虑工程建成后的结构维护费用。

（6）力求先进。根据需要和可能，注意选用行之有效的新结构、新材料、新工艺和新技术，但应符合国家现行的建筑工程建设标准和设计规范。

总之，结构选型要做到可靠适用、经济合理、技术先进、施工方便、切实可行。选择合理的结构方案是十分重要的。在结构方案和结构整体布置确定后，才能进行结构构件的设计。

2.3.4 常见的建筑结构类型

一、砌体结构

砌体结构是由块体和砂浆砌筑而成的墙、柱作为建筑物主要受力构件的结构，是砖砌体、砌块砌体和石砌体结构的统称。在这类房屋中，砖砌体、石砌体或砌块砌体为竖向承重构件（如墙、柱、基础等），钢筋混凝土梁板为水平方向的承重构件（如楼板、屋面、楼梯、阳台等）。由于在同一房屋结构体系中采用了砖石和钢筋混凝土两种不同的材料组成承重结构，故也称混合结构。其中，采用砖砌体的情况较为常见，俗称砖混结构。

（一）砌体结构的优缺点

砌体结构的优点主要体现在以下几个方面：

（1）原材料来源广泛，就地取材容易，在农村丘陵地区可以就地烧制黏土砖；在山区可以就地开采石料；煤矸石、粉煤灰、页岩等工业废料用来生产砌块，不仅可以降低造价，还有利于保护环境。

（2）砌体结构具有良好的耐火性和耐久性。一般情况下，烧结砖砌体可耐受400℃左右的高温。砌体具有较好的化学稳定性和大气稳定性，可满足预期耐久性要求，使用年限长。

（3）砌体结构具有良好的保温、隔热和隔音性能，节能效果明显，特别适用于建造住宅、办公楼等民用房屋。

（4）砌体结构的施工设备和方法较简单，不需要模板和特殊的施工设备，施工的适应性较强。新铺砌体即可承受一定的荷载，因而可以连续施工。在寒冷的冬季，还可以采用冻结法施工，无须采取特殊的保温措施。采用大型砌块或板材作墙体时，可以加快施工进度，进行工业化生产和施工。

（5）砌体结构节约水泥、钢材和木材，可以降低房屋造价。

除上述优点外，砌体结构也存在以下缺点：

（1）砖石砌体的强度相对较低，一般需要采用较大截面的构件，材料用量多、自重大（在一般的砖混住宅中，砖墙自重可占建筑总自重的 50%）。因此，应加强轻质、高强砌体材料的研究，以减小截面尺寸，减轻结构自重。

（2）砌筑砂浆和砖、石、砌块之间的黏结力较弱，无筋砌体的抗拉、抗弯及抗剪强度低，房屋的整体性差，不利于结构抗震。因此，应研制推广高黏结性砂浆，必要时采用配筋砌体，并加强抗震和抗裂的构造措施。

（3）砖砌体结构的黏土砖用量很大，往往占用农田，影响农业生产，污染环境，浪费能源。据统计，全国每年生产黏土砖上千亿块，毁坏农田近 10 万亩（约 6670 万 m^2），使我国人口多、耕地少的矛盾更加突出。所以，应加强以工业废料和地方性材料代替黏土砖的研究与应用，同时也可改善环境污染状况。

（4）砌体结构砌筑工作繁重，难以采用机械替代手工操作，施工条件差（在一般砖混结构中，砌砖用工量可占总用工量的 25%以上）。因此，有必要进一步推广砌块、混凝土空心墙板等工业化施工方法，以逐步克服这一缺点。

（二）砌体结构材料

砌体结构所用的块材主要有砖、石及砌块三大类。

砖包括烧结普通砖（见图 2-10）、烧结多孔砖（见图 2-11）和非烧结硅酸盐砖（见图 2-12）。

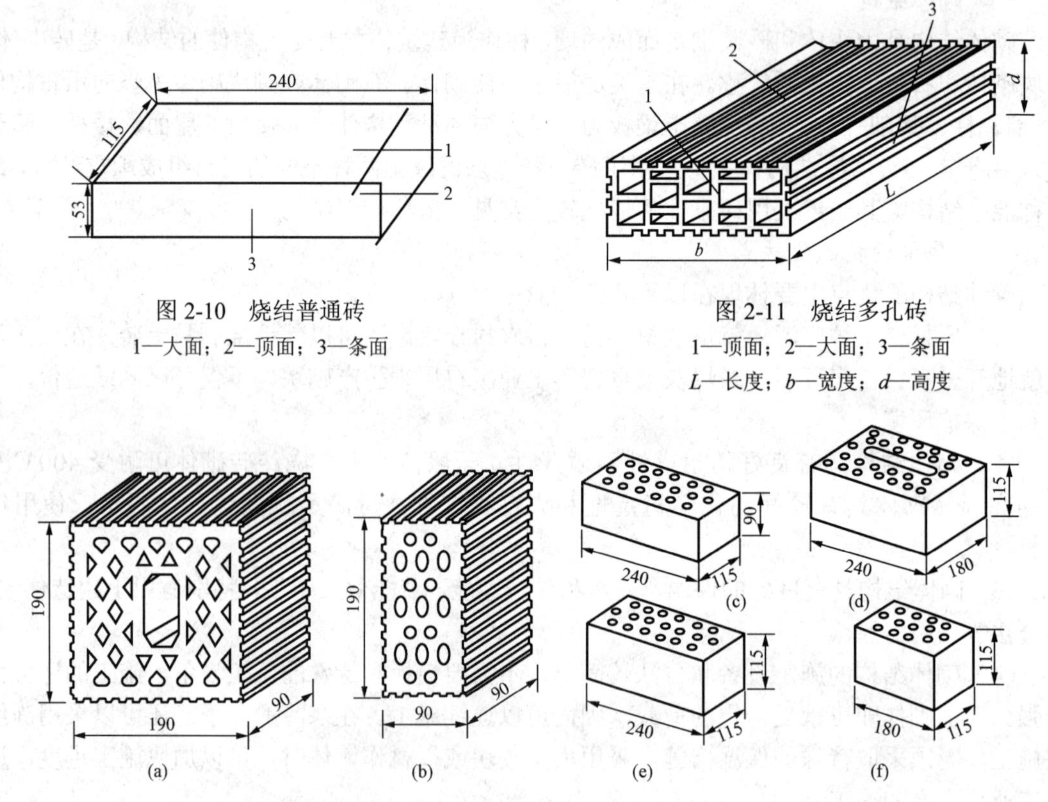

图 2-10 烧结普通砖

1—大面；2—顶面；3—条面

图 2-11 烧结多孔砖

1—顶面；2—大面；3—条面

L—长度；b—宽度；d—高度

图 2-12 几种非烧结硅酸盐砖的规格和孔洞形式

（a）KM1 型；（b）KM1 型配砖；（c）KP1 型；（d）KP2 型；（e）、（f）KP2 型配砖

用作承重砌体的石材主要来源于重质岩石和轻质岩石。石材按其加工之后的外形规格程度，可分为料石和毛石两种。料石又可分为细料石、半细料石、粗料石和毛料石。

砌块按尺寸大小可分为小型、中型和大型三种如图 2-13 所示。

（三）砌体结构的类型

根据砌体的受力性能不同，砌体结构可分为无筋砌体结构和配筋砌体结构两大类。

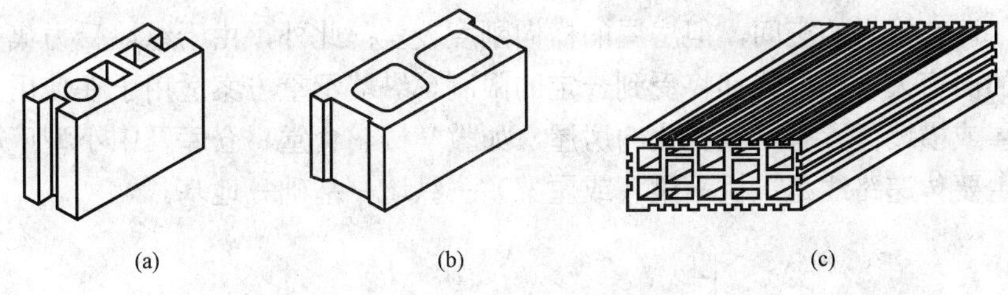

图 2-13 砌块材料

（a）混凝土中型空心砌块；（b）混凝土小型空心砌块；（c）烧结空心砌块

（1）无筋砌体结构。常用的无筋砌体结构有砖砌体结构、砌块砌体结构和石砌体结构。

（2）配筋砌体结构。配筋砌体结构是由配置钢筋的砌体作为主要受力构件的结构，即通过配筋使钢筋在受力过程中达到屈服强度的砌体结构。国内外普遍认为，配筋砌体结构构件的竖向和水平方向的配筋率均不应小于 0.07%，配筋混凝土砌块砌体剪力墙具有和钢筋混凝土剪力墙类似的受力性能。配筋砌体可提高强度，减小构件截面尺寸，加强结构整体性，增加结构延展性，从而改善结构的抗震能力，扩大砌体结构的应用范围。

在我国得到广泛应用的配筋砌体结构有组合砖砌体构件、配筋混凝土砌块砌体构件和网状配筋砖砌体构件三类，见图 2-14～图 2-16。

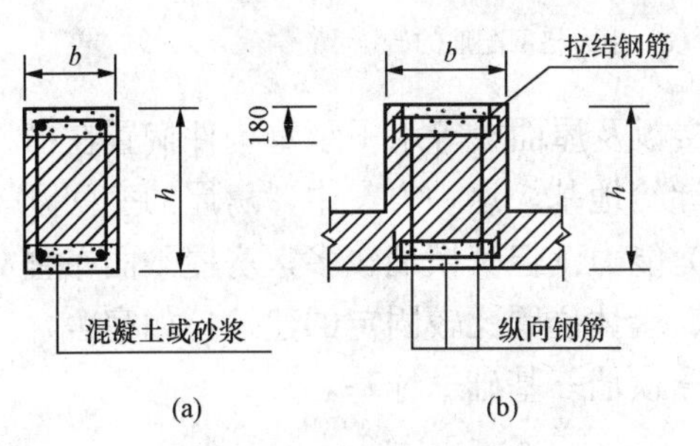

图 2-14 组合砖砌体

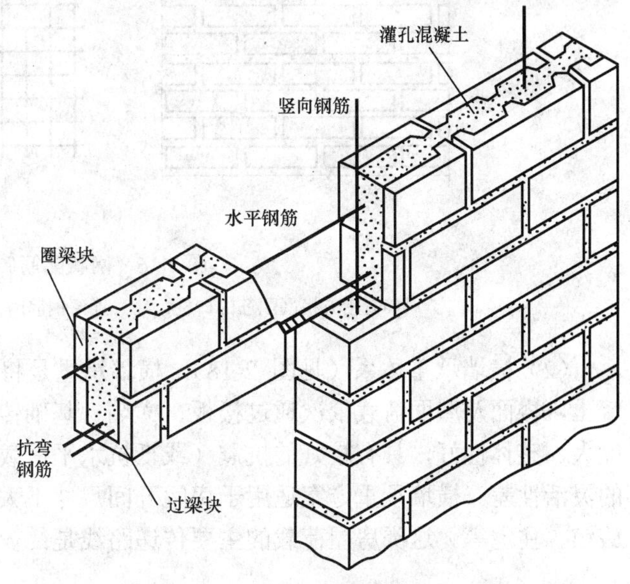

图 2-15 配筋混凝土砌块砌体

（四）砌体结构的承重体系

在砌体结构房屋中，由梁、板、屋架等构件组成的楼盖或屋盖是建筑水平方向的承重结构，而墙和柱则是建筑竖直方向的承重结构。使用荷载作用在楼盖或屋盖上，然后由墙和柱逐层往下传递直至基础。墙体既是建筑物的主要承重结构，又是围护结构。不同用途的建筑物，建筑平面设计时必须根据使用要求考虑房间的布局和大小。但是，从结构的承重体系来看，按房屋竖向荷载传递路线的不同，可以划分为五种不同类型，即纵墙承重体系，横墙承重体系，纵、横墙承重体系，内框架承重体系及底部框架上部砌体结构承重体系。

（1）纵墙承重体系（见图 2-17）。纵墙承重是将楼板及屋面板等水平承重构件均搁置在纵墙上，横墙只起分隔空间和连接纵墙的作用。这种方案中，房屋由于横墙数量少，平面布置比较灵活，可有较大的空间，但房屋的横向刚度较差；此外，由于纵墙受力集中，因此在纵墙上开设的门窗大小和位置都将受到一定的限制。纵墙承重方案适用于在使用上要求有较大空间的房屋或横墙位置有可能变化的房屋，如教学楼、食堂、仓库及中小型厂房等。这类房屋荷载的主要传递路线是：板→梁（或屋架）→纵墙→基础→地基。

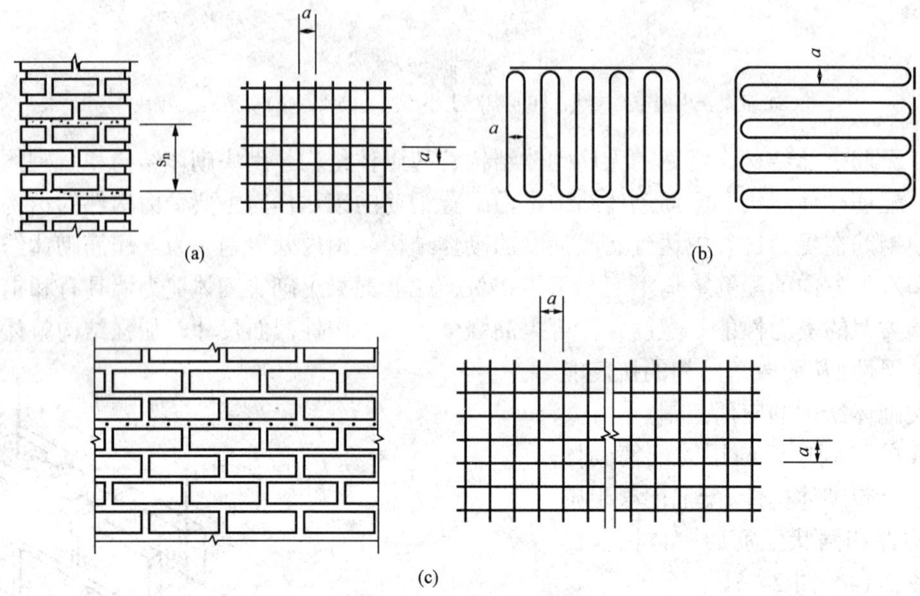

图 2-16 网状配筋砖砌体

（a）用方格网配筋的砖柱；（b）连弯钢筋网；（c）用方格网配筋的砖墙

（2）横墙承重体系（见图 2-18）。横墙承重是将楼板及屋面板等水平承重构件搁置在横墙上，楼面及屋面荷载依次通过楼板、横墙、基础传递给地基。这种方案中，房屋的空间刚度大、整体性好，具有较好的抗震（或抵抗水平荷载）能力；但其横墙较多，房屋平面布置的灵活性差。横墙承重方案适用于房间开间尺寸不大、墙体位置比较固定的建筑，如宿舍、旅馆、住宅等。这类房屋荷载的主要传递路线是：板→横墙→基础→地基。

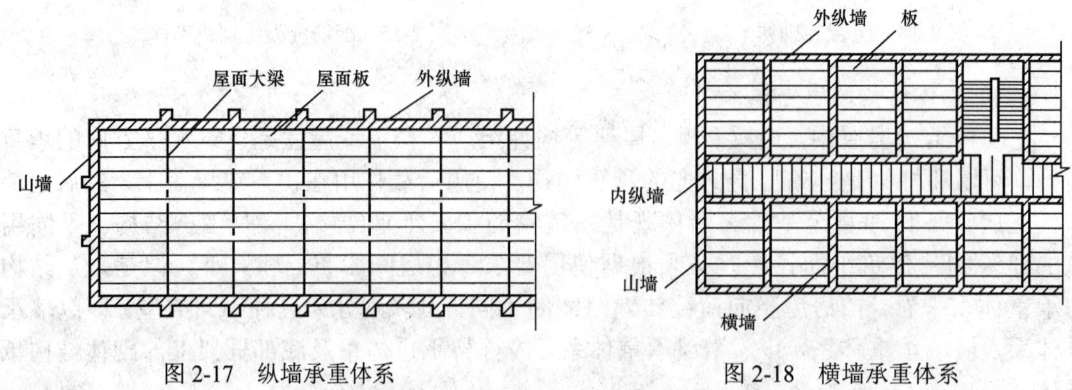

图 2-17 纵墙承重体系　　图 2-18 横墙承重体系

（3）纵、横墙承重体系（见图 2-19）。纵、横墙承重方案的承重墙体由纵、横两个方向的墙体组成。纵、横墙承重结构的房屋沿纵、横向刚度均较大，房屋的空间刚度和整体性都较好，具有较强的抗风和抗震能力。同时，房间平面布置也比较灵活，但墙体用料较多，一般适用于房间开间、进深变化较多的建筑，如医院、幼儿园、教学楼、办公楼等。这类房屋荷载的主要传递路线是：板 → 横墙 → 基础 → 地基；板 → 梁 → 内、外纵墙 → 基础 → 地基。

（4）内框架承重体系（见图 2-20）。内框架承重体系是由房屋内部的钢筋混凝土框架和外部砖墙、柱构成的结构布置方案。由于这种结构方案没有内墙，因此房屋内部在使用上可获得较大的空间，平面布置灵活，易满足使用要求。此外，由于横墙数量较少，房屋的空间刚度较差。内框架承重体系适用于室内需要大空间的建筑，如大型商店、餐厅等。这类房屋荷载的主要传递路线是：板 → 梁 → 外纵墙（柱）→ 外墙（柱）基 → 地基；板 → 梁 → 柱 → 柱基 → 地基。

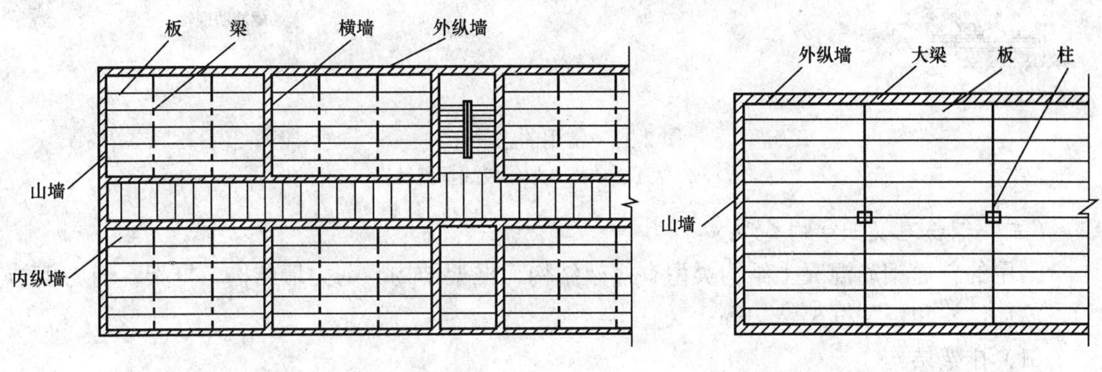

图 2-19　纵、横墙承重体系　　　　图 2-20　内框架承重体系

（5）底部框架上部砌体结构承重体系。在城镇的临街建筑，往往被建成底部为商业用房、上部为居住用房的多层楼房，即所谓的商住楼。这类房屋的底部一层或两层用作商场，要求较大的空间；上部几层用于住宅，房间相对较小，层高也相对较低。为满足这种使用要求，常采用钢筋混凝土框架建造底部一层或两层商业用房，而上部几层住宅仍采用砌体结构，形成所谓的底框结构。底框结构是由两种承重体系和抗侧力体系组成，上部几层为砖墙承重，纵、横墙间距较小，具有一定的承载能力，各层抗侧移刚度通常也较大，但变形和耗能能力较差；底部一层或两层框架具有较好的承载能力、变形和耗能能力。由于框架间距一般较大，其抗侧移刚度比上部砖墙小得多，这样，房屋刚度沿高度方向会有一个突变，形成上刚下柔的结构，这对抗震来说是不利的。

以上是从大量的实际工程中总结概括出的砌体结构的几种主要承重体系，应用时可根据建筑物的具体使用要求，以及场地地质、材料供应、施工条件，通过设计方案阶段的经济技术比较，合理选择结构的布置与承重方案。

二、钢筋混凝土结构

（一）钢筋混凝土结构的优缺点

钢筋混凝土结构的优点是：取材容易、节约钢材、耐火性和耐久性好、可塑性好、整体性好；缺点是：自重大、抗裂性差、承载能力有限、施工复杂、钢筋混凝土结构破坏后的修复（加固、补强）比较困难。

（二）钢筋混凝土结构的主要材料

（1）混凝土。普通混凝土是由水泥、砂子、石子三种材料和水按一定的配合比拌和，经过凝固硬化后形成的人工石材。

（2）钢筋。建筑工程使用的钢筋需具有较高的强度和良好的塑性，便于加工和焊接，并应与混凝土之间具有足够的黏结力，见图 2-21。

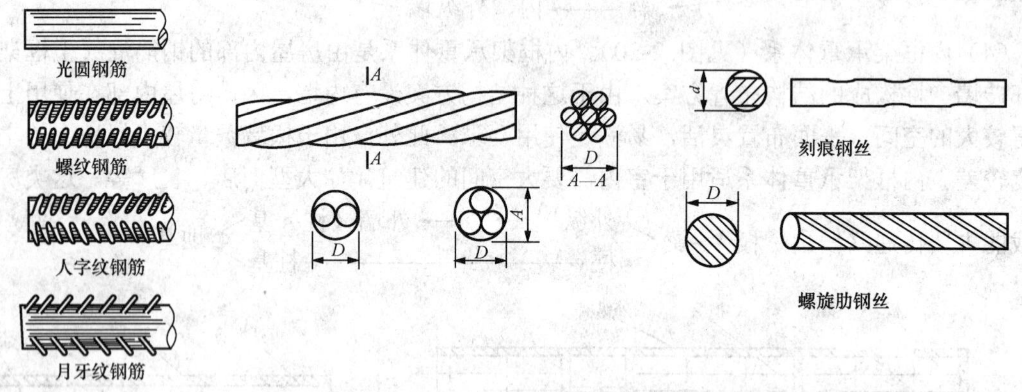

图 2-21　常用的钢筋品种

D—公称直径；*A*—3 股钢绞线量测尺寸

（三）钢筋混凝土结构类型

常用的普通钢筋混凝土结构类型有排架结构、框架结构、剪力墙结构、框架—剪力墙结构、筒体结构和巨型框架结构等。

（1）排架结构。

1）排架结构的特点。排架结构一般由预制的钢筋混凝土屋架、起重机梁、柱及基础等构件组成，是单层工业厂房中采用较多的一种基本结构形式。

2）排架结构的类型。钢筋混凝土排架结构由屋架或屋面梁、柱和基础组成。柱头与屋架铰接，柱下部与基础刚接。根据生产工艺与使用要求，排架可做成单跨和多跨，也可做成等高、不等高和锯齿形等，见图 2-22。

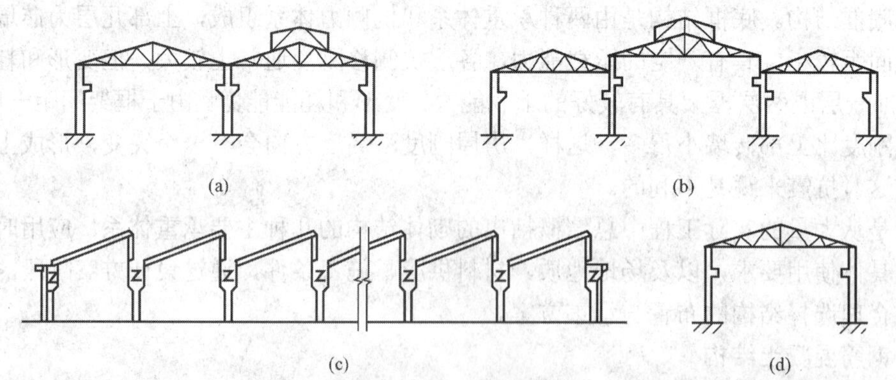

图 2-22　排架结构的类型

（a）等高两跨厂房；（b）不等高三跨厂房；（c）锯齿形柔性排架；（d）常用单跨厂房

3）排架结构的组成。单层厂房排架结构通常由屋面板、屋架、起重机梁、排架柱、抗风柱、基础梁和基础等结构构件组成，见图 2-23。上述构件分别组成屋盖结构、横向平面排架、纵向平面排架和围护结构。

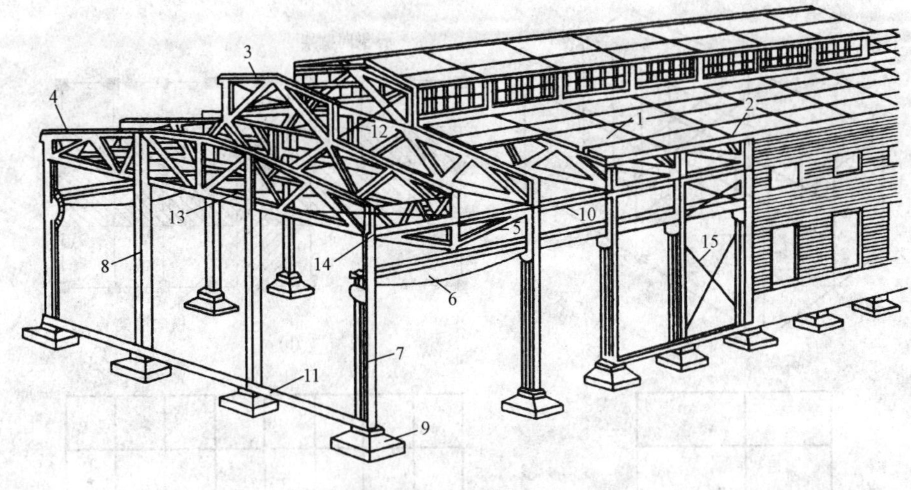

图 2-23 单层厂房排架结构的组成

1—屋面板；2—天沟板；3—天窗架；4—屋架；5—托架；6—起重机梁；7—排架柱；8—抗风柱；9—基础；10—联系梁；11—基础梁；12—天窗架垂直支撑；13—屋架下弦横向水平支撑；14—屋架端部垂直支撑；15—柱间支撑

（2）框架结构。钢筋混凝土框架结构是由梁、柱组成的框架作为竖向承重和抗水平作用的结构。所有的内、外墙均不承重，仅起着填充和围护作用，框架与框架之间由联系梁和楼板连成整体。某综合楼的主体结构（框架结构）见图 2-24。

图 2-24 某综合楼主体结构（框架结构）

1）框架结构的优缺点。框架结构的优点是建筑平面布置灵活，可以获得较大的使用空间，使用比较方便，同时具有强度高、自重轻、整体性和抗震性能好等特点，因而广泛应用于多层工业厂房，以及民用建筑中的多高层办公楼、旅馆、医院、学校、商店和住宅建筑。框架结构的缺点是梁、柱截面尺寸较小，刚度不大，抵抗侧移能力较差，若用于层数较多的房屋，很难抵抗较大的侧向变形；特别是框架结构中的砌体填充墙在较大地震作用下损坏严重，修复费用很高，而增大梁、柱截面尺寸时，其经济效果不如其他结构体系。因此，框架结构主要用于 10 层以下的工业与民用建筑中。

2）框架结构的分类。框架结构按施工方法的不同，分为全现浇式、半现浇式、装配式和装配整体式等四种。

框架结构计算简图见图 2-25。框架结构柱网布置形式见图 2-26。

（3）剪力墙结构。剪力墙结构是建筑物的内、外墙作为承重骨架的一种结构体系。该结构以墙承受建筑物的竖向和水平荷载，墙体既是承重构件，又起围护及分隔建筑空间的作用。

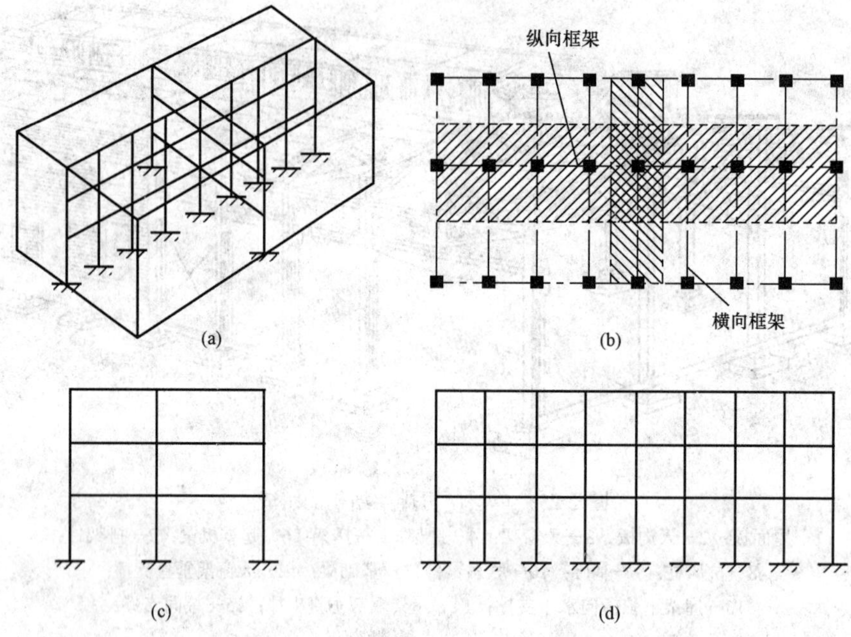

图 2-25 框架结构计算简图

（a）空间立体图；（b）平面图；（c）宽边侧面图；（d）长边侧面图

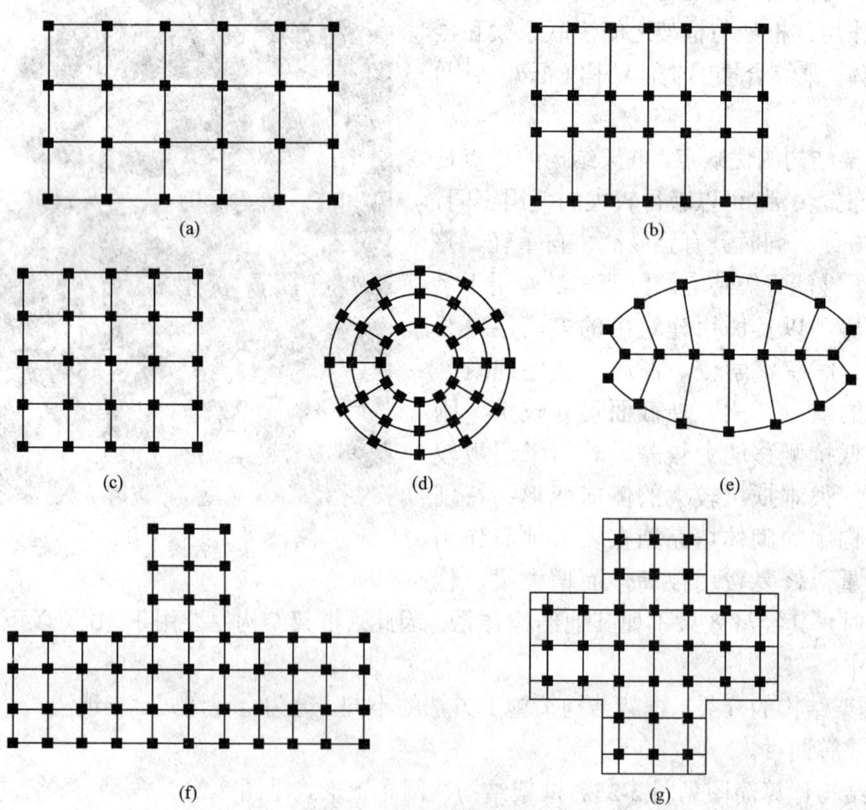

图 2-26 框架结构柱网布置形式

（a）矩形平面；（b）内廊式平面；（c）方形平面；（d）圆形平面；（e）鱼形平面；（f）T 形平面；（g）十字形平面

墙体一般承受压力，但剪力墙除了承受压力外，还承受水平荷载所引起的剪力和弯矩。剪力墙工作情况类似于一根下部嵌固在基础顶面的竖向悬臂梁（梁截面高为墙身宽度，截面高度即为墙的厚度）。

1）剪力墙结构的优缺点及适用范围。

剪力墙结构体系的优点是：①结构整体性强，抗侧刚度大，侧向变形小，在承载力方面的要求易得到满足，适用于建造较高的建筑。②集承重、抗风、抗震、围护与分隔为一体，经济合理地利用了结构材料。③抗震性能好，具有承受强烈地震裂而不倒的良好性能。④用钢量较省。⑤与框架结构体系相比，施工相对简便与快速。⑥房屋室内墙面平整，房间内没有柱、梁等外凸构件，便于家具布置。

剪力墙结构体系的缺点是：①墙体较密，使建筑平面布置和空间利用受到限制，较难满足大空间建筑功能的要求。②结构自重较大、施工较麻烦、造价较高，加上抗侧刚度较大、结构自振周期较短，会导致较大的地震作用。

剪力墙必须依赖各层楼板作为支撑来保持平面外的稳定；受楼板经济跨度的限制，剪力墙间距一般为 3～8m。因此，剪力墙结构适用于层数较多的高层以及有较多隔墙的高层住宅和高层旅馆，适用于地震区建造高度为 15～50 层的高层建筑，而不适用于大空间或灵活布置开间的公共建筑。为了适应下部设置大空间公共设施的高层住宅、公寓和旅馆建筑的需要，可以使用框支剪力墙体系，即在底层或 1～3 层把部分剪力墙改换为框架，其余剪力墙仍落至基础，使其相接的层次刚度不发生突变。

2）剪力墙结构布置原则：①剪力墙宜沿建筑物主轴或其他方向双向布置，应避免仅单向有墙的结构布置形式。纵、横墙尽量拉通对直，以增加剪力墙的抵抗能力。尽量减少剪力墙形成的拐弯，否则会造成在水平力作用下剪力墙的剪切破坏，降低剪力墙的刚度。②剪力墙宜沿竖向拉通，贯通全高。墙厚可沿高度方向减薄，避免刚度突变。③剪力墙墙肢截面宜简单、规则。洞口宜上下对齐，成列布置，使之受力明确，而不宜布置叠错洞口墙、错洞口墙。

剪力墙结构平面布置示例见图 2-27。

广州白天鹅宾馆及其标准层剪力墙结构布置见图 2-28。

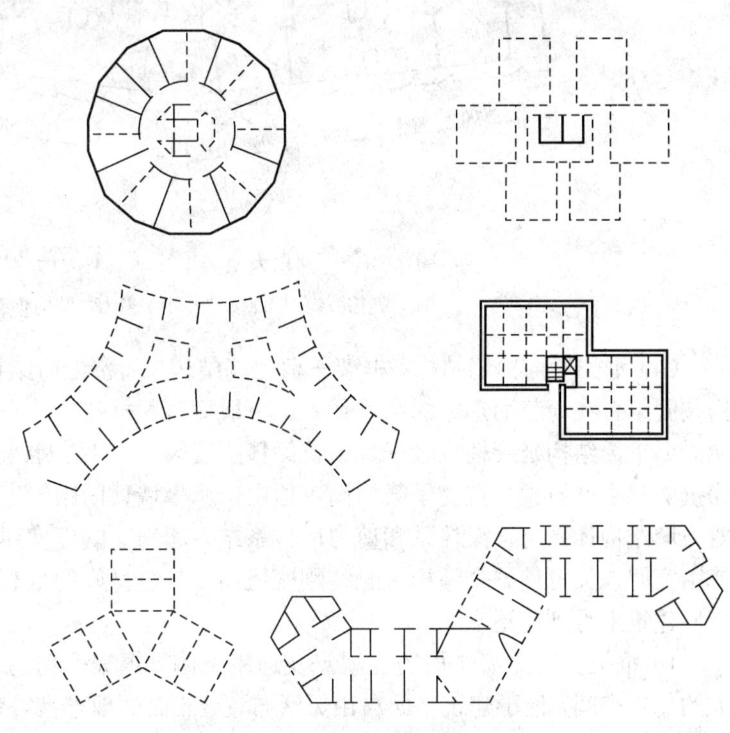

图 2-27 剪力墙结构平面布置示例

（a）

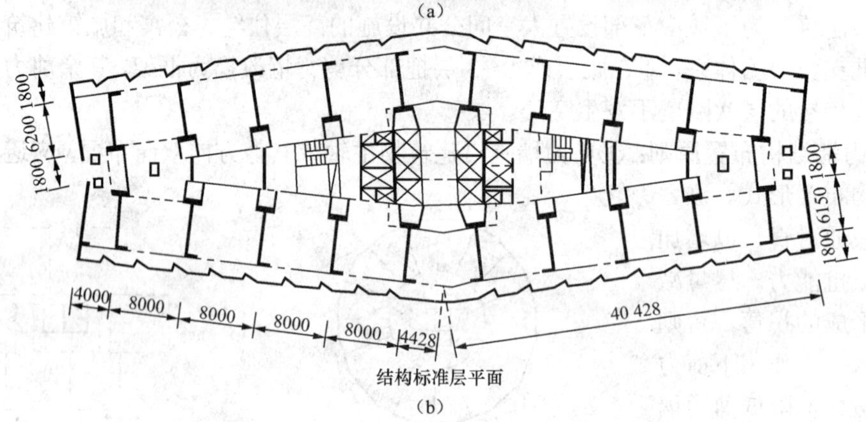

（b）

图 2-28 广州白天鹅宾馆标准层剪力墙结构布置

（a）宾馆外貌；（b）宾馆标准层剪力墙结构布置示意

（4）框架—剪力墙结构。框架—剪力墙结构（简称框剪结构），是由框架和剪力墙两种结构共同组合在一起而形成的结构体系。一般而言，框架结构布置灵活，容易满足不同建筑功能的要求，结构延展性也较好，但抗侧移刚度较小，抵抗水平荷载的能力较低；而剪力墙结构抗侧移刚度较大，抗侧承载力高，但由于承重墙体间距较密，建筑布置不够灵活。框架—剪力墙结构体系将框架体系和剪力墙体系结合起来，既可使建筑平面灵活布置，得到自由的使用空间，又可使整个结构抗侧移刚度适当，具有良好的抗震性能，因而这种结构体系已在高层建筑中得到广泛应用。

1）框架—剪力墙结构的优缺点及适用范围。框架—剪力墙结构既有框架结构可获得较大的使用空间，便于建筑平面自由灵活布置、立面处理丰富等优点，又有剪力墙抗侧刚度大、侧移小、抗震性能好、可避免填充墙在地震时严重破坏等优点。它取长补短，是目前国内外高层建筑中广泛采用的结构体系，可满足不同建筑功能的要求。尤其在高层公共建筑，如高层办公楼、教学楼、写字楼等中应用较多。在一般的抗震设计中，框架—剪力墙结构的最大高度不宜超过 130m，在Ⅸ度抗震设防时不宜超过 50m。

2）框架—剪力墙结构的布置原则。框架—剪力墙结构布置的关键是剪力墙的数量和位置。在剪力墙的数量较少的情况下，可使建筑平面布置更灵活，且能够节约造价；但若剪力墙数量不足、刚度过小，则在地震作用下结构会出现过大的侧向变形，从而导致严重的震害。因此，在框架—剪力墙结构的设计中，兼顾结构和经济两个方面的要求确定剪力墙的适宜数量非常重要。

广东中山市国际酒店框架—剪力墙结构布置见图 2-29。

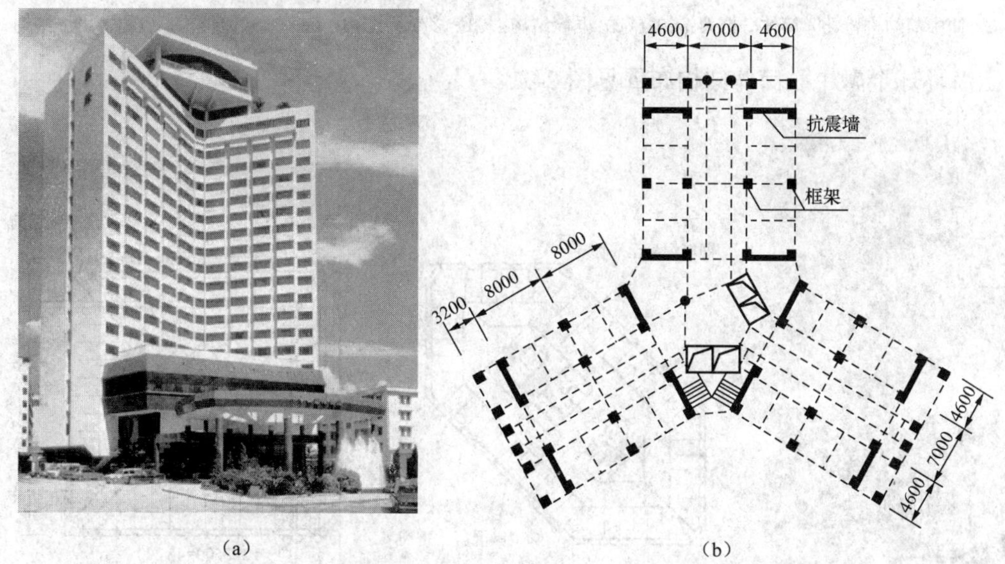

（a） （b）

图 2-29 广东中山市国际酒店框架—剪力墙结构布置（地上 19 层，高 75.5m）
（a）酒店外貌；（b）酒店框架—剪力墙结构布置示意

（5）筒体结构。由于建筑功能和城市规划需要，加之建设用地紧张，近年来高层建筑迅速发展。进入 20 世纪 80 年代后，建筑功能和建筑艺术要求不断提高，平面布置与竖向体型日益复杂；随着建筑层数的增多、高度的加大及抗震设防烈度的提高，以平面结构状态工作的框架、剪力墙和框架—剪力墙所组成的三大常规体系已难以满足要求。有时，建筑功能上还要求体型灵活多样、富于变化。于是，平面剪力墙可以组成空间薄壁筒体；框架通过减小柱距，形成空间密柱框筒。这些以一个或多个筒体来抵抗水平力的结构便是筒体结构。筒体结构是由若干片密排柱与深梁组成的框架或剪力墙所围成的筒状空间结构体系。

1）筒体结构的优缺点及适用范围。筒体结构能提供较大的使用空间，造型独特、新颖美观，有很好的艺术效果；建筑平面布置灵活、平面形式多样（如方形、长方形、圆形、三角形等）；同时便于采光，受力合理，整体性强，具有实用、经济等优点，现已成为 20 世纪 80 年代以后常用于超高层建筑中的一种结构形式，100m 以上的高层建筑中，采用筒体结构的占 70%以上。

2）筒体结构的特点。筒体是由框架和剪力墙结构发展而成的，由一个或多个空间受力的竖向筒体承受水平力，同时承受较大的竖向荷载。筒体结构以空间整体受力为特征，具有很大的抗侧力刚度和承载力，并有很好的抗扭刚度，具有更好的抗地震性能。

3）筒体结构的分类。筒体结构根据筒的布置、组成和数量等，又可分为筒中筒结构、筒体—框架结构、框筒结构、多重筒结构、成束筒结构、多筒体结构等，见图 2-30。

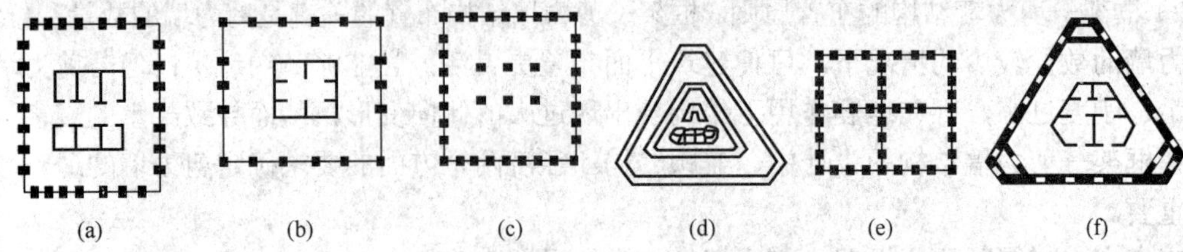

图 2-30　筒体结构的类型

（a）筒中筒结构；（b）筒体—框架结构；（c）框筒结构；（d）多重筒结构；（e）成束筒结构；（f）多筒体结构

上海环球金融中心筒体结构布置见图 2-31。

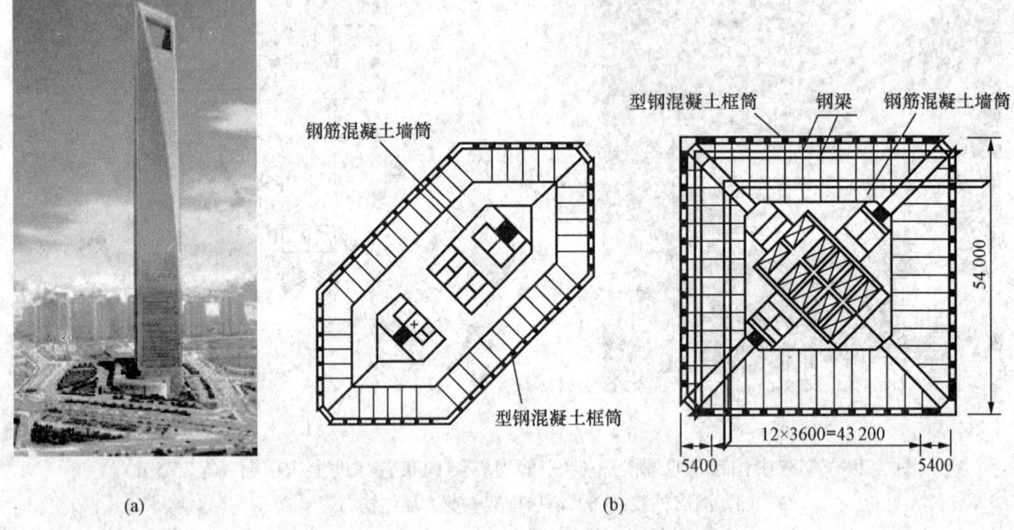

图 2-31　上海环球金融中心筒体结构布置

（a）金融中心外貌；（b）金融中心筒体结构布置示意

（6）巨型框架结构。巨型框架结构是将一个以上的筒体（实腹筒或框筒）分散布置，用刚度很大的水平构件（桁架或几层楼形成的水平梁）将筒体连接起来而形成的框架结构，见图 2-32。巨型框架梁上可承托小框架做成的供使用的楼层，小框架不抵抗侧向力，只承受竖向荷载并将其传递给巨型框架梁。巨型框架的抗侧刚度视筒体（巨型柱）及水平构件（巨型梁）的刚度而定。当结构不太高时，筒及巨型梁的截面不必太大；当结构高度很高时，筒及巨型梁的截面可加大。因此，巨型框架结构可用于 30 层左右的建筑，也可用于 150 层左右的超高层建筑。

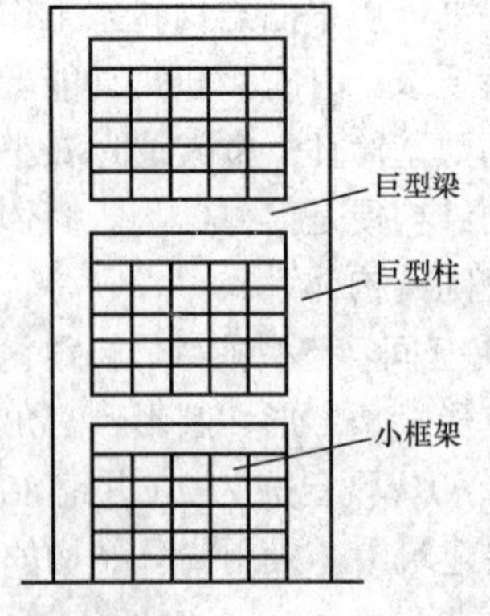

图 2-32　巨型框架结构

三、钢结构

钢结构是各种型钢通过连接制造而成的工程结构。

（一）钢结构的特点

钢结构具有以下特点：

（1）钢材强度高，塑性、韧性好。

（2）钢结构的质量小。

（3）钢材材质均匀、结构可靠性高。

（4）钢结构制作简便、施工工期短。

（5）钢结构密闭性较好。

（6）钢结构耐腐蚀性差。

（7）钢结构耐热，但不耐火。

（8）钢结构在低温和其他条件下可能发生脆性断裂。

由于钢结构具有上述特点，因此广泛应用于土木工程中。其中，因钢结构材料强度高而质量小，因此在大跨度结构中的应用尤为突出。

（二）钢结构的连接

钢结构是由若干构件组合而成的。连接的作用就是通过一定的手段将板材或型钢组合成构件，或将若干构件组合成整体结构，以保证其共同工作。因此，连接方式及其质量的优劣直接影响钢结构的工作性能。钢结构的连接必须遵循安全可靠、传力明确、构造简单、制造方便和节约钢材的原则。连接接头应有足够的强度，要有适宜于施行连接手段的足够空间。

钢结构的连接方法可分为焊缝连接、铆钉连接和螺栓连接三种，见图 2-33。

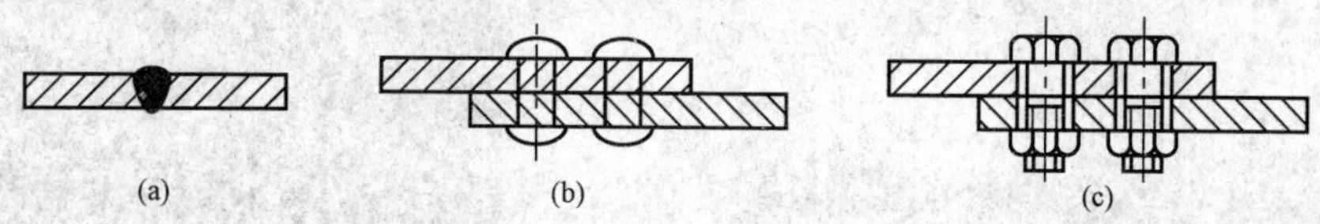

图 2-33　钢结构的连接方法

（a）焊缝连接；（b）铆钉连接；（c）螺栓连接

（1）焊缝连接。焊缝连接是现代钢结构最主要的连接方法，其优点是：构造简单，任何形式的构件都可直接相连；用料经济，不削弱截面；制作加工方便，可实现自动化操作；连接的密闭性好，结构刚度大。缺点是：在焊缝附近的热影响区内，钢材的金相组织发生改变，导致局部材质变脆；焊接残余应力和残余变形使受压构件承载力降低；焊接结构对裂纹很敏感，局部裂纹一旦产生，就容易扩展到整体；低温冷脆问题较为突出。

（2）铆钉连接。铆钉连接构造复杂，费钢、费工，现已很少采用。但是，铆钉连接的塑性和韧性较好、传力可靠、质量易于检查，在一些重型和直接承受动力荷载的结构中，有时仍然采用。

（3）螺栓连接。螺栓连接分普通螺栓连接和高强度螺栓连接两种。

（三）钢结构的应用与发展

（1）钢结构的应用。钢结构的合理应用范围不仅取决于钢结构本身的特性及其结构形式的多样化，还取决于国民经济的发展情况。过去由于我国钢产量较低，钢结构的应用受到了一定的限制。近年来，我国钢产量有了很大的提高，随着国民经济的迅猛发展和科学技术的进步，钢结构在我国的应用范围也在不断扩大。

在我国，钢结构在工业与民用建筑中的应用范围包括：工业厂房、大跨度结构、高耸结构、多层和高层建筑、轻型钢结构、板壳结构（要求密闭的容器，如大型储油库、煤气库等），以及可拆卸或移动的结构（如塔式起重机、履带式起重机的吊臂和龙门起重机）等，见图 2-34。

图 2-34 钢结构工程实例
（a）工业厂房；（b）“鸟巢”（国家体育场）；（c）广州电视塔；（d）台北 101 大厦；
（e）上海金茂大厦；（f）干式储气罐

（2）我国钢结构的发展。钢结构是由生铁结构逐步发展起来的，我国是最早采用铁制造承重结构的国家。早在秦始皇时期，我国就有了用铁建造的桥墩；汉朝时期即建造了铁链悬桥。由此可知，我国古代在冶金技术和建造技术方面具有较高的水平。

新中国成立以后，随着经济建设的发展，钢结构在重型工业厂房、大跨度公共建筑、桥梁以及桅杆结构中得到了一定程度的发展。我国几个大型的钢铁企业，如鞍山和武汉等钢厂的炼钢、轧钢和连铸车间等都采用钢结构；在公共建筑方面，1975 年建成了跨度达 110m 的三向网架结构——上海体育馆，1962 年建成了直径为 94m 的圆形双层辐射式悬索结构——北京工人体育馆；在桥梁建设方面，1957 年建成的武汉长江大桥和 1968 年建成的南京长江大桥都采用了公铁两用双层钢桁架桥；在塔桅结构方面，广州、上海等地都建造了高度超过 200m 的多边形空间桁架钢电视塔，1977 年北京建成的环境气象塔是一个高达 325m 的 5 层纤绳三角形杆身的钢桅杆结构。

改革开放以后，我国经济建设突飞猛进，钢结构也有了前所未有的发展，应用的领域有了较大的扩展。高层和超高层房屋、单层轻型厂房、体育场馆、大跨度会展中心、大型客机检修库、大跨度公路桥梁及海上采油平台等都已采用钢结构。在大跨度建筑和单层工业厂房中，网架和网壳等结构的广泛应用已受到世界各国的瞩目。其中，上海体育馆马鞍型环形大悬挑空间钢结构屋盖和上海浦东国际机场航站楼张弦梁屋盖的建成，更标志着我国的大跨度空间钢结构已进入世界先进行列。在桥梁建设方面，武汉天兴洲长江大桥、上海杨浦大桥和江苏江阴长江大桥等桥梁的建成，标志着我国已有建造现代化桥梁的能力。

今后，我国钢结构将朝着以下几个方向发展：

1）发展高强度低合金钢材。逐步发展高强度低合金钢材，除 Q235 钢、Q345 钢外，Q390 钢和 Q420 钢在钢结构中的应用尚有待进一步研究。

2）钢结构设计方法的改进。概率极限状态设计方法还有待发展，因为它计算的可靠度还只是构件或某一截面的可靠度，而不是结构体系的可靠度，同时也不适用于疲劳计算的反复荷载作用下的结构。另外，结构设计上考虑优化理论的应用与计算机辅助设计及绘图都得到很大的发展，今后还应继续研究和改进。

3）结构形式的革新。今后，钢结构建筑会向超高层、大跨度和特殊造型等方面发展。特殊造型以广州电视塔、中央电视台新址大楼和国家体育场“鸟巢”为代表；同时，北京、武汉、广州机场以及一些现代化的火车站等建筑形式也开始向空间曲线、大跨度方向发展，这些都对钢结构现有的结构形式提出了严峻的考验。因此，结构形式的革新也是今后值得研究的课题，如索膜结构、张弦桁架、悬挂结构、超高层钢结构等。

4）预应力钢结构的研究。在一般钢结构中增加一些高强度钢构件，并对结构施加预应力，这是预应力钢结构中采用最为普遍的形式之一，其实质是以高强度钢材代替部分普通钢材，从而达到节约钢材的目的。但是，两种强度不相同的钢材用于同一构件中共同受力时，必须采取预加应力的方法才能使高强度钢材充分发挥作用。我国从 20 世纪 50 年代开始对预应力钢结构进行了理论和试验研究，并在一些工程中采用，但仍不多，今后应继续进行研究和进一步予以推广应用。

5）钢和混凝土组合结构（见图 2-35）的应用。钢材受压时常受稳定条件的控制，往往不能发挥它的强度，而混凝土则最宜承受压力。将两者组合在一起，可以发挥各自的长处，取得较大的经济效果。近年来，钢和混凝土组合结构在我国已得到推广应用，是一种很有发展前途的新结构，目前主要用于高层建筑（如深圳的赛格广场）、大跨度桥梁、工业厂房和地铁站台柱等方面，其主要构件形式有钢—混凝土组合梁、钢骨混凝土柱和钢管混凝土柱等。钢和混凝土组合结构的工作性能、合理的计算理论以及构造和施工等问题还需进一步深入研究。

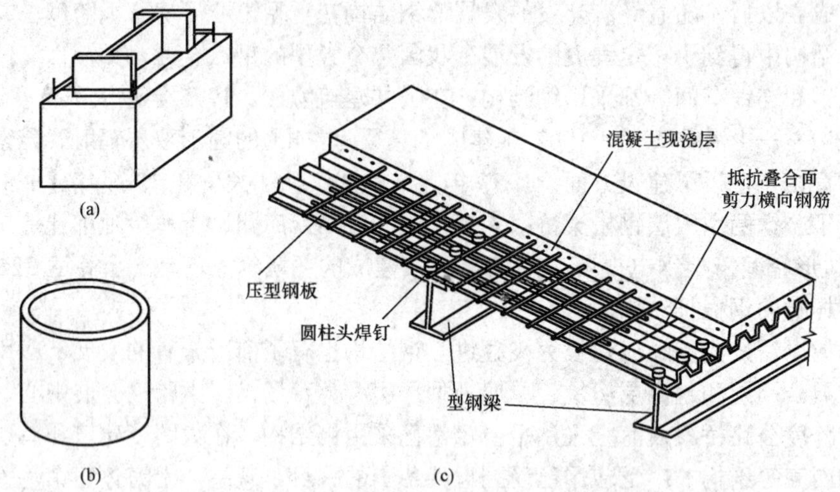

图 2-35 钢—混凝土组合结构

（a）钢骨混凝土柱；（b）钢管混凝土柱；（c）钢—混凝土组合梁板

上述五个方面只是针对当前钢结构的应用和研究现状提出的值得注意和研究的主要问题。除此以外，还有不少问题值得研究，如钢结构中采用优化设计的问题、钢结构防火和防腐蚀的研究，以及新型材的生产、施工技术的开发等。

四、桁架结构

桁架结构主要由上弦杆、下弦杆和腹杆三部分组成。

桁架结构的特点是受力合理、计算简单、施工方便、适应性强、对支座没有横向力。桁架结构的最大优点是，在竖向和水平荷载的作用下，各杆件主要承受轴向拉力或轴向压力，从而能充分利用材料的强度，并增大结构的跨度。因此，在结构工程中，桁架常用作屋盖承重结构，是较大跨度建筑屋盖中常用的结构形式之一。

桁架按立面形状分，可分为三角形桁架、梯形桁架、平行弦桁架、折线形桁架、拱形桁架和空腹桁架等，见图 2-36；按受力特点分，可分为静定桁架和超静定桁架、平面桁架和空间桁架（其中网架就是空间桁架的一种）等；按所用材料分，可分为钢筋混凝土桁架、预应力混凝土桁架、钢结构桁架、预应力钢结构桁架、木结构桁架、组合结构桁架（如钢和木组合、钢筋混凝土和型钢组合）等。

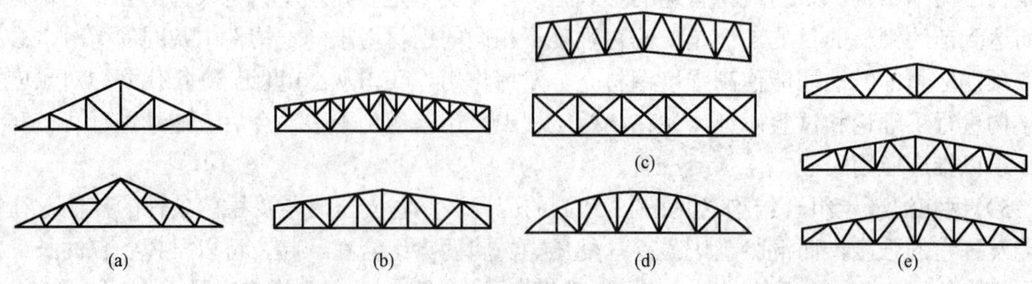

图 2-36 桁架的形式

（a）三角形桁架；（b）梯形桁架；（c）平行弦桁架；（d）拱形桁架；（e）折线形桁架

2008 年奥运会乒乓球馆结构支撑跨度为 80m×64m。整个屋盖结构由 32 榀辐射桁架、中央刚性环、中央球壳（矢高为 7m、跨度为 24m）和下撑杆、下刚性环、辐射拉索及支撑体系六部分组成，见图 2-37。除四角外，其余支座均为可滑动抗震球铰支座。各榀辐射桁架下的预应力拉索通过撑杆、拉压刚性圆环将拉索桁架壳体构成整体，形成由预应力空间桁架组成的壳体。施工时通过张拉索改善了结构受力，提高了结构效率。

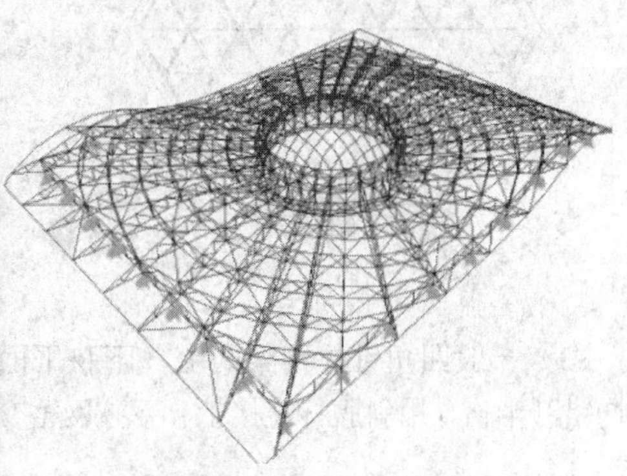

图 2-37　2008 年奥运会乒乓球馆屋盖结构

五、网架结构

网架结构是由杆件按一定规律组成的空间结构，其大多数为高次超静定结构。网架结构的特点是多向传力、空间刚度大、整体性好，且具有良好的抗震性能，主要应用于大跨度房屋屋盖结构，如体育馆、俱乐部、展览馆、游泳馆、影剧院、车站候车大厅、餐厅、仓库和飞机库等。

网架结构的种类很多，按其外形可分为曲面网壳和平板网架两大类。平板网架的构造、设计、制造、安装都比较简单，建筑上也容易处理。常用的平板网架有由平面桁架系组成的交叉梁系网架，以及由三角锥体或由四角锥体组成的角锥体系网架。

（1）交叉梁系网架是由上弦、下弦和腹杆同在一个竖直平面内的平行弦桁架相互交叉组成的网状结构（见图 2-38～图 2-40），其特点是：网状结构体系一般可设计成斜杆受拉、竖杆受压、弦杆则有拉有压，受力较为合理，节点构造与平面桁架相似，构造简单。

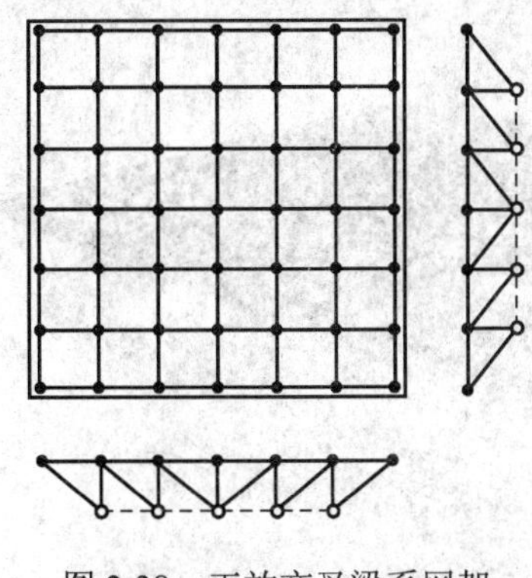
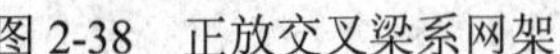

图 2-38　正放交叉梁系网架

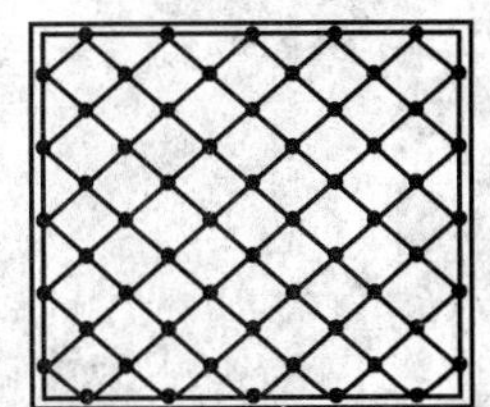

图 2-39　斜放交叉梁系网架

（2）三角锥体网架的上、下弦均为正三角形网格。下弦和上弦错开半格，上弦和下弦的三角形顶点分别对准下弦和上弦的三角形的形心，将下弦三角形的三个顶点用三根斜杆与下弦形心所对准的上弦节点相连，则构造成三角锥体网架，见图 2-41。

图 2-40 三向交叉梁系网架

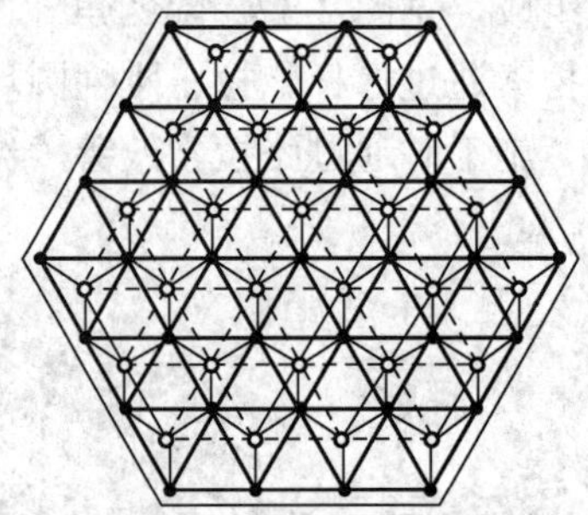

图 2-41 三角锥体网架

（3）一般四角锥体网架的上、下弦平面为方形网格，平行移动上弦或下弦平面，使上、下均错开半格，用斜腹杆连接上、下弦网格交点，即形成一个个四角锥体，见图 2-42 和图 2-43。

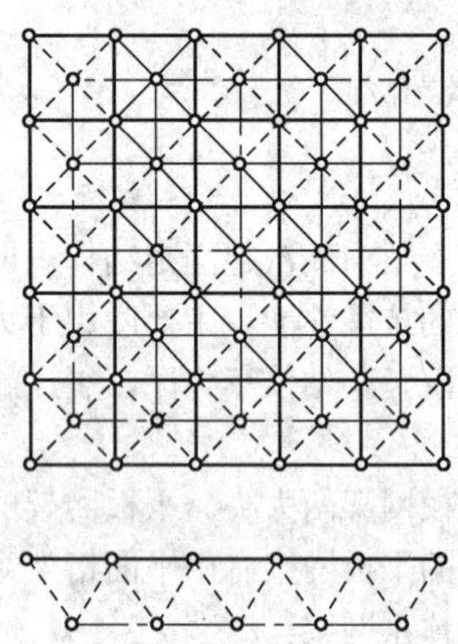

图 2-42 正放四角锥体网架

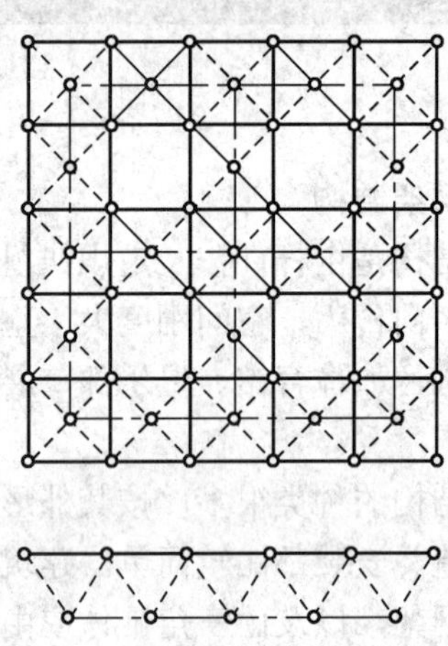

图 2-43 正放四角抽空锥体网架

2008 年奥运会篮球馆屋盖结构即采用双向正交正放桁架组成的网架结构，平面尺寸为 120m×120m，见图 2-44。

图 2-44 2008 年奥运会篮球馆网架结构

六、悬索结构

悬索结构是由一系列高强度钢索组成的一种张力结构，一般由索网、边缘构件和下部支承构件组成，见图 2-45。由于其自重轻、用钢量省、能跨越很大的跨度，因此是一种比较理想的大跨度结构形式。悬索屋盖结构主要用于跨度为 60～160m 的体育馆、展览馆、会议厅等大型公共建筑。

索网是悬索结构的主要承重构件，是一个轴心受拉的构件，一般由直径为 2.5、3、4、4.5、5mm 的高强碳素钢丝扭绞而成；边缘构件是索网的边框，设计时应注意对边缘构件的处理，选择合理的边缘构件形式以承受索网的巨大拉力；下部支承构件一般是钢筋混凝土立柱或框架结构，为保持其稳定，有时还要采取钢缆锚拉的设施。

悬索结构的主要形式有单曲面单层悬索结构（见图 2-46）、单曲面双层悬索结构（见图 2-47）、双曲面单层悬索结构（见图 2-48）、双曲面双层悬索结构（见图 2-49）和双曲面交叉索网悬索结构（见图 2-50）等。

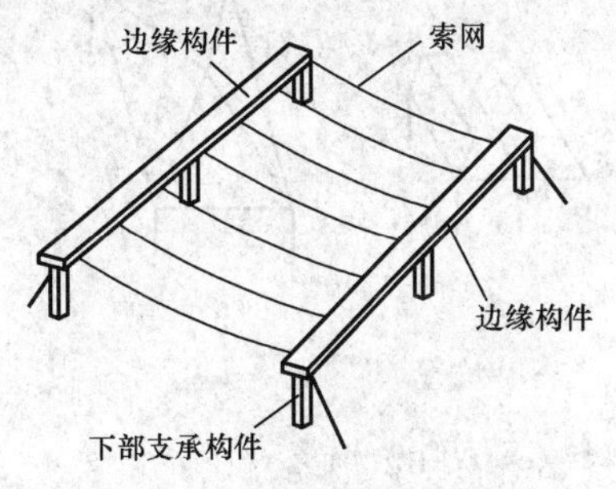

图 2-45　悬索结构的组成

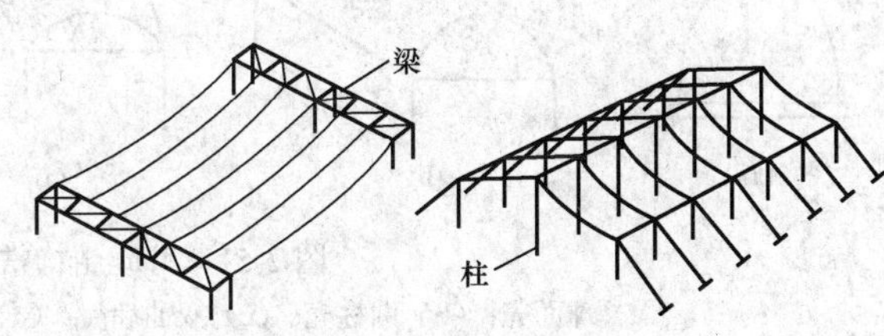

图 2-46　单曲面单层悬索结构简图

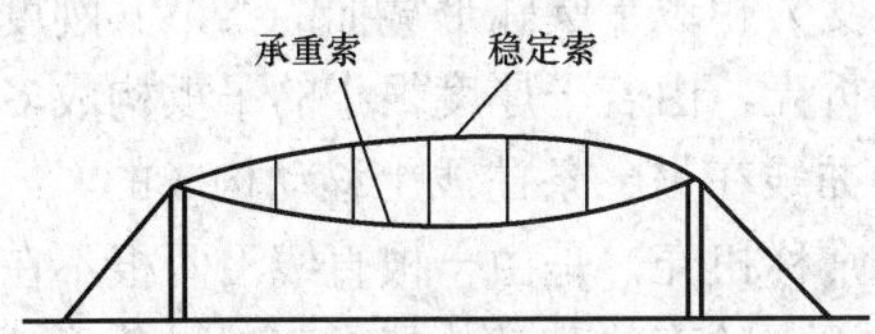

图 2-47　单曲面双层悬索结构简图

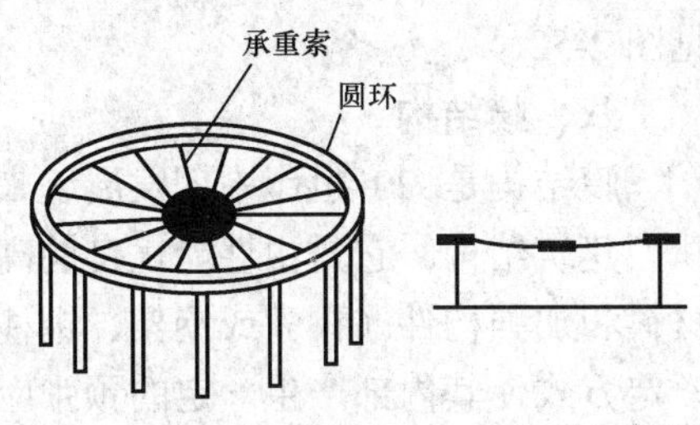

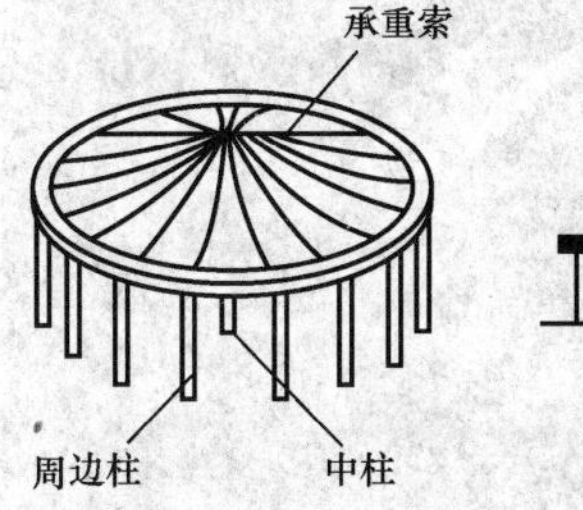

图 2-48　双曲面单层悬索结构简图

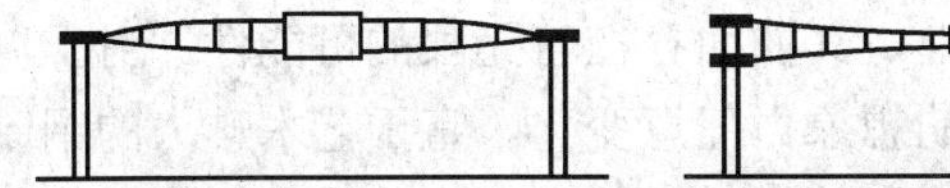

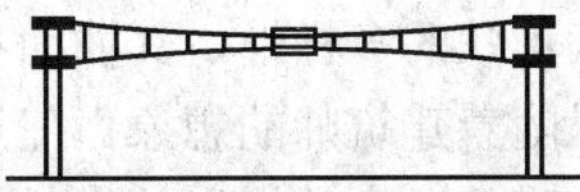

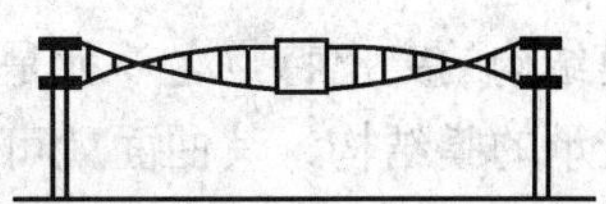

图 2-49　双曲面双层悬索结构简图

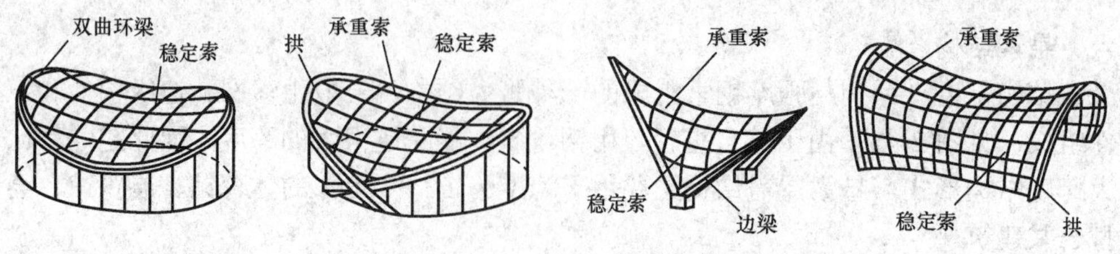

图 2-50 双曲面交叉索网悬索结构简图

七、薄壳结构

薄壳结构就是曲面的薄壁结构，按曲面生成的形式可分为球面壳、圆柱壳、双曲扁壳、折板结构和双曲抛物面壳等（见图 2-51），材料大都采用钢筋和混凝土。壳体能充分利用材料强度，同时又兼具承重与围护两种功能。实际工程中还可利用对空间曲面的切削与组合，形成造型奇特、新颖且能适应各种平面的建筑，但较为费工和费模板。

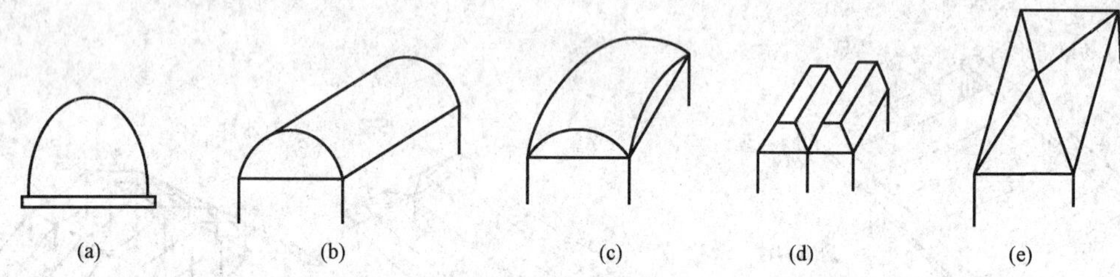

图 2-51 薄壳结构常用形状

（a）球面壳；（b）圆柱壳；（c）双曲扁壳；（d）折板结构；（e）双曲抛物面壳

球面壳结构是轴对称结构，在轴对称荷载的作用下，将只产生两种力，即径向力和环向力。

圆柱壳也称筒壳，有长壳和短壳两种。长壳受力相似于圆弧形截面的梁，其刚度和承载力都很大，因此可以做到很大的跨度。折板也称折壳，由若干厚度很小的平板构成多边形截面，最常见的是 V 字形截面。双曲扁壳是由一条曲线在另一条曲线上移动构成的，一般采用抛物线或圆弧线移动曲线。双曲抛物面壳（我国常称扭壳）是由一根直线沿两根不在同一水平上的直线移动构成的双曲抛物面。

图 2-52 薄壳结构工程实例（悉尼歌剧院）

悉尼歌剧院即为典型的薄壳结构工程，见图 2-52。

八、膜结构

膜结构是 20 世纪中期发展起来的一种新型建筑结构。它是由性能优良的高强薄膜材料和加强构件（钢索或钢架、钢柱）通过一定方式使其内部产生一定的预张应力，以形成具有一定刚度并能承受一定外荷载，能够覆盖大空间的一种空间结构形式。

膜结构的突出特点之一就是其形状的多样性，其曲面存在着无限的可能性。对于以索或骨架支承的膜结构，其曲面就可以随着建筑师的想象力任意变化。富于艺术魅力的钢制节点造型充满张力，呈自然曲线的变幻膜体以及其特有的大跨度自由空间，给人强烈的艺术感染力和神秘感。

膜结构的造型活泼、优美，富有时代气息；自重轻，适合大跨度的建筑；可充分利用自然光，减少能源消耗；价格相对低廉，施工速度快，结构抗震性能好。膜结构建筑常用于体育场、收费站等公共建筑。

膜结构的类型较多，从结构方式上，可简单地将其概括为张拉式膜结构和充气式膜结构两大类。在张拉式膜结构中用钢索加强的膜结构又称为索膜结构。

（一）张拉式膜结构

张拉式膜结构有两种成形方式：一种是采用钢索张拉成形，其索膜体系富有表现力，建筑造型优美，可塑性好，具有高度的结构灵活性和适应性，应用范围广泛，是索膜建筑结构的代表和精华，但其造价较高，施工精度要求也高；另一种是通过柱和钢架支承成形，称为骨架式索膜结构。该类结构体系为自平衡，膜体仅为辅助物，膜体本身的强大结构作用发挥不足。骨架式索膜结构建筑表现含蓄，结构性能存在一定的局限性，常在某些特定的条件下采用，其造价低于钢索张拉式膜结构。有时将骨架方式与张拉方式的膜结构结合运用，常可取得更富于变化的建筑效果。

（二）充气式膜结构

充气式膜结构是依靠送风系统向室内充气（超压）顶升膜面，使室内外产生一定压力差（一般为10～30mm水银柱），通过室内外的压力差使屋盖膜布受到一定的向上浮力，从而构成较大的屋盖空间和跨度。

充气式膜结构有单层、双层、气肋式三种，一般需要长期不间断的能源供应。在低拱、大跨度建筑中的单层充气膜结构必须是封闭的空间，以保持一定的气压差。在气候恶劣的地方，充气式膜结构的维护有一定的困难。

充气式膜结构具有自重轻、安装快、造价低及便于拆卸等特点，在特定的条件下有其明显的优势。但因其在使用功能上的局限性，如形态单一、空间要求气闭等，使其应用面较窄。

国家游泳中心“水立方”即为典型的膜结构工程，见图2-53。

图2-53　膜结构工程实例（国家游泳中心“水立方”）

2.4　特种建筑与智能建筑

特种建筑是指具有特种用途的工程结构，如水池、水塔、烟囱、筒仓、冷却塔、纪念碑、电视塔等。智能建筑是指具有智能化的建筑，是以建筑为平台，兼备建筑电气、办公自动化及通信网络系统，集结构、施工、服务、管理及它们之间的最优化组合，向人们提供一个高效、舒适、便利、安全的建筑环境的建筑物。

2.4.1　特种建筑

一、水池和水塔

水池和水塔是建筑工程中常用的给排水工程构筑物，都用于储存水。水塔是用各种形式的支架（或支筒）支撑，高于地面并矗立在空中的构筑物。水塔主要由水箱、塔身、基础和一些附属设施（包括进水管和出水管、爬梯和平台、避雷和照明装置、水位控制和指示装置）组成，其主要作用是调节和稳定水压，储存和配给用水。

二、烟囱

烟囱是一种常用于工业生产的构筑物，是把烟气排入高空的高耸结构，能改善燃烧条件，减轻烟气对环境的污染。烟囱由筒壁、内衬及隔热层、基础等部分组成，其中筒壁是其重要组成部分。

三、筒仓

筒仓是一种立式容器，常用于储存粒状和粉状松散物体，如谷物、面粉、碎煤、水泥等。

四、冷却塔

冷却塔是用于冷却各种液体、气体和蒸汽的高耸结构。在冷却塔内，依靠水的蒸发将水的热量传给空气而使水冷却。冷却塔广泛应用于火力发电厂和化学工业领域。在水源缺乏的地区，可利用冷却塔回收冷却水，循环利用，以节约水资源。

五、纪念碑

纪念碑是一种纪念性的建筑，用于纪念重大历史事件或重要历史人物，也可作为城市的标志性建筑。

六、电视塔

广播电视事业的快速发展需要电视塔。电视塔一般为筒体悬臂结构或空间框架结构，由塔基、塔座、塔身、塔楼及桅杆等组成。

2.4.2　智能建筑

智能建筑是计算机和信息处理技术与建筑艺术相结合的产物。随着高新科学技术的出现，人们对工作和学习环境的要求越来越高，全面发展和应用现代信息技术，提高良好的信息服务，提高工作效率和管理水平，提高生活质量是当代建筑的主要特征。

一、智能建筑的定义

智能建筑的定义很多，目前各个国家及有关组织按照各自对智能建筑的理解所给出的定义，归纳起来，大致有以下几种：

（1）美国智能建筑协会（American Intelligent Building Institute，AIBI）的定义。智能建筑是指通过将建筑物的结构、系统、服务和管理四项基本要求以及它们之间的内在关系进行最优化，从而提供一个投资合理的，具有高效、舒适、便利的环境的建筑物。

（2）日本智能建筑协会的定义。智能建筑是指具备信息通信、办公自动化信息服务以及楼宇自动化各项功能的，便于进行智力活动需要的建筑物。

（3）新加坡国家智能建筑研究机构的定义。智能建筑是指在建筑物内建立一个综合的计算机网络系统，该系统应能将建筑物内的设备自控系统、通信系统、商业管理系统、办公自动化系统，以及智能卡系统和多媒体音像系统集成为一体化的综合计算机管理系统，并能对建筑物内部实现全面的管理和监控，包括设备、商业、通信及办公自动化方面的管理。

（4）欧洲智能建筑协会的定义。智能建筑是使其用户发挥最高效率，同时又以最低的保养成本，最有效地管理其本身资源的建筑。

（5）国际智能建筑协会的定义。智能建筑必须是在将来新的要求产生时，可以导入相适应的新技术的建筑。

（6）我国国内的定义。GB/T 50314—2000《智能建筑设计标准》中给出的智能建筑的定义是：智能建筑是以建筑为平台，兼备建筑设备、办公自动化及通信网络系统，集结构、施工、服务、管理及它们之间的最优化组合，向人们提供一个高效、舒适、便利、安全的建筑环境。一些开发者为了简明、形象地表明智能建筑的高科技性，把具有建筑设备自动化系统（Building Automation System，BAS）、通信自动化系统（Communication Automation System，CAS）和办公自动化系统（Office Automation System，OAS）的建筑物简称为“3A”建筑。有的还提出防火自动化系统（Fire Automation System，FAS）和安全自动化系统（Safety Automation System，SAS），因此又有“4A”建筑和“5A”建筑之说。

从以上定义中可以看出，不同定义都有其各自相关的背景，在主旨内容相同的情况下，各自又有着不同的内容与含义。智能建筑是发展的，对它的理解也应以发展的眼光来看待。在不同的阶段，对于不同的国家、不同的应用环境，智能建筑有着不同的含义。

二、智能建筑的功能

关于智能建筑的功能，着眼点不同，所考虑的功能也不尽相同：一是从建筑物内工作环境方面来考虑的功能，二是从建筑物内居住人员接受服务方面考虑的功能，三是从建筑物设备方面考虑的功能。为了使智能建筑在环境方面具有良好的舒适性、高效性、方便性、适应性、安全性和可靠性，应在建筑物中配备必要的机械设备。

3 道路工程

3.1 概述

交通运输是国民经济的命脉，是基础产业之一，是联系工业和农业、城市和乡村、生产与消费的纽带，在政治、经济、军事、文化等方面都具有重要作用。世界经济的发展证明，要实现国民经济的现代化，必须实现交通运输的现代化；同时，交通运输的现代化程度，既反映国民经济的发展水平，又是综合国力的体现。

综合运输体系由铁路、公路、水运、航空和管道五种运输方式组成，这些运输方式在技术经济上各具特点。在交通运输系统规划中，必须以国民经济发展规划为指导，合理分工、协调发展、相互衔接、取长补短。铁路运输运距长、运量大，是运输的大动脉，一般用于大宗长距离及人流的运输；水运利用天然水资源，只需稍加整治就能使用，具有通过能力大、运量大、耗能低、运输成本少的优点；航空运输速度快，用于长途旅行、国际往来及鲜活、高档货物的运输；管道运输连续性强、运输成本低、安全性好，当前多用于气体、液体及粉状物的运输；公路运输具有高度的灵活性，是我国综合运输体系中最活跃的一种运输方式。

我国道路建设历史悠久，至今已有2000余年的历史。从轩辕氏造舟车、秦始皇的"车同轨"法令、公元前2世纪的通往中亚及欧洲的丝绸之路，到清代已形成了层次分明、功能较完善的道路系统——"官马大路"、"大路"、"小路"，分别为京城到各省城、省城至地方重要城市及重要城市到市镇的三级道路。

1902年我国输入第一批汽车，至此通行汽车的道路才发展起来。从20世纪初到新中国成立前的40年时间内，全国通行汽车的道路仅8.1万km。新中国成立后，经过60余年的建设，交通运输业有了很大的发展。截至2010年底，我国公路总里程达400.82万km，其中高速公路7.41万km。同时，一大批科技成果得到推广应用，航测遥感、计算机辅助设计技术已转化为生产力，改变了公路勘测的落后面貌。

道路运输可实现铁路、水运、航空运输的货物及旅客的集中与分散，与铁路、内河运输分流，可补充铁路长距离运输的不足，是一种其他运输方式所不能替代的运输方式。道路工程是指从事道路的规划、勘测、设计、施工、养护等的一门应用科学和技术，是土木工程的一个分支。道路通常是指为陆地交通运输服务，通行各种机动车、人畜力车、驮骑牲畜及行人的各种路。

3.2 道路工程发展史

3.2.1 我国古代道路

原始的道路是由人践踏而形成的小径。东汉训诂书《释名》中将道路解释为："道，蹈也；路，露也，人所践蹈而露见也"。距今4000年前的新石器晚期，我国有记载役使牛马为人类运输而形成驮运道，并出现了原始的临时性的简单桥梁。相传中华民族的始祖黄帝，因看见蓬草随风吹转而发明了车轮，于是以“横木为轩，直木为辕”制造出车辆，对交通运输作出了伟大贡献，故尊称黄帝为“轩辕氏”。随着车辆的出现，产生了车行道，人类陆上交通出现了新局面。

商朝（公元前16～前11世纪），人们已经懂得夯土筑路，并利用石灰稳定土壤。从商朝殷墟的发掘中发现有碎陶片和砾石铺筑的路面，并出现了大型的木桥。

周朝（公元前11～前5世纪）道路的规模和水平有很大的发展。《诗经·小雅》中记载：“周道如砥，其直如矢。”说明当时道路坚实平坦如磨石，线形如箭一样直。对道路网的规划、标准、管理、养护、绿化以及沿线的服务性设施方面，也有所创建。首先把道路分为市区和郊区，前者称为“国中”，后者称为“鄙野”，分别由名为“匠人”和“遂人”的官吏管理，可以说是现代城市道路和公路划分的先河。城市道路的规划，分为“经、纬、环、野”四种，南北之道为经，东西之道为纬，都城中有九经九纬，呈棋盘形，围城为环，出城为野。规定有不同的宽度（其单位为轨，每轨宽8周尺，每周尺约合0.2m），经涂、纬涂宽九轨，环涂宽七轨，野涂宽五轨。郊外道路分为路、道、涂、畛、径五个等级，并根据其功能规定不同的宽度，有如现代的技术标准。在路政管理上，朝庭设有“司空”掌管土木建筑及道路，而且规定“司空视涂”，按期视察，及时维护，如“雨毕而除道，水涸而成梁”；并“列树以表道，立鄙食以守路”，是以后养路、绿化和标志的萌芽。而且“凡国野之道，十里有庐，庐有饮食；三十里有宿，宿有路室，路室有委；五十里有市，市名侯馆，侯馆有积”；其道路服务性设施的齐备程度可想而知。以上情况足以证明，我国周朝的道路已相当完善。

战国时期（公元前475～前221年）车战频频、交往繁忙，道路的作用显得日益重要，甚至一国道路的好坏就为其兴亡的征兆。《国语》载有东周单子经过陈国时，看见道路失修，河川无桥梁，旅舍无人管理，预言其国必亡，后来果然应验。当时在山势险峻之处凿石成孔，插木为梁，上铺木板，旁置栏杆，称为栈道。这是我国古代道路建设的一大特色。

秦朝（公元前221～前206年）修筑的驰道可与罗马的道路网相媲美。秦始皇统一中国后，即开始修建以首都咸阳为中心、通向全国的驰道网。据《汉书·贾山传》记载：“为驰道于天下，东穷齐、燕，南极吴、楚，江湖之上，濒海之观毕至。道广五十步，三丈而树，厚筑其外，隐以金椎，树以青松”；《史记》中记载，秦始皇于公元前220～前210年的11年间，曾巡视全国，东至山东，东北至河北海滨，南至湖南，东南至浙江，西至甘肃，北至内蒙古，大部分是乘车，足见其路网范围之广。道路路基土壤采用金属椎夯实，以增加其密实度；路旁种以四季常绿的青松。定线的原则是尽量取直。公元前212年，秦始皇使蒙恬由咸阳修向北延伸的直道，全长约700km，仅用了两年半的时间修通，“堑山堙谷”（逢山劈石，遇谷填高），其工程之巨，时间之短，可称奇迹，今陕西省富县境内尚依稀可见其路形。除了驰道、直道而外，还在西南山区修筑了“五尺道”以及在今湖南、江西等地区修筑了所谓的“新道”。这些不同等级、各有特征的道路，构成了以咸阳为中心、通达全国的道路网。此外，秦始皇还统一了车轨距的宽度（宽6秦尺，折合1.38m），使车辆制造和道路建设有了法度。除修筑城外的道路外，对于城市道路的建设也有突出之处，如在阿房宫的建筑中，采用高架道的形式筑成“阁道”，自殿下直抵南面的终南山，形成了“复道行空，不霁何虹”的壮观。

汉朝（公元前206～公元220年）继承了秦朝的制度，在邮驿与管理制度上更加完善。驿站按其大小，分为邮、亭、驿、传四类，大致上五里设邮，十里设亭，三十里设驿或传，约一天的路程。据《汉书·百官公卿表》记载，西汉时全国共有亭 29 635 个，如是则估计当时共有干道近 15 万 km。沟通欧亚大陆的世界著名的丝绸之路，在公元前 1 世纪起已经形成商业之途，并将我国的丝绸经沙漠输送到欧洲而得名，但主要是在公元前 138～前 115 年，由西汉王朝派张骞两次出使西域，远抵大夏国（即今阿富汗北部）而载之于史册。丝绸之路的主要路线起自长安（今西安），沿河西走廊，到达敦煌，由此分成经塔里木河南北两通道，均西行至木鹿城（今苏联境内）。然后横越安息（在今伊朗）全境，到达安都城（今土耳其安塔基亚）。之后又分两路，一路至地中海东岸，转达罗马各地；一路到达地中海东岸的西顿（今黎巴嫩）出地中海。3 世纪时，又有取道天山北面的较短路线，沿伊犁河西行到达黑海附近。丝绸之路不但在经济方面，而且在文化等各方面沟通了我国和中东与欧洲各国。

后汉时期，在今陕西褒城鸡头关下修栈道时，经过横亘在褒河南岸耸立的石壁，名为“褒屏”，曾用火煅石法开通了长 14m、宽 3.95～4.25m、高 4～4.75m 的隧洞，即著名的石门，内有石刻《石门颂》、《石门铭》纪其事。火煅石法先用柴烧炙岩石，然后泼以浓醋，使之粉碎，再用工具铲除，逐渐挖成山洞。

图 3-1　赵州桥

隋朝（581～618 年）匠人李春等在赵郡（今河北省赵县）洨河上修建了著名的赵州桥（见图 3-1），首创圆弧形空腹石拱桥，是建桥技术上的卓越成就。在道路建设中，较巨大的工程有长数千里的御道。《资治通鉴·隋记》中记载：“发榆林北境至其牙，东达于蓟，长三千里，广百步，举国就役，开为御道”，可见其规模之大。

唐朝（618～907 年）是我国封建王朝的鼎盛时期，重视道路建设。唐太宗即位不久就曾下诏书，要求在全国范围内保持道路畅通无阻，严禁任意破坏和侵占道路用地，严禁乱伐行道树，并要随时注意保养。唐朝重视驿站管理，传递信息迅速、紧急时，驿马每昼夜可行 500 里（1 里=500m）以上。唐朝时已出现沿路设置的土堆，名为堠，以记里程，即今天的里程碑的前身。唐朝不但郊外的道路畅通，而且城市道路建设也很突出。首都长安是古代著名的城市，东西长 9721m，南北长 8651m；道路网为棋盘式，南北向 14 条街，东西向 11 条街，位于中轴线的朱雀大街宽达 150m，街中宽 80m，路面用砖铺成，道路两侧有排水沟和行道树，布置井然、气度宏伟，不但为我国以后的城市道路建设树立了榜样，而且影响远及日本。

宋朝、元朝、明朝（960～1644 年）均在过去的道路建设基础上有所提高。其中，元朝地域尤为辽阔，自大都（今北京）通往全国有 7 条主干道，形成了一个宏大的道路网。

清朝（1644～1911 年）利用原有驿道修建了长约 15 万 km 的“邮差路线”。在筑路及养路方面也有新的提高，规定很具体。在低洼地段，出现高路基的“叠道”，在软土地区用秫秸铺底筑路法，有如今天的土工织物，对道路建设有不少新贡献。

清朝的茶叶之路，以山西、河北为枢纽，北越长城，贯穿蒙古，经西伯利亚通往欧洲腹地，是丝绸之路衰落之后在清朝兴起的又一条陆上国际商路。它始于汉唐时代，鼎盛于清道光时期。但我国的道路建设发展至清朝末年，已是驿道时代的尾声，代之而起的是汽车公路的逐渐兴起。从此，近代道路的发展重点由东方转移到西方。

3.2.2 西方古代道路

公元前 1900 年前，亚述帝国曾修筑了从巴比伦辐射出的道路，今天在巴格达和伊斯法罕之间仍留有遗迹。传说非洲古国迦太基人（公元前 600～前 146 年）曾首先修筑有路面的道路，后来为罗马所沿用。

罗马帝国大修道路对维护帝国的兴盛起着很大的作用。由首都罗马用道路和意大利、英国、法国、西班牙、德国、小亚细亚部分地区、阿拉伯以及非洲北部联成整体，以维持在该广大地区的统治地位，并把这些区域分成 13 个省、共 322 条联络干道，总长度达 78 000km（52 964 罗马里）。罗马大道网以 29 条主干道为主，其中最著名的一条是由罗马东南方向越过亚平宁山脉通往布林迪西的阿庇乌大道，全长约 660km，开始兴建于公元前 400 年前后，历时 68 年，完成后起到了沟通罗马与非洲北部和远东地区的作用。罗马大道的主要特征有两个：一是路面高于地面，主要干道平均高出 2m 左右，以利瞭望，保障行车安全，因此成为现代英语所袭用的“highway”一词的来源；二是两点之间常常不顾地形的艰险，恒以直线相连，工程浩大，至今尚留有隧道、桥梁、挡土墙的遗迹。其中，若干主要军用大道宽达 11～12m，中间部分宽 3.7～4.9m，用硬质材料铺砌成路面，以供步兵使用。两边填筑了高于路面的宽约 0.6m 的堤道，可能是为军官指挥之用；外侧每边尚有 2.4m 宽的骑兵道，其施工方法是先开挖路槽，然后分四层，用不同大小的石料并用泥浆或灰浆砌筑，总厚达 1m。路面的式样也不尽相同，较高级的阿庇乌大道，曾用远自 160km 以外运来的边长为 1～1.5m 的不整齐石板镶砌于灰浆之中。有些道路上是用大理石方块或用厚约 18cm 的琢石铺砌。罗马帝国的道路建设之所以有如此辉煌的成就，主要原因之一在于统治者的重视，道路的主持者是高级官吏，道路的最高监督有至高的权威和荣誉，如恺撒（公元前 102 或前 100～前 44 年）是第一个任斯职者，从此以后只有执政官级才有资格担任。正因为道路建设对罗马帝国的兴盛起着很大的作用，罗马人修建了凯旋门，纪念诸如恺撒、图拉真等的筑路功绩。随着罗马帝国的衰亡，道路也随之败坏。

3.2.3 西方近代道路

首先用科学方法改善道路施工的，是拿破仑时代法国工程师 P.M.J.特雷萨盖。由于他的努力，筑路技术向科学化和近代化迈出了第一步。特雷萨盖曾于 1764 年发表了新的筑路方法，10 年后在法国获得普遍采用，主要特点是减小了路面的厚度，底层用较大的石料竖向铺筑，用重夯夯实；其上同样铺成第二层后，再用重夯夯击，并用小石块填满大孔隙；最上层撒铺坚硬的碎石罩面，形成有拱度的厚约 7.5cm 的面层。特雷萨盖重视养护，被认为是首先主张建立道路养护系统的人。在他的影响下，法国的筑路精神重新受到了鼓舞。在拿破仑当政期间（1804～1814 年），建成了著名的法国道路网，因而特雷萨盖也被尊称为现代道路建设之父。

英国的苏格兰工程师 T.特尔福德于 1815 年建筑道路时，采用一层式大石块基础的路面结构，用平均高约 18cm 的大石块铺砌在中间，两边用较小的石块以形成路拱，用石屑嵌缝后，再分层摊铺 10cm 和 5cm 的碎石，以后借助交通压实，其要求较特雷萨盖更为严格。以后将这种大块石基础称为特尔福德基层。

1816 年间，英国另一位苏格兰工程师 J.L.马克当对碎石路面做了认真的研究，认为路面损坏的原因主要是选用材料不良、准备工作不够、铺筑工艺欠精以及设计不合理等。他主张取消特尔福德所发明的笨重的大石块基础，而代之以小尺寸的碎石材料，用两层 10cm 厚的

7.5cm 大小的碎石，上铺一层 2.5cm 的碎石作面层，并获得了成功。今天仍将这种碎石路面称为马克当路面。马克当科学地阐述了路面结构的两个基本原则，至今尤为道路工作者所肯定：一是道路承受交通荷载的能力主要依靠天然土基，并强调土路基要具备良好的排水，当其经常处于干燥下时，才能承受重载而不致发生沉降；二是用有棱角的碎石互相咬紧锁结成为整体，形成坚固的路面。根据当时的交通情况，路面的厚度一般小于 25cm 即可适应。与罗马时代的路面厚度相比较，马克当路面减薄了 3/4，节约了大量的人力和材料。路面施工的压实主要依靠车辆，并经常用工具整平，直到路面坚实为止。因此，路面的成型费时日，而敲碎石料更是费工。1858 年发明了轧石机后，促进了碎石路面的发展，后来又用马拉的滚筒进行压实工作。1860 年，法国出现了蒸汽压路机，进一步促进并改善了碎石路面的施工技术和质量，加快了施工进度。在 20 世纪初，世界上公认碎石路面是当时最优良的路面而推广于全球。同时，马克当还为汽车时代交通与道路的关系提出了正确的见解。他认为，道路的建设应适应交通的发展，而不应为了维持落后的道路而限制交通。这个主张为以后公路的发展起到了很大的作用。1883 年 G.W.戴姆勒和 1885 年 C.F.本茨分别发明汽车，1888 年 J.B.邓洛普发明充气轮胎，加上马克当的碎石路面，成为近代道路交通的三大支柱。与此同时，特尔福德以道路工程师的身份首先创办了土木工程师学会，并担任了终身主席，学会也发展成为国际上群众性的学术团体。

由以上叙述可知，道路工程的改革是自路面开始的。如碎石路面的结构，在当时虽然新颖，但只是原始的。自古以来，在道路建设上也已经知道外加结合料的重要性，过去是石灰、沥青，后来是水泥。由于所用材料的不同，其结构性能表现也各异，因而将路面分为柔性和刚性两大类。近来，由于缓凝性质材料（主要是工业废料）的采用，又有半刚性路面之分。

汽车发明后，性能不断改善，在速度、安全和舒适方面均有很大的提高，原来的道路条件已不能适应，因而出现了高速公路。自第二次世界大战以后，各国也有相应的发展，高速公路已成为公路现代化的标志。

3.2.4 我国近代道路

1901 年，第一辆汽车输入我国。从此，行驶汽车的公路开始兴建起来，主要是在原有驿道上修建了一些很简陋的公路，但其意义却是不寻常的，它是 20 世纪我国现代公路发展历史的起点。至今，中华民族的道路发展史已有 5000 年，但公路发展史不过 100 年。

1902 年，我国开始有了两辆汽车。北洋政府时期（1912～1927 年），公路建设处于萌芽状态，城市道路受到外来影响，有了现代化设施的雏形。而“公路”一词的出现，有据可考者，是从 1920 年广东省成立“公路处”开始，以后各地沿用，普遍应用于国内。北洋政府时期军阀割据，各自为政，道路建设也是支离破碎。较早的公路，如湖南省长沙至湘潭的公路长 50km，1912 年通车；广西省内的邕武路（即今天的南宁至武鸣）长 42km，1919 年通车；广东省内的惠山至平山路长 36km，1921 年通车；在北方，以张库公路为最长，自河北省张家口至库伦（现为蒙古人民共和国首都——乌兰巴托），全长 965km，是沿着原有的“茶叶之路”加以修整而成，自 1918 年试车成功后至 1922 年间，有 90 余辆长途汽车行驶，是当时交通最繁重的一条公路。其他商营公路、兵工筑路和以工代赈所修的道路，出现于沿海、华北、华东一带，也促进了当时道路建设的发展。随后，人们逐渐认识到道路建设的重要性，孙中山先生曾倡言：“道路是文明之母和财富之脉”，并有建设百万英里碎石公路的设想。虽未能实现，但倡导之功不可泯灭。到北洋政府末年（1926 年），我国公路里程为 26 110km，大都是晴通雨阻的低级道路。20 世纪 20 年代，上海、天津等城市开始出现了沥青和水泥混凝土路面，并有沥青拌和厂及压路机等筑路机械，这对我国道路建设的现代化具有一定影响。

国民政府时期（1927～1949 年），我国开始修建各省联络公路，公路建设逐渐走向统一化和正规化，并初步形成公路网。全国经济委员会于 1932 年成立后，首先制订了联络公路的规划，先由江苏、浙江、安徽三省开始，于 1932 年修通了沪杭（上海至杭州）公路，继之以杭徽（杭州至安徽歙县）公路，从此打破了公路分割的局面；后又扩充为七省联络公路，即除原三省之外，又加上河南、江西、湖南、湖北四省，并逐步扩大到全国。1934 年公布的《公路工程准则》，对几何设计、路面、桥涵等都有规定，统一了公路工程的技术标准。

为了鼓励各省按规划和标准筑路，我国建立了补助基金和分区督察的制度。除了各省修建外，全国经济委员会为了示范，直接修建了西安至兰州和西安至汉中两条公路。1937 年抗日战争开始，前方公路建设随军事失败而有始无终，乃集中力量于打通西北的羊毛车路线（由西安经兰州、乌鲁木齐至霍城，在苏联境内接阿拉木图，是进口抗战物资的重要路线之一，西北出产的羊毛由此线出口，故称羊毛车路线）和西南通往缅甸的滇缅公路（抗战期间，日本帝国主义切断香港、越南到我国内地的交通；滇缅公路建成后，进口的抗战物资较多，成了重要的西南国际路线）。此外，我国还在后方西北、西南一带修筑了若干联络干线，如川康、康青、南疆、乐西、汉白、华双、西祥等公路。截至 1945 年抗日战争胜利，我国公路总里程已达 123 720km。1949 年，我国能通车的公路里程仅 75 000km。关于科研方面，1933～1941 年间，曾在南京修建两条试验路，一条主要试验国产材料的筑路技术，另一条主要用进口的沥青材料试验表面处理；1937 年，又在西兰公路上咸阳市附近，试验水泥稳定土壤路面；1940 年，在乐西公路乐山附近又修建了级配路面试验路。至于试验研究机构，虽有所创建，但由于时局的动荡不安，未得到巩固发展。1932 年，在上海试用冷拌沥青碎石路，并获得成功。1941 年修筑滇缅公路时，修建了沥青表面处治路面 155km，采用筑路机械 200 余部，是我国公路机械化施工的开端。

3.2.5 我国的道路建设

新中国成立以后，我国首先修复了被破坏的道路和桥梁。在 20 世纪 50 年代，修筑了著名的康藏（西康至西藏）及青藏（青海至西藏）两条公路。康藏公路自今四川的雅安起至西藏拉萨，全长 2271km，翻越了海拔 3000m 以上的大雪山、宁静、他念他翁等山脉，跨越了大渡河、金沙江、澜沧江、怒江等急流，更有冰川、流沙、塌方和泥沼、地震、森林地带，地形十分复杂，工程特别艰巨，路基土石方有 2900 多万 m^3，其中石方有 530 多万 m^3。工程于 1950 年开工，1954 年完工通车。青藏公路自青海省的西宁至拉萨，全长 2100km，横越高达 4500m 的昆仑、可可西里、唐古拉等山脉，沿途有草地、沼泽，环境十分恶劣。最终，经过艰苦努力，青藏公路和康藏公路同时于 1954 年 12 月 25 日在拉萨举行通车典礼。新中国成立 30 多年来，经过中央和地方的共同努力，全国通车公路数量达到成立初期的 10 倍，而且工程标准和施工质量都有了进一步的提高，建成了从首都北京通往各省（区、市）重要城市的国道网。

台湾省于 1971 年开始修建自基隆至高雄的中山高速公路（见图 3-2）。公路全长 373km，于 1978 年全线通车，设计速度为 100～120km/h。

截至 2010 年底，我国公路总里程突破 400 万 km，达 400.82 万 km，比 2009 年末增加了 14.74 万 km，“十一五”期间新增 66.30 万 km。全国公路密度为 41.75km/百 km^2，比 2009 年末

图 3-2 台湾中山高速公路

提高 1.53km/百 km^2，比“十五”末提高 6.90km/百 km^2。全国高速公路总里程达 7.41 万 km，居世界第二位，比“十一五”规划目标增加了 9108km。其中，国家高速公路里程为 5.77 万 km，比 2009 年末增加 0.54 万 km。全国高速公路车道里程为 32.86 万 km。“五纵七横”12 条国道主干线提前 13 年全部建成。11 个省份的高速公路里程超过 3000km。全国等级公路里程 330.47 万 km，比 2009 年末增加 24.84 万 km。等级公路里程占公路总里程的 82.4%，比 2009 年末提高 3.3 个百分点，比“十五”末提高 18.5 个百分点。其中，二级及以上公路里程为 44.73 万 km，完成“十一五”规划目标，比 2009 年末增加 2.21 万 km，占公路总里程的 11.2%。

3.3 道路工程的分类

道路是供各种车辆（无轨）和行人通行的工程设施，按其使用特点可分为城市道路、公路、厂矿道路、林区道路及乡村道路等。

3.3.1 公路

公路是指连接城市、乡村和工矿基地等地区，主要供汽车行驶且具备一定技术和设施的道路，见图 3-3。

图 3-3 公路

公路的分类方法通常有以下两种。

一、按行政等级划分

公路按行政等级划分，可分为国道、省道、县道、乡（镇）道以及专用公路。其中，国道和省道称为干线，县道和乡道称为支线。

（1）国道。国道是指具有全国性政治、经济意义的主要干线公路，包括重要的国际公路，国防公路，连接首都与各省（区、市）首府的公路，以及连接各大经济中心、港站枢纽、商品生产基地和战略要地的公路，见图 3-4。1981 年的国道网规划中，国道网由 70 条道路组成，共计 109 198km，其中首都放射线 11 条，加北京环线 1 条，共计 12 条、23 483km，以 G101～G112 编号；南北纵线 28 条，共计 37 844km，以 G201～G228 编号；东西横线 30 条，共计 47 871km，以 G301～G330 编号。1991 年对国道网进行了调整，取消 226（楚雄至墨江）、313（安西至若羌）国道，减少历程 2950km。国道由中央统一规划，由各省（区、市）负责建设、管理和养护。

(a) (b)

图 3-4 国道
（a）310 国道；（b）321 国道

（2）省道。省道是指具有全省（区、市）政治、经济意义，并由省（区、市）公路主管部门负责修建、养护和管理的公路干线，见图 3-5。

（3）县道。县道是指具有全县（县级市）政治、经济意义，连接县城和县内主要乡（镇）、主要商品生产和集散地的公路，以及不属于国道、省道的县际间公路。县道由县、市公路主管部门负责修建、养护和管理。

图 3-5 四川 215 省道

（4）乡（镇）道。乡（镇）道是指主要为乡（镇）村经济、文化、行政服务的公路，以及不属于县道以上公路的乡与乡之间及乡与外部联络的公路。乡（镇）道由县统一规划，县乡（镇）组织建设、养护和使用。

（5）专用公路。专用公路是指专供或主要供厂矿、林区、农场、油田、旅游区、军事要地等与外部联系的公路。专用公路由专用单位负责修建、养护和管理，也可委托当地公路部门修建、养护和管理。三峡工程专用公路见图 3-6。

图 3-6 三峡工程专用公路

二、按使用任务、功能和适应的交通量划分

JTGB 01—2003《公路工程技术标准》中规定，公路按使用任务、功能和适应的交通量分为高速公路、一级公路、二级公路、三级公路、四级公路五个等级。

（1）高速公路为专供汽车分向、分车道行驶，并应全部控制出入的多车道公路。四车道高速公路应能适应将各种汽车折合成小客车的年平均日交通量 25 000～55 000 辆，六车道高速公路应能适应将各种汽车折合成小客车的年平均日交通量 45 000～80 000 辆。八车道高速公路应能适应将各种汽车折合成小客车的年平均日交通量 60 000～100 000 辆。

（2）一级公路为供汽车分向、分车道行驶，并可根据需要控制出入的多车道公路。四车道一级公路应能适应将各种汽车折合成小客车的年平均日交通量 15 000～30 000 辆，六车道一级公路应能适应将各种汽车折合成小客车的年平均日交通量 25 000～55 000 辆。

（3）二级公路为供汽车行驶的双车道公路。双车道二级公路应能适应将各种汽车折合成小客车的年平均日交通量 5000～15 000 辆。

（4）三级公路为供汽车行驶的双车道公路。双车道三级公路应能适应将各种汽车折合成小客车的年平均日交通量 2000～6000 辆。

（5）四级公路为供汽车行驶的双车道或单车道公路。双车道四级公路应能适应将各种汽车折合成小客车的年平均日交通量 2000 辆以下，单车道四级公路应能适应将各种汽车折合成小客车的年平均日交通量 400 辆以下。

3.3.2 城市道路

城市道路是指通达城市的各地区，供城市内交通运输及行人使用，便于居民生活、工作及文化娱乐活动，并与市外道路连接，负担着对外交通的道路，见图 3-7。

城市道路一般较公路宽阔，为适应复杂的交通工具，多划分机动车道、公共汽车优先车道、非机动车道等。道路两侧有高出路面的人行道和房屋建筑，人行道下多埋设公共管线。

为美化城市而布置绿化带、雕塑艺术品。为保护城市环境卫生，要少扬尘、少噪声。公路则在车行道外设路肩，两侧种行道树，边沟排水。

图 3-7 城市道路

现代的城市道路是城市总体规划的主要组成部分，关系到整个城市的有机活动。为了适应城市的人流、车流顺利运行，城市道路要具有：①适当的路幅，以容纳繁重的交通；②坚固耐久、平整抗滑的路面，以利于车辆安全、舒适、迅捷地行驶；③少扬尘、少噪声，以利于环境卫生；④便利的排水设施，以便将雨雪水及时排除；⑤充分的照明设施，以利于居民晚间活动和车辆运行；⑥道路两侧要设置足够宽的人行道、绿化带、地上杆线和地下管线。

根据道路在城市道路系统中的地位和交通功能，可将道路分为快速路、主干路、次干路和支路。

一、快速路

快速路是为流畅地处理城市大量交通而建筑的道路，见图 3-8。快速路要有平顺的线型，与一般道路分开，使汽车交通安全、通畅和舒适。与交通量大的干路相交时，应采用立体交叉；与交通量小的支路相交时，可采用平面交叉，但要有控制交通的措施。两侧有非机动车时，必须设完整的分隔带。横过车行道时，需经由控制的交叉路口或地道、天桥。快速路两侧不应设置吸引大量车流、人流的公共建筑物的出入口，且两侧一般建筑物的进出口应加以控制。

图 3-8 城市快速路

二、主干路

主干路为连接城市各主要部分的交通干路，是城市道路的骨架，主要功能是交通运输，见图 3-9。主干路上的交通要保证一定的行车速度，故应根据交通量的大小设置相应宽度的车行道，以供车辆通畅地行驶。线型应顺捷，交叉口宜尽可能少，以减少相交道路上车辆进出的干扰；平面交叉时要有控制交通的措施；交通量超过平面交叉口的通行能力时，可根据规划采用立体交叉。机动车道与非机动车道应用隔离带分开。交通量大的主干路上快速机动车，如小客车等也应与速度较慢的卡车、公共汽车等分道行驶。主干路两侧应有适当宽度的人行道。应严格控制行人横穿主干路。主干路两侧不宜建筑吸引大量人流、车流的公共建筑物，如剧院、体育馆、大型商场等。

图 3-9　城市主干道

三、次干路

次干路是一个区域内的主要道路，是一般交通道路，兼有服务功能，配合主干路共同组成干路网，起广泛联系城市各部分与集散交通的作用。一般情况下快、慢车混合行驶；条件许可时，也可另设非机动车道。道路两侧应设人行道，并可设置吸引人流的公共建筑物。

四、支路

支路是次干路与居住区的联络线，为地区交通服务，也起集散交通的作用；两旁可有人行道，也可有商业性建筑。

3.3.3　厂矿道路、林区道路、乡村道路

一、厂矿道路

厂矿道路是指为工厂、矿山、油田、港口、仓库等企业服务的道路（见图 3-10），分为厂外道路、厂内道路和露天矿山道路，厂外道路为厂矿企业与公路、城市道路、车站、港口原料基地、其他厂矿企业等相衔接的对外道路，或本企业分散的厂（场）区、居住区等之间的联络道路或通往本企业外部各辅助设施的道路。厂内道路为厂（场）区、库区、站区、港区等的内部道路。露天矿山道路为矿区范围内采矿场与卸车点之间、厂（场）区之间的道路，

或通往附属厂、辅助设施的道路。

图 3-10 盐田港道路

二、林区道路

林区道路是指建在林区，主要供各种林业运输工具通行的道路，包括林区公路、运材道路、集材道路、护林防火道路、连接道路等。

（1）林区公路：主要供汽车行驶的林业专用公路，见图 3-11。

图 3-11 林区道路

（2）运材道路：林业企业在木材装车场或楞场（山场）与储木场之间按照森林经营要求修建的道路。

（3）集材道路：林业企业在木材伐区至木材装车场或楞场（山场）之间修建的专供集材作业使用的道路。

（4）护林防火道路：以护林防火为主要用途的道路。

（5）连接道路：在林区内部，沟通相邻的林业企业和企业内部林场之间交通的道路。

三、乡村道路

乡村道路是指建在乡村或农场，为了方便农业生产和生活，主要供行人及各种农业运输工具通行的道路，见图3-12。

图3-12 乡村道路

3.4 学科内容

3.4.1 道路网规划和道路勘测设计

道路网规划是指在交通规划基础上，对道路网的干、支道路的路线位置，技术等级，方案比较，投资效益和实现期限的测算等系统规划工作。道路网规划时，应考虑各种交通运输综合功能的协调发展和路网布局的完善。

道路勘测设计要研究汽车行驶与道路各个几何元素的关系，以保证在设计速度、预计交通量以及地形和其他自然条件下，行驶安全、经济、旅客舒适及路容美观。道路勘测设计的内容，是根据设计任务书提出的公路路线，或按照城市规划所拟定的城市道路路线进行查勘与测量，取得必要的勘测设计资料，以便按照规定编制设计文件。

道路勘测设计则应根据国家制定的分级管理和技术指标，选定技术经济最优化的路线，对平、纵、横三个面进行综合设计，力争平面短捷舒顺、纵坡平缓均匀、横断面稳定经济，以求保证设计车速、缩短行车时间、提高汽车周转率。对路基、路面、桥梁、隧道、排水等构造物进行精心设计，在保证质量的条件下降低施工、养护、运营和交通管理等费用。

确定一条公路的建设标准，首先应确定公路的技术等级。公路等级应根据公路网规划，从全局出发，按照公路的使用任务、功能和远景交通量综合确定。具体是：公路等级的选用应根据公路功能规划交通量，并充分考虑项目所在地区的综合运输体系远期发展等经论证后确定；一条公路可分段选用不同的公路等级或同一公路等级选用不同的设计速度、路基宽度，但不同公路等级设计速度、路基宽度间的衔接应协调，过渡应顺畅；预测的设计交通量介于一级公路与高速公路之间时，拟建公路为干线公路时宜选用高速公路，拟建公路为集散公路时宜选用一级公路；干线公路宜选用二级及二级以上公路。其中，交通量的预测对确定技术等级非常关键。《公路工程技术标准》规定，高速公路和具有干线功能的一级公路的设计交通量应按 20 年预测，具有集散功能的一级公路以及二、三级公路的设计交通量应按 15 年预测，四级公路可根据实际情况确定。设计交通量预测的起算年应为该项目可行性研究报告中的计划通车年，设计交通量的预测应充分考虑走廊带范围内远期社会经济的发展和综合运输体系的影响。

道路是一种主要供汽车行驶的线形工程结构物，它包括线形组成和结构组成两大类。

道路的中线是一条三维空间曲线，称为路线。线形就是指道路中线在空间的几何形状和尺寸。

在道路线形设计中，为了便于确定道路中线的位置、形状、尺寸，可从路线平面、纵断面和横断面三个方面研究路线（见图 3-13）。

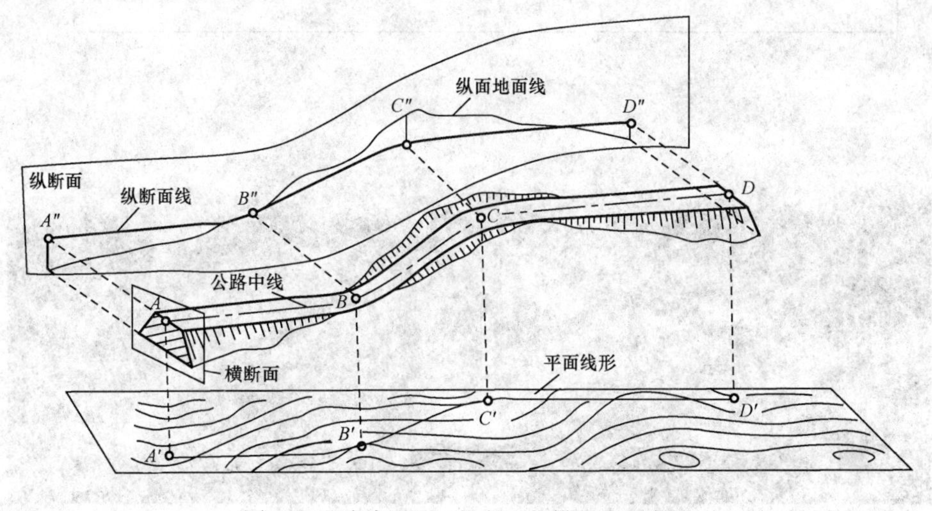

图 3-13 路线平面、纵断面与横断面示意图

（1）道路中线在水平面上的投影叫做路线平面，平面线形的组成要素有直线、圆曲线和缓和曲线。

（2）用一曲面沿道路中线竖直剖切展成的平面叫做路线纵断面。纵断面线形由直线（坡度线）与曲线（竖曲线）组成，它反映道路中线的地面起伏和设计路线的坡度情况。

（3）沿道路中线上任一点所做的法线方向切面叫做横断面。横断面由横断面设计线和地面线构成，它反映路基的形状和尺寸，是道路设计的技术文件之一。横断面设计线包括行车道、路肩、分隔带、边沟、边坡、截水沟、护坡道、取土坑、弃土堆、环境保护设施等。城市道路的横断面组成包括机动车道、非机动车道、人行道、绿化带等（见图 3-14）。高速公路和一级公路上还设有变速车道、爬坡车道等（见图 3-15）。横断面的设计目的是保证公路具有足够的断面尺寸、强度和稳定性，使之经济合理，同时为路基土石方工程数量计算、公路的施工和养护提供依据。通常，横断面设计在平面设计和纵断面设计完成后进行。

此外，道路与其他道路及道路与铁路的连接称为交叉。交叉分为平面交叉和立体交叉，图 3-16 所示为立体交叉布置的一种形式。

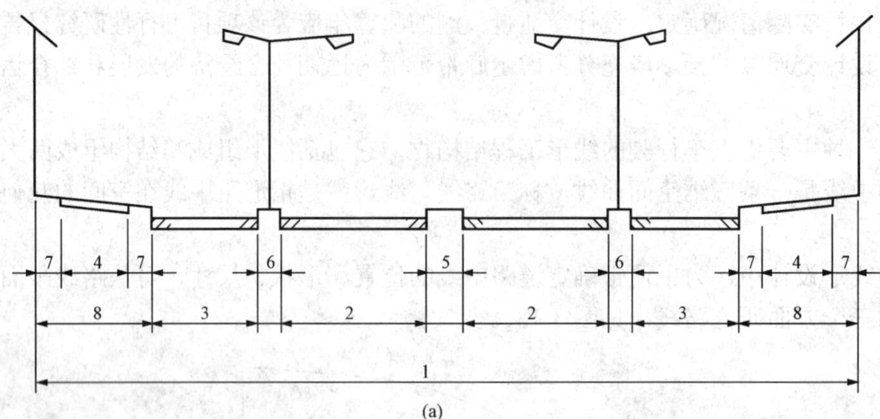

(a)

(b)

图 3-14 城市道路横断面

（a）城市道路（四幅式）横断面布置图；（b）城市道路横断面布置效果图

1—红线宽；2—行车道；3—非机动车道；4—人行道；5—中间分隔带；

6—两侧分隔带；7—绿化带或设施带；8—路侧带

3.4.2 路基工程

路基是道路结构体的基础，是由土、石等材料按照一定尺寸、结构要求所构成的带状土工结构物，路基必须具有足够的强度和整体稳定性。由于路基通常是由天然土石材料建筑而成，因此还要求路基有足够的水稳定性。道路路基的结构、尺寸用横断面表示。路基横断面根据设计公路路线与地面的关系，按填挖情况可分为路堤、路堑和填挖结合路基三种基本形式（见图 3-17）。设计线高出地面（包线设计），填方所筑成的路基形式即为路堤；设计线低于地面（割线设计），挖方所筑成的路基形式即为路堑；当路线通过山坡，在坡面上半填半挖形成的路基形式，亦称半路堤半路堑。

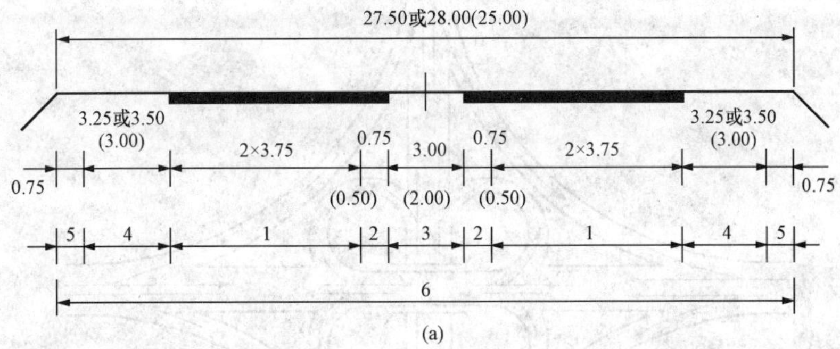

(a)

(b)

图 3-15 高速公路横断面

(a) 高速公路横断面布置图（括号内为低限值，尺寸单位：m）；(b) 典型高速公路横断面布置实景图

1—行车道；2—左侧路缘带；3—中间带；4—硬路肩；5—土路肩；6—路基宽

路基既是路线的主体，又是路面的基础，并与路面共同承受车辆荷载。路基的基本构造由高度、宽度和边坡坡度组成。路基的填土高度要求大于规定的最小填土高度；路基宽度根据设计交通量和道路等级确定；路基边坡影响路基的整体稳定性，由路基高度和土质综合确定。路肩是路面两侧路基边缘以内地带，用于支护路面，供临时停靠车辆或行人步行之用。路基土石方工程按开挖的难易分为土方工程（松土、普通土、硬土三级）与石方工程（软石、次坚石、坚石三级）。

路基工程在道路建设中，工程量大、占地广，常为控制施工进度的关键，故要求：

（1）尽可能与沿线农田水利建设相结合，并力争节约用地。

（2）按照标准设计，严格控制施工质量，保证路基具有足够的强度和稳定性。

（3）搞好排水和防护加固工程，沿河路基应注意不被洪水淹没冲毁。

（4）填方工程应慎选土质并分层夯实，对其密实度和含水量进行现场控制。

（5）冰冻地区还应设置防冻层或隔水层和隔温层，切断毛细水，减少负温差的不利影响。

（6）当路线通过悬岩峭壁时，需修建悬出路台或半山桥；陡峻山坡则需修筑挡墙、石砌护坡或护脚等，以保证路基和山体的稳定。

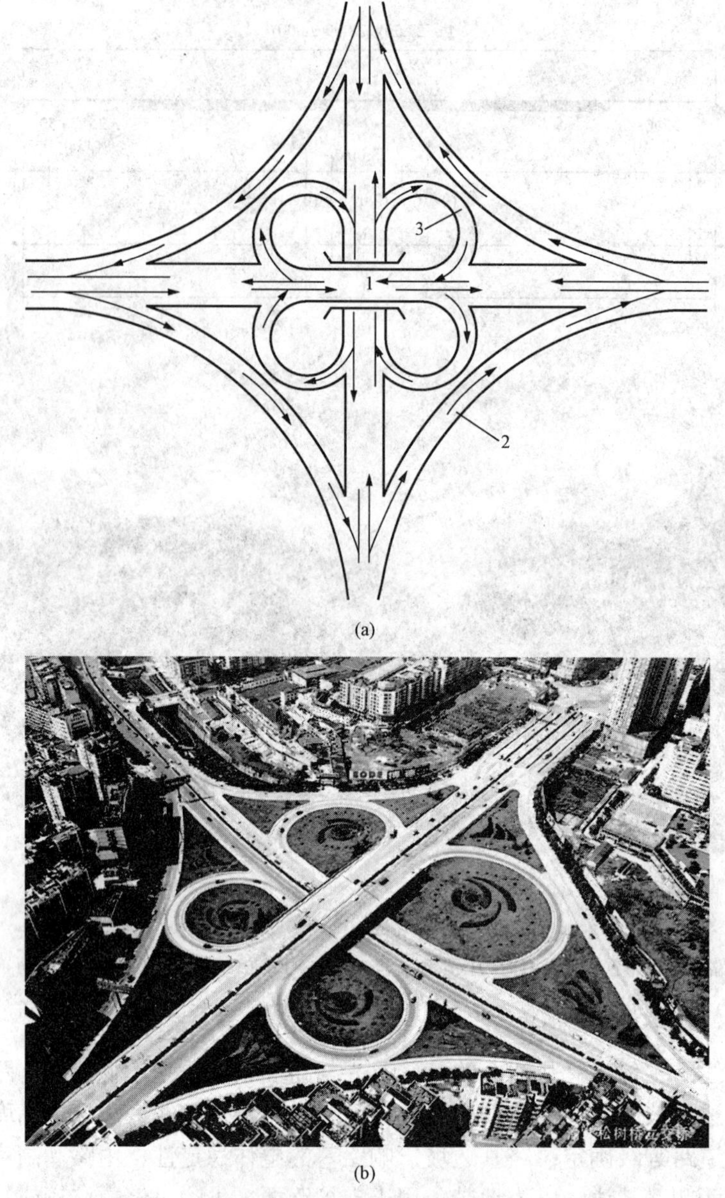

图 3-16　立体交叉（苜蓿形）布置

（a）平面布置图；（b）鸟瞰图

1—跨线桥；2—右转匝道；3—左转匝道

（7）当路线不能避让，必须通过特殊或不良地质、水文的地区或路段时，路基工程应针对其具体情况和特征，采取防治措施。

为保证路基、路面和其他构筑物的稳固及交通安全，沿路基可修筑：①路基坡面防护。主要有铺种草皮、植树、抹面、灌浆勾缝、砌石护坡和护面墙等。②冲刷防护。有直接防护的构筑物，如抛石防护、石笼防护、梢料防护、驳岸、浸水挡墙等；有间接防护的调治构筑物，如丁坝、顺水坝、格坝等（见桥渡设计）。③支挡构筑物。主要是挡土墙等构筑物。

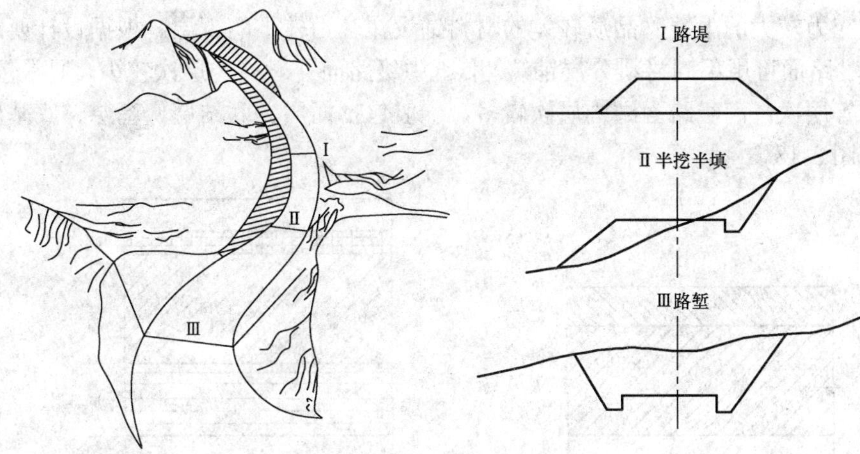

图 3-17 路基横断面形式

3.4.3 路面工程

为适应行车作用和自然因素的影响，在路基上行车道范围内，用各种筑路材料修筑多层次的坚固、稳定、平整和具有一定粗糙度的路面，其构造一般由面层、基层（承重层）、垫层组成，表面应做成路拱，以利于排水。

汽车直接行驶于路面表面，所以路面的作用首先是能够担负汽车的载重而不被破坏，其次是能保证道路全天候通车，最后是能够保证车辆有一定的行驶速度。因此，对路面提出了以下六项基本要求：

（1）强度、刚度和稳定性。路面应有足够的强度和刚度，以承受行车荷载的作用，而不产生导致路面破坏的形变和磨损。同时，这种强度和刚度又应有足够的稳定性，在不利的自然因素（水、温度等）作用下，其变化幅度减少到最低值。

（2）路面的平整度。路面应平整，以减小车轮对路面的冲击力，保证行车的平稳、舒适和达到要求的速度，而不致产生行车颠簸和震动、速度下降、运输成本提高以及路面破坏加剧。

（3）抗滑性。路面要有一定的粗糙度，以免车轮与路面间的摩擦系数过小，而在雨、雪天等不利的气候条件下产生车轮打滑、车速降低、燃料消耗增加的现象，甚至在车辆转弯或制动时发生滑溜的安全事故。

（4）少尘。汽车通行时，路面飞尘应较少。飞尘会对行车视距、汽车零件、乘客舒适以及环境卫生带来不良影响，也不利于国防及沿线农作物的生长。

（5）耐久性。路面要承受行车荷载和气候因素的多次重复性作用，由此而逐渐出现疲劳破坏和塑性变形积累；此外，路面材料还会因老化衰变而发生破坏。这些都将导致养护工作量增大、路面寿命缩短，所以，路面必须经久耐用，具有较高的抗疲劳、抗老化及抗变形积累的能力。

（6）噪声低。当道路上有机动车辆行驶时，车辆发动机的轰鸣、排气、轮胎与路面摩擦及喇叭声等形成的噪声会使人感到厌烦，影响沿线人们的生产和生活。所以，路面应尽可能平整、无缝，以减少噪声。

路面不但要承受车轮荷载的作用，而且会受到自然环境因素的影响。由于行车荷载和大气因素对路面的影响作用，一般随深度而逐渐减弱，因而路面通常是多层结构，将品质好的材料铺设在应力较大的上层，品质较差的材料铺设在应力较小的下层。根据设计要求和就地取材的原则，路面可用不同材料分层铺筑。低、中级路面一般结构层次较少，通常包括面层、基层、垫层等层次；高级路面结构层次较多，一般包括面层、联结层、基层、底基层、垫层等层次，见图 3-18。

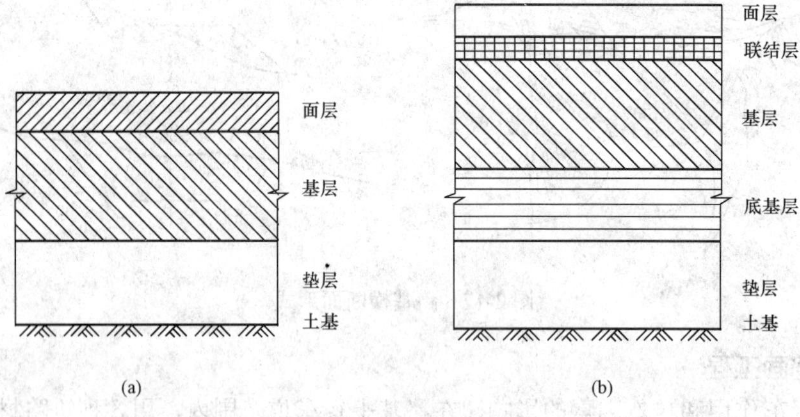

图 3-18　路面结构示意图

（a）中低级路面；（b）高级路面

面层位于整个路面结构的最上层。它直接承受行车荷载的垂直力、水平力，以及车身后所产生的真空吸力的反复作用，同时受到降雨和气温变化的不利影响最大，是最直接地反映路面使用性能的层次。因此，与其他层次相比，面层应具有较高的结构强度、刚度和稳定性，并且耐磨、不透水，其表面还应具有良好的抗滑性和平整度。道路等级越高、设计车速越大，对路面抗滑性、平整度的要求越高。修筑高等级道路面层所用的材料主要有沥青混凝土和水泥混凝土等。

联结层是为了加强面层与基层之间的联结和提高面层抵抗疲劳能力而设置的，也是面层的一部分，多用于交通繁重的道路。有时，为了防止或减少面层受下层裂缝反映的影响，也采用联结层。

基层位于面层之下，垫层或路基之上。基层主要承受面层传递的车轮垂直力的作用，并把它扩散到垫层和土基，同时还可能受到面层渗水以及地下水的侵蚀。因此，基层材料需选择强度较高、刚度较大，并有足够水稳性的材料。用来修筑基层的材料主要有：水泥、石灰、沥青等稳定土或稳定粒料（如碎石、砂砾），工业废渣稳定土或稳定粒料，各种碎石混合料或天然砂砾。基层可分两层铺筑，其上层称基层或上基层，起主要承重作用；下层则称底基层，起次要承重作用。底基层材料的强度要求比基层略低，可充分利用当地材料，以降低工程造价。

垫层是介于基层与土基之间的层次。并非所有的路面结构中都需要设置垫层，只有在土基处于不良状态，如潮湿地带、湿软土基、北方地区的冻胀土基等时才应设置垫层，以排除路面、路基中滞留的自由水，确保路面结构处于干燥或中湿状态。垫层主要起隔水（地下水、毛细水）、排水（渗入水）、隔温（防冻胀、翻浆）作用，并传递和扩散由基层传来的荷载应力，保证路基在容许应力范围内工作。修筑垫层的材料强度不一定很高，但隔温、隔水性要好，一般以就地取材为原则，选用粗砂、砂砾、碎石、煤渣、矿渣等松散颗粒材料，或采用水泥、石灰煤渣稳定的密实垫层。一些发达国家采用聚苯乙烯板作为隔温材料。值得注意的是，如果选用松散颗粒透水性材料作垫层，其下应设置防淤、防污用的反滤层或反滤织物（如土工布等），以防止路基土挤入垫层而影响其工作性能。

JTG B01—2003《公路工程技术标准》将路面按技术品质分为高级、次高级、中级和低级四种。各种路面的面层类型分别为：高级路面——沥青混凝土路面、水泥混凝土路面、厂拌沥青碎石路面、整齐石块或条石路面；次高级路面——沥青贯入式碎、砾石路面，路拌沥青碎、砾石路面，沥青表面处治路面，半整齐石块路面；中级路面——碎、砾石（级配或泥结）路面，不整齐石块路面、其他粒料路面；低级路面——粒料加固土路面、其他当地材料加固或改善土路面。路面结构根据设计要求和就地取材的原则，可用不同材料分层铺筑。

路面按其力学特征可分为刚性路面和柔性路面。刚性路面在行车荷载作用下能产生板体作用，具有较高的抗弯强度，如水泥混凝土路面。柔性路面抗弯强度较小，主要靠抗压强度和抗剪强度抵抗行车荷载作用，在重复荷载作用下会产生残余变形，如沥青路面、碎石路面。有些路面材料在修建早期具有柔性路面的特性，后期近乎刚性路面的特性，这种路面有时称为半刚性路面，如石灰稳定土、水泥稳定土、石灰粉煤灰、石灰炉渣等材料建成的路面。

3.4.4 道路排水工程

路基和路面结构外露在地表，直接受自然因素的影响。这些自然因素主要是温度和湿度，而湿度与道路排水能力密切相关。路基的各种病害和变形的产生，无不与地面水和地下水的浸湿和冲刷等破坏作用有关。要保证路基的稳定性，提高路基的强度和抗变形能力，防止地面水浸入路面，从而提高路面结构的强度和耐久性，延长路面使用寿命，就必须做好道路的排水设计。在进行路面的排水设计时，除应考虑道路等级、地形、气候、年降雨量、地下水等条件外，还必须将路面排水和路基排水结合起来综合考虑，使路基、路面形成良好的排水系统。

道路排水包括地面排水和地下排水。地面排水包括路面（含路肩、中央分隔带）排水、路基边坡排水、沟渠排水等。地下排水包括路基地下排水、中央分隔带地下排水、纵向填挖方交界处地下排水等。

排水工程要与水利灌溉相配合，地面排水和地下排水兼顾，路基路面排水与桥涵工程相结合。总的要求是：查明情况、全面考虑、因地制宜、就地取材、防重于治、经济适用、多种措施、综合治理，构成一个统一的排水系统。

常见的路基地面排水设施有边沟、截水沟、排水沟、跌水和急流槽等，分别设置于路基的不同部位，各自发挥其主要功能。地下水排除一般以导流为主，不宜堵塞，主要设施有暗沟、渗井、渗沟等。

3.4.5 桥涵工程

桥涵是公路的重要组成部分。特别是大、中型桥梁对当地的政治、经济、国防都具有重要的意义。因此，公路桥涵应根据所在公路的使用任务、性质和将来发展的需要，按照安全、适用、经济和适当照顾美观的原则进行设计。

桥梁首先必须有足够的承载能力，以保证行车的畅通和安全。因此，其既要满足当前的需要，又要照顾到今后的发展。通航河流上的桥梁应满足航运的需要；城市、村镇、铁路及水利设施附近的桥梁，应根据各有关方面的要求考虑综合利用。其次，桥涵设计应体现经济上的合理性，遵循因地制宜、就地取材、便于施工和养护的原则。在这样的前提下，合理地选用恰当的桥梁（涵）结构形式。桥涵设计还应满足快速施工的要求，保证工程质量和施工安全，尽量缩短工期，早日通车，以提高经济效益。常见的公路桥见图 3-19。

图 3-19　公路桥梁

在适用、经济和安全的前提下，应尽可能使桥涵具有优美的外形，并与周围景观相协调。当然，合理、匀称的轮廓是美观的一个重要因素。

桥涵设计涉及的因素很多，必须充分地进行调查研究，从客观实际出发分析具体情况，才能得出合理的设计方案。因此，必须进行一系列的野外勘测和资料收集工作，如跨越河流的桥梁，应调查桥位处的工程地质、水文情况以及与建桥有关的资料。选择桥位时应注意：大、中桥桥位原则上应服从路线的总方向，需路桥综合考虑，既要力求降低桥梁的建设投资和养护费用，又要避免或减少因车辆绕道而增加的运输费用；同时，应尽量将桥位选择在河道顺直、水流稳定、河面较窄、地质良好、冲刷较少的河段上，以降低造价和养护费用，并防止因冲刷过大而发生桥梁倒塌而造成损失。大、中桥涵一般应选择 2～3 个桥位，进行各方面的综合比较后，选出最合理的桥位。小桥涵的桥位应服从路线走向，当遇到不利的地质、地形和水文条件时，应采取适当的技术措施，不宜因此改变路线走向。

桥涵分类采用两个指标，一个是单孔跨径，另一个是多孔跨径总长。多孔跨径总长大于或等于 1000m、单孔跨径大于或等于 100m 的为特大桥；多孔跨径大于或等于 100m 且小于 500m、单孔跨径大于或等于 40m 且小于 100m 的为大桥；多孔跨径大于或等于 30m 且小于 100m、单孔跨径大于或等于 20m 且小于 40m 的为中桥；多孔跨径大于或等于 8m 且小于 30m、单孔跨径大于或等于 5m 且小于 20m 的为小桥；多孔跨径小于 8m、单孔跨径小于 5m，或圆管涵、箱涵不论管径或跨径大小、孔数多少，均称为涵洞。

桥梁按结构形式，可分为梁式桥、拱桥、钢构桥以及组合体系（斜拉桥和悬索桥）四种基本体系；按行车道位置，可分为上承式桥、中承式桥和下承式桥；按材料类型，可分为木桥、圬工桥、钢筋混凝土桥、预应力桥和钢桥。

3.4.6　隧道工程

在地面以下开挖的供汽车通行的构筑物称为道路隧道。道路隧道按所经地区的情况分为：①避免地面干扰而建在城市地下的城市隧道；②有利于航运和国防而在河流或海峡底下的水底隧道；③降低越岭高程，或避绕山嘴，取消急弯陡坡，改善线形以缩短行程、节约行车时间和油耗的，或避让表面不稳定山坡和水文地质不良地段，改由稳定岩石较深部位通过的山岭隧道。修建隧道时，要根据工程造价、施工条件及竣工后运营和养护条件，与其他路线方案进行详细的技术经济比较后决定取舍。

隧道内部必须设置通风和照明设备，隧道周边一般均需修筑衬砌加以支撑，在坚石又不易风化的整体岩层中也可不做衬砌。为防止表面岩石风化，可喷水泥砂浆。近年来，常采用喷锚支护，其施工简便、造价低，正日益推广。

隧道按照所处的地质条件分，可分为土质隧道和石质隧道；按照隧道的长度（L）分，可分为短隧道（$L \leqslant 500\text{m}$）、中长隧道（$500\text{m} < L < 1000\text{m}$）、长隧道（$1000\text{m} \leqslant L \leqslant 3000\text{m}$）和特长隧道（$L > 3000\text{m}$）；按照国际隧道协会（ITA）定义的隧道的横断面积的大小划分标准分，可分为极小断面隧道（2～3m^2）、小断面隧道（3～10m^2）、中等断面隧道（10～50m^2）、大断面隧道（50～100m^2）和特大断面隧道（大于 100m^2）；按照隧道所在的位置分，可分为山岭隧道、水底隧道和城市隧道；按照隧道埋置的深度分，可分为浅埋隧道和深埋隧道。

隧道工程实例见图 3-20 和图 3-21。

图 3-20 秦岭终南山隧道

图 3-21 雪峰山隧道

3.4.7 附属设施工程

道路附属设施是保证行车安全、方便人民生活和保护环境的重要措施。因此，进行道路设计时应予以足够的重视。道路附属设施的种类很多，主要包括：

（1）安全防护设施。如保证夜间车辆和行人交通安全的照明设施，指导行车的交通标志、路面标线，防护用的护栏、护墙、护柱，沙漠地区的防沙栅栏，多雪地区的防雪走廊。

（2）改善环境的设施。重点是绿化，可稳定路基、防治污染、美化路容，其他如减小噪声干扰的隔音墙等。

（3）养护管理设施。如养路道班房、巡逻管理站等。

（4）路旁服务设施。如休息区、停车场、电话亭及旅游服务设施等。

3.4.8 养护工程

实施养护工程的目的是：维护道路完好状况，预防和及时修复各种缺陷损坏，提供并保证安全、快速、经济、舒适的行车条件，有计划地改善道路技术状况，以适应交通发展的需要。

各国多采用有训练和装备的养路道班和工程队组织，完成养护工程任务。养护工程按其工作性质和任务分，可分为：①小修保养。对道路及其一切设施进行事故预防和维修较小损坏部分，重点是排水和路面，冬季防冰雪，雨天防滑溜。②大中修工程。对道路及其设备进行较大的修复，或在原有技术等级内的添建和局部改建。③改善工程。分期、分段改善道路的技术条件或进行局部改建，能显著提高通行能力，如改进线形视距、拓宽路基、提高路面等级、改建桥涵等。

3.5 现代道路勘测与设计新技术

近20年来，现代道路测设技术在我国道路建设中得到广泛应用，新技术将设计人员从艰苦的外业测量和繁杂的内业设计工作中解脱出来，对加快工程测设进度，提高设计效率和质量，实现道路交通的现代化，适应全面建设小康社会需求等方面，具有重要意义。

按工作内容不同，现代道路测设技术包括数据采集与管理技术和计算机辅助设计技术。

道路外业勘测的关键是快速、准确、有效地获取设计所需要的各种地形原始数据。传统地形数据的来源一般有三种方法，即对已有大比例尺地形图的数字化，采用航测方法从航测相片上获取数据，野外实测采集地形数据。目前最能为道路测设提供技术支持的是“3S”技术（即遥感RS、全球定位系统GPS、地理信息系统GIS）及全数字摄影测量技术。

航空摄影和摄影图像处理为大规模采集地形数据提供了快捷的手段。在国外，航空摄影测量已广泛应用于道路测设中。利用航空摄影测量方法采集数据能直观地确定地表形态，工作环境好，可随意和方便地控制地形点的分布和密度，获取的地形信息可靠、精度高。随着航测仪器的发展，目前较大范围的各种比例尺地形图都是由航测法成图的。

全数字化测图（亦称数字摄影测量）是在解析法测图基础上发展起来的更为先进的摄影测量方法。全数字化测图系统的测图过程是，先将相片影相的灰度数字化，然后在计算机上进行数字处理。这种全数字化、自动化测图方法代表了航空摄影测量学科的发展方向，一些国家投入相当多的资金和人力对其进行研究，主要成果有Leica推出的由Helava公司开发的DPW系列，以及美国Intergraph公司推出的TDZ系列数字摄影测量工作站等。随着研究工作的深入，数字摄影测量系统在理论上不断完善，在技术上不断创新，它将成为道路测设中地形数据采集的理想方法。

遥感技术（Remote Sensing，RS）是通过非接触传感器获得所摄目标的影响，并提取各种几何与属性信息的技术系统。在道路勘测中，通过遥感判别技术可直接或间接获得大量有关工程地质及水文地质资料，如同把勘测现场搬到室内，既减轻了外业劳动强度，又提高了勘测设计的质量和速度。国外目前广泛采用航天遥感资料进行计算机图像处理和信息提供，大量遥感信息已进入自动识别和自动处理成图阶段，为道路工程地质判别提供了准确、可靠的信息来源。

地理信息系统（Geographic Information System，GIS）是储存和处理与地理空间分布有关信息的系统。该系统采用各种现代化的方法采集、运算、存储、管理、查询、显示、更新和应用与地理和空间分布有关的数据。计算机技术、数据库技术及遥感技术的不断发展，为 GIS 的发展提供了丰富的数据资源，使 GIS 向专家水平的智能分析与决策方向发展。GIS 与相关技术的集成，将为路线方案选择及优化设计提供技术平台。

目前，航测等新技术在各省设计院的道路勘察中得到普遍应用，大比例尺地形图的测绘工作多采用航测手段完成。利用航测在测图时的地形数据建立数字地面模型（DTM），用于路线初步设计及施工图设计的方法及相应的计算机辅助设计（CAD）系统已在道路设计中广泛应用；利用全站仪采集地形原始数据，建立数字地面模型，自动绘制大比例尺地形图，路线 CAD 集成系统完成路线设计，已在全国全面应用；GPS 在路线导线网的控制测量、航测外控测量及各类桥隧控制测量中得到了推广应用。

计算机辅助设计（Computer Aided Design，CAD）是近年来工程技术领域中发展最迅速、最引人注目的高技术之一。1963 年，美国麻省理工学院（MIT）首次建立了 CAD 的概念。40 年来，随着计算机技术和微电子学的发展，价格低廉、性能优良的 CAD 软（硬）件系统得到了广泛的应用。道路 CAD 是计算机辅助设计技术在道路设计中的具体应用。CAD 技术将计算机迅速、准确处理信息的特点与人的创造思维能力及推理判断能力结合，为现代设计提供了理想的设计手段。20 世纪 70 年代中后期，有关公路科研单位、高等院校和公路测设部门开始研制与开发道路设计计算与优化程序，并取得了初步成果。进入 20 世纪 90 年代以来，计算机硬件的快速更新和降价、功能的快速提高，使得在计算机平台上开发的道路 CAD 软件占有一定的优势。目前公路路线 CAD 辅助设计系统开发已非常普及，应用十分广泛。

3.6 展 望

预测表明，汽车客货运输在世界大部分地区仍将继续存在，多数地区还在持续稳步增长。在人口繁密的市区，交通量不断增加，堵塞现象日益严重。未来市区快速干道的发展，由于用地紧张，为将有限的地面留给行人和少数当地服务车辆，将被迫修建高架线路或隧道。山区公路在交通量日增的条件下，为避免急弯陡坡、缩短里程、减少事故、节约运行时间和燃料，隧道和高架构筑物工程也将有较大发展。

未来道路安全将继续受到重视。许多交通事故也要从道路工程本身找原因，必须吸取经验教训，预防补救。为适应运量激增的需要，应增加车道并提高路面等级。为防护车辆撞向固定刚性目标，多采用易碎标志和轻型标柱。防护工程也要采用减震设施，使严重事故大大减少。各种电子自动控制系统在交通管理上的运用，将使交通安全得到更可靠的保证。

当前，以石油为燃料的内燃机所造成的空气污染、噪声、振动等汽车公害日益严重。汽车技术发展的动向是：采用质量小、工艺性能好或耐高温、隔热的新材料，如有机复合材料和陶瓷复合材料等代替钢材；改进新动力，如用绝热发动机、燃气轮机、斯特林发动机等取代原有的内燃机；发展电能和氢燃料，以取代石油能源，减轻公害，提高热效率和燃料经济性，从而降低运输成本。汽车的革命势必促进道路工程各方面相应的变革。

电控自动化公路正在考虑发展，在汽车驶入时即被同步引入导向系统，控制其车速及行程，并保证绝对可靠的驾驶质量。当高频电磁电动机得到发展并应用到公路上时，将出现车速超过 200km/h 的自动控制的超高速公路。

道路勘测设计依赖于新技术的发展。计算机技术的发展与应用，使道路 CAD 技术快速发展，给道路设计带来了革命性的变化。随着计算机技术的不断进步，以及信息技术和空间技术的飞速发展，道路设计必将产生又一次飞跃，其发展趋势是道路设计的自动化。将卫星遥感技术、全球定位系统、地理信息系统、航测技术及全站仪等先进科学技术应用于道路设计，即可实现道路设计自动化技术。地形数据采集，特别是快速、高精度原始数据采集，对现代道路设计自动化至关重要。将“3S”技术与计算机技术结合，形成自动化测量技术，应用于道路自动化设计，将计算机仿真技术更好地用于道路设计评价，是今后研究的重点课题。

4 铁道工程

4.1 概述

交通运输是当前我国国民经济发展的薄弱环节，提高交通运输能力是我们面临的一项刻不容缓的任务。目前我国铁路承担着全国60%以上的运输任务，占有举足轻重的位置。铁路是由工务工程、机车车辆、通信信号和运输管理等几个主要部门组成的庞大系统，各个部门在完成铁路运输任务的过程中必须相互配合、通力协作，以提高劳动生产率和经济效益。

4.1.1 铁路的发展

世界铁路已有180多年的历史，其发展过程大体上可分为以下四个阶段。

一、初建时期

1688年，英国的资产阶级发动"光荣革命"，宣告资本主义制度诞生。新的生产关系解放了生产力。手工工场日益精密的技术分工，使各个生产过程简化到能够用机器代替手工劳动，也使手工工人的技术趋于专门化，这都为机器的发明和应用创造了良好的条件。工业革命从此拉开了序幕。

工业革命首先从纺织行业开始。在纺织行业中，大机器生产逐步占据主导地位。随着机器的发明和应用，蒸汽机应运而生；随后，利用蒸汽机的原理制造出了在公路上行驶的蒸汽车，也就是后来的汽车。几十年后，在轨道上运行的蒸汽火车头问世。

1825年9月27日，世界上第一条行驶蒸汽机车的永久性公用运输设施——英国斯托克顿至达灵顿的铁路正式通车。在盛况空前的通车典礼上，由机车、煤水车、32辆货车和1辆客车组成的载重量约90t的"旅行"号列车，由设计者斯蒂芬森亲自驾驶，共运行了31.8km。

斯托克顿至达灵顿铁路的正式运营，标志着近代铁路运输业的开端。铁路以其迅速、便利、经济等优点，深受世界各国青睐。

以后，欧、美比较发达的资本主义国家竞相仿效，法国（1828年）、美国（1830年）、德国（1835年）、比利时（1835年）、俄国（1837年）、意大利（1839年）等国纷纷修建铁路；到19世纪50年代初期，印度（1853年）、埃及（1854年）、巴西（1854年）、日本（1872年）等国也相继修建了铁路。1825～1860年间，世界铁路已修建105 000km。

二、筑路高潮时期

在资本主义国家，铁路是资本家赚钱牟利的工具，形成了盲目修建、剧烈竞争的局面。1870～1913年第一次世界大战前，铁路发展最快，每年平均修建20 000km以上。到1870年，世界铁路营业里程为21.0万km，1880年为37.2万km，1890年为61.7万km，1900年为79.0万km，1913年为110.4万km；铁路绝大部分集中在英国、美国、德国、法国、俄罗斯五国。19世纪末叶，帝国主义为了掠夺和侵略落后国家，开始在殖民地、半殖民地国家修建铁路。

三、停滞不前时期

第一次世界大战后到第二次世界大战前的20多年间，主要资本主义国家的铁路基本停止发展，而殖民地、半殖民地、独立国、半独立国的铁路则发展较快，到1940年，世界铁路营业里程达到 135.6 万 km。

第二次世界大战中，西欧各国的铁路受到战争破坏，直至 1955 年前后才恢复旧貌。战后，公路和航空运输发展较快，主要资本主义国家的铁路与公路、航空的竞争更为剧烈，铁路客货运量的比重日益减少，很多铁路无利可图、亏损严重。不少国家不得不将铁路收归国有，美国、英国、德国、法国、意大利等继续封闭并拆除铁路。例如，1916 年美国的铁路营业里程为 40.8 万 km，到 1980 年仅为 31.8 万 km，缩短了 9 万 km。

20 世纪 30 年代到 60 年代初，一方面资本主义世界的铁路营业里程有所萎缩；另一方面，亚洲、非洲、拉丁美洲与部分欧洲国家的铁路营业里程有所增长，所以世界铁路营业里程基本保持在 130 万 km 左右。

四、现代化时期

20 世纪 60 年代末期，世界铁路的发展又开始复苏。特别是 20 世纪 70 年代中期世界石油产生危机后，因为铁路能源消耗较飞机、汽车低，噪声污染小，运输能力大，安全可靠，所以铁路作为陆上运输骨干的地位被重新确认，很多国家都确定以电力牵引为铁路发展方向。

1964 年，日本建成东京到大阪的东海道高速铁路新干线，实现了与航空竞争的目的，客运量逐年增加，利润逐年提高，对亏损严重的资本主义国家铁路提供了一种解脱困境的出路。于是，自 20 世纪 60 年代末，很多资金充裕、科技先进的国家纷纷兴建新线和改建旧线，以达到实现 250～350km 的最高时速。

传统的黏着铁路只能达到 450km 左右的时速，要实现更高的速度，就需采用磁浮技术。日本和德国的磁浮铁路技术较为先进。我国也于 20 世纪 90 年代研制出载人的常导磁浮车。2002 年，世界上第一条商业化常导磁浮铁路在我国上海首次试运营。

铁路的重载列车近十几年来发展较快，牵引吨数都在 6000t 以上，有的已超过 10 000t。美国、加拿大、澳大利亚等国采用同型车辆固定编组，循环运转于装卸点之间，称为单元重载列车。历史上，苏联除积极发展重载列车外，还大量开行两列甚至三列合并运行的组合列车，在不需要普遍延长站线的情况下，提高了铁路的输送能力。

铁路运输业是国民经济的基础，在国民经济发展过程中承担了大量的旅客周转和货物运输任务。但是，长期的运行情况表明，铁路运能与运量的矛盾仍然十分突出，运能增长速度跟不上国民经济发展速度，致使铁路运输成为国民经济的薄弱环节。为此，尽快地扭转铁路运输被动局面，真正发挥铁路在国民经济中的“先行官”、“大动脉”的作用，是国民经济发展的战略重点之一。

4.1.2 我国中长期铁路网规划

铁路是国民经济的大动脉，在我国社会主义经济建设中发挥了重大作用。但是，我国铁路网密度仍然较低，仅有 83.0 km/万 km^2。为适应国民经济持续稳定、快速增长的需要，铁路应有一个历史性的大发展。2004 年 1 月 7 日，温家宝总理主持召开国务院常务会议，讨论并原则通过了《中长期铁路网规划》（以下简称《规划》），明确了我国铁路网中长期建设目标，描绘了铁路网至 2020 年的宏伟蓝图。《规划》的批准和实施，标志着我国铁路新一轮大规模建设即将展开。《规划》确定了扩大规模，完善结构，提高质量，快速扩充运输能力，迅速提高装备水平的铁路网发展目标，并提出，到 2020 年，我国铁路营业里程将达到 12 万 km，主要繁忙干线将实现客货分线，复线率和电化率分别达到 50% 和 60% 以上，基本形成布局合理、结构清晰、功能完善、衔接顺畅的铁路网络，运输能力满足国民经济和社会发展的需要，主要技术装备达到或接近国际先进水平。

2008年11月27日，《规划》重新调整。新调整的方案，将2020年全国铁路营业里程规划目标由10万km调整为12万km以上，其中客运专线由1.2万km调整为1.6万km，电化率由50%调整为60%。

4.2 铁 路 轨 道

轨道是铁路的主要技术装备之一，是行车的基础（见图4-1）。轨道由钢轨、轨枕、道床、道岔、连接零件及防爬设备等主要部件组成，其作用是引导机车车辆运行，直接承受由车轮传来的荷载，并将其传递给路基或桥隧建筑物。轨道必须坚固、稳定，并具有正确的几何形位，以确保机车车辆的安全运行。

轨道作为列车运行的基础，其强度应满足该线路每年通过的最大运量和最高行车速度的要求。在列车质量大、列车密度和运行速度高的线路上，轨道强度应大些；反之，则可以小些。作为综合性工程结构体，轨道的强度必然与各部分的材质、强度和数量等有关，如钢轨的质量与耐磨性，轨枕的种类和数量，连接零件的强度和道床的材料、厚度等。

4.2.1 轨道的组成部件及其作用

一、钢轨

钢轨是轨道的主要组成部件，一般由轨头、轨腰和轨底组成（见图4-2），其作用是引导机车车辆行驶，并将所承受的荷载传递给轨枕、道床及路基，同时为车轮的运动提供阻力最小的接触面。钢轨必须具有较高的抗弯性能，因此钢轨的断面形状采用“工”字形，如图4-2所示。在我国，钢轨的类型以每米大致质量表示。目前，我国铁路的钢轨类型主要有75、60、50kg/m及43kg/m几种。随着高速重载运输要求的提高，钢轨正朝着重型化方向发展。

图4-1 铁路轨道

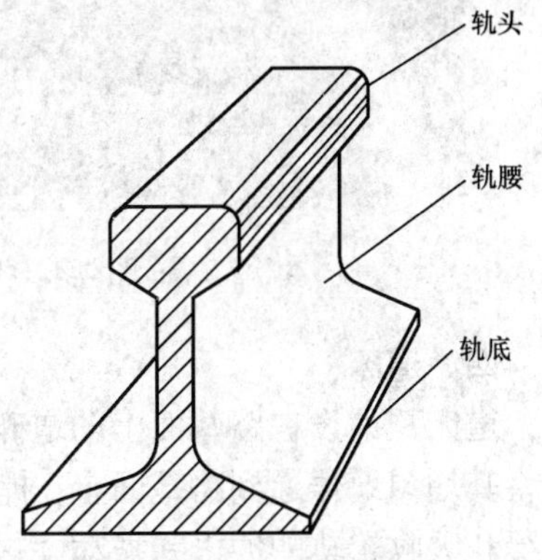

图4-2 钢轨的组成及断面形状

二、轨枕

轨枕是轨道结构的重要组成部件，其承受来自钢轨的各向压力，并弹性地传布于道床。轨枕应具有必要的坚固性、弹性和耐久性，并能便于固定钢轨，有抵抗纵向和横向位移的能力，同时利用扣件有效地保持两股钢轨的相对位置。轨枕按其构造及铺设方法分，可分为横向轨枕、纵向轨枕及短枕等。横向轨枕与钢轨垂直间隔铺设，是一种最常用的轨枕。纵向轨枕一般仅用于特殊需要的地段。短枕是在左右两股钢轨下分开铺设的轨枕，常用于混凝土整体道床。轨枕按其使用目的分，可分为用于一般区间的普通轨枕、用于道岔上的岔枕和用于桥梁上的桥枕；按其材料分，可分为木枕、钢筋混凝土枕和钢枕，见图 4-3。

图 4-3 钢筋混凝土轨枕

三、连接零件

连接零件是连接钢轨或连接钢轨和轨枕的部件。前者称为接头连接零件，后者称为中间连接零件（或扣件）。连接零件的作用是有效地保证钢轨间或钢轨与轨枕间的可靠连接，尽可能地保持钢轨的连续性与整体性；阻止钢轨相对于轨枕的纵、横向移动，确保轨距正常，并在机车车辆的动力作用下，充分发挥缓冲减振性能，延缓线路残余变形的积累。混凝土枕用扣件主要有扣板式和弹条式两类，如图 4-4 所示。其中，弹条式扣件结构简单、弹性好、扣压力大，因此在主要干线上大量采用。

图 4-4 扣板式扣件（左）和弹条式扣件（右）

四、道床

道床是铺设在路基面上的道砟层，如图 4-5 所示，其主要作用是：承受来自轨枕的压力，并将其均匀地传递到路基面上；提供轨道的纵、横向阻力，保持轨道的稳定；提供轨道弹性，减缓和吸收轮轨的冲击和振动；提供良好的排水性能，以提高路基的承载能力，减少基床病害；便于轨道养护维修作业，校正线路的平纵断面。道床的材料应具有坚硬、不易风化、富有弹性并有利于排水的特点，常用的有碎石、卵石、粗砂等。其中以碎石为最优，我国铁路一般采用碎石道床。道床的断面呈梯形，其顶面宽度、边坡坡度及道床厚度等均按轨道的类型而定。

五、道岔

道岔是机车车辆从一股轨道转入或越过另一股轨道时必不可少的线路设备，在车站上大量铺设，是轨道结构的重要组成部分，见图 4-6。最常见的道岔为普通单开道岔。由于道岔具有数量多、构造复杂、使用寿命短、限制列车速度、行车安全性低、养护维修投入大等特点，因此，道岔与曲线、接头并称为轨道的三大薄弱环节。

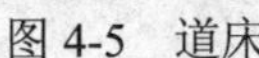
图 4-5 道床

图 4-6 道岔

六、轨道加强设备

轨道加强设备主要有防爬设备、轨距杆和轨撑等。防爬设备的作用是加强钢轨与轨枕间的连接，增加线路抵抗钢轨纵向爬行的能力，主要用于木枕线路。常用的防爬设备为穿销式防爬器。而在线路曲线上安装轨距杆和轨撑，可提高钢轨的横向稳定性，防止轨距扩大。

4.2.2 轨道的几何形位

轨道的几何形位是指轨道各部分的几何形状、相对位置和基本尺寸。由于轨道直接支承机车车辆的车轮，并引导其前进，因而机车车辆走行部分的基本几何形位与轨道的几何形位之间应密切配合。轨道的几何形位正确与否，对车辆的安全运行、乘客的旅行舒适度、设备的使用寿命和养护费用起着决定性的作用。

一、轨距

轨距为两股钢轨头部内侧与轨道中线间的垂直距离。因为轨道上的钢轨并不是竖直铺设，而是有一定轨底坡的，所以轨距应在钢轨顶面下某一规定距离处量取。我国《铁路技术管理规程》规定，轨距应在钢轨头部内侧面下 16mm 处量取（见图 4-7），直线轨道的轨距为 1435mm。

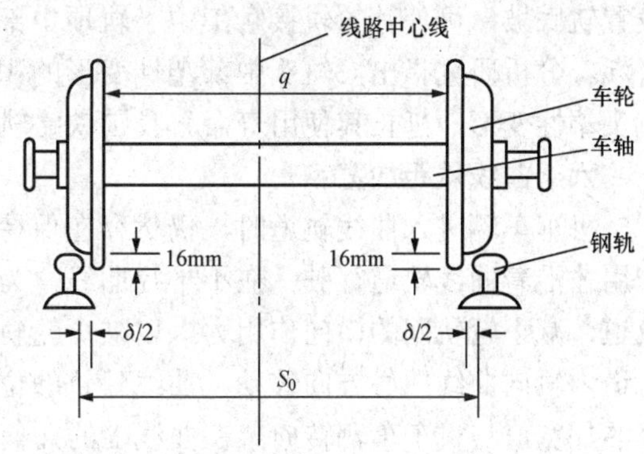

图 4-7 轨距

目前世界上通用的铁路轨距分为标准轨距、宽轨距和窄轨距三种。标准轨距为 1435mm；大于标准轨距的称为宽轨距，如 1524、1600、1670mm 等，俄罗斯、印度、澳大利亚等国常采用；小于标准轨距的称为窄轨距，如 1000、1067、762、610mm 等，日本既有线上采用 1067mm 轨距。我国铁路轨距绝大多数为标准轨距，仅在云南省境内尚保留有 1000mm 轨距，台湾省铁路采用 1067mm 轨距，少数地方铁路和工矿企业铁路采用窄轨距。

二、水平

水平是指轨道上钢轨的左右水平，它必须满足规定的均匀和平顺要求。

轨道上两股钢轨的顶面，在直线地段应保持同一水平在曲线地段满足外轨均匀和平顺超高的要求，以确保两股钢轨受力均匀，并保证车辆平稳行驶。

水平用道尺或其他工具进行测量。水平如有误差，则规定正线和到反线不得大于4mm，其他线不得大于6mm。水平的变化也不可太大，在1m距离内，变化不得超过1mm，否则，即使两股钢轨的水平误差不超过容许范围，也会引起机车车辆的强烈振动。

三、轨向

轨向是指轨道中心线在水平面上的平顺性。严格地说，经过运营的直线轨道并非直线，而是由许多波长为10～20m的曲线所组成，因其曲度很小，故通常不易察觉。若直线不直，则会引起列车的蛇形运动。在行驶快速列车的线路上，线路方向对列车的平稳性具有十分重要的影响。相对轨距来说，轨道方向往往是行车平稳性的控制性因素，只要方向偏差保持在容许范围以内，轨距变化对车辆振动的影响就处于从属地位。

四、前后高低

轨道沿线路方向的竖向平顺性称为前后高低。新铺或经过大修后的线路，即使其轨面是平顺的，但经过一段时间列车运行后，由于路基状态、捣固坚实程度、扣件松紧、枕木腐朽和钢轨磨耗的不一致，就会产生不均匀下沉，造成轨面前后高低不平，即在某些地段（往往在钢轨接头附近）下沉较多，出现坑洼，这种不平顺称为静态不平顺。而在某些地段，从表面上看，轨面底与道砟之间存在空隙或轨道基础弹性的不均匀，当列车通过时，这些地段轨道下沉不一致，也会产生不平顺，这种不平顺称为动态不平顺。随着高速铁路的发展，动态不平顺受到越来越多的关注。轨道前后高低不平顺的危害极大，列车通过这些地段时，冲击动力增加，会加速道床变形，从而进一步扩大不平顺，加剧机车车辆对轨道的破坏，形成一个恶性循环过程。

五、轨底坡

由于车轮踏面与钢轨顶面的主要接触部分是1/20的斜坡，为了使钢轨轴心受力，钢轨也应有一个向内的倾斜度，因此轨底与轨道平面之间应形成一个横向坡度，称为轨底坡。钢轨设置轨底坡，可使其轮轨接触集中于轨顶中部，提高钢轨的横向稳定能力，减轻轨头不均匀磨耗。分析研究指出，轨头中部塑性变形的积累比两侧缓慢，因此设置轨底坡也有利于减小轨头塑性变形，延长其使用寿命。我国铁路轨底坡设为1/40。

六、曲线轨距加宽

机车车辆进入曲线轨道时，仍然存在保持其原有行驶方向的惯性，只是受到外轨的引导作用才沿着曲线轨道行驶。在小半径曲线，为使机车车辆顺利通过曲线而不致被楔住或挤开轨道，减小轮轨间的横向作用力，以减少轮轨磨耗，轨距要适当加宽。加宽轨距是指将曲线轨道内轨向曲线中心方向移动，曲线外轨的位置则保持与轨道中心半个轨距的距离不变。轨距的加宽值与机车车辆转向架在曲线上的几何位置有关。

七、外轨超高

机车车辆在曲线上运行时，由于离心力的作用使曲线外轨承受了较大的压力，因而会造成两股钢轨磨耗不均匀的现象，并使旅客感到不舒适，严重时还可能造成翻车事故。因此，通常要将曲线上的外轨抬高，使机车车辆内倾，以平衡离心力的作用。外轨比内轨高出的部分即称为超高。

我国规定，外轨超高的最大值，单线地段不得超过125mm，复线地段不得超过150mm。

外轨超高和轨距加宽的设置办法，都是从缓和曲线的起点开始，逐渐增加，到圆曲线起点时，超高和加宽都应达到规定的数值。

4.2.3 无缝线路

长期以来，轨道结构一直是用标准长的钢轨铺设的普通线路。由于钢轨与钢轨之间在进行连接时留有供钢轨伸缩需要的缝隙，因此使钢轨的连续性遭到破坏，并在轨缝处加大了列车对轨道的冲击与振动的破坏作用，从而加速了轨道状态的恶化并降低了运营质量。所以，对普通线路来说，轨缝仍为其薄弱环节之一。由于接缝的存在，列车通过时会发生冲击和振动，其冲击力最大可达非接头区的3倍以上。这种冲击力影响行车的平顺和旅客的舒适度，并促使道床硬结溜坍，混凝土轨枕损坏破裂，加速钢轨和连接零件的磨耗和损伤。接缝的存在也大大缩短了钢轨和机车车辆的使用寿命，并增加了养护维修费用。

无缝线路是由标准长度的钢轨焊接而成的长钢轨线路，又称焊接长钢轨线路。它是当今轨道结构的一项重要新技术，世界各国竞相发展。

德国是无缝线路发展最早的国家，1926年就开始试铺，到20世纪90年代，已将无缝线路作为国家的标准线路。美国虽然从20世纪30年代就开始铺设无缝线路，但进展较缓慢，直到70年代才得以迅速发展，以年平均铺设7590km的速度增长，最多时年铺设达到10 000km。到1979年底，美国无缝线路已超过12万km，是目前全世界铺设无缝线路最多的国家。日本于20世纪50年代开始铺设无缝线路，现已铺设5000余千米，其特点是每段无缝线路长1300km，并在长轨条两端设置有伸缩调节器。近年来，还在新干线上采用了一次性铺设无缝线路技术。

我国无缝线路从1957年开始试铺，开始时采用电弧焊法，分别在北京、上海各试铺了1km，以后逐步扩大。后来，在工厂采用气压焊或接触焊将钢轨焊成250～500m的长轨条，然后运至铺设地点，在现场用铝热焊或小型气压焊将其焊连成设计长度。一般情况下，一段无缝线路的长度为1000~2000m。每段之间铺设2～4根调节轨，接头采用高强度螺栓连接。到1985年底，我国铁路上已经铺设了1000km以上的无缝线路，并且在桥梁上、半径为400m的曲线轨道上、隧道内、寒冷地区及大坡道线路上进行了无缝线路的试铺和观测，在设计、铺设、养护维修和钢轨焊接等方面，取得了很多宝贵的经验，为今后的进一步推广创造了十分有利的条件。目前，京广、京沪、京沈、陇海等主要干线均已铺设无缝线路。迄今为止，我国无缝线路已铺设约2.46万km。

无缝线路由于省去了大量钢轨接头，因而具有行车平稳、机车车辆及轨道维修费用低、使用寿命长等优点，是铁路现代化的主要内容之一。但是，把标准钢轨焊接成长钢轨，给无缝线路的铺设以及长钢轨的焊接和运输带来了一定的困难，特别是因钢轨的自由伸缩受限制而在内部出现的巨大温度力，是无缝线路能否满足强度和稳定要求的潜在威胁。为确保行车安全，必须采取一系列的加强措施和不同于普通线路的养护维修方法。实践表明，无缝线路具有强大的生命力，是轨道的发展方向。

按处理焊接长钢轨因轨温变化而引起伸缩方法的不同，无缝线路分为温度应力式和放散应力式两种。

温度应力式无缝线路的钢轨由一根焊接长钢轨及其两端2～4根标准轨组成，并采用普通接头的形式。无缝线路铺设后，焊接长钢轨因受扣件及道床阻力的抵抗，两端自由伸缩受到一定的限制，中间自由伸缩受到完全的制止，因而会在钢轨内部产生温度力，其值随轨温变化而变化。温度应力式无缝线路结构简单、铺设维修方便，因而得到广泛应用。但其钢轨要承受很高的温度力。无缝线路必须同时满足强度及稳定性方面的设计要求。通常所说的无缝线路，均指温度应力式无缝线路。目前，我国大量铺设 50kg/m 的钢轨，对当年轨温变化幅度小于 90℃的地区，均可采用温度应力式无缝线路。隧道内的气温和轨温变化很小，铺设温度应力式无缝线路极为有利。

放散应力式无缝线路又分为自动放散式和定期放散式两种，适用于年轨温差较大的地区。自动放散式是为了消除和减少钢轨内部的温度力，允许长轨条自由伸缩，在长轨两端设置钢轨伸缩接头。在大桥上、道岔两端为释放温度力，铺设自动放散式无缝线路，在长轨两端设置伸缩调节器。定期放散式无缝线路的结构形式与温度应力式相同。根据当地轨温条件，把钢轨内部的温度应力每年调整放散 1～2 次。放散时，松开焊接长钢轨的全部扣件，使其自由伸缩，放散内部温度应力，应用更换缓冲区不同长度调节轨的办法，保持必要的轨缝。该方法在苏联和我国年温差较大的地区曾试用过，目前已很少使用。

现今世界各国主要采用的是温度应力式无缝线路。根据无缝线路铺设位置、设计要求的不同，无缝线路又可分为路基无缝线路（有砟或无砟轨道）、桥上无缝线路、岔区无缝线路等；根据无缝线路轨条长度、是否跨越车站，可分为普通无缝线路和跨区间无缝线路；根据长钢轨接头的连接形式不同，可分为焊接无缝线路和冻结无缝线路（又称准无缝线路）。

4.2.4 无砟轨道

随着列车运行速度不断提高，以碎石道床、轨枕为基础的传统轨道（有砟轨道）由于运营条件的改变，有砟轨道的道砟粉化及道床累积变形的速率随之加快，从而引起轨道维修工作量增加、维修频率加快，因此必须通过轨道结构强化及频繁的养护维修工作来满足高速铁路对线路高平顺性、稳定性的要求。而在高速运营条件下，对于有砟轨道而言，维持高质量、高平顺性轨道状态的维修难度趋于上升。

对于有砟轨道而言，无砟轨道是以混凝土或沥青混合料等取代散粒道砟道床而组成的轨道结构形式，见图 4-8。由于无砟轨道具有轨道平顺性高、刚度均匀性好、轨道几何形位能持久保持以及维修工作量可显著减少等特点，在世界各国的铁路上得到了不同程度的发展，而在高速铁路上应用无砟轨道，尤以日本、德国最为广泛，如图 4-9 和图 4-10 所示。

图 4-8 无砟轨道

与国外高速铁路无砟轨道的研究相比，我国无砟轨道的研究起步较晚。但通过科技人员的努力，我国在无砟轨道结构的理论研究和实践方面均取得了长足的进步，一些关键技术已基本达到国际水平，从而为我国高速铁路、客运专线桥上、隧道内无砟轨道的推广应用打下了坚实的技术基础。

图 4-9 日本板式无砟轨道

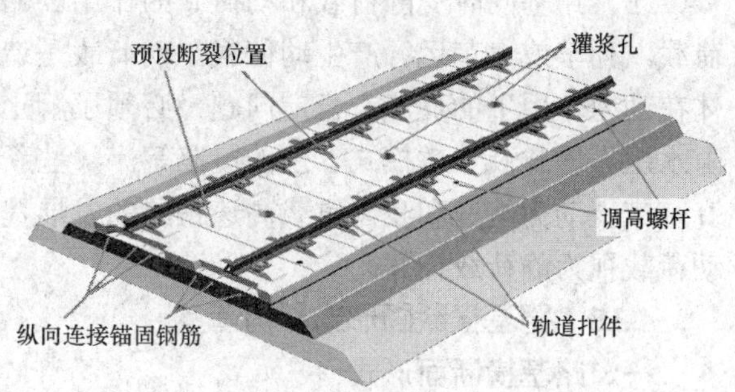

图 4-10 德国博格板式无砟轨道

4.3 铁 路 路 基

4.3.1 路基的作用

路基是轨道的基础，它承受着轨道静荷载和列车动荷载作用，并将荷载向地基深处传递扩散，外形见图 4-11。在纵断面上，路基必须保证线路需要的高程；在平面上，路基与桥、隧连接组成完整贯通的线路。

图 4-11 铁路路基

4.3.2 路基工程的特点

铁路线路穿越万水千山，是绵延千万里的线形建筑。它建于岩土之上、大自然之中，具有以下主要特点：

（1）路基建筑在岩土地基上，并以岩土为建筑材料。岩和土都是不连续介质，具有破碎性、孔隙性和多相性，其性质复杂多变，不仅由于线路通过的地形、地质条件不同而具有完全不同的性质，即使是同一种岩土，气候四季循环、水位涨落、受力状况的变异等，都将对其工程性质产生根本的影响。研究土石性质的土力学和岩石力学（或合称岩土力学）是发展中的新兴学科，过去的研究大都将土石视为弹性体，假设其应力—应变关系是线性的，在许多计算中采用材料力学和弹性力学的既有公式；有时也将土石视为刚塑性体。这些假设都不能与土石受力后的形状完全相符。路基设计理论主要建立在岩土力学的基础上，并借鉴于岩土力学的科技成果。近年来，岩土力学的发展和新型材料的应用，将为路基设计提供良好的条件。

（2）路基完全暴露在大自然中。随着铁路的延伸，路基常受到各种复杂的地形、地质、气候、水文以及地震等自然条件的影响，从而引发各种病害。例如，路堑边坡被水流冲蚀，膨胀土路基干缩湿胀引起路基边坡坍滑，路基冻害，雨季发生大滑坡以及地震时砂土液化引起路基滑走等路基病害均与自然条件有密切关系。路基的设计、施工和养护均不能离开具体的自然条件，而应充分调查研究，认识和克服自然灾害，这是路基工作的重要内容。

（3）路基同时受静荷载和动荷载的作用。路基上的轨道或路面结构和附属建筑物产生静荷载，列车或汽车运行产生动荷载。动荷载是造成路床或基床病害的主要原因之一。研究土体在动力作用下的变形、稳定问题，必须了解土的动力性质，包括土的动强度和液化、动孔隙水压力增长及消散模式、土的震陷等。一些新的测试手段和计算模型的出现，为进一步研究基床土动力响应和我国重载高速铁路的发展提供了更完善的条件。在一般路基设计中，将动荷载视为静荷载计算。

4.3.3 路基横断面形式和构造

一、路基横断面形式

在铁路线路中，路基有以下几种形式：

（1）路堤。当铺设轨道或路面的路基面高于天然地面时，路基以填筑方式构成，这种路基称为路堤，如图 4-12（a）所示。

（2）路堑。当铺设轨道或路面的路基面低于天然地面时，路基以开挖方式构成，这种路基称为路堑，如图 4-12（b）所示。

（3）半路堤。当天然地面横向倾斜、路堤的路基边线和天然地面相交时，路堤体在地面和路基面相交线以上部分无填筑工程量，这种路堤称为半路堤，如图 4-12（c）所示。

（4）半路堑。当天然地面横向倾斜，路堑路基面的一侧无开挖工作量时，这种路基称为半路堑，如图 4-12（d）所示。

（5）半路堤半路堑。当天然地面横向倾斜，路基一部分以填筑方式构成，而另一部分以开挖方式构成时，这种路基称为半路堤半路堑，如图 4-12（e）所示。

（6）不填不挖路基。当路基的路基面和经过清理后的天然地面平齐，路基无填挖土方时，这种路基称为不填不挖路基，如图 4-12（f）所示。

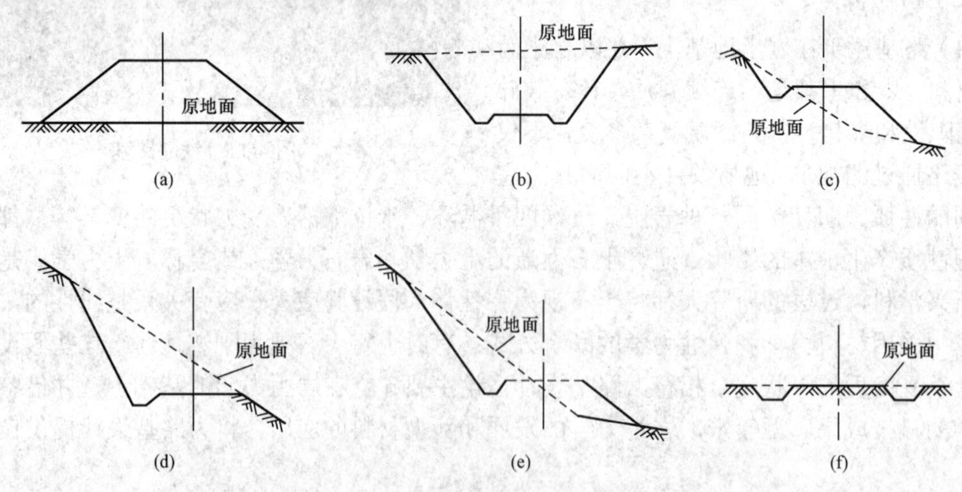

图 4-12 路基横断面基本形式

二、路基横断面构造

（一）路基本体

在路基横断面中，路基本体由路基顶面、路肩、基床、边坡、基底几部分构成，如图

4-13 所示。

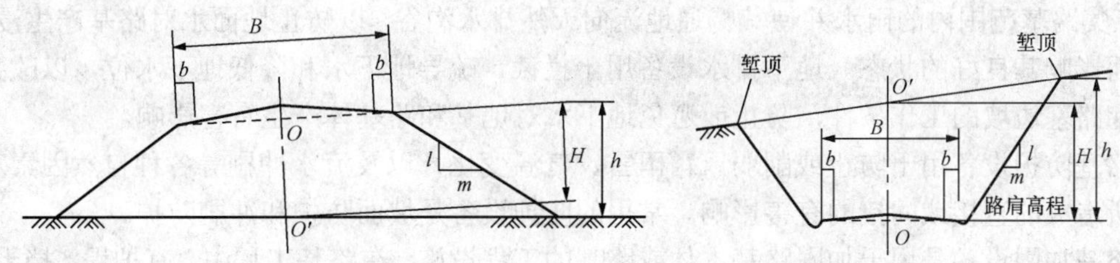

图 4-13 路基本体

B—路基宽度；*b*—路肩；*H*—路基中心高程；*h*—路基边坡高

（1）路基顶面。能直接在其上面铺设轨道的部分，称为路基顶面或简称路基面。在路堤中，路基顶面为路堤堤身的顶面；在路堑中，路基顶面为堑体开挖后形成的构筑面。

（2）路肩。铁路路基顶面中，道床覆盖以外的部分称为路肩（见图 4-14）。路肩的作用是防止道砟失落，保持路基面的横向排水，供养护维修人员作业行走避车，放置养护机具，防洪抢险临时堆放砂石料，其上设各种标志、通信信号、电力给水设备等。因此，路基必须在考虑了施工误差、高路堤的沉落与自然剥蚀等因素以后，保持必要的宽度。在线路设计中，路基的设计高程以路肩边缘的高程表示，称为路肩高程。

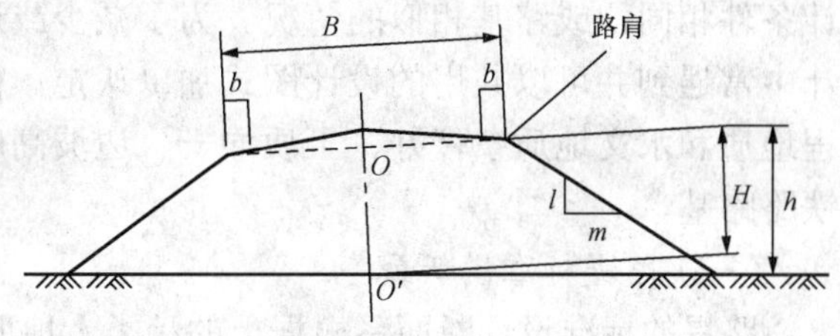

图 4-14 路肩

（3）基床。铁路路基面以下受到列车动荷载作用和受水文、气候四季变化影响的深度范围称为基床，其状态直接影响到列车运行的平稳和速度的提高，设计时应严格执行有关规范对基床厚度、填料及其压实度、排水等的规定。

（4）边坡。路基横断面两侧的边线称为路基边坡（见图 4-15）。边坡与路基顶面的交点称为顶肩。边坡与地面的交点，在路堤中称为坡脚，在路堑中称为路堑堑顶边缘。边坡高度，在路堤中为路肩高程与坡脚高程之差，在路堑中为路肩高程与堑顶边缘高程之差。

图 4-15 边坡

（5）基底。基底即为路堤的基础，也就是路堤填土的天然地面以下受填土自重及轨道、列车动载影响的土体部分。基底部分土体的稳固性，对整个路基体以至轨道的稳定性都是极为关键的，特别是在软弱土地基地上修建路堤，必须对基底作妥善处理，以免危及行车安全与正常运营。

（二）路基设备

路基设备是路基的组成部分，是为确定保护基体的稳固性而采用的必要的、经济合理的附属工程措施，一般包括排水设备和防护、加固设备两大类。

路基的排水设备分地面排水设备和地下排水设备两种。地面排水设备用于拦截地面的径流，汇集路基范围内的雨水并使其畅通地流向天然排水沟谷，以防止地面水对路基产生浸湿、冲刷而影响其良好的状态。地下排水设备用于拦截、疏导地下水和降低地下水位，以改善地基土和路基边坡的工作条件，防止或避免地下水对地基和路基体产生有害影响。

路基防护设备用于防止或削弱风霜雨雪、气温变化，以及流水冲刷等各种自然因素对路基体所造成的直接或间接的有害影响。常用的防护设备是坡面防护和冲刷防护。

路基加固设备是用于加固路基本体或路基的工程设施，在路基工程中，有护堤、挡土墙、支垛、抗滑桩及其他地基加固措施等。路基加固设备是提高路基稳定性的一种有效措施。

三、铁路标准路基横断面图

在铁路路基工程中，路基本体的各种防护和加固设施，在设计中常遇到设计要求和设计条件相同，或路基相似的情况。为了减少或避免做重复性的设计计算工作，将各种在设计中常遇到并可以共用的设计图式加以认定，便成为可直接引用的标准图式。它适用于工程地质和水文地质条件好、土质均一、边坡高度在规定范围内和采用一般施工方法的新建铁路路基。

（一）路堤标准横断面

路堤的标准设计断面系根据土的种类、地面横向坡度及边坡高度等分别给出。图 4-16（a）所示为边坡高度不大于 8m，地面横坡坡度 $i\leqslant 1:10$，两侧设有取土坑的一般黏性土路堤标准设计断面；图 4-16（b）所示为地面横坡坡度大于 1:5 而小于 1:2.5 的黏性土路堤标准横断面。

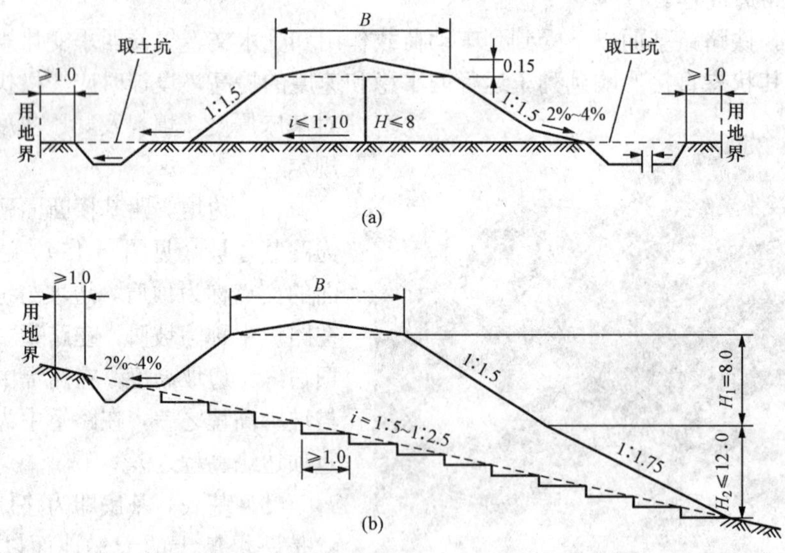

图 4-16　路堤标准横断面（尺寸单位：m）

（二）路堑标准横断面

路堑的标准设计断面因土质条件不同而有多种形式。图 4-17（a）所示为有弃土堆的一般黏性土路堑标准横断面，图 4-17（b）所示为无弃土堆的粗砂、中砂路堑标准横断面，图 4-17（c）所示为岩石路堑标准横断面。

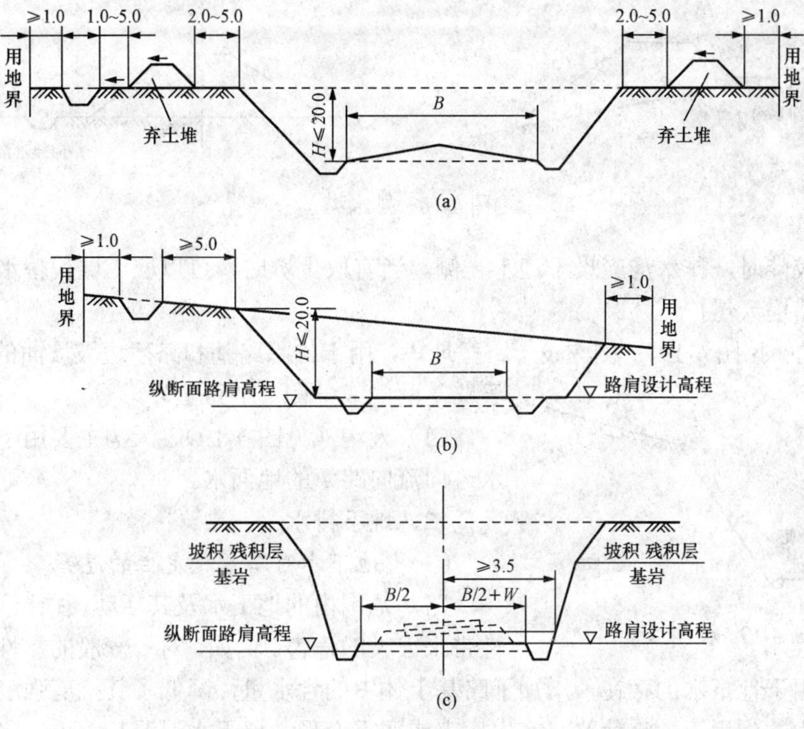

图 4-17　路堑标准横断面（尺寸单位：m）

4.3.4　路基排水

水的危害，如水对土体的浸湿、饱和、冲蚀作用，是路基病害发生的重要原因之一。路基范围内排水处理的好坏，对路基的整体稳定和防止基床病害影响极大。

路基应有良好、完善的排水系统。排水设备应布置合理，与桥涵、隧道、车站等排水设备衔接配合，有足够的过水能力。设计路基排水设备时，应与水土保持及农田水利的综合利用相结合。

一、地面排水

（一）地面水对路基稳定性的影响

为使路基经常处于干燥、坚固、稳定的状态，必须及时地修建好地面水排水设施，使地面水迅速排离路基范围，防止地面水停滞下渗和流动冲刷而降低路基的稳定性。

地面水渗入路基土体，会降低土的抗剪强度，并成为地下水的补给来源；地面水的流动，也是路基边坡面冲刷与坡脚冲刷的原因；地面水渗入含易溶盐的土（如黄土），会产生溶蚀作用而形成陷穴；由于气温的变化，地面水也常为寒冷地区产生冻害的一项重要原因。此外，地面水还给施工及运营造成许多困难和危害。对路基有危害的地面水，应采取措施拦、截、引、排至路基范围以外。

（二）排除路基地面水的设备

路基地面排水设备包括排水沟、侧沟、天沟等。

（1）排水沟（见图 4-18）。排水沟主要用于排除路堤范围内的地面水。当地面较平坦时，设于路堤两侧。

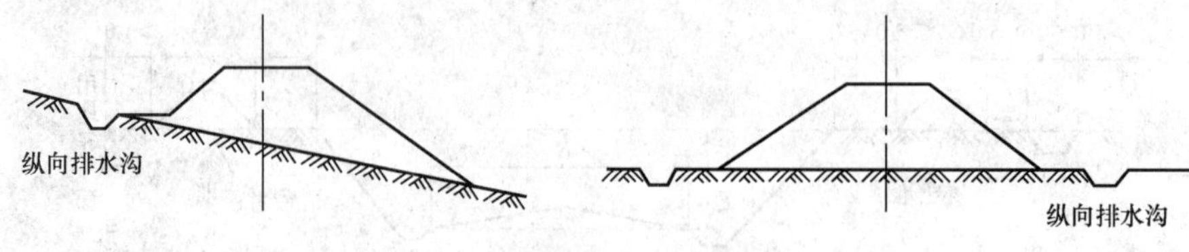

图 4-18 排水沟

当地面较陡时，排水沟应设于迎水一侧。当有取土坑时，可以取土坑代替水沟。排水沟均应设置在路堤天然护道外。

（2）侧沟（见图 4-19）。侧沟设于路堑地段，用于排除路基和路堑边坡坡面的地面水，设于路基两侧或一侧（半路堑）。

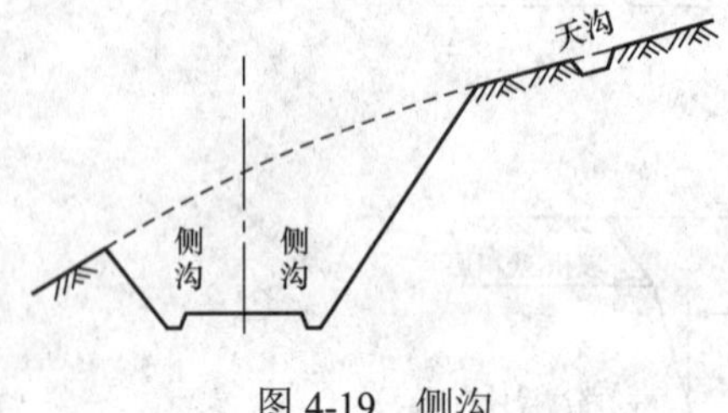

图 4-19 侧沟

（3）天沟（见图 4-19）。天沟主要用于排除山坡迎水方向流向路堑的地面水。

二、地下排水

（一）地下水对路基稳定性的危害

路基范围内的地下水及其活动，往往给路基的稳定性带来很大的危害。例如，对于一般的黏性土及泥质岩石的路堑，由于地下水的存在，增加了路基土体中的含水量，降低了其抗剪强度，在列车荷载及其他外力的作用下，将使路基产生病害或严重变形；地下水浸湿基床土，将引起翻浆冒泥、冻胀、路基隆起等基床病害；地下水在边坡中的活动，可引起表土滑动、溜坍等边坡变形；地下水常浸湿路堤下部及基床，引起路堤溃堤甚至沿倾斜基底滑动；路基傍山的土体中地下水的活动，是促使滑坡、崩塌等山体变形的重要原因之一。因此，对路基范围内的地下水，必须予以足够的重视，及时采取排除措施。铁路线路两例必须设置侧沟，使线路上的降水能顺利排走，同时阻止路基范围外的地面水流入路基。

（二）路基地下排水设备的主要类型

对路基有危害的地下水，应根据地下水类型、含水层埋藏深度、地层的渗透性等条件，选用适宜的地下水排除设备。

当地下水位较高或无固定含水层时，可采用明沟、排水槽、渗水暗沟、边坡渗沟、支撑渗沟等。

当地下水位较低或为固定含水层时，可采用渗水隧洞、渗井、渗管或仰斜式钻孔等。

（1）明沟。明沟是兼排地面水和地下水的排水设备，沟底一般应挖至不透水层，见图 4-20（a）。若不透水层太深，沟底置于透水层内，见图 4-20（b），则沟底及水沟边坡应用不透水材料作保护层，以免沟中水渗入土中。

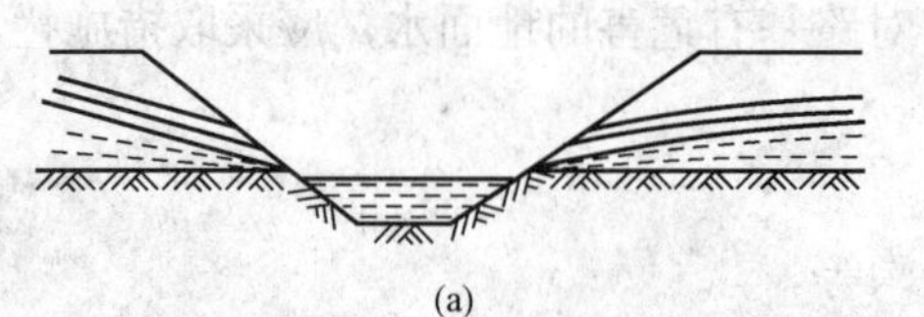

(a)

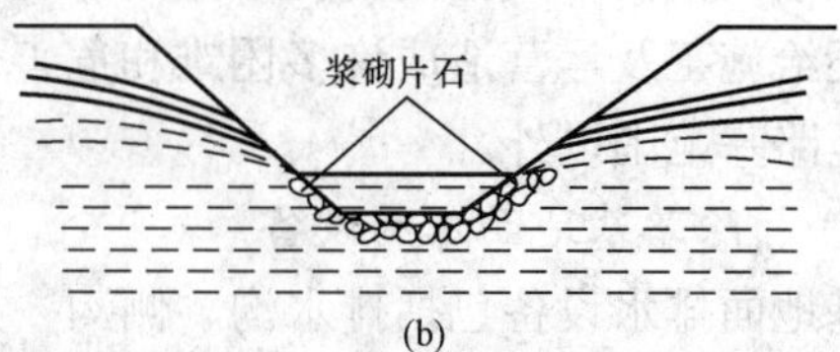

(b)

图 4-20 明沟

（a）沟底为不透水层的深水沟；（b）沟底进入透水层的深水沟

（2）排水槽。排水槽也是一种兼排地面水和地下水的设备，见图 4-21。排水槽侧壁有渗水孔，侧壁外最好填一层粗砂、细砾石或炉渣组成的反滤层。渗水孔在槽壁的上部，槽内水面以下的槽壁是不透水的，以免水反渗入土中。

（3）渗水暗沟。渗水暗沟又称盲沟，是一种地下排水设备，用于拦截、排除较深含水层内的地下水，疏干滑体或降低地下水位，一般采用明挖施工。

渗水暗沟可分为有管渗沟和无管渗沟两种。埋设预制管节而成的渗水暗沟称为有管渗沟，就地砌筑的矩形断面渗水暗沟称为无管渗沟。深埋的渗水暗沟为便于检查、修理，其断面应较大，便于工作人员进出。渗水暗沟较长时，还应每隔适当的距离设置检查井。沟顶应回填夯实，以免地面水渗入。按渗水暗沟的作用和设置部位不同，渗水暗沟又可分为截水渗水暗沟、边坡渗水暗沟和支撑渗水暗沟等，见图 4-22。

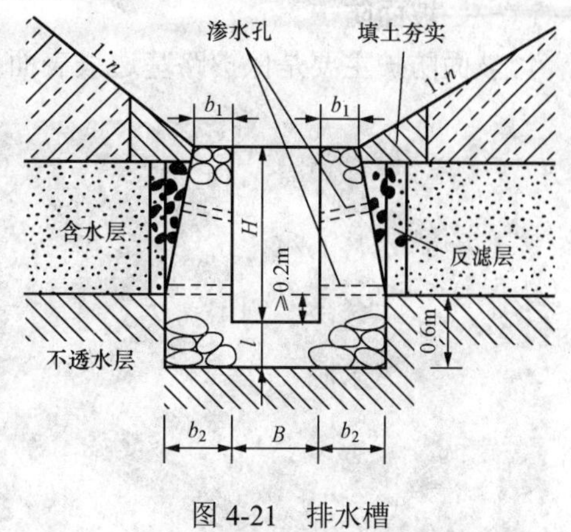

图 4-21 排水槽

渗水暗沟、渗水隧洞的横截面尺寸应根据埋置深度、施工和维修条件确定，结构尺寸应由计算确定。渗水暗沟和渗水隧洞的纵坡不宜小于 5‰，条件困难时亦不小于 2‰。

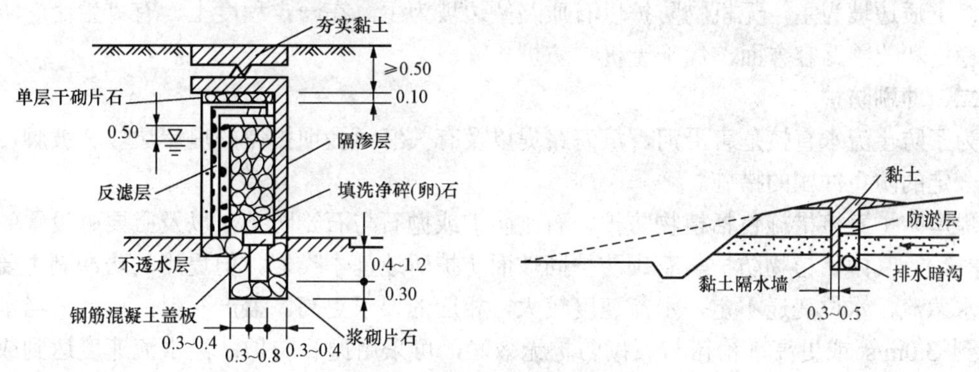

图 4-22 截水渗水暗沟（尺寸单位：m）

4.3.5 路基防护工程

由岩土所筑成的路基大多暴露于空气中，长期受自然因素的作用，岩土在不利的水温条件作用下，物理、力学性质将发生变化。浸水后湿度增大，土的强度降低；岩性差的岩体，在水温变化的条件下会加剧风化；路基表面在温差作用下形成胀缩循环，在湿差作用下形成干湿循环，可导致强度衰减和剥蚀；地表水流冲刷，地下水源浸入，会使岩土表层失稳，易造成和加剧路基的水毁病害；沿河路堤在水流冲击、淘刷和浸蚀作用下易遭破坏；湿软地基承载力不足，易导致路基沉陷。所有这些，均取决于岩土的物理、力学性质及自然因素，且与路基承受行车荷载的情况密切相关。合理的路基设计，应综合考虑路基位置、横断面尺寸、岩土组成等方面。为确保路基的强度与稳定性，路基的防护与加固也是不可缺少的工程技术措施。随着铁路等级的提高，为维护正常的客货运输，减少铁路灾害，确保行车安全，保持铁路与自然环境协调，路基的防护与加固更具有重要意义。路基防护与加固设施，主要有边坡坡面防护和冲刷防护两种。

一、坡面防护

坡面防护主要是保护路基边坡表面免受雨水冲刷，减小温差及湿度变化的影响，防止和延缓软弱岩土表面的风化、碎裂、剥蚀演变进程，从而保护路基边坡的整体稳定性，同时在一定程度上还可兼顾路基美化和协调自然环境，如图4-23所示。坡面防护设施不承受外力作用，但要求坡面岩土整体稳定、牢固。简易防护的边坡高度与坡度不宜过大，土质边坡坡度一般不陡于1:1～1:1.5。地面水的径流速度以不超过2.0m/s为宜，水亦不宜集中汇流。雨水集中或汇水面积较大时，应有排水设施相配合，如在挖方边坡顶部设截水沟、高填方的路肩边缘设拦水埂等。

图4-23　坡面防护实体图

常用的坡面防护措施有植物防护（种草、铺草皮、植树等）和矿料防护（抹面、喷浆、勾缝、石砌护面等）。前者可视为有“生命”（成活）防护，后者属无机物防护。有“生命”防护以土质边坡为主，无机物防护以石质路堑边坡为主。在一定程度上，有“生命”防护在边坡稳定和改善路容方面，优于无机物防护。

二、冲刷防护

为了防止流水直接危害沿河、滨海路堤以及有关海河堤坝护岸的堤岸边坡和坡脚，必须采取一定的防止冲刷的措施。

堤岸防护直接措施包括植物防护、石砌防护或抛石与石笼防护，以及必要时设置的支挡（驳岸等）。其中，植物防护与石砌防护同坡面防护所述基本类似，但堤岸的防冲刷主要原因是洪水急流，水位变迁不定，水流速度较大，相应的要求更高。盛产石料的地区，当水流速度达到3.0m/s或更高，植树与石砌防护无效时，可采用抛石防护；当水流速度达到或超过5.0m/s时，则改用石笼防护，也可就地取材，用竹笼或梢料防护，必要时可以采用土工织物软体沉排护坡。

抛石防护类似在坡脚处设置护脚，亦称抛石垛，如图4-24所示。抛石不受气候条件限制，

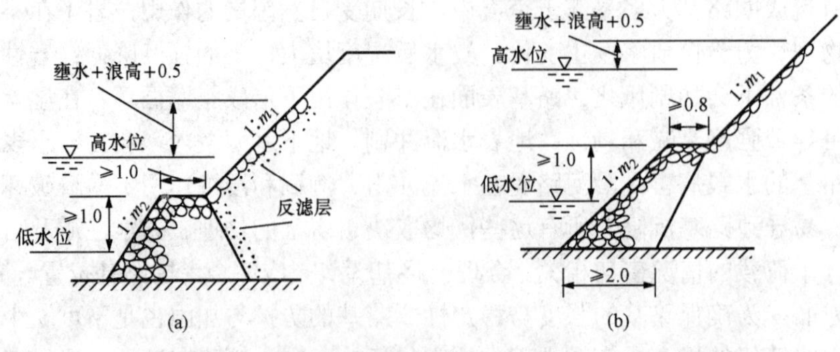

图4-24　抛石防护示意图（尺寸单位：m）

（a）新堤石垛；（b）旧堤石垛

路基沉实以前均可施工，季节性浸水或长期浸水均可用。抛石垛的边坡坡度不应陡于抛石浸水后的天然休止角，边坡率 m_1 一般为 1:1.5～1:2.0。

4.3.6 路基支挡工程

路基支挡建筑物是指各种为使路基本体稳定，或者使与路基本体性质有关的周围土体稳定而修建的建筑物。在路基工程中，路基支挡建筑物常在路基或路堑的边坡因受地形限制，或因工程需要而不能按稳定要求修筑时使用。如路堑的高边坡，开挖后边坡大面积暴露在大气、水和温度变化等自然因素作用的环境中，极易导致失稳；大量弃方可能无法安置；陡坡上的路堤，在下坡一侧需要收缩路堤边坡。此时，可在边坡的坡脚设置挡土墙，以承受山体压力，减少开挖量或收缩坡脚。隧道的洞口、桥梁与路堤连接的桥台处和沿河路堤都设有路基支挡建筑物。

在路基工程中，遇高填路堤、陡坡路堤、河岸路堤时，常采用路肩墙（见图 4-25）。为防止路基边坡或基底滑动，收缩填土坡脚，减少土石方并少占农田，常设置路堤墙（见图 4-26）。在岸边修建的挡土墙还可保护路基不受水流冲刷，保证库容或减少河床压缩量。

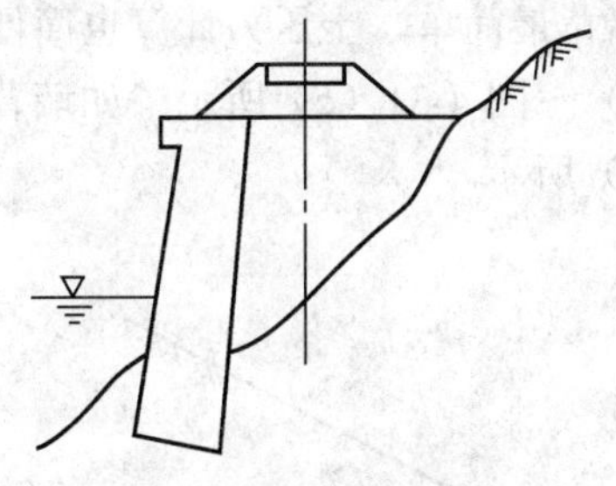

图 4-25　路肩墙

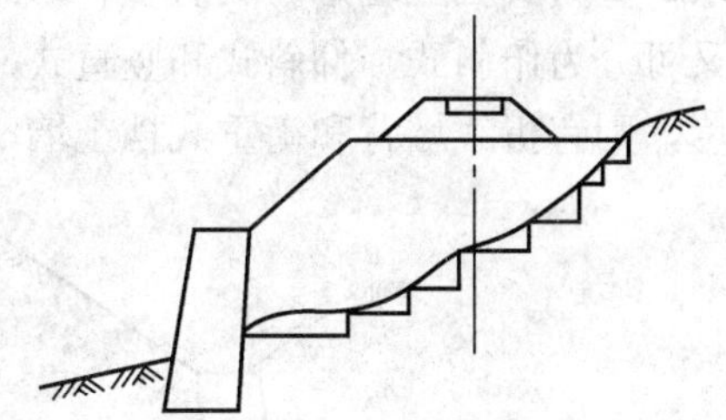

图 4-26　路堤墙

设置在路堑边坡的挡土墙称为路堑墙（见图 4-27），可支撑开挖后不稳定的边坡，减少刷方量，降低刷坡高度。路堑挡土墙还常与挡石墙、护墙等综合使用（见图 4-28），除支护边坡外，还起基础的作用。此外，还有支撑不稳定山坡的山坡挡土墙，为避免侵占邻近线路的既有建筑物而修建的挡土墙，为缩短隧道或明洞的长度而在洞口设置的挡土墙，在车站上为旅客上下车或装卸货物方便而设置的站台墙及桥头翼墙等。总之，挡土墙（见图 4-29）在铁路工程中被广泛应用。

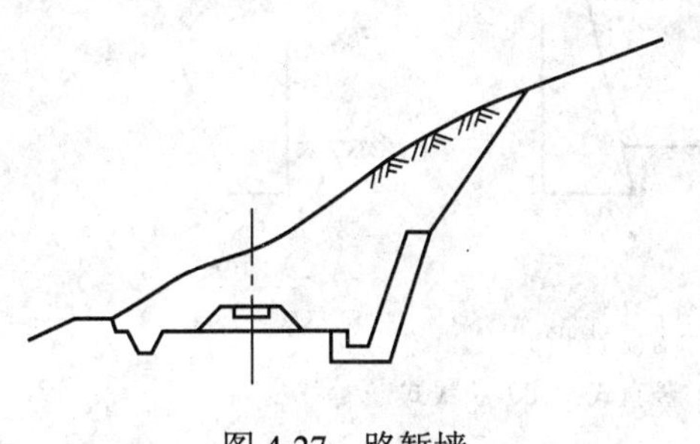

图 4-27　路堑墙

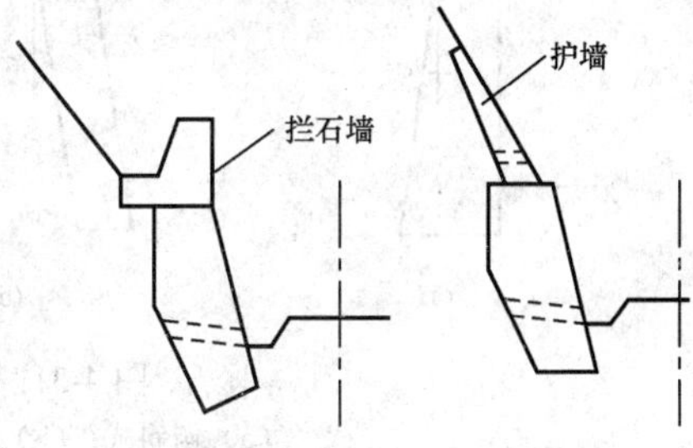

图 4-28　综合使用的路堑墙

选择挡土墙设计方案时，应与其他方案进行技术经济比较。例如，采用路堑或山坡挡土墙时，常需和隧道、明洞、棚洞或刷缓边坡的方案作比较；采用路堤或路肩挡土墙时，需与栈桥或高填方等相比较，以求工程经济、合理。

图 4-29　挡土墙实体图

根据建筑材料、计算理论和结构形式的不同，挡土墙可分为重力式挡土墙和轻型挡土墙两大类。

一、重力式挡土墙

主要依靠墙身自重维持稳定的挡土墙称为重力式挡土墙。重力式挡土墙采用干砌片石、浆砌片石、混凝土及砖等土石圬工建造，由于石料来源丰富、就地取材方便、不需复杂的施工设备和技术，因此被广泛采用。图 4-30 所示为重力式挡土墙的两种主要形式，其中图 4-30（b）所示为衡重式挡土墙。衡重式挡土墙是依靠衡重台上填土和墙身自重维持稳定，是重力式挡土墙的一种特殊形式。为适应各种不同地形、地质条件及经济要求，重力式挡土墙墙背具有多种形式，其中直线墙背最简单，土压力计算也简便。直线墙背又可分为俯斜式、仰斜式和竖直式，如图 4-31（a）～图 4-31（c）所示；如墙背多于一个坡度，则有折线墙背和衡重式挡土墙，如图 4-31（d）所示。

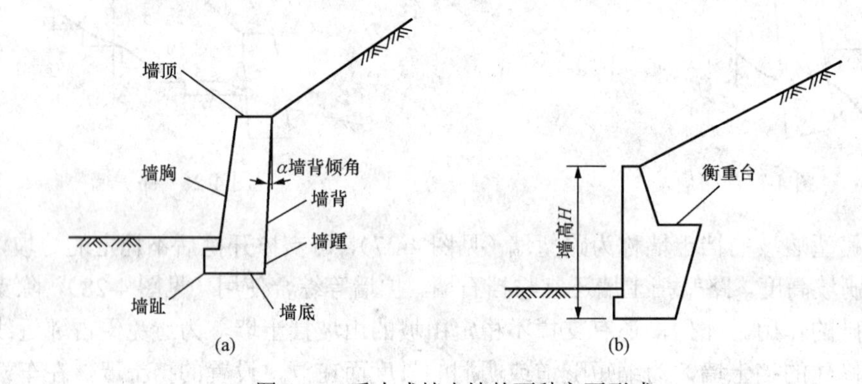

图 4-30　重力式挡土墙的两种主要形式

（a）仰斜式；（b）衡重式

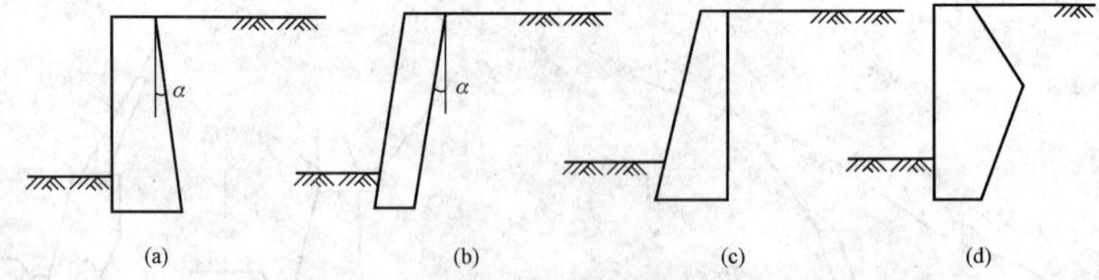

图 4-31　重力式挡土墙墙背形式

（a）俯斜式；（b）仰斜式；（c）竖直式；（d）折线式

二、轻型挡土墙

20 世纪 50 年代以来，随着铁路、公路、驳岸、地下建筑等土木结构的迅速发展，为力求设计经济合理，充分应用新技术，挡土墙的结构形式有了很大的发展。锚杆挡土墙、锚定板挡土墙、扶壁式挡土墙、桩板墙及加筋挡土墙等（见图 4-32）陆续出现，这些挡土墙多采用钢筋混凝土或不完全由土石圬工建造，其计算设计理论也各不相同，统称为轻型挡土墙。其中，加筋挡土墙的拉筋材料通常有镀锌薄钢带、铝合金、高强塑料及合成纤维等。此外，还有一些新的结构形式尚在试验研究中。

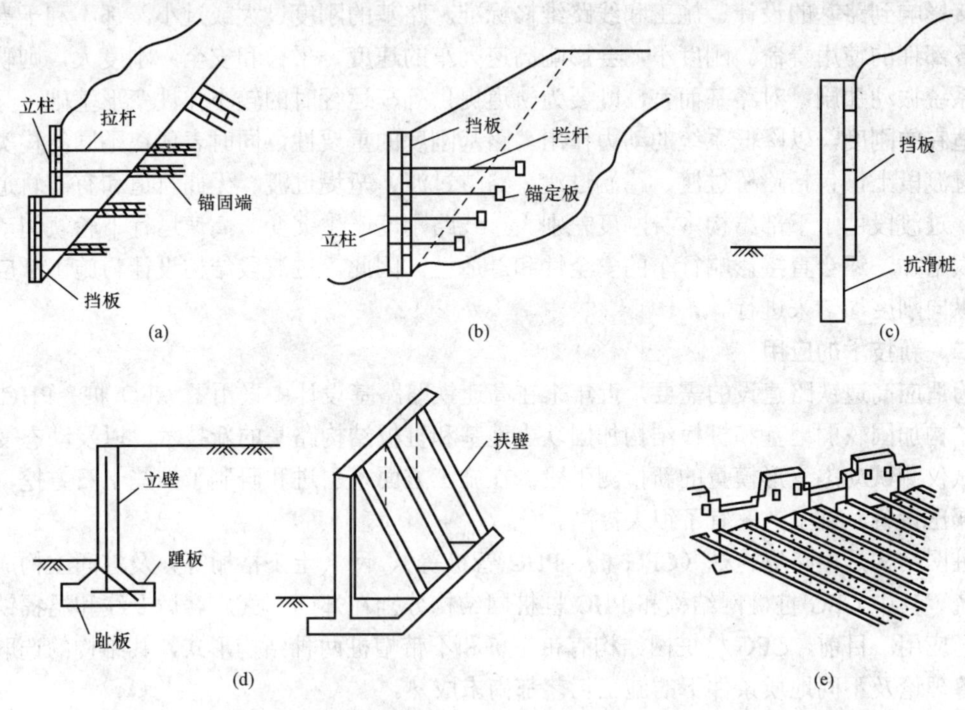

图 4-32 轻型挡土墙的几种主要形式

（a）锚杆挡土墙；（b）锚定板挡土墙；（c）桩板墙；（d）扶壁式挡土墙；（e）加筋挡土墙

4.3.7 高速铁路路基

高速铁路运行速度快、技术标准高、对路基的要求严格，控制路基变形已成为高速铁路路基的最大特点。高速铁路的出现，对传统铁路的设计、施工、养护和维修提出了新的挑战，在许多方面深化和改变了传统的设计观念。高速铁路路基与普通铁路路基的本质区别在于：基床表层厚度增加，压实标准提高，同时对填料及路桥过渡段的刚度提出了更高的要求。

一、高速铁路路基的技术特点

就路基工程而言，高速铁路具有以下新的技术特点。

（1）路基结构形式的变化。为保证路基强度大、变形小，具有足够的稳定性和耐久性，高速铁路的路基结构形式较传统铁路路基有明显的变化。高速铁路一般为双线路基，也有路堤、路堑、半路堤半路堑形式。考虑到高速列车相遇时的风压及将来铺设渡线道岔等条件，高速铁路线间距应增大，而且由于高速列车行驶时会产生较强的风速，在列车尾部通过时将产生轨侧涡流效应而直接影响到在路肩待避作业人员的安全，因此还需加大路肩宽度。

（2）控制路基工后沉降是高速铁路路基技术的关键。路基工后沉降包括长期行车引起的基床累积下沉以及路基本体填土和地基的压缩下沉。路基工后沉降是高速铁路设计所考虑的主要控制因素，尤其是路基，强度不是问题，因为一般来说，在达到强度破坏之前，已经出现了不能容许的过大变形。

（3）与列车、轨道系统相匹配的路基刚度是实现列车高速和舒适运行的根本。构成线路的路基和轨道，在荷载作用下，两者相互作用、相互影响，但从线路供列车运行这一点来看，它们各自所需要的性能是相互依存、相互补充的。

与高速列车、轨道系统相匹配的路基刚度问题，不仅关系到高速列车的舒适性和安全性，还直接影响到路基的设计、施工和线路维修标准。路基的刚度过大或过小，都不利于高速行车或各部件的使用寿命。刚度小，会影响高速列车的速度、平稳和安全；刚度大，则轨道、车辆系统振动加剧。对路基而言，既要为轨道提供列车运行时的较小弹性变形基础，又必须具有适宜的刚度，以降低系统的动力作用。路基刚度的重要性，同时表现在不同结构类型之间的过渡段上，包括路桥过渡、路涵过渡、路隧过渡、堑堤过渡、无砟轨道和有砟轨道的过渡等。过渡段由于下部结构本身刚度差别大，线路刚度产生突变，高速运行下轮轨间动力作用大大增加，还会直接影响行车的安全性和舒适性。因此，过渡段结构设计与施工都应围绕实现纵向刚度均匀来进行。

二、新技术的应用

为适应高速铁路建设的需要，近年来在高速铁路路基设计中采用了 CFG 桩、PHC 管桩桩网结构加固软弱地基和桩板结构加固软土地基和桩板结构路基的新技术，以及动态变形模量测试仪测试动态变形模量的新检测手段；在施工方面，引进和研制了一些土石方挖、装、运及碾压设备，施工效率有了很大提高。

桩网结构是由路堤、桩（CFG 桩、PHC 管桩等）、网（土工格栅等）及桩间土构成的复合系统，其中 CFG 桩桩网结构和 PHC 桩桩网结构分别在郑西、武广客运专线和温福铁路中得到了应用。目前，CFG 桩桩网结构有带帽桩和不带帽桩两种结构形式，其结构的选取、设计计算理论及不同地质条件下的施工工艺都尚未成熟。

桩板结构路堤是一种用于高速铁路无砟轨道的新结构形式，由下部钢筋混凝土桩基与上部钢筋混凝土承载板组成，承载板直接与轨道结构相连，已在遂渝线进行实验研究。对这种加固路基的结构形式，尚需对其工作机理、动力特征和设计理论等方面进行进一步的研究。

与国外相比，我国高速铁路建设的规模大、线路长、区域地质条件复杂、任务紧，许多问题迫切需要广大科研人员和工程技术人员去研究和解决，及时总结近期我国高速铁路的建设经验，大幅度提升我国高速铁路的建设水平。

4.4 铁 路 选 线

铁路选线是铁路设计中最根本、最重要的工作，是影响全局性的总体工作。随着铁路技术标准的提高和高桥、长隧修建技术的发展，铁路选线理念发生了较大变化。高速路选线设计更加注重工程安全，更加注重环境和城镇规划，以及资源开发、交通、农田、水利设施间的协调，要求总体上相互配合，全局上经济合理，更多地采用高新技术，这也是世界一流高速铁路、客运专线的总体设计要求。为此，线路选线的质量将直接关系到铁路工程建设的可靠性、安全性、技术可行性、经济合理性及社会接纳性，关系到铁路和地方经济社会的发展，因而它是高速铁路建设应重视的首要问题。只有树立正确的选线理念，才能建设世界一流的高速铁路。

4.4.1 铁路等级与主要技术标准

一、铁路等级

铁路等级是铁路的基本标准。设计铁路时需先确定铁路等级，然后选定其他主要技术标准和各类运输装备的类型。铁路等级划分具有重大经济意义，可使国家资金得到合理利用。一般情况下，具有路网性质、起骨干作用的铁路意义重大，且一般运量也较大，运输质量（安全、舒适）要求高，因此铁路等级也较高。

铁路等级的划分应根据其在路网中的作用、性质和客货运量确定，具体分级标准如下：

（1）Ⅰ级铁路。铁路网中起骨干作用，或近期年客货运量大于或等于 20Mt 的铁路。

（2）Ⅱ级铁路。在铁路网中起联络、辅助作用，或近期年客货运量小于 20Mt 且大于或等于 10Mt 的铁路。

（3）Ⅲ级铁路。为某一地区或企业服务，近期年客货运量小于 10Mt 且大于或等于 5Mt 的铁路。

（4）Ⅳ级铁路。为某一地区或企业服务，近期年客货运量小于 5Mt 的铁路。

以上年客货运量为重车方向的货运量与客车对数折算的货运量之和。每天 1 对旅客列车按 1.0Mt/a 的货运量折算。

二、铁路主要技术标准

铁路主要技术标准是指对铁路输送能力、工程造价、运营质量以及选定其他有关技术条件有显著影响的基本标准和设备类型。目前，我国客货共线铁路的主要技术标准包括：正线数目、限制坡度、最小曲线半径、到发线有效长度、牵引种类、机车类型、闭塞类型；客运专线的主要技术标准包括：最大坡度、最小曲线半径、到发线有效长度、牵引种类、动车组（机车）类型、列车运行控制方式、行车指挥方式和追踪列车最小间隔时分。这些标准是铁路能力大小的决定因素。一条铁路的能力设计，实质上是选定主要技术标准。同时，这些标准对设计线的工程造价和运营质量有重大影响，并且是确定设计线一系列工程标准和设备类型的依据。

以上铁路主要技术标准中，正线数目、最大坡度（限制坡度）、最小曲线半径、到发线有效长度属于工程标准（固定设备标准），建成后很难改变；其他则属于技术装备类型，可随着运量的增长逐步进行更新改造。由于铁路主要技术标准是铁路建筑物和设备的类型、能力和规模的基本标准，对铁路能力、运营安全、运输效率、投资规模、经济效益和社会效益有重要影响，而且主要技术标准之间联系密切、相互影响，因此，铁路主要技术标准应根据国家要求的年输送能力和确定的铁路等级在设计中综合考虑，经技术经济比选确定，以保证技术上先进、经济上合理、标准间协调。

（一）正线数目

正线数目是指连接并贯穿车站的线路的数目。按正线数目，可把铁路分为单线铁路、双线铁路和多线铁路。单线铁路是区间只有一条正线的铁路，在同一区间或同一闭塞分区内，同一时间只允许一列列车运行，对向列车的交会和同向列车的越行只能在车站上进行。双线铁路是区间有两条正线的铁路，分为上行线和下行线。正常情况下，上、下行列车分别在上、下行线上行驶，但在同一区间或同一闭塞分区的一条正线上，同时只允许一列列车运行。多线铁路是区间有多于两条正线的铁路。

（二）最大坡度（限制坡度）

最大坡度是铁路线路纵断面坡度允许采用的最大值。在一定的自然条件下，线路的最大坡度不仅影响线路走向、线路长度和车站分布，而且直接影响行车安全、行车速度、运输能力、运营支出和经济效益，是铁路全局性技术标准。

（三）最小曲线半径

最小曲线半径是设计线采用曲线半径的最小值。最小曲线半径不仅影响行车安全、旅客舒适等行车质量指标，而且影响行车速度、运行时间等运营技术指标和工程投资、运营支出和经济效益等经济指标。最小曲线半径应根据铁路等级、路段旅客列车设计行车速度和工程条件比选确定。

（四）到发线有效长度

到发线有效长度是车站到发线能停放最长到发列车而不影响相邻股道作业的最大长度，它对货物列车长度（即牵引吨数）起限制作用，从而影响列车对数、运输能力和运行指标，对工程投资、运输成本等经济指标也有一定影响。货物列车到发线有效长度应根据运输需求和货物列车长度确定，且宜与连接线路的货物列车到发线有效长度相协调，并应采用 1050、850、750、650m 等系列值。改建既有线和增建第二线的货物列车到发线有效长度采用上述系列值引起较大工程时，可根据实际需要计算确定。近期货物列车长度一般较远期短，若初、近期到发线有效长度按远期铺设，则不但会增加初期的投资，而且会增大初、近期调车作业行程，增加运营支出，故近期有效长度应按实际需要铺设。

（五）牵引种类

牵引种类是指机车牵引动力的类别。目前，我国铁路的牵引种类有电力、内燃和蒸汽三种。不同的牵引种类具有不同的特点，对铁路运输能力、行车速度、运营条件及工程与运输经济都具有重要的影响。如今，蒸汽机车已停产多年，而次要线路和地方铁路仍在使用，今后牵引动力的发展方向为大功率电力机车和内燃机车。

电力牵引不仅是铁路的发展方向，是建设环保型、资源节约型交通运输方式的需要，也是实现列车高速运行的动力需求。内燃机车热效率高达 22%～28%，机车不需供电设备，独立性好；缺点是需要消耗昂贵的液体燃料，且机车构造复杂、造价较高，高温、高海拔地区牵引功率降低，使用效率低。蒸汽机车构造简单，制造、维修技术简易，造价低廉，但热效率低，仅为 6%～8%，且每隔 40～60km 需设置给水站，机车整备时间长、利用率低，机车功率小、输送能力低、司乘人员工作条件差。

（六）机车（动车组）类型

机车（动车组）类型是指同一牵引种类中机车或动车组的不同型号，它对铁路运输能力、行车速度、运营条件及工程与运输经济具有重要影响。机车（动车组）类型应根据牵引种类、运输需求以及与线路平、纵断面技术标准相协调的原则，结合车站分布和设计的牵引质量，经济技术比选确定。时速为 200km/h 的旅客列车应优先选用动车组。

（七）闭塞方式

铁路为了保证行车安全和提高运输效率，利用信号设备等来管理列车在区间运行的方法，称为闭塞方式。闭塞方式决定车站作业间隔时分，从而影响通过能力。在我国，基本闭塞方式有半自动闭塞和自动闭塞两种，在次要支线上和地方铁路有的还采用电气路签。

（1）半自动闭塞。半自动闭塞是闭塞机与信号机发生联锁作用的一种闭塞装置。列车进入区间的凭证是出站信号机显示绿灯。但出站信号机受闭塞机的控制，只有在区间空闲、双方车站办理好闭塞手续之后，出站信号机方能显示绿灯。

（2）自动闭塞。自动闭塞时，区间被分为若干闭塞分区，如图 4-33 所示，进一步缩短了同向列车的行车间隔距离。列车运行完全根据色灯信号机的显示来控制：红色灯光表示前方的闭塞分区被占用，列车需要停车；黄色灯光表示前方只有一个闭塞分区空闲，要求列车减速；绿色灯光表示前方至少有两个闭塞分区空闲，列车可以按规定速度运行。由于信号的显示完全由列车所在位置通过轨道电路来控制，所以称为自动闭塞。

图 4-33 自动闭塞分区

4.4.2 线路平面和纵断面

铁路是一条三维空间带状实体。一般所说的线路，是指铁路中心线所在空间的位置，常用路基横断面上距外轨半个轨距的铅垂线与水平线的交点在纵向上的连线表示。线路在空间中的位置是由其平面和纵断面决定的。线路平面是指线路中心线在水平面上的投影，表示线路在平面上的具体位置；线路纵断面是指沿线路中心线所作的铅垂剖面在纵向展直后，线路中心线的立面图，表示线路起伏情况。

平面与纵断面设计既要力争减少工程数量和降低工程造价，又要为施工、运营、维修提供有利条件，节约运营开支。从降低工程造价方面考虑，线路最好顺地面爬行，但因起伏弯曲太大，给运营造成困难；从节约运营开支方面考虑，线路最好又平又直，但势必增大工程数量，提高工程造价。因此，设计时必须根据设计线的特点，分析设计路段的具体情况，综合考虑工程和运营的要求，通过方案比较，正确处理两者之间的矛盾。

铁路上要修建车站、桥涵、隧道、路基、道口和支挡、防护等大量建筑物。线路平面和纵断面设计不但关系到这些建筑物的类型选择和工程数量，而且影响其安全稳定和运营条件。设计时，既要考虑到各类建筑物的技术要求，又要考虑到它们之间的协调配合，确保总体布置合理。

一、线路平面

线路平面由直线和曲线组成，曲线又由圆曲线和缓和曲线组成。

线路平面设计，主要是设计连接直线间的圆曲线（即确定曲线转角和半径的大小），以及选定缓和曲线的线型及长度。

概略定线时，平纵面图中仅绘出未加设缓和曲线的圆曲线；详细定线时，平纵面图中要绘出加设缓和曲线的曲线；纸上定线时，在相邻两直线之间需用一定半径的圆曲线连接，并使圆弧与两侧直线相切。曲线半径的选配，可使用与地形图比例尺相同的曲线板，根据地形、地质与地物条件，由大到小选用合适的曲线板，确定合理的曲线半径。

（一）直线

直线作为平面线形要素之一，具有短捷、直达、列车行驶受力简单和测设方便等特点。但过长的直线难以与地形相协调，也不利于城镇地区既有设施的避让。因此，在选线设计中，应综合考虑工程和运营两方面的因素，合理选择运用直线线形。

（二）圆曲线

圆曲线是铁路线路中的重要组成部分，曲线半径的选用应因地制宜，由大到小、合理选用，以使曲线半径既能满足行车速度和设置建筑物的技术要求，又能适应地形、地质等条件，减少工程，做到技术经济、合理。最小曲线半径是一条干线或其中某一路段允许采用的曲线半径的最小值，是铁路主要技术标准之一，应在可行性研究阶段比选确定。

（三）缓和曲线

设置在直线和圆曲线之间，曲率半径和外轨超高均逐渐变化的曲线称为缓和曲线。为使列车安全、平顺、舒适地由直线过渡到圆曲线，在直线与圆曲线之间要设置缓和曲线。

缓和曲线的作用是：在缓和曲线范围内，其半径由无限大渐变到圆曲线半径，从而使车辆产生的离心力逐渐增加，有利于行车平稳；在缓和曲线范围内，外轨超高由零递增到圆曲线上的超高量，使向心力逐渐增加，与离心力的增加相配合；当曲线半径小于350m，轨距需要加宽时，在缓和曲线范围内，由标准轨距逐渐加宽到圆曲线上的加宽量。

二、线路纵断面

线路纵断面设计主要包括确定最大坡度、坡段长度、坡段连接及坡度折减问题。

（一）线路的最大坡度

最大坡度是一项具有全局性意义的铁路主要技术标准，对设计线的输送能力、工程数量和运营质量具有重要影响，有时甚至决定线路的定向。新建铁路的最大坡度，在单机牵引路段称为限制坡度，在两台及以上机车牵引路段称为加力牵引坡度，其中最常见的为双机牵引，称为双机牵引坡度。限制坡度是指单机牵引普通货物列车，在持续坡道上最终以机车计算速度等速运行的坡度。它是限制坡度区段的最大坡度，据此计算货物列车的牵引质量。加力牵引坡度是两台及以上机车牵引规定牵引吨数的普通货物列车，在持续坡道上最终以机车计算速度等速运行的坡度，是加力坡度路段的最大坡度。该路段的普通货物列车牵引吨数，是按相应限制坡度上用一台机车牵引的计算值确定的。如果纵断面的加算坡度超过最大坡度，则按限制坡度计算的牵引吨数的货物列车，在该设计坡道的持续坡道上，最终会以低于计算速度的速度运行，发生运缓事故，甚至造成途停，这是不允许的。所以，设计坡度值加上曲线和隧道附加阻力的换算坡度值及小半径黏降坡度减缓值，不能大于最大坡度值。

（二）坡段长度

相邻两坡段的坡度变化点称为变坡点。相邻两变坡点间的水平距离称为坡段长度。

从工程数量上看，采用较短的坡段长度可更好地适应地形起伏，减少路基、桥涵等工程数量。但最短坡段长度应保证坡段两端所设的竖曲线不在坡段中间重叠。

从运营角度看，列车通过变坡点时，变坡点前后的列车运行阻力不同，车钩间存在游间，将使部分车辆产生局部加速度，影响行车平稳，同时也使车辆间产生冲击作用，增大列车纵向力。坡段长度要保证不致产生断钩事故。

（三）坡段连接

（1）相邻坡段坡度差。纵断面的坡段有上坡、下坡和平坡之分。上坡的坡度为正值，下坡的坡度为负值。相邻坡段坡度差的大小，应以代数差的绝对值Δi表示。如前一坡段为坡度$i_1=4‰$的下坡，后一坡段为坡度$i_2=2‰$的上坡，则坡度差Δi为

$$\Delta i=|i_1-i_2|=|(-4‰)-(+2‰)|=6‰$$

相邻坡段的坡度差，都是以保证列车不断钩来制定的。根据列车通过变坡点时产生的纵向力不大于车钩强度，即保证列车不断钩进行计算，最大坡度差可以达到2倍限制坡度值。但考虑到远期列车牵引吨数可能增大，最大坡度差应留有适当余量，故以远期到发线有效长度作为拟定坡度差的参数。

（2）竖曲线。在线路纵断面的变坡点处设置的竖向曲线称为竖曲线。

在线路纵断面上，若各坡段直接连接成折线，列车通过变坡点时，产生的车辆振动和局部加速度将增大，乘车舒适度将降低；当机车车辆重心未达到变坡点时，将使前转向架的车轮悬空；当悬空高度大于轮缘高度时，将导致脱轨；当相邻车辆的连接处于变坡点近旁时，车钩要上下错动，其值一旦超过允许值，就会引起脱钩，如图 4-34 所示。所以，必须在变坡点处用竖曲线把折线断面平顺地连接起来，以保证行车的安全和平顺。

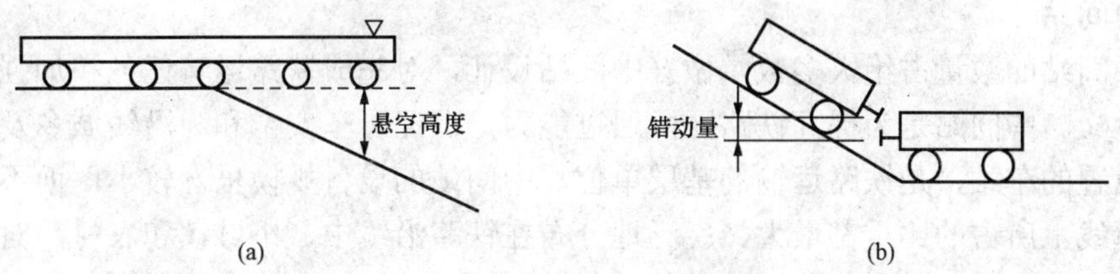

图 4-34 导轮悬空和车钩错动示意图

（四）最大坡度的折减

线路纵断面设计时，在需要用足最大坡度（包括限制坡度与加力牵引坡度）的地段，当平面上出现曲线及遇到长于 400m 的隧道时，因为附加阻力增大、黏着系数降低而需将最大坡度值减缓，以保证普通货物列车通过该地段时的速度不低于计算速度或规定速度。此项工作称为最大坡度的折减。

4.5 铁 路 车 站

为保证行车安全和必要的线路通过能力，铁路上每隔一定距离需要设置一个车站。车站把一条铁路线路划分成若干个长度不同的站间，车站就成为相邻站间的分界点。因此，站间和分界点是组成线路的两个基本环节。车站上除了正线以外，还配有其他线路，所以车站又称为有配线的分界点。

车站是铁路运输的基本生产单位，它集中了与运输有关的各项技术设备。铁路运输的各种客货运作业，如旅客的乘降、货物的托运、装卸、交付、保管，都必须通过车站才能实现；铁路运输间各种技术作业，如列车接发、会让、越行、列车的解体和编组，机车和乘务组的更换，车辆的技术和货运检查，都是在车站上办理的。车站在铁路建设投资方面也占有很大比重。目前，我国约有 5700 多个车站，全部车站的站线长度约占通车里程的 40%。车站建设的基本投资，也在铁路总投资中占有很大比重。为了有效地使用国家资金，努力降低造价，少占农田，必须高度重视车站的规划和设计。车站按所担负的任务和在铁路运输中所处的地位，可以分为六个等级，即特等站、Ⅰ等站、Ⅱ等站、Ⅲ等站、Ⅳ等站、Ⅴ等站；而按其技术作业及作业性质的不同，又可以分为会让站、越行站、中间站、区段站和编组站。

会让站、越行站和中间站是为提高铁路通过能力，保证行车安全，并为沿线城乡工农业生产服务而设置的。

一、会让站

会让站设置在单线铁路上，主要办理列车的到发、会车、越行，也办理少量的客、货运业务。因此，会让站应铺设到发线，并设置通信、信号及旅客乘降、办公房屋等设备。

二、越行站

越行站设置在双线铁路上，主要办理同方向列车的越行，包括办理正线各种列车的通过，待避列车进出到发线、停站待避线；客货共线铁路的越行站必要时办理反向列车的转线，也办理少量的客、货运业务。因此，越行站应铺设到发线，并设置通信、信号及旅客乘降、办公房屋等设备。

三、中间站

铁路中间站的数量占绝大多数，做好中间站设计，对完成铁路运输任务和加强城乡联系具有重要意义。中间站是为提高铁路区段通过能力，保证行车安全和为沿线城乡及工农业生产服务而设置的车站，是铁路运输的基层单位。中间站的设备规模虽然较小，但不论在既有线还是在新线上所占的比重都最大，广泛地分布在铁路沿线中、小城镇和农村，对发展地方工农业生产，沟通城乡物资交流，缩小城乡差别具有重要作用。中间站主要办理列车的通过、会让、越行、运行调整，旅客乘降和行李、包裹的收发与保管，货物的承运、装卸、保管与交付以及甩挂车辆的调车等技术作业。

四、区段站

区段站是铁路网牵引区段的分界处，是设有机务设备的车站。区段站的主要任务是为邻接的铁路区段供应及整备机车或更换机车乘务组，并为无改编中转货物列车办理规定的技术作业。此外，还办理一定数量的列车解编作业及客、货运业务。当设备条件具备时，还进行机车、车辆的检修业务。

五、编组站

编组站是在铁路网办理大量货物列车解体、编组作业，并设有较完善的调车设备的车站，一般设在干线交叉点或大中城市、工矿企业、港湾码头等车流大量集散的地区。编组站和区段站的作业数量、性质、设备种类和规模均有明显区别。区段站以处理无改编中转货物列车为主，仅办理少量区段、摘挂列车的改编作业；而编组站以办理改编中转货物列车为主，编解各种货物列车和小运转列车，负责路网上和枢纽的车流组织，供应列车动力，对机车进行整备和检修，并对车辆进行日常维修和定期检修，作业数量和设备规模较区段站大。

六、枢纽

铁路干、支线的交汇点或终端地区，由各种铁路线路、专业车站以及其他为运输服务的有关设备组成的总体称为铁路枢纽。

铁路枢纽是连接铁路上、下线的中枢，是为城市、工业区或港埠区服务以及与国民经济各部门联系的重要纽带，也是交通运输枢纽的主要组成部分。

铁路枢纽是客、货流从一条铁路线转运到另一条铁路线的中转地区，也是城市、工业区客货到发和联运的地区。它除办理枢纽内各种车站的有关作业外，在货物运转方面，还办理无改编运转和有改编小运转列车的作业，以及枢纽地区小运转列车的作业；在客运作业方面，办理通过、管内和市郊旅客列车有关的运转作业；在货运业务方面，办理各种货物的承运、装卸、发送、保管等作业；此外，还要供应运输动力，进行机车车辆的检修等作业。

4.6 高速铁路

自1825年世界上第一条铁路建成并通车开始，铁路逐渐成为交通运输中的重要运输方式之一。快速、可靠、舒适、经济和环保是铁路在与其他运输方式的竞争中取胜的先决条件。目前，许多国家正在通过新建或改建原有铁路线路发展高速铁路，我国也加快了建设高速铁路的步伐。

高速铁路是指通过改造原有线路（直线化、轨距标准化），使营运速率达到200km/h以上，或者专门修建新的“高速新线”，使营运速率达到250km/h以上的铁路系统。高速铁路除了在列车营运速度达到一定标准外，车辆、轨道、电务等都需要配合提升。广义的高速铁路包含使用磁悬浮技术的高速轨道运输系统。

高速铁路的界定标准有以下几种：

（1）1970年日本政府第71号法令中的定义：列车在主要区间能以200km/h以上速度运行的干线铁路。

（2）1985年欧洲委员会（ECE）对高速铁路最高速度的规定：客运专线300km/h、客货混运线250km/h。

（3）国际铁路联盟（UIC）提出的高速铁路的定义：最高速度至少应达到250km/h的专线，或最高速度达到200km/h的既有线。

4.6.1 高速铁路的优越性

高速列车是在与公路和航空运输的竞争中发展壮大的。多年的运营经验表明，高速铁路与高速公路和航空运输相比，具有其独特的优越性。高速铁路之所以受到普遍重视，是由于高速铁路克服了普通铁路速度较低的不足，与高速公路的汽车运输和中长途航空运输相比较，在下列各项技术经济指标中具有明显的优势：

（1）具有最短的运达时间。

（2）运输能力大、能源消耗低。

（3）安全可靠、正点率高、舒适性好。

（4）环境污染小、生态保护好、占地面积少。

（5）巨大的经济效益和社会效益。

高速铁路带来的经济效益和社会效益是十分显著的。众所周知，日本的高速铁路取得了辉煌的成就，尤其是东海道新干线，在运营通车以后，其运输成本仅为飞机的1/5，从航空运输方面吸引了大批客流，使得东京和大阪之间的航班不得不减少。正式投入运营仅7年后，就收回了包括线路、机车车辆等在内的全部投资，获得了巨大的经济效益。新干线沿线地区吸引了较多的人口居住，增长了1.35倍，而其他地区只增长了1.07倍；促进了工商业的发展，新干线地区工商企业数量增长了1.49倍，而其他地区只增长了1.15倍；增加了财政收入，新干线地区的所有城市财政收入增加了2.5倍，而其他地区只增加了1.9倍；此外，还增加了众多的就业机会，促进了社会的稳定与繁荣。鉴于高速铁路的众多优点，我国也加快了高速铁路的建设速度。京沪高速铁路是我国真正意义上的高速铁路，而当陕西高速铁路建成后，西安到宝鸡用时将不足1h。因此，高速铁路在带给我们快速享受的同时，也将带来巨大的经济效益和良好的社会效益。

4.6.2 世界高速铁路发展概况

一、日本的高速铁路

1964年，日本建成了世界上第一条高速铁路——东海道新干线，并以210km/h的速度投入商业运营。20世纪50年代中期，日本国民经济在复兴后得到高速发展，全国范围内的旅客运输量和货物运输量急剧增长。

二、法国的高速铁路

法国是世界上较早开展提高列车速度研究的国家，1955 年即利用电力机车牵引创造了 331km/h 的世界纪录。法国高速铁路对速度目标值的追求是独具特色和遥遥领先的。1981 年，TGV 高速列车在东南线南段部分投入运营，试验纪录达到 380km/h，商业运行速度达到 270km/h，打破了传统铁路运行速度的概念。长期以来，法国从未停止过为实现更高的速度目标而努力：1990 年建成并投入运营的大西洋高速线及 1993 年建成并投入运营的北方高速线，列车运行速度均为 300km/h；2001 年度建成并投入运营的地中海高速线，列车运行速度可达 350km/h；1990 年 5 月，TGV 列车在大西洋线上创造的 515.3km/h 的世界纪录，更令世界瞩目。2004 年 4 月，TGV 创造了 574.8km/h 的世界纪录。

三、德国的高速铁路

德国于 1985 年制订了原联邦运输道路规划（BVWP85）。规划中决定，之后 10 年中将拨出比以前显著增加的专款给原联邦铁路，其中大部分用于修建高速新线和改造旧线，目标是运行 200～250km/h 的高速客车和 80～120km/h 的货车，并于 20 世纪末使高速运营的线路达到 2000km，形成一个高速（快速）铁路网。

高速问题的解决方案是建立 ICE 系统，这是一个从列车、接触网、牵引供电、安全系统、线路（曲线、隧道、桥梁）、道床直到检测系统各个环节都相互关联和匹配的整体工程。

ICE 是一项由原联邦德国工业界与铁路合作研制的成果，具有不污染环境、快捷迅速的优点，并以 250～300km/h 的速度将两方面的优点理想地结合在一起。根据交通专家的估计，如果汽车的平均速度为 100km/h，那么 ICE 将在汉诺威—维尔茨堡新建线路上达到 200km/h 的平均速度，小轿车的优越性表现为在短距离内有较大的机动能力，而 ICE 在迅速完成远距离运输方面则优于小轿车。两种交通方式的合理分工就会带来总体经济效益的提高。

德国目前已建成的高速铁路共 4 条，即汉诺威—维尔茨堡、曼海姆—斯图加特、汉诺威—柏林、科隆—法兰克福，正在建设的 1 条，即纽伦堡—慕尼黑。

四、我国的高速铁路

2008 年 8 月 1 日，我国京津城铁通车，最高时速 350km，全长 120km；2009 年 12 月 26 日，武广客运专线建成通车，速度目标值为 350km/h，最高可达到 394km/h，全长约 1069km；2010 年 1 月 28 日，郑西客运专线通车，速度目标值为 350km/h，正线长 457km。

我国京沪高速铁路于 2008 年 4 月 18 日开工建设，从北京南站出发，终止于上海虹桥站，全线纵贯北京、天津、上海三大直辖市和河北、山东、安徽、江苏四省，总长 1318km，总投资约 2209 亿元，是新中国成立以来建设里程最长、投资最大、标准最高的高速铁路。2011 年 6 月 30 日，时速 300km 的京沪高铁正式运营。

2011 年，我国还将有近 5000km 的高速铁路投产。

5 桥 梁 工 程

5.1 桥梁的地位与发展

5.1.1 桥梁的地位

桥梁是供铁路、公路、渠道、管线、行人等跨越河流、海湾、湖泊、山谷、低地或其他交通线的建筑结构物。桥梁工程是土木工程的一个分支，通常具有两层含义：一是指桥梁建筑的实体；二是建造桥梁所需的科技知识，包括桥梁的基础理论和研究，以及桥梁的规划、设计、施工、运营、管理和养护维修等。

桥梁不仅是一个国家或地区经济实力、科学技术、生产力发展水平等综合国力的体现，而且是一个国家或地区经济、历史、人文等社会发展的标志性建筑。

5.1.2 桥梁工程建设成就

一、古代桥梁工程的成就

我国是有着悠久历史和灿烂文化的文明古国，造桥历史十分久远。据有关史料记载，早在公元前 1135 年，周文王为迎亲，在渭河上架设了浮桥；春秋战国时期（公元前 770～221 年），秦国都城位于咸阳，其咸阳宫在渭河之北，行乐宫在渭河之南，为便利两宫之间的交往，秦王便下令在渭河上架设了木柱木梁桥；公元前 256～251 年，秦国蜀太守李冰在岷江中游修筑了都江堰，为方便岷江两岸之间交往，宋淳化元年（990 年）又在都江堰鱼嘴处建造了跨内外江的竹索桥，即世界著名的安澜桥（见图 5-1），此桥全长 340m，分 8 孔，最大跨径达 61m；公元前 206 年，西汉大将樊哙建樊河铁链桥，至今桥址尚存石条桥基和铁链。

图 5-1 安澜桥

古代的桥梁主要以木材、石料和铁链以及用黏土烧制的砖作为建筑材料。保留至今的古代桥梁主要有石拱桥、石梁桥和铁链桥。

举世闻名的赵州桥是世界现存最早、跨度最大的空腹式单孔圆弧石拱桥，尽管经历了近 1400 年，至今仍能正常使用。除赵州桥外，我国现存的古代桥梁还有建于 816～819 年的苏州宝带桥、建于 1192 年的卢沟桥（均为多孔石拱桥）及颐和园内的玉带桥和十七孔桥（见图 5-2）等。这些富有民族风格的古代石拱桥不仅结构构思巧妙，而且艺术造型丰富多彩，充分说明当时我国桥梁建筑艺术已达到相当高的水平。

除石拱桥外，我国尚保存有世界上最长的石梁桥，即建于 1053～1059 年的福建泉州万安桥（见图 5-3）。此桥现长达 834m，以磐石遍铺桥位江底为桥基，在其上养殖海生牡蛎，使江底磐石胶固成整体，然后在磐石桥基之上垒纵横石条成桥墩，再架设石梁；每孔有 7 根花

图 5-2 十七孔桥（颐和园内）

岗岩石梁，每根梁高约 0.5m，宽 0.6m，长约 12m。万安桥开现代筏形基础之先河，创世界绝无仅有之造桥方法，成就惊人。建于 1240 年的福建漳州虎浪桥是现存的又一座令人惊奇的石梁桥。此桥全长 335m，共 25 孔；桥宽 5.6m，跨径大小不一；最大石梁长 23.7m，宽 1.7m，高 1.9m，重达 207t。据史料记载，如此重的巨大石梁是利用潮水涨落浮运架设，足见我国古代工匠技艺的高超。

图 5-3 万安桥

我国西南地区山高林密、坡陡谷深，早就建有悬索吊桥，迄今至少有 3000 年左右的历史。早期以竹、藤为悬索和吊索，称为竹索桥或藤索桥。春秋战国时期拥有冶铁、煅铁技术之后，逐渐以铁链作为悬索和吊索，称为铁链桥。铁链桥是现代悬索桥和斜拉桥的原始桥型。霁虹桥是我国现存最早的铁链桥之一，位于云南水平的“澜沧古渡”。此桥横跨澜沧江，全长 113.4m，宽 3.7m，净跨径为 57.3m；全桥共 18 条铁链，其中扶栏铁链 2 条，每侧各 1 条，12 条承重底铁链锚固于两岸的桥台上，底铁链上铺设纵横木板，此桥至今仍在使用。此外，保留至今的还有建于 1706 年的四川泸定桥（见图 5-4），此桥净跨 100m，宽 2.8m，由 13 条铁链组成。

国外保留至今的古代桥梁大多为石拱桥，其中最著名的一座是位于法国南部尼姆附近，始建于公元前 19 年古罗马时代的加尔德输水桥（见图 5-5）。此桥由三层圆弧拱组成，一层和二层分别有 6 孔和 11 孔大拱，顶层为 36 孔小拱，拱上支承输水槽。此外，意大利罗马台伯河上建于公元 136 年的天使桥，也是古罗马时代留下的、至今仍在使用的多孔圆弧拱桥。

图 5-4 泸定桥

图 5-5 加尔德输水桥

二、近代桥梁工程的成就

始于意大利的欧洲文艺复兴运动是人类历史上一次最伟大的思想解放运动，运动诞生了近代科学体系。随后的资产阶级革命和工业革命进一步解放了生产力，推动了科学技术的发展，建立和完善了近代科学体系。桥梁及桥梁工程在这一时期得到了空前的发展。在桥梁结构分析和设计中，普遍应用了以材料力学、结构力学和弹性力学为基础的结构设计理论，结束了依靠传统的经验和技术造桥的历史。

桥梁建筑材料也有了新的突破，19 世纪初发明了水泥，随后又发明了钢材和钢筋混凝土，使桥梁及桥梁工程的发展产生了质的飞跃。新的运输工具——火车和汽车的出现也对这一发展产生了重大影响。1855 年起，法国建造了第一批应用水泥砂浆砌筑的石拱桥；1870 年，德国建造了第一批采用硅酸盐水泥砌筑的混凝土拱桥；美国在 1874 年建成了主跨径为 158m 的钢桁架拱桥，1883 年建成了主跨径为 487m 的布鲁克林悬索桥（见图 5-6）；1890 年，英国建成了主跨度为 512m 的福斯湾悬臂钢桁架梁桥；桥梁的跨度有了较大提高。随着 20 世纪初钢筋混凝土材料的广泛应用，以及随后预应力混凝土的出现和广泛使用，钢材的质量和强度均大幅度提高，使桥梁和桥梁工程进入了新的发展时期，不断有新的结构形式出现，桥梁结构设计理论逐渐趋于成熟和完善。加拿大于 1917 年建成了主跨度为 549m、世界上跨径最大的钢悬臂桁架梁桥（第二魁北克桥，见图 5-7）；澳大利亚于 1932 年建成了主跨度为 503m 的钢桁架拱桥（悉尼海港大桥）；美国于 1917 年建成了主跨为 219m、当时为世界上跨径最大的简支钢桁架梁桥，1931 年建成了主跨为 504m、当时为世界上跨径最大的（Bayonne）钢桁架拱桥，1937 年建成了主跨为 1280m、当时为世界上路径最大的悬索桥（金门大桥）。由于钢筋混凝土材料固有的力学特性，人们主要用它来建造拱式桥和小跨度梁式桥。法国于 1930 年建成了三孔跨径为 186m 的钢筋混凝土拱桥，并用 28 只液压千斤顶在拱顶处对拱圈内力进行调整；瑞典于 1943 年建成了主跨为 264m、当时为世界上跨径最大的钢筋混凝土拱桥。

图 5-6 布鲁克林悬索桥

图 5-7 第二魁北克桥

三、现代桥梁工程的发展

第二次世界大战以后，世界上大多数国家结束了战乱，开始进入和平建设时期。不仅大量被战争毁坏的桥梁需要重建，而且经济恢复和发展需要新建更多的桥梁，也包括许多大跨度桥梁。社会发展的需要、计算机的发明和应用、预应力混凝土技术的普及和广泛使用，以及更多新的大跨度桥梁施工方法的发明和施工机械的进步，使桥梁和桥梁工程进入了现代化高速发展时期。

近年来，我国建成了许多现代化的大跨径桥梁。重庆长江大桥是目前国内跨度最大的预应力混凝土 T 形刚构桥。正桥全长 1120m，悬臂端梁高 3.2m，根部高 11m，吊梁跨度为 35m，桥宽 21m，分跨为 86.5m＋4×138m＋156m＋174m＋104.5m，见图 5-8。上部结构由两个单室箱梁组成，较三肋式节省材料，且施工方便；采用三向预应力、悬臂浇筑法施工；在国内首次采用带有加劲型钢和氯丁橡胶管的预应力弹性伸缩缝，伸缩量可达 0.2m。桥墩采用等截面空心钢筋混凝土结构，桥墩竖壁与箱梁肋板对应设置，自基础襟边至桥面高 60～70m 采用滑动模板施工，每昼夜可升高 2.8～4m。

1991 年建成的云南省六库怒江大桥采用三跨变截面箱形梁，分跨为 85m＋154m＋85m，见图 5-9；箱梁为单箱单室截面，宽 5.0m，两侧各挑出伸臂 2.5m。支点处梁高 8.5m，为跨度的 1/18；跨中梁高 2.8m，为跨度的 1/55；全桥仅在 0 号块内设置两道横隔板。采用三向预应力配筋，纵向采用大吨位钢绞线群锚体系，仅于顶底板内配筋而无下弯索和弯起索，既简化

图 5-8 重庆长江大桥

图 5-9 云南省六库怒江大桥

了施工，又不增厚腹板。竖向预应力筋采用高强度精轧螺纹钢筋，兼作悬浇挂篮的后锚钢筋。下部结构采用空心墩，钻孔灌注桩基础支承于岩层上。

1969 年建成通车的南京长江大桥（见图 5-10），其正桥为公路、铁路双层钢连续桁梁桥，上层为 4 车道公路桥，车行道宽 15m，两侧人行道各宽 2.25m；下层为双线铁路桥。正桥长 1576m，连同两端引桥，铁路桥总长 6772m，公路桥总长 4589m。

图 5-10　南京长江大桥

图 5-11　南京长江二桥

2001 年 7 月建成通车的南京长江二桥（见图 5-11），其北汊桥跨度为 90m＋3×165m＋90m，是目前我国跨度最大的预应力混凝土连续桥梁。2005 年 1 月 8 日，重庆市巫山长江大桥竣工通车。巫山长江大桥位于长江三峡的巫峡口，为世界第一大跨径的中承式钢管混凝土拱桥，全长 612.2m，主拱净跨 465m，桥宽 19m；其缆索吊装系统路径、吊装质量、起吊高度、泵送混凝土难度均为世界之最。巫山长江大桥的建成，连通了湖北巴东、恩施、宜昌、建始及湖南的张家界等地。对拓展巫山旅游发展空间，顺畅渝东交通，促进渝东经济发展具有深远的现实意义和历史意义。

2003 年建成通车的上海卢浦大桥为主跨度为 550m 的中承式系杆拱桥（见图 5-12），是目前世界上跨度最大的拱桥，拱肋为全焊接钢结构。

图 5-12　上海卢浦大桥

1991 年，我国建成跨径为 423m 的上海南浦大桥（见图 5-13）；1993 年建成跨径 602m 的上海杨浦大桥；1998 年建成跨径 448m＋475m 的香港汀九桥；2001 年建成跨径 605m 的福建青州闽江桥，它是钢—混凝土组合梁斜拉桥；2001 年分别建成跨径 628m 的南京长江二桥、跨径 460m 的武汉军山长江大桥（均为钢主梁斜拉桥）。2005 年 10 月 7 日建成通车，位于南京长江大桥上游约 19km 处的南京长江三桥（见图 5-14），全长约 15.6km，其中跨江大桥长 4744m，主桥跨径 648m，是世界上第一座“人”字弧线形钢塔斜拉桥。该桥的建成使纵贯华东至西南的沪蓉干线实现了真正意义上的贯通，并首次在国际上采用高 215m、“人”字弧线形全钢结构索塔，是南京长江三桥建设中最大的亮点和难点。

建设者首创钢塔节段焊接变形控制等技术，高质量地完成了钢塔的制作、吊装任务，为我国大型桥梁工程钢塔结构的设计、制造、架设积累了宝贵的经验。

图 5-13　上海南浦大桥

图 5-14　南京长江三桥

2008 年 6 月 30 日苏通大桥建成通车，该桥跨径为 1088m，是当今世界跨径最大斜拉桥。苏通大桥主墩基础由 131 根长约 120m、直径为 2.5～2.8m 的群桩组成，承台长 114m、宽 48m，面积堪比一个足球场，是在 40m 水深以下厚达 300m 的软土地基上建起来的，是世界上规模最大、入土最深的群桩基础，如图 5-15 所示。苏通大桥采用高 300.4m 的混凝土塔，为世界最高桥塔。该桥最长拉索长达 577m，比日本多多罗大桥斜拉索长 100m，为世界上最长的斜拉索，它是中国由“桥梁建设大国”向“桥梁建设强国”转变的标志性建筑。

图 5-15　苏通大桥

中国首座外海跨海大桥——东海大桥工程于 2002 年 6 月 26 日正式开工建设，历经 35 个月的艰苦施工，于 2005 年 5 月 25 日实现结构贯通。大桥宽 31.5m，分上、下行双幅桥面，双向 6 车道，设计时速为 80km，如图 5-16 所示。大桥全线按高速公路标准设计，设计基准期为 100 年，设计荷载按集装箱重车密排进行校验，可抗 12 级台风、7 级地震。目前，全世界在外海已经建成的跨海大桥最长的也只有 16km，而东海大桥建设总长 32.5km，是名副其实的“世界之桥”。大桥的最大主航通孔离海面净高达 40m，相当于 10 层楼高，可满足万吨级货轮的通航要求。东海大桥采用直升机架缆新技术，该桥于 2005 年 12 月全线通车。

图 5-16 东海大桥

杭州湾跨海大桥（见图 5-17）是一座横跨中国杭州湾海域的跨海大桥，它北起浙江嘉兴海盐郑家埭，南至宁波慈溪水路湾，全长 36km，是目前世界上最长的跨海大桥，较连接巴林与沙特的法赫德国王大桥长 11km，已成为中国世界纪录协会世界最长的跨海大桥候选世界纪录，也是继美国的庞恰特雷恩湖桥后世界第二长的桥梁。

图 5-17 杭州湾跨海大桥

悬索桥是特大跨径的桥型之一，因其造型优美、规模宏伟，人们常常将其称为“桥梁皇后”。当跨径大于 800m 时，悬索桥方案具有很强的竞争力。近代中国的悬索桥发展，自 1938 年湖南建成一座公路悬索桥（可运行 10t 汽车）以后，紧接着又有一批公路悬索桥建成。新中国成立后，共建成 70 多座此类桥，但跨径小，宽度窄，荷载标准低，发展大大滞后。20 世纪 90 年代后，中国悬索桥掀开了新的历史篇章。主跨 452m 的广东汕头海湾大桥被誉为中国第一座大跨度现代悬索桥，其主跨位居预应力混凝土加劲悬索桥世界第一；西陵长江大桥，主跨 900m，是国内自主设计的第一座全焊接钢箱梁悬索桥；江苏江阴长江大桥（见图 5-18）主跨为 1385m，属钢箱梁悬索桥，是目前列为世界第五的大跨径悬索桥；2005 年竣工的江苏润扬长江大桥（见图 5-19）主跨为 1490m，为世界第三的大跨径悬索桥；2009 年竣工的舟山西堠门跨海大桥，主跨为 1650m，位居世界第二。可见，我国已进入了世界悬索桥先进行列。

5.1.3 桥梁的发展趋势

一、大跨径桥梁向更长、更大、更柔的方向发展

研究大跨径桥梁在气动、地震和行车动力作用下结构的安全和稳定性，将截面做成适应气动要求的各种流线型加劲梁，增大特大跨度桥梁的刚度；采用以斜缆为主的空间网状承重体系；采用悬索加斜拉的混合体系；采用轻型而刚度大的复合材料做加劲梁，采用自重轻、强度高的碳纤维材料做主缆。

图 5-18 江阴长江大桥

图 5-19 润扬长江大桥

二、新材料的开发和应用

新材料应具有高强度、高弹性模量和较轻的质量，目前正在研究用超高强高分子聚合物混凝土、高强双向钢丝钢纤维混凝土、纤维塑料等一系列材料取代目前桥梁用的钢和混凝土。

三、计算机等技术在桥梁设计、施工中的应用

在设计阶段，采用高度发展的计算机辅助手段进行有效的快速优化和仿真分析，运用智能化制造系统在工厂生产部件，利用 GPS 和遥控技术控制桥梁施工。

四、大型深水基础工程

目前世界桥梁基础尚未超过 100m 深海基础工程，下一步需进行 100～300m 深海基础的实践。

五、桥梁健康诊断与维修

桥梁建成交付使用后，将通过自动监测和管理系统保证桥梁的安全和正常运行，一旦发生故障或损伤，将自动报告损伤部位和养护对策。

六、重视桥梁美学及环境保护

桥梁是人类最杰出的建筑之一，闻名遐迩的美国旧金山金门大桥（见图 5-20）、澳大利亚悉尼港桥（见图 5-21）、英国伦敦桥、日本明石海峡大桥，以及中国上海杨浦大桥、南京长江二桥、香港青马大桥，都是一件件宝贵的艺术品，成为陆地、江河、海洋和天空的一景，堪为城市标志性建筑。宏伟壮丽的澳大利亚悉尼港桥与现代化的悉尼歌剧院融为一体，成为今日悉尼的象征。因此，世纪的桥梁结构必将更加重视建筑艺术造型，重视桥梁美学和景观设计，重视环境保护，达到人文景观同环境景观的完美结合。在 20 世纪桥梁工程大发展的基础上，描绘 21 世纪的宏伟蓝图，桥梁建设技术将有更大、更新的发展。

图 5-20 美国旧金山金门大桥

图 5-21 澳大利亚悉尼港桥

5.2 桥梁的组成和分类

5.2.1 桥梁的组成

一般来说，桥梁由桥跨结构、下部结构、支座和附属设施四个基本部分组成，如图 5-22 所示。

一、桥跨结构（也称上部结构）

桥跨结构是指桥梁结构中直接承受车辆和其他荷载，并跨越各种障碍物的主要承重结构。桥跨结构的主要作用是跨越山谷、河流及各种障碍物，并将其直接承受的各种荷载通过桥梁支座传递到指定的下部结构上去，同时保证桥上交通能在一定条件下正常安全运营。

二、下部结构

下部结构由桥墩、桥台和基础组成。桥墩和桥台是支承上部结构，并将其恒载和车辆等活荷载传至基础的结构物。一座桥梁的桥台只有两个，设在桥的两端；而桥墩可以不设，或在两桥台之间设一个到数个。

桥墩两侧均为桥跨结构，而桥台一侧为桥跨结构，另一侧为路堤。桥台除支承桥跨结构外，还起到衔接桥梁与路堤的作用，并抵御路堤的土压力，防止其滑坡坍落。桥梁墩台底部与地基相接触的结构部分称为墩台基础。墩台基础是桥梁结构的根基，对桥梁结构的使用安全起着举足轻重的作用。这部分是桥梁施工中最复杂、难度最大的环节之一。大量事实证明，许多桥梁的毁坏都是由于墩台基础的强度或稳定性出现问题而引起的。

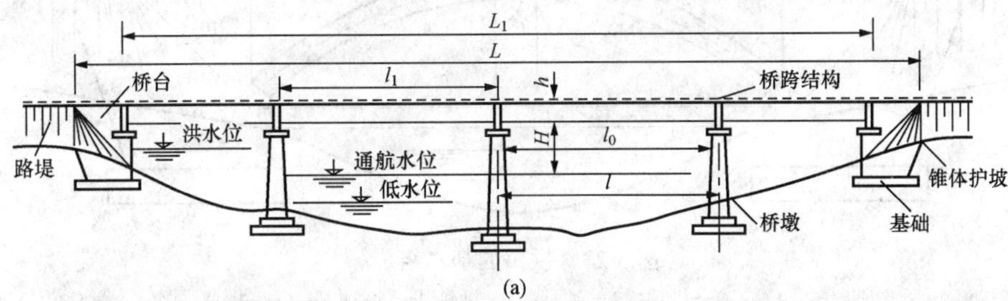

(a)

(b)

图 5-22 梁式桥的基本组成
（a）示意图；（b）实体图

三、支座

桥梁支座设在墩（台）顶。桥梁支座的主要作用是将桥跨结构上的恒载与活载反力传递到桥梁的墩台上去，同时保证桥跨结构所要求的位移与转动，以便使结构的实际受力情况与计算的理论图式相符合。

四、附属设施

桥梁的基本附属设施有桥面系、伸缩缝、桥梁与路堤衔接处的桥头搭板、桥台的锥形护坡、护岸、挡土墙、导流结构物、检查设备等。

5.2.2 桥梁工程专业术语

在桥梁工程中，常常用到以下几个基本概念，现说明如下：

（1）标准跨径。对于梁式桥或板式桥，标准跨径是指两相邻桥墩中线之间的距离，或桥墩中心线至桥台台背前缘之间的距离；对于拱桥，则是指净跨径。《公路桥涵设计通用规范》（JTG D60—2004）规定，当标准设计或新建桥涵的跨径在 50m 以下时，宜采用标准跨径。桥涵标准跨径有 0.75、1.0、1.25、1.5、2.0、2.5、3.0、4.0、5.0、6.0、8.0、10、13、16、20、25、30、35、40、45、50m，共 21 级，常用的有 10、16、20、40m 等。铁路桥梁的标准跨径从 4m 到 160m，共 18 级，常用的有 16、20、24、32、48、64、96m 等。

（2）计算跨径。对于带支座的桥梁，计算跨径是指桥跨结构相邻两个支座中心之间的水平距离，用 l_1 表示；对于不设支座的桥梁，即如图 5-23 所示的拱桥，计算跨径则是指两相邻拱脚截面形心点之间的水平距离，或拱轴线两端点之间的水平距离，用 l 表示。桥跨结构的力学计算是以计算跨径为基准。

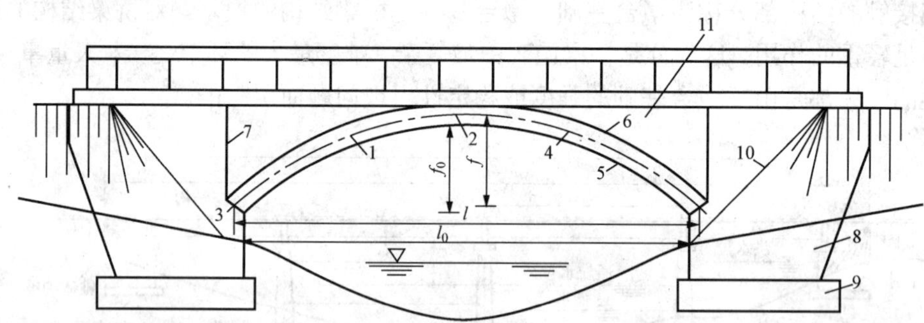

图 5-23　拱桥的基本组成

1—主拱圈；2—拱顶；3—拱脚；4—拱轴线；5—拱腹；6—拱背；
7—伸缩缝；8—桥台；9—基础；10—锥坡；11—拱上建筑

拱桥实例见图 5-24。

图 5-24　拱桥实例（丹河大桥）

（3）净跨径。对于梁式桥，净跨径是指设计洪水位上两个相邻桥墩（桥台）之间的净距，用 l_0 表示；对于拱式桥，净跨径是指每孔拱跨两个拱脚截面最低点之间的水平距离。

（4）总跨径。总跨径是指多孔桥梁中各孔净跨径的总和，也称桥梁孔径 ΣL_0，它反映了桥下泄洪的能力。

（5）桥梁全长。桥梁全长简称桥长。对于有桥台的桥梁，桥长是指两岸桥台侧墙或八字墙尾端点间的距离；无桥台的桥梁为桥面系的长度，以 L 表示。

（6）桥梁高度。桥梁高度简称桥高，是指桥面与低水位之间的高差，或为桥面与桥下线路路面之间的距离，以 H_1 表示。

（7）桥下净空高度。桥下净空高度是指为满足通航（或行车、行人）的需要和保证桥梁安全，对桥跨结构底缘以下规定的空间界限，以 H 表示。

（8）桥梁建筑高度。桥梁建筑高度是指桥面（铁路桥梁的轨底）与桥跨结构最下缘之间的距离。线路定线中所确定的桥面标高与通航（或桥下通车、人）净空界限顶部标高之差，称为容许建筑高度。显然，桥梁的建筑高度不得大于容许建筑高度。为保证桥梁的建筑高度，可以选用不同的桥跨结构形式，如斜拉桥、悬索桥、拱桥等。

（9）净矢高。对于拱式桥，净矢高是指从拱顶截面下缘至相邻两拱脚截面下缘最低点的连线的垂直距离，以 f_0 表示。

（10）计算矢高。计算矢高是指从拱顶截面形心至相邻两拱脚截面形心的连线的垂直距离，以 f 表示。

（11）矢跨比。矢跨比是指计算矢高 f 与计算跨径 l 之比，也称拱矢度。

（12）低水位、高水位、设计洪水位、通航水位。低水位是指枯水季节的最低水位，高水位是指洪峰季节的最高水位，设计洪水位是指桥梁设计中按规定的设计洪水频率计算所得的高水位，通航水位是指在各级航道中能保持船舶正常通行的水位。

《公路桥涵设计通用规范》（JTG D60—2004）中对桥涵设计洪水频率的规定见表 5-1。

表 5-1　桥涵设计洪水频率

公路等级	设计洪水频率				
	特大桥	大桥	中桥	小桥	涵洞及小型排水构造物
高速公路	1/300	1/100	1/100	1/100	1/100
一级公路	1/300	1/100	1/100	1/100	1/100
二级公路	1/100	1/100	1/100	1/50	1/50
三级公路	1/100	1/50	1/50	1/25	1/25
四级公路	1/100	1/50	1/50	1/25	不作规定

5.2.3　桥梁的分类

桥梁有许多分类方式，人们通常根据桥梁的结构形式、所用材料、所跨越的障碍，以及桥梁的用途、跨径大小等对桥梁进行分类。

（1）按用途分：可分为公路桥、铁路桥、公路铁路两用桥、人行桥、水运桥、管线桥等。

（2）按主要承重结构所用的材料分：可分为圬工桥（包括砖、石、混凝土桥）、钢筋混凝土桥、预应力混凝土桥、钢桥、钢混凝土组合桥和木桥等。由于木材易腐，而且资源有限，因此除了少数临时性桥和林区桥梁外，木桥一般不用于建造永久性桥梁。

（3）按桥梁全长和跨径不同分：可分为特大桥、大桥、中桥和小桥。《公路桥涵设计通用规范》（JTG D60—2004）中对特大、大、中、小桥及涵洞按单孔跨径或多孔跨径总长分类的规定见表5-2。

表5-2 桥梁涵洞分类

桥涵分类	多孔跨径总长 L（m）	单孔跨径 L_K（m）
特大桥	L>1000	L_K>150
大桥	100≤L≤1000	40≤L_K≤150
中桥	30<L<100	20≤L_K<40
小桥	8≤L≤30	5≤L_K<20
涵洞	—	L_K<5

我国铁路对特大、大、中、小桥及涵洞按单孔跨径或多孔跨径总长分类的规定见表5-3。

表5-3 铁路桥梁分类

桥涵分类	多孔跨径总长 L（m）	单孔跨径 L_K（m）
特大桥	L>500	L_K>100
大桥	100≤L≤500	40≤L_K≤100
中桥	30<L<100	20≤L_K<40
小桥	8≤L≤30	5≤L_K<20

（4）按跨越障碍的性质分：可分为跨河桥、跨线桥（立体交叉）、高架桥和栈桥。高架桥一般指跨越深沟峡谷以代替高路堤的桥梁。为将车道升高至周围地面以上，并使下面的空间可以通行车辆或做其他用途（如堆栈、码头、店铺等）而修建的桥梁，称为栈桥。

（5）按上部结构的行车位置分：可分为上承式桥、下承式桥和中承式桥。桥面布置在主要承重结构之上的称为上承式桥，桥面布置在承重结构之下的称为下承式桥，桥面布置在桥跨结构高度中间的称为中承式桥。上承式桥结构简单、施工方便，主梁和拱肋的数量和间距可按需要调整，且宽度可做得小一些，因而可节省墩台圬工数量。同时，在上承式桥上行车时，视野开阔、视觉舒适，不足之处是桥梁的建筑高度较大。

在建筑高度受严格限制的情况下，应采用下承式桥或中承式桥。由于桥跨结构在桥面之上，故横向结构宽度相对较大，墩台尺寸也相应有所增加。

（6）按特殊使用条件分：可分为开启桥、浮桥、漫水桥等。

除上述桥梁分类方法外，还有按桥梁使用时间长短划分的永久性桥梁和临时性桥梁，以及按平面形状划分的直线桥、斜桥、弯桥等。

5.3 桥梁的结构体系

按结构体系及其受力特点，桥梁可划分为梁桥、拱桥、悬索桥三种基本体系和组合体系。不同结构体系具有不同的结构形式和受力特点，现简述如下。

5.3.1 基本体系

一、梁桥

梁桥是古老的结构体系之一，数量众多。梁桥是以梁作为主要承重结构的桥梁，其受力特性主要为受弯。在竖向荷载作用下，其支承反力也是竖直的，简支的梁部结构只受弯、剪，不承受轴力，见图 5-25。

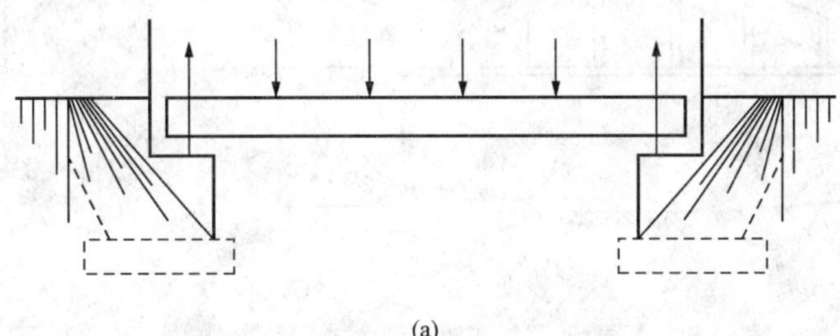

(a)

(b)

图 5-25 梁桥

（a）受力简图；（b）实体图

梁桥的结构主要有简支梁桥、连续梁桥和悬臂梁桥。简支梁桥因结构形式简单、施工方便、对地基要求不高，所以采用广泛、数量众多，但常见的简支梁桥跨度有限，通常不超过 40m；悬臂梁桥和连续梁桥较简支梁桥有更大的跨越能力，因此得以发展。它们都是利用增加中间支承以减少跨中正弯矩，更合理地利用材料和分配内力，从而加大跨越能力。悬臂梁桥采用铰接或一简支跨来连接其两个端头，为静定结构，计算简单，但因结构变形在连接处不连续而对行车和桥面养护不利，近年来已很少采用。连续梁桥桥跨结构连续，克服了悬臂梁桥的不利影响，是中大跨采用较多的梁桥。

梁桥分为实腹式和空腹式两种。实腹式梁桥的横截面形式多为 T 形、工字形和箱形等，空腹式梁桥主要指桁式桥跨结构。梁的高度和截面尺寸可在桥长方向保持一致或随之变化。对中小跨度的实腹式梁桥，常采用等高度 T 形梁（混凝土）或 I 形梁（钢）；跨度较大时，可采用变高度（在中间支承处增大梁高）的箱形截面预应力混凝土连续梁（刚构）桥或钢桁架桥，并配合悬臂方法施工。简支梁桥一般为等梁高结构，连续梁桥在跨度较大时常为变梁高结构。

二、拱桥

拱桥的主要承重结构是具有曲线外形的拱圈。在竖向荷载作用下，拱圈主要承受轴向压力，但也受弯、受剪，见图 5-26。常规拱桥的桥墩或桥台将承受较大的竖向力以及水平推力，对地基的要求较高。

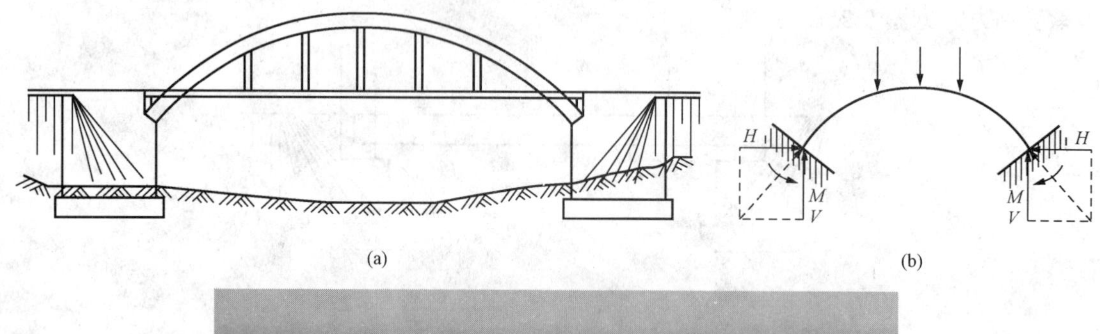

(c)

图 5-26 拱桥
（a）设计简图；（b）受力简图；（c）实体图

根据拱的受力特点，多采用抗压能力较强且经济合算的砌体材料（石材等）和钢筋混凝土来修建拱桥，其施工一般较梁桥困难，但中小跨的拱桥常采用砖、石、混凝土等圬工材料或钢筋混凝土材料，材料成本较低，应用广泛。因拱是有推力的结构，对地基的要求较高，故一般宜建于地基良好处。按照静力学划分，拱分为单铰拱、双铰拱、三铰拱和无铰拱，一般采用无铰拱。

由于拱桥的受力合理，所以其跨径可以做得很大，承载能力高，外形美观，在条件许可的情况下，修建拱桥往往是经济合理的，跨径在 500m 以内都可以作为设计方案进行比选。但为了确保拱桥能安全可靠地工作，墩台基础和地基必须能承受很大的水平推力。

随着施工方法的进步，除了传统的满堂支架或拱架施工方法外，现可采用悬臂施工、转体施工、劲性骨架施工等无支架施工新技术，这对拱桥在更大跨度范围内的应用起到了重要的促进作用。

三、悬索桥

悬索桥也称吊桥，是指以主缆索（受拉）为主要承重构件的桥梁结构，其结构构造包括基础、塔墩、锚碇、主缆索、吊索、加劲梁及桥面结构等，见图 5-27。进行桥梁设计时，若桥梁跨径在 600m 及以上，则首选悬索桥，其主要原因是以高强钢丝作为主要承拉结构的悬索桥具有跨越能力大、受力合理、最能发挥材料强度优势和造价经济等特点，同时其整体造型流畅、美观，施工安全、快捷。

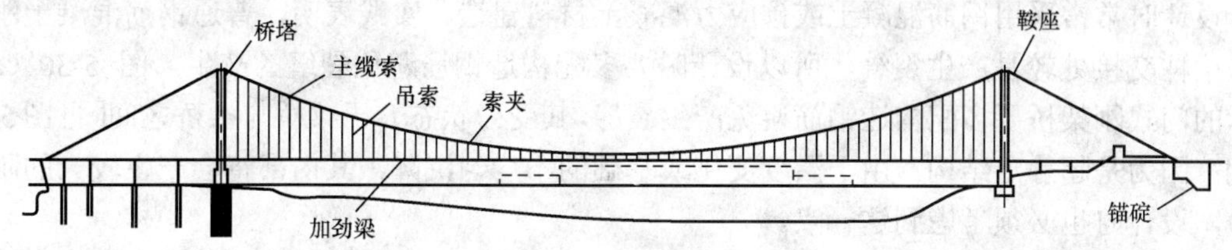

图 5-27 悬索桥

桥跨上的荷载由加劲梁承受，并通过吊索传至缆索。主缆索的拉力通过对桥塔的压力和锚碇结构的拉力传至基础和地基。这种桥型充分发挥了高强钢缆的抗拉性能，使其结构自重较轻，能以较小的建筑高度跨越其他任何桥型无法比拟的特大跨度。目前，悬索桥的最大跨径已达 1991m（日本明石海峡大桥，见图 5-28）。然而，相对于上述其他体系而言，悬索桥的自重轻，结构的刚度较差，在车辆动荷载作用下将产生较大的变形，如跨度为 1000m 的悬索桥，在车辆动荷载作用下，1/4 桥长区域的最大挠度可达 3m 左右。另外，悬索桥在风荷载作用下导致的振动以及稳定性的问题在设计和施工中也要给予高度的重视。近年来，我国悬索桥得以大力发展，2005 年 5 月开工的西堠门大桥（见图 5-29）是连接舟山本岛与宁波的舟山连岛工程五座跨海大桥中技术要求最高的特大型跨海桥梁，主桥为两跨连续钢箱梁悬索桥，主跨度为 1650m，是目前世界上跨度最大的钢箱梁悬索桥，全长在悬索桥中居世界第二、国内第一，但钢箱梁悬索桥长度为世界第一，设计通航等级为 3 万 t，使用年限达 100 年。

图 5-28 日本明石海峡大桥

图 5-29 我国西堠门大桥

5.3.2 组合体系

组合体系桥是指承重结构采用两种基本体系，或一种基本体系与某些构件（梁、塔、柱、斜索等）组合在一起的桥。在两种结构体系中，梁经常是其中一种；与梁组合的，则可以是柱、拱、缆或塔、斜索。最具代表性的组合体系有以下几种。

一、刚架桥

刚架桥的主要承重结构是梁或板与立柱或竖墙整体结合在一起的刚架结构。这种结构在竖向荷载作用下各部分的受力特点为：柱脚处具有竖向反力、反力偶，同时也产生水平反力；梁和柱的横截面均作用有弯矩、剪力和轴力，但梁主要以受弯为主，柱为压弯组合构件。梁和柱节点为刚性连接，梁端部承受负弯矩，使得梁跨中弯矩减小，跨中截面尺寸也可相应减小，从而降低了建筑高度；或使刚架桥的跨径增大，提高其跨越能力。根据刚架桥的受力特点，设计时常常采用钢筋混凝土或预应力混凝土材料建造。实践表明，普通钢筋混凝土刚架桥在梁柱交接处较易产生裂缝，所以设计时要多配构造钢筋避免裂缝的产生。图 5-30（a）所示的门式刚架桥要多配构造钢筋避免产生裂缝，其受力状态介于梁桥与拱桥之间[见图 5-30（b）]；因为是超静定结构，由于温度变化或基础的不均匀沉降，其内部将会产生较大的附加应力，设计时也必须考虑到这一点。

对于大跨径桥梁，可采用 T 形刚架桥［见图 5-30（c）]。T 形刚架桥属于静定或低次超静定结构，是由单独立柱与主梁连接成整体，形成 T 形。各 T 形刚架之间以剪力铰或挂梁相连，在竖向荷载作用下，无水平推力产生。T 形刚架桥的悬臂部分主要承受负弯矩，预应力筋通常布置在桥面，与悬臂施工方法实现高度协调一致。但在车辆荷载作用下，T 形悬臂内的弯、扭应力较大，易产生裂缝，在剪力铰或挂梁处行车不舒适，因此目前采用不多。为了克服上述桥型的缺点，可采用连续刚架桥［见图 5-30（d）]，也可做成刚架连续组合体系桥［见图 5-30（e）]。当跨越高速公路、陡峭河岸和深谷时，往往采用斜腿刚架桥［见图 5-30（f）]。

刚架桥实体图见图 5-31。

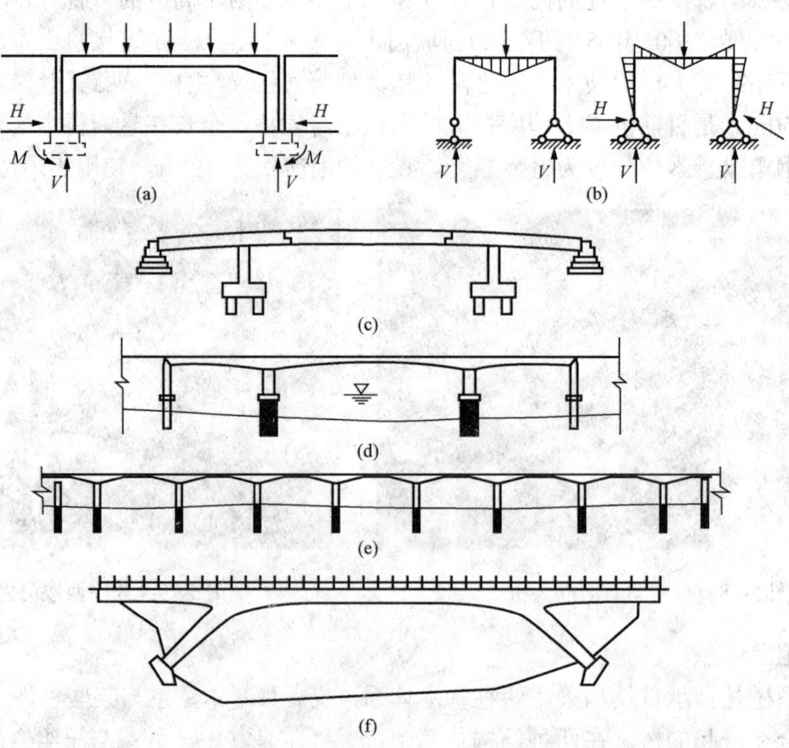

图 5-30 刚架桥受力及结构简图

（a）门式刚架桥；（b）门式刚架桥内力图；（c）T 形刚架桥；（d）连续刚架桥；（e）刚架连续组合体系桥；（f）斜腿刚架桥

图 5-31　刚架桥实体图

二、梁拱组合体系

梁拱组合体系同时具备梁的受弯和拱的承压特点，组合形式可以是刚性拱及柔性拉杆（称为系杆拱），也可以是柔性拱及刚性梁，见图 5-32。梁拱组合结构的主要优点是：利用梁部受拉来承受和抵消拱在竖向荷载下产生的水平推力。这样，桥跨结构既具有拱的外形和承压特点，又不存在大的水平推力，可在一般地基条件下修建。相对而言，梁拱组合体系的施工较为复杂。

图 5-32　梁拱组合体系（青藏线拉萨河大桥）

三、斜拉桥

斜拉桥由塔柱、主梁和斜拉索等组成，见图 5-33（a）。由于斜拉索将主要承重构件主梁吊住，使主梁变成多点弹性支承的连续梁，因此可减小主梁截面尺寸，增大桥跨跨径。斜拉桥构想起源于 19 世纪，限于当时的材料水平，建成不久即被淘汰。20 世纪中叶，出现了高强钢丝、正交异性钢板梁，加之计算机在结构分析中的广泛应用，斜拉桥又蓬勃发展起来。由于其刚度大、造价低，很快在世界上推广开，且跨度越来越大，日本多多罗桥跨径达 890m。我国从 2003 年开始修建斜拉桥，2007 年通车的苏通长江大桥跨径达到 1088m。从经济上看，既可做悬索桥也可做斜拉桥时，斜拉桥总是经济的。因为与悬索桥相比，斜拉桥的优点主要表现在：它是一种自锚体系，不需要昂贵的地锚基础；防腐技术要求比悬索桥低，从而可降低防腐费用；刚度比悬索桥好，抗风能力也比悬索桥强；可用悬臂法施工，且施工不妨碍通航；钢束用量比悬索桥少。斜拉桥外形见图 5-33（b）。

四、其他组合体系

其他组合体系主要包括斜拉体系（塔及斜索）与梁、拱、索的组合，常见的有以下几种：

（1）矮塔、斜拉桥索与变截面预应力混凝土连续梁或连续刚构形成的组合体系，见图 5-34。这种桥型将原来置于梁体内的一部分预应力钢筋外置，以提高预应力效率；外形上与斜拉桥相近，但受力情况介于传统桥梁和斜拉桥之间。

（2）斜拉体系与拱的结合，形成斜拉拱桥。这种桥型将斜索下端锚于桥面，以分担荷载。

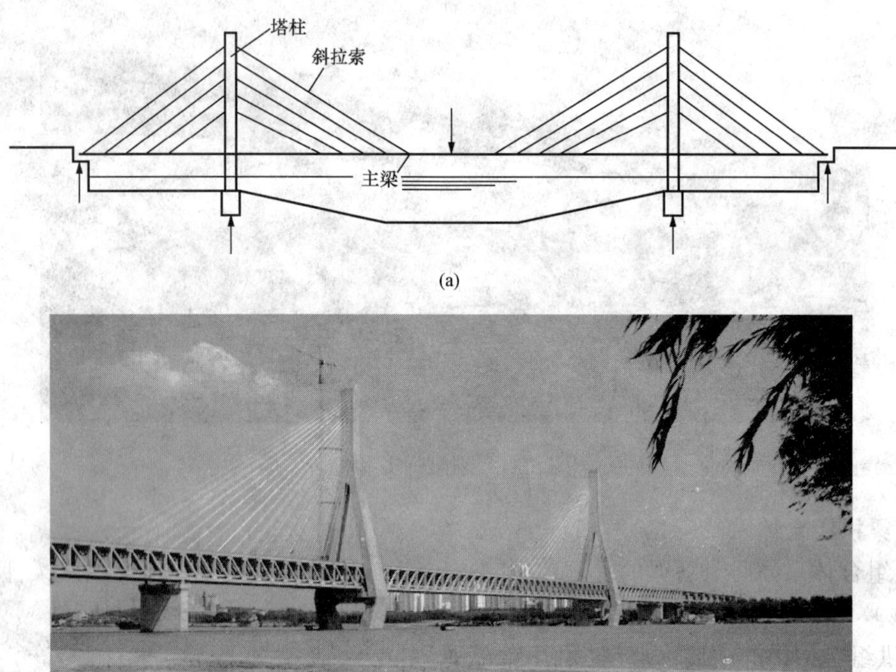

(a)

(b)

图 5-33 斜拉桥

（a）受力简图；（b）实体图

图 5-34 矮塔斜拉桥（芜湖长江大桥）

（3）将斜索布置在悬索桥桥塔两侧，形成斜拉—悬索组合体系。这一桥型主要用于悬索桥加固或跨海湾特大桥。

对桥梁结构体系的分类，实际中没有十分严格的说法，上述分类也不可能包含形式繁多的桥型。需要强调的是，仅对桥梁结构体系有所了解，还远远不能够完全把握其结构特点，唯有在结合桥位情况结构体系的同时，对其相适应的建桥材料、结构截面形状及布置、结构横向立面布置、重要构造细节、施工方法等进行比较、分析和选择，才能设计和制造出满足技术经济指标的桥梁。

5.4 桥梁的墩台与基础

5.4.1 墩台的作用及要求

桥梁墩台由墩（台）帽、墩（台）身和基础三部分组成。桥梁墩台是桥梁的下部结构，主要作用是承受上部结构传来的荷载，并将其及自身重力传给基础。桥墩是指多跨桥梁的中间支撑结构物，它要承受上部结构的荷载、流水压力、风力，以及可能出现的冰荷载、船只或漂浮物的撞击力或桥下汽车的撞击力等。桥台一般设置在桥梁的两端，除了支承桥跨结构之外，它又是衔接两岸接线路堤的构筑物和挡土护岸，承受台背填土上车辆荷载产生的附加土压力。

桥梁墩台受力复杂，其自身应具有足够的强度、刚度和稳定性，而且对地基的承载能力、沉降、地基与基础之间的摩阻力等也都有一定的要求，以避免墩台由于水平位移过大、竖向沉降及转角而导致破坏。

桥梁墩台的结构形式多种多样，如图 5-35 所示。随着桥梁建设事业的发展，特别是高等级公路桥梁和城市桥梁的兴起，出现了许多造型新颖、轻巧美观的墩台结构形式。优秀的桥梁设计方案，往往注重展现下部结构的功能和造型，使上、下部结构协调一致，互为点缀，进而烘托出桥梁方案的整体效果。桥梁下部结构的发展方向是轻型、薄壁、造型多样等。

图 5-35 各种轻型桥墩形式

桥梁下部结构的选型应遵循安全耐久、满足交通要求、造价低、维修养护少、预制施工方便、工期短、周围环境协调、造型美观等原则。桥梁的墩台设计与结构受力有关，与水文、流速及河床性质有关，也与地质条件有关。因此，桥梁墩台要置于稳定、可靠的地基上，并通过设计和计算确定基础形式和埋置深度。

桥梁是一个整体，上、下部结构共同工作、互相影响。因此，桥梁基础的设计、施工都应紧密结合桥梁结构的特点及要求，全面分析，综合考虑。

5.4.2 桥墩的类型与构造

常见的桥墩有重力式桥墩、空心式桥墩、柔性墩、桩（柱）式墩和薄壁墩等。

一、重力式桥墩

重力式桥墩也称实体式桥墩，它主要靠自身的重量来平衡外力而保持其稳定，通常采用抗压性能好、抗拉性能较差的石或混凝土圬工材料。重力式桥墩具有坚固耐久、施工简易、养护工作量小、砂石材料可就地取材等优点，同时其抵抗外界不利因素，如撞击、侵蚀的能力较强；其缺点是工程量大、自重大，因而对地基承载力的要求也较高，基础工程量往往也随之增大。

重力式桥墩具有多种形式，选用时主要考虑其流水特性，尽量减轻河床的局部冲刷和不妨碍航运，在此前提下力求节省圬工和施工方便。常见的重力式桥墩按其截面形式可分为矩形墩、圆端形墩、圆形墩等，如图 5-36 所示。

（a）

（b）

（c）

图 5-36 重力式桥墩的常见形式

（a）矩形墩；（b）圆端形墩；（c）圆形墩

（1）矩形墩：外形简单、施工方便、圬工数量较省，但对水流的阻力很大，引起的局部冲刷较大；一般用于无水或静水处，或用于高桥墩最高水位以上部分。

（2）圆端形墩：截面是矩形两端各接一个半圆，施工稍麻烦，但比较适合水流通过，可减少局部冲刷；一般用于水流与桥轴法线的交角小于 15°的情况，是铁路跨河桥中使用最为广泛的一种形式。

（3）圆形墩：截面为圆形，圬工较多，且施工较麻烦，但其流水特性较前两种形式好；一般用于水流与桥轴法线的交角大于 15°情况或流向不定的河流中。

二、空心式桥墩

空心式桥墩是实体墩向轻型化发展的一种较好的结构形式，它能够充分利用材料的强度，因此节省材料，减轻了桥墩自重，进而也能减少基础工程量。一般高度的空心式桥墩比实体式桥墩节省圬工 20%～30%，而钢筋混凝土空心式桥墩可节省圬工 50%左右。空心式桥墩可以采用钢滑动模板施工，其施工速度快、质量好、节省模板支架，特别对于高桥墩，其优越性更突出。

建造空心式桥墩时，可以采用混凝土或钢筋混凝土材料。混凝土空心式桥墩宜在高度小于 50m 的桥墩中使用。高桥墩一般采用钢筋混凝土材料。桥墩的截面形式有圆形、圆端形、长方形等几种，如图 5-37 所示。

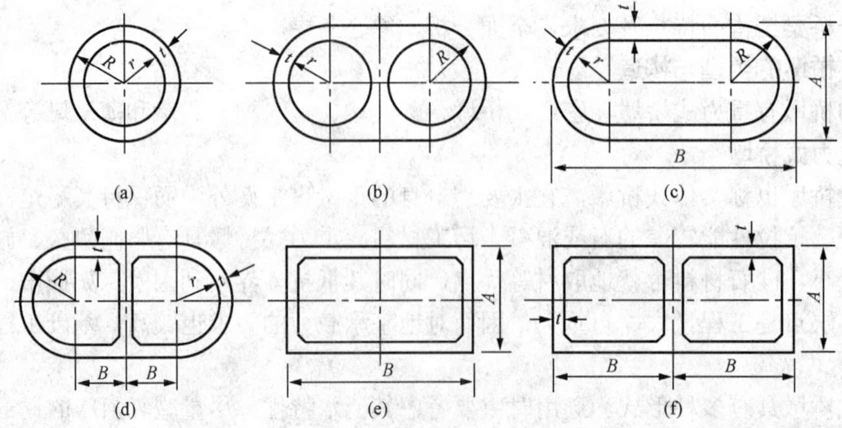

图 5-37 空心式桥墩的截面形式

空心式桥墩中每隔一定高度设置一道横隔板。横隔板对空心结构的抗扭具有明显作用，对薄壁的稳定也有帮助。但试验证明，一般空心式桥墩所受扭矩很小。另外，设置横隔板对滑模施工而言比较困难，因此目前的趋势是尽量不设或少设。对于40m以上的高桥墩，或壁厚与半径之比小于1:10时，应按6～10m的间距设置横隔板。

在流速大并夹有大量泥沙，以及在可能有船只、冰和漂流物冲击的河流中采用薄壁空心式桥墩时，应采取有效的防护措施（如将在设计水位以下的墩身改用实体段）。

三、柔性墩

传统的简支梁一端设置固定支座，另一端为活动支座。在顺桥方向，桥梁墩台之间的水平联系被完全隔断，各桥墩单独承担梁上传来的制动力或牵引力。为抵抗强大的水平力作用，桥墩截面不得不做得较大，形成“胖柱”。

为充分发挥桥墩的承载（受压）能力，可让各墩（台）具有不同的抗剪刚度，并用梁使其连接在一起。对多跨桥，可在其两端设置刚性较大的桥台，中间各墩均采用柔性墩（其顺桥方向的墩身尺寸很小）；同时，全桥除在一个中墩上设置活动支座外，其余墩台均采用固定支座。理论分析和实验表明：作用在桥梁上的水平力将按各墩台的抗剪刚度进行分配；因此，作用在每个柔性墩上的水平力极小，绝大部分水平力由桥台承担。这样，桥墩就可以采用柔性的单排桩墩、柱式墩或其他薄壁式桥墩，从而达到节省材料、使桥墩轻型化的目的。

由于柔性墩只设一个活动支座，当桥梁孔数较多且桥较长时，柔性墩固定支座的墩顶位移量过大而处于不利状态，活动支座的活动量要求也较大，刚性桥台的支座所受的水平力也大，因此，多跨长桥采用柔性墩时宜分成若干联，如图5-38和图5-39所示。两个活动支座之间或刚性台与第一个活动支座间称为一联。每联设置一个刚性墩（台），刚性墩宜布置在地基较好和地形较高的地方。一联长度的划分视地形、构造和受力情况确定。

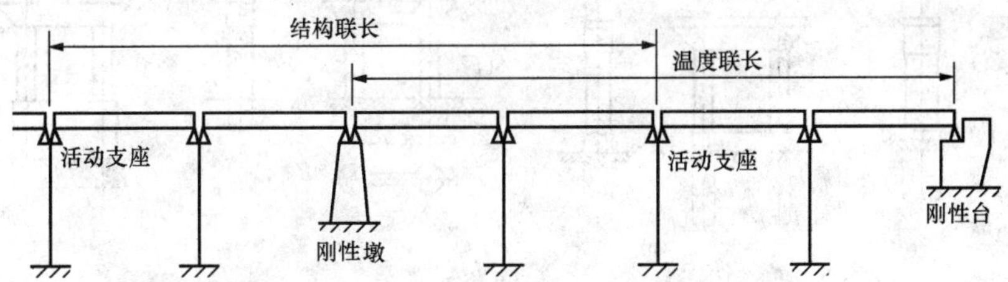

图5-38　多跨柔性墩的布置

图5-39　多跨柔性墩实例（成昆铁路铁马大桥）

四、桩（柱）式墩

桩（柱）式墩一般又分为排架桩墩和柱式墩。

（一）排架桩墩

桩式桥墩是将钻孔桩基础向上延伸作为桥墩的墩身，在桩顶浇注盖梁。桩式墩在墩位的横向可以是一根、两根或数根桩。在一个墩台纵向设置一排桩时，称为单排桩墩；设置两排时，称为双排桩墩。

排架桩墩采用钢筋混凝土结构，盖梁截面可用矩形或T形、等截面或变截面。单排桩墩一般适用于墩高不超过4～5m的中小跨梁桥。双排桩墩的承载能力和稳定性都较强，但墩身高度不宜大于10m。

排架桩墩材料用量经济，施工简单，适合在平原地区建桥使用，一般跨度不大于13m；有漂流物和流速过大的河道，桩墩容易受到冲击和磨损，不宜采用。

（二）柱式墩

柱式墩是目前公路桥梁中广泛采用的桥墩形式，特别是在桥宽较大的城市桥和立交桥中，采用这种桥墩既能减轻墩身质量，节约圬工材料，又较为美观。柱式墩的墩身沿桥横向常由1～4根立柱组成，柱身为0.6～1.5m的大直径圆柱或方形、六角形等其他形式，使墩身具有较大的强度和刚度。当墩身高度大于6～7m时，可设横系梁加强柱身横向联系。

柱式墩一般由基础之上的承台、柱式墩身和盖梁组成。双车道桥常用的形式有单柱式、双柱式、哑铃式和混合双柱式四种，如图5-40所示。单桩式墩适用于斜交角大于15°、流向不固定的桥梁和立交桥。双柱式墩在公路桥上使用较多，哑铃式和混合双柱式墩对有较多漂流物和流冰的河道较为适用。

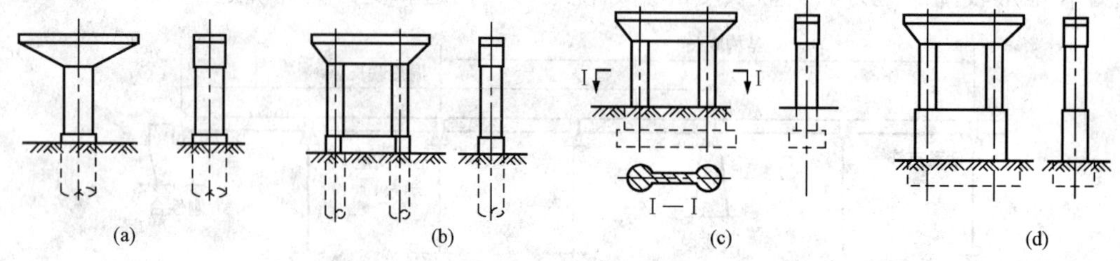

图5-40 柱式墩的类型

（a）单柱式；（b）双柱式；（c）哑铃式；（d）混合双柱式

五、薄壁墩

图5-41 一字形薄壁墩的构造

薄壁墩是一种新型桥墩，一般以钢筋混凝土为材料，其截面形式有一字形（见图5-41）、工字形、箱形以及适应于高墩较大跨径的双薄壁墩等。一字形薄壁墩构造简单、轻巧、圬工量小、自重轻，可用于软土土层等地基承载能力较低的地区。一字形薄壁墩在墩位的横向也可做成V形、Y形或其他形状。双薄壁墩是在墩位上有两个相互平行的墩壁与主梁刚接（或铰接）的桥墩。钢筋混凝土双薄壁墩可增加桥梁刚度，减小主梁支反力峰值，增加桥梁美观度。预应力混凝土连续刚架桥采用墩梁固结体系，此时双薄壁高墩是一种理想的薄壁墩，它既能支撑上部结构，保持桥墩稳定，又有一定的柔性，适应上部结构位移的需要。

5.4.3 桥台的类型与构造

一、重力式桥台

重力式桥台也称实体式桥台，其主要靠自重来平衡台后的土压力。桥台台身多用石砌、片石混凝土或混凝土等圬工材料建造，并采用就地建造施工方法，适宜于砂石料来源丰富的桥梁工点选用。

按截面形状分，重力式桥台的常用类型有T形桥台、矩形桥台、U形桥台、埋式桥台、耳墙式桥台等，如图5-42所示。其中，矩形桥台和T形桥台主要用于铁路桥梁。

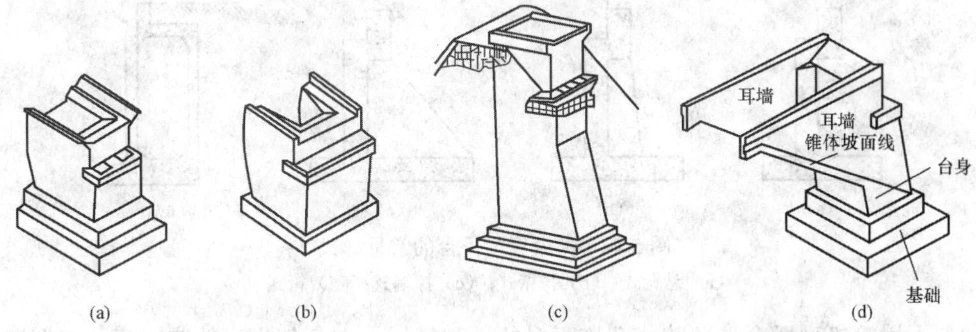

图5-42 重力式桥台的一般构造

（a）矩形桥台；（b）U形桥台；（c）埋式桥台；（d）耳墙式桥台

（1）T形桥台。T形桥台主要用于铁路桥梁，工程量小、使用广泛，尤其适用于较大的桥跨和较高的路堤。T形桥台及锥体填土示意见图5-43。

（2）矩形桥台。矩形桥台形状简单、施工方便，但工程量大，目前已较少采用。当填土不高、桥跨较小且桥面不宽时，可考虑采用。

（3）U形桥台。当桥面较宽或桥跨较小、填土较低时，采用U形桥台较为节省。其为公路桥梁常用形式。

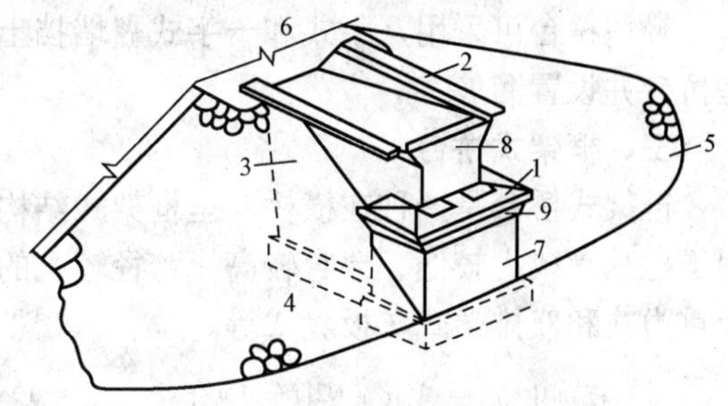

图5-43 T形桥台及锥体填土示意

1—台帽；2—道砟槽；3—后墙；4—基础；5—椎体；6—路堤；7—前墙；8—胸墙；9—托盘

（4）埋式桥台。当填土较高时，为减小桥台长度，节省圬工，将桥台前缘后退，使桥台埋入锥体填土中而形成的一种桥台形式。

（5）耳墙式桥台。在台尾上部，用两片钢筋混凝土耳墙代替实体台身并与路堤连接，以节省圬工。

重力式桥台一般由台帽、台身（前堵、胸墙和后墙）及基础等组成。台帽支承桥跨，设有支承垫石和排水坡，一般用钢筋混凝土制成；带翼墙的桥台台身承托着台帽，并支挡路堤填土，一般用石材或片石混凝土制成。此外，桥台上部应伸入路堤一定深度，以保证桥台和路堤的可靠连接。在路提前端的填土应按一定坡度做成锥形，称为锥体填土。桥台的主要尺寸有桥台全长、填土高度、埋置深度及台身平面尺寸等。台帽的主要尺寸要求与桥墩类似。

二、轻型桥台

与重力式桥台不同，轻型桥台力求体积轻巧、自重轻，它借助钢筋混凝土结构的抗弯能力来减小圬工体积，使桥台轻型化。轻型桥台适用于小跨径桥梁；桥跨孔数与轻型桥墩配合使用时不宜超过3个，单孔跨径不大于13m，多孔跨径全长不宜大于20m。

（1）薄壁轻型桥台。薄壁轻型桥台常用的形式有悬臂式、扶壁式、撑墙式及箱式等，如图5-44所示。一般情况下，悬臂式桥台的混凝土数量和用钢量较大，撑墙式与箱式桥台的模板用量较大。薄壁轻型桥台的优点与薄壁墩类似，可依据桥台高度、地基强度和土质等因素选定。

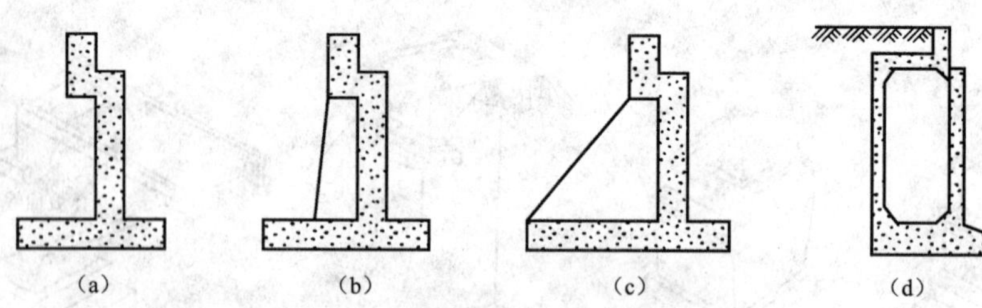

图5-44 薄壁轻型桥台的常见形式

（a）悬臂式；（b）扶壁式；（c）撑墙式；（d）箱式

（2）支撑梁轻型桥台。单跨或孔垮不多的小跨径桥，在条件许可的情况下，可在轻型桥台之间或台与墩之间设置3～5根支撑梁。支撑梁设在冲刷线或河床铺砌线以下。梁与桥台设置锚固栓钉，使上部结构与支撑梁共同支撑桥台，承受台后土压力。此时，桥台与支撑梁及上部结构形成四铰框架来受力。

轻型桥台可采用八字式和一字式翼墙挡土，如地形许可，也可做成耳墙，形成埋置式轻型桥台并设置溜坡。

三、框架式桥台

框架式桥台是一种在横桥向呈框架式结构的桩基础轻型桥台，它所受的土压力较小，适用于地基承载力较低、台身较高、跨径较大的梁桥，其构造形式有双柱式、多柱式、墙式、半重力式和双排架式、板凳式等。

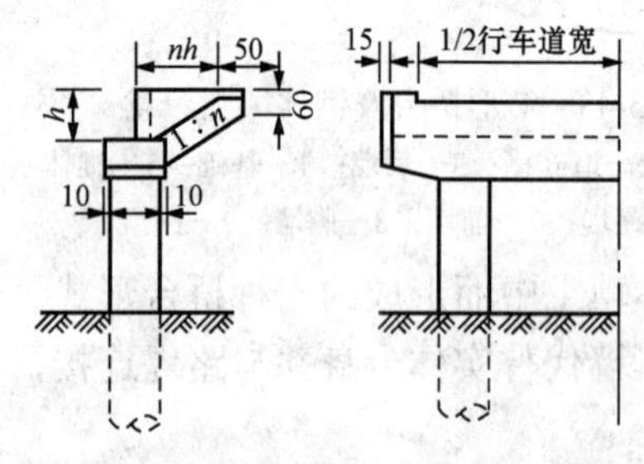

图5-45 双柱式桥台（尺寸单位：cm）

双柱式桥台一般适用于填土高度小于5m的情况，如图5-45和图5-46所示。当桥较宽时，可采用多柱式。为了减小桥台水平位移，也可先填土后钻孔。当填土高度大于5m时，可采用墙式桥台，见图5-47。墙厚一般为0.4～0.8m，设少量钢筋。台帽可做成悬臂式或简支式，需要配置受力钢筋。当柱式桥台采用钻孔桩基础并延伸做台身时，可不设承台；对于柱式和墙式桥台，一般在基础之上设置承台。

框架式桥台均采用埋置式，台前设置溜坡。为满足桥台与路堤的连接，在台帽上部设置耳墙，必要时在台帽上方两侧设置挡板。

四、组合式桥台

组合式桥台是桥台本身主要承受桥跨结构传来的竖向力和水平力，而台的土压力由其他结构来承受。常见的组合式桥台有以下几种：

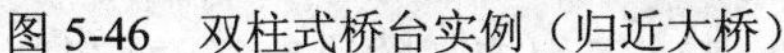

图 5-46 双柱式桥台实例（归近大桥）

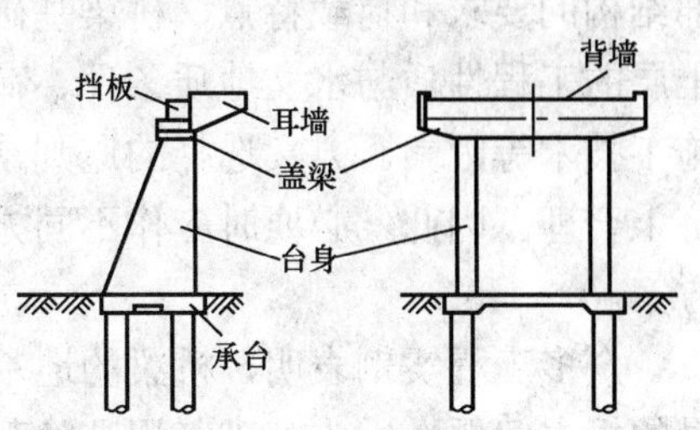

图 5-47 墙式桥台

（1）锚定板式桥台。锚定板式桥台有分离式和结合式两种，如图 5-48 所示。分离式是台身与锚定板、挡土结构分开，台身主要承受上部结构传来的竖向力和水平力，锚定板结构承受土压力。锚定板结构由锚定板、立柱、拉杆和挡土板组成。结合式锚定板式桥台的锚定板结构与台身结合在一起，台身兼作立柱或挡土板。作用在台身的所有水平力假定均由锚定板的抗拔力来平衡，台身仅承受竖向荷载。

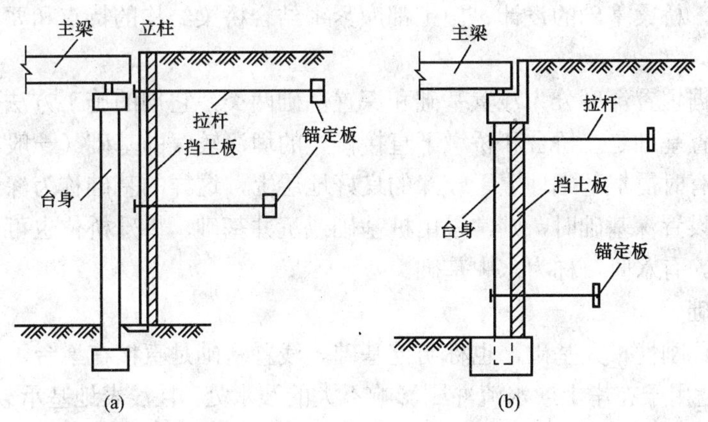

图 5-48 锚定板式桥台的构造

（a）分离式；（b）结合式

（2）过梁式和框架式组合桥台。过梁式桥台是桥台与挡土墙用梁结合在一起的桥台。当梁与桥台、挡土墙刚接时，则形成框架式组合桥台。框架的长度及过梁的跨径，由地形及土方工程比较后确定。组合式桥台越长，梁的材料用量就越多，而桥台及挡土墙的材料数量相应有所减少。

（3）桥台与挡土墙组合桥台。桥台与挡土墙组合桥台是由轻型桥台支撑上部结构，台后设挡土墙承受土压力，台身与挡土墙分离，上端做伸缩缝，使受力明确。当地基比较好时，也可将桥台与挡土墙放在同一个基础之上，这种组合式桥台可以不压缩河床，但构造复杂，是否经济需通过比较确定。

5.4.4 桥梁基础的作用与要求

桥梁基础是桥梁结构物直接与地基接触的最下面部分，是桥梁下部结构的重要组成部分；承受基础传来的荷载的那一部分地层（岩层或土层）则称为地基。地基与基础受到各种荷载的作用后，其本身将产生附加的应力和变形。为了保证桥梁的正常使用和安全，地基和基础必须具有足够的强度和稳定性，变形也应在容许范围之内。根据地基土的土层变化情况、上部结构的要求和荷载特点，桥梁基础可采用各种类型。基础类型方案的确定主要取决于地质土层的工程性质与水文地质条件、荷载特性、桥梁结构形式及使用要求，以及材料的供应和施工技术等因素。方案选择的原则是：力争做到使用上安全可靠、施工技术上简便可行、经济上合理。因此，必要时应作不同方案的比较，从中得出较为适宜与合理的设计方案和施工方案。

众多工程实例表明，桥梁的地基和基础的设计与施工质量的好坏，是关系到整座桥梁质量的根本问题。因为基础工程是隐蔽工程，如有缺陷，则较难发现，也较难弥补或修复，而这些缺陷往往直接影响整座桥梁的使用甚至安危。基础工程施工的进度经常控制全桥施工进度。下部工程的造价通常在全桥造价中占有相当大的比重，尤其是在复杂地质条件下或深水处修筑基础更是如此。因此，从事桥梁基础设计工作时必须做到精心设计、精心施工，确保万无一失。

桥梁结构是一个整体，上、下部结构和地基是共同工作、相互影响的。地基的任何变形都必然引起上、下部结构的相应位移，上、下部结构的力学特征也必然关系到地基的强度和稳定条件。所以，桥梁基础的设计、施工都应紧密结合桥梁结构的特点和要求，全面分析，综合考虑。

桥梁基础根据埋置深度分为浅置基础和深置基础两类，它们的施工方法不同，设计计算原理也不同。浅置基础是在桥台和桥墩下直接修建的埋深较浅的基础（一般小于5m）。由于浅层土质不良，有时需把基础埋置于较深的良好地层上，这样的基础称为深置基础（埋深大于5m）。当需要设置深基础时，则常采用桩基础或沉井基础，特殊桥位也可能采用其他大型基础或组合形式。有水时，称为水中基础。

一、浅置基础

浅置基础又称刚性扩大基础，也称明挖基础。浅置基础是直接在墩台下开挖基坑修建而成的实体基础，适用于在岸上或水流冲刷影响不大的浅水处，且浅表地基承载力合适的地层，其构造简单，施工方便，最为常见。

明挖扩大基础的平面形状常为矩形，也有其他形式（视墩台身底面的形状而定，见图5-49）；立面形状可为单层或多层台阶扩大形式，其与地基承载力及上部荷载的大小有关。自墩台身边缘至基顶边缘的距离 c_1 以及台阶宽度 c_2、c_3 称为襟边，其作用一方面是扩大基底面积，增大基础承载力；另一方面是便于调整施工误差，同时也为了满足支立墩台身模板的需要，襟边值为20～50cm。基础每层台阶的高度通常为50～100cm，且一般情况下各层台阶宜采用相同的厚度。基础的刚性角α不应超过某一限值α_{max}，以防止基础开裂破坏。α_{max}与基础材料有关，混凝土基础为40°～50°，石砌圬工为30°～35°。

明挖扩大基础常用的材料有混凝土、片石混凝土、浆砌片石等。混凝土强度等级一般不宜小于C25，浆砌片石一般用M20以上的水泥砂浆、MU50以上的石料。

明挖扩大基础的特点是稳定性好、施工简便、取材容易、能承受较大的荷载，所以只要地基承载力能满足要求，明挖扩大基础便是桥梁的首选基础形式。但是，明挖扩大基础的缺点是自重大，并且在持力层为软弱土时，由于基础面积不能无限制扩大，需要对地基进行处理或加固后才能采用。所以，对于荷载较大，上部结构对沉降变形较为敏感，土质较差且较厚的持力层，不宜采用明挖扩大基础。

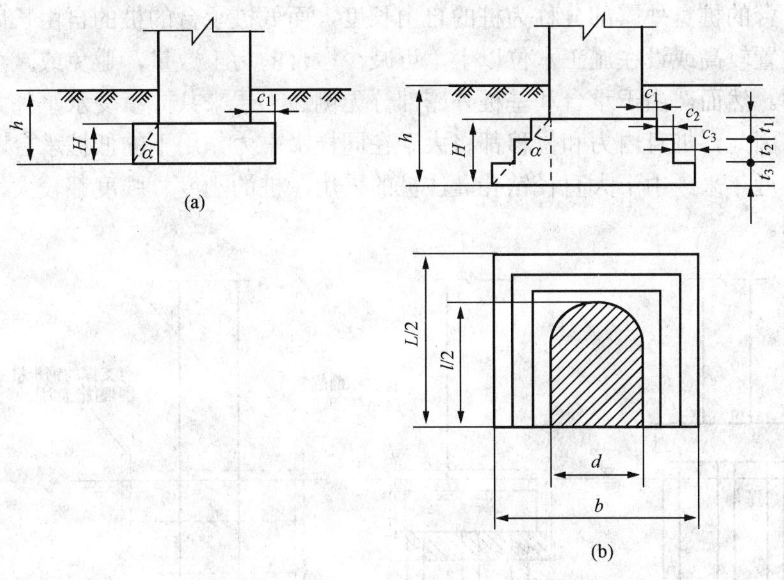

图 5-49　明挖扩大基础平面、立面图

二、桩及大型管柱基础

当墩台所处位置的覆盖层很厚，适于承载的地基很深，同时水深也较大时，往往需要采用深基础。桩基础就是一种常用的深基础，其构造如图 5-50 所示，实体如图 5-51 所示。

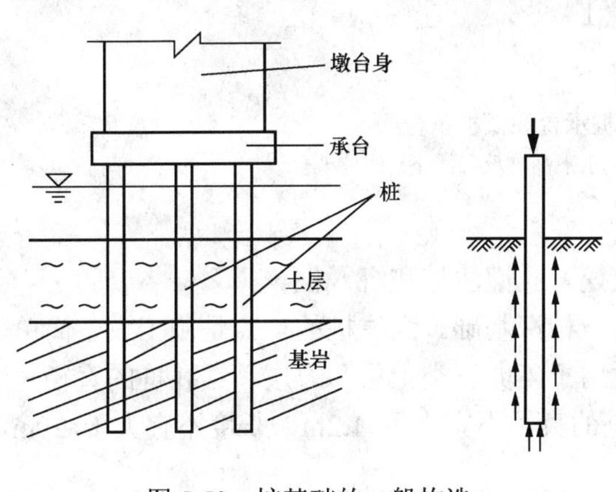

图 5-50　桩基础的一般构造

图 5-51　桩基础实体图

桩基础由若干根桩和承台两部分组成。桩在平面排列上可为一排或几排，桩的顶部由承台连成一个整体，再在承台上修筑桥墩或桥台及上部结构。桩身可全部或部分埋入地基土中。

我国桥梁桩基础大多采用钢筋混凝土桩、预应力混凝土桩和钢桩。钢筋混凝土桩的截面形式有圆形、环形、方形、六角形等。钢桩的截面形式有圆形、H 形等，在桩轴方向，也分竖直桩和斜桩（通常用于拱桥墩台基础）。在桥梁实践中已形成了各种形式的桩基础，它们在自身构造及桩土相互作用性能上都具有各自的特点，现将常见的分类方法简述如下。

（一）按承台位置分

按承台位置的不同，桩基础可分为高桩承台基础和低桩承台基础。高桩承台的承台底面位于地面（或冲刷线）以上，低桩承台的承台底面则位于地面（或冲刷线）以下，如图 5-52 所示。高桩承台的桩身外露部分称为桩的自由长度，而低桩承台的桩的自由长度为零。高桩承台的承台位置较高或设在施工水位以上，可减少墩台的圬工数量，避免或减少水下作业，施工较为方便。然而，由于承台和基桩外露部分无侧边上层来共同承受水平外力，对基桩受力较为不利，因此，桩身内力和位移都将大于在同样水平力作用下的低桩承台，稳定性也较低桩承台差。近年来，由于大直径钻孔灌注桩的采用，桩的刚度、强度都较大，因而高桩承台也较多采用。

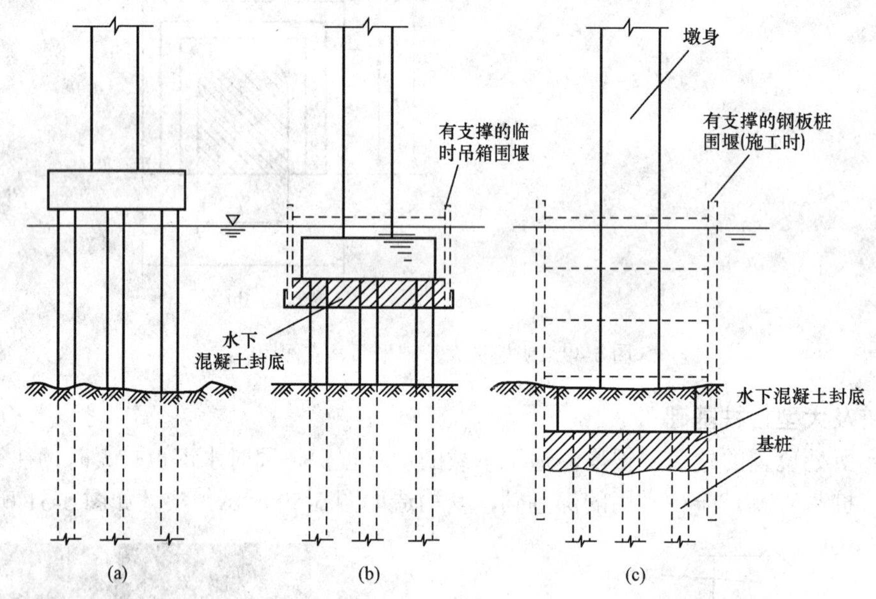

图 5-52 高桩承台和低桩承台

（a）水上高桩承台；（b）水下高桩承台；（c）低桩承台

（二）按施工方法分

按施工方法的不同，桩基础可分为钻（挖）孔灌注桩和沉入桩。

灌注桩是采用就地成孔的方法来完成的一种深基础。灌注桩的特点是施工设备简单、操作方便，适用于各种砂性土、黏性土，也适用于碎卵石类土层和岩层。钻孔桩的直径一般为 0.8～3.0m，其长度为几米至数百米。挖孔桩的直径不宜小于 1.2m，长度不宜大于 20m，以便于人工挖土。

钻孔灌注桩常用设备为冲击型钻机和旋转式钻机。前者采用卷扬机带动重力式冲击钻头，往复吊起和落下，冲击成孔；后者由钻机机身、钻杆和钻头（配备不同形式，以适应不同地层）组成，其钻孔速度比冲击型钻机要快得多。在成孔过程中，需要向孔内灌入一种特制的泥浆（由一种特殊的膨胀土加化学制剂用水调制而成），从而起到保护钻好的孔壁不致坍塌的作用。为排除坍孔的危险，还可采用套管法施工桩基础。该方法适用于施工深度不大于 40m 的情况，其特点是：采用一套常备式钢套管，用重锤式抓斗在套管内抓土，同时在地面上用一套特殊设备不断晃动套管，使其随之下沉。在套管达到设计标高后，即可清基并进行后续工序。在灌注混凝土的过程中，仍需不断地向上晃动套管，并逐节拔除。

沉入桩是通过汽锤（或柴油锤）或振动打桩机等设备将各种预先制好的桩（主要是钢筋

混凝土实心桩或管桩，也有木桩或钢桩）沉入或打入地基中所需深度。这种施工方法适用于桩径较小（直径一般为 0.6～1.5m），地基土质为砂性土、塑性土、粉土、细砂，以及松散的不含大卵石或漂石的碎卵石类土的情况。

（三）按基础传力方式分

按桩基础传力方式的不同，桩基础可分为柱桩与摩擦桩，如图 5-53 所示。柱桩是将桩尖通过软弱的覆盖层以后再嵌入坚硬的岩面。荷载由桩尖直接传到基岩上，桩像柱子一样受力。摩擦桩是当基岩埋置很深、桩尖不可能达到时，荷载通过位于覆盖层中的桩的桩壁与土壤间的摩阻力和桩的端部的支承力共同承受的桩基础。柱桩承载力较大，较安全、可靠，基础沉降也小，但若岩层埋置很深，就需要采用摩擦桩。由于柱桩和摩擦桩在土中的工作条件不同，它们与土共同作用的特点也就不同，因此在设计计算时所采用的方法和有关参数也不一样。

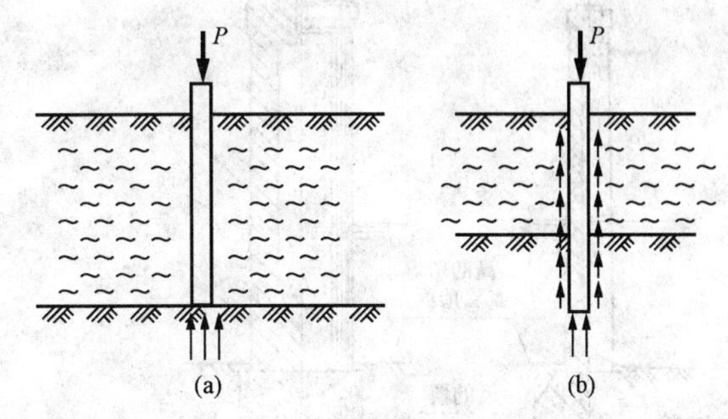

图 5-53　柱桩和摩擦桩
（a）柱桩；（b）摩擦柱

桩基础内基桩的布置应根据荷载大小、地基土质、基桩承载力等确定。采用大直径钻孔灌注桩的公路中，小跨度的桥梁常用单排式（横向）；在大型桥梁基础中，或桩承受的水平力较大时，则采用多排式。考虑桩与桩侧土的共同工作条件和施工条件的需要，桩与桩间的中心距一般为 2.0～2.5 倍桩径。此外，为避免承台边缘距桩身过近而发生破裂，边桩外侧到承台边缘的距离也不能太小，一般要求不小于 0.3～0.5 倍桩径。

桩基础承台的平面尺寸和形状，应根据其上部墩台身底面尺寸和形状及其桩的平面布置而定，一般采用矩形和圆端形。承台厚度应保证承台有足够的强度和刚度，一般采用钢筋混凝土刚性承台，承台厚度一般不宜小于 1.5m，混凝土标号不低于 15 号。承台底部需布置一层钢筋网，以确保承台受力均匀，避免在桩顶荷载作用下开裂或破碎。承台与桩之间的连接，靠将桩顶主筋伸入承台来实现，桩身一般亦需伸入承台 15～20cm。

总之，桩基础是深基础方案的首选形式，其耗用材料少、施工简便、适应性强。但当上层软弱土层很厚，且桩底不能达到坚实土层时，就需使用较多、较长的桩来传送荷载。这时，桩基础的稳定性稍差，沉降量也较大；当覆盖层很薄时，桩的稳定性也可能存在问题。

管柱基础是一种大直径桩基础，适用于深水、有潮汐影响以及岩面起伏不平的河床。它是将预制的大直径（直径为 1.5～5.8m，壁厚为 10～14cm）钢筋混凝土或预应力混凝土管柱，用大型的振动沉桩锤沿导向结构将桩竖向振动下沉到基岩，然后以管壁作护筒、用水面上的冲击式钻机进行凿岩钻孔，再吊入钢筋笼架并灌注混凝土，将管柱与基岩牢固连接，如图 5-54 和图 5-55 所示。管柱施工需要用到振动沉桩锤、凿岩机、起重设备等大型机具，动力要求也高，一般用于大型桥梁基础施工。

三、沉井基础

沉井基础是一种历史悠久的施工方法，适用于地基表层较差而深部较好的地层，既可以用在陆地上，也可以用在较深的水中。它是通过一个事先筑好的、以后充当基础的混凝土井筒一边挖土，一边靠其自重不断下沉直至设计标高的方法来完成的，外形如图 5-56 所示。

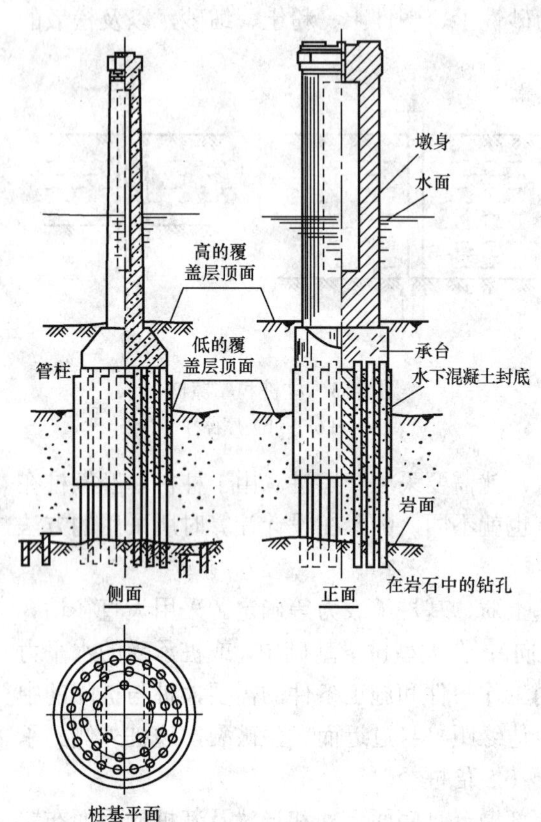

图 5-54　管柱基础（武汉长江大桥）

图 5-55　管柱基础实例（南京长江大桥）

图 5-56　沉井基础外形

沉井基础是桥梁工程中一种较为常见的基础形式，其优点是埋置深度可以很大、整体性强、稳定性好，能承受较大的垂直荷载和水平荷载；沉井既是基础，又是施工时的挡土和挡水围堰结构物，施工工艺也不复杂；缺点是工期较长，对细砂及粉砂类土，在井内抽水易发生流砂现象，造成沉井倾斜，沉井下沉过程中遇到大孤石、树干或井底岩层表面倾斜过大，均会给施工带来一定的困难。

按下沉方式的不同，沉井基础可分为就地建造下沉的沉井和浮运就位下沉的沉井；按建筑材料的不同，沉井基础又可分为混凝土沉井和钢筋混凝土沉井等。桥梁上常用的是钢筋混凝土沉井，其抗拉及抗压能力较好，下沉深度很大，可达几十米。当下沉深度不大时，沉井壁大部分采用混凝土，下部（刃脚）采用钢筋混凝土。

沉井依外观形状的不同分，在平面上可分为圆形沉井、矩形沉井及圆端形沉井等，如图 5-57 所示。圆形沉井受力好，适用于河水主流方向易变的河流；矩形沉井制作方便，但四角处的土不易挖除；圆端形沉井兼有前两者的特点。沉井基础的平面形状常取决于墩（台）底部的形状。对矩形墩或圆端墩，可采用相应形状的矩形沉井和圆端形沉井。采用矩形沉井时，为了保证下沉的稳定性，沉井的长边和短边之比不宜大于 3。当墩的长度和宽度较为接近时，可采用圆形沉井或方形沉井。

沉井竖直剖面外形主要有竖直式、倾斜式及阶梯式等，如图 5-58 所示，采用哪种形式主要视沉井需要通过的土层性质和下沉深度而定。外壁竖直形式的沉井，在下沉过程中不易倾斜，井壁接长较简单，模板可重复使用，故当土质较松软、沉井下沉深度不大时，可以采用这种形式。倾斜式及阶梯式井壁可以减少土与井壁的摩阻力，其缺点是施工较复杂，消耗模板多，同时沉井在下沉过程中容易发生倾斜，故在土质较密实、沉井下沉深度大、要求在不太增加沉井本身质量的情况下，可采用这类沉井。倾斜式沉井井壁坡度一般为 1/40～1/20，阶梯形井壁的台阶宽度为 100～200mm。

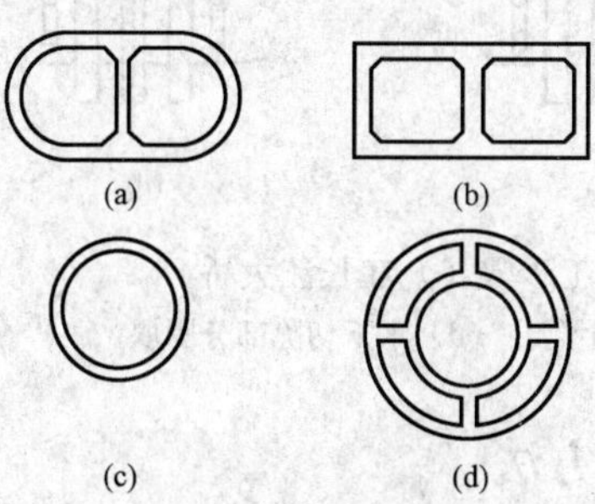

图 5-57 沉井平面形式

（a）圆端形；（b）矩形；（c）、（d）圆形；

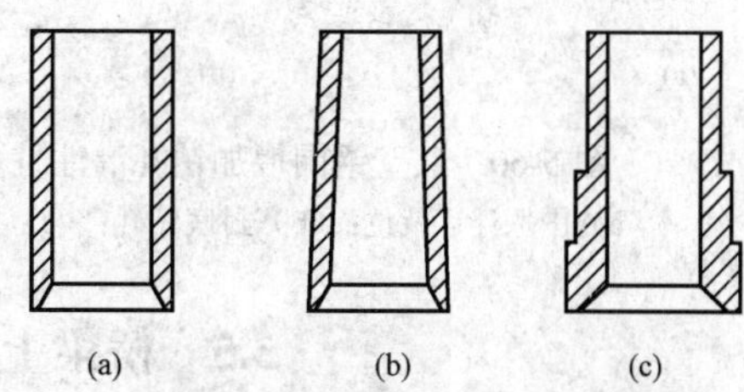

图 5-58 沉井竖剖面形式

（a）竖直式；（b）倾斜式；（c）阶梯式

沉井基础虽有多种形式，但基本构造相同，均由刃脚、井壁、隔墙、井孔、凹槽、射水管和探测管、封底、顶盖（或承台）及环箍等组成，如图 5-59 所示。刃脚位于井壁的下端，作用是切割土层。井壁是沉井的外壳，在下沉过程中起防水挡土的作用；当沉至设计位置后，井壁则成为基础的组成部分。设置凹槽是为了传递封底混凝土底的基底反力至井壁，并增强封底混凝土和井壁的连接。顶盖用于承托其上部的墩台身，一般由钢筋混凝土制作。

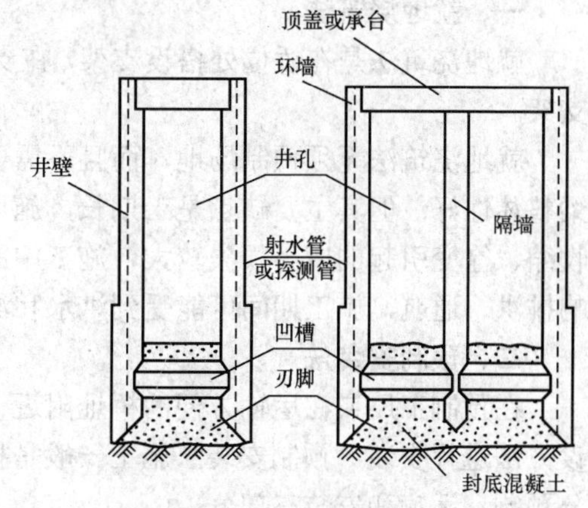

图 5-59 沉井构造

气压沉箱是一种类似于沉井的深水基础，其不同之处是在沉井刃脚以上适当高度处设置有一层密封的沉井构造顶盖板。顶盖板以下为工作室，以上构造与沉井类似。顶盖板中开有空洞，以安置升降井筒，井筒上端为气闸。压缩空气经气闸和井筒输入工作室，当压力相当于刃脚处水头时，工作室内积水被排出，施工人员就可以进入工作室，在气压（2～3 个大气压，视沉箱下沉深度而定）下进行挖土。挖出的土通过井筒提升，经气闸运出。这样，沉箱就可以利用其自重下沉到设计标高。沉箱的主要缺点是对施工人员的身体有害（易得沉箱病），工效很低。

四、组合基础

组合基础是由一些常见基础通过组合形成的深水基础结构形式。图 5-60 所示为京九铁路九江长江大桥正桥采用的双壁钢围堰加钻孔灌注桩基础的构造和施工步骤。

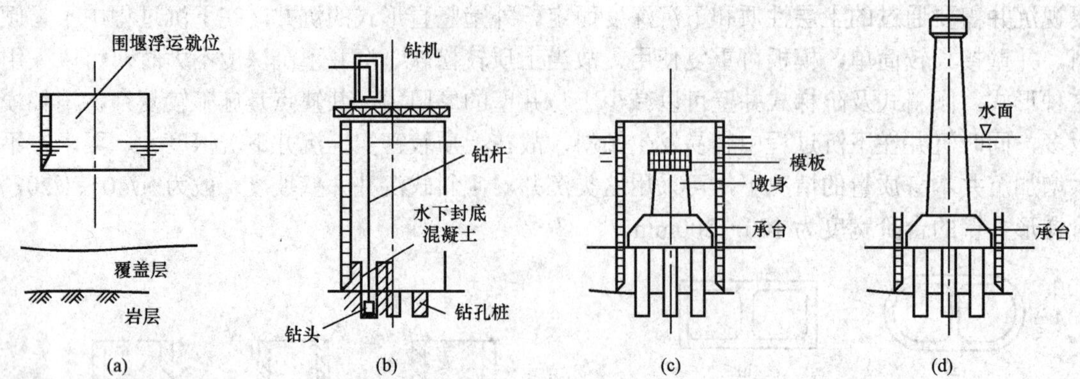

图 5-60 双壁钢围堰加钻孔灌注桩基础的构造和施工步骤（九江长江大桥）

（a）围堰浮运就位；（b）封底钻孔；（c）抽水后灌注承台和墩身；（d）水下切除部分围堰

5.5 桥梁上部结构施工方法

桥梁施工方法对桥梁结构设计及桥梁成本都有较大影响。桥梁上部结构的施工方法多种多样，各具特点，需要结合具体情况作出适当选择。

5.5.1 总体分类

一、就地浇筑法

就地浇筑法是在桥位处搭设支架，在支架上浇筑桥体混凝土，待达到强度后再拆除模板、支架。

就地浇筑法无须预制场地，而且不需要大型起吊、运输设备，梁体的主筋可不中断，桥梁整体性好；但其主要缺点是工期长，施工质量不容易控制，预应力混凝土梁由于混凝土的收缩、徐变引起的应力损失较大，施工中的支架、模板耗用量大，施工费用高，搭设支架影响排洪、通航，施工期间可能受到洪水和漂流物的威胁。

二、预制安装法

在预制工厂或在运输方便的桥址附近设置预制场进行梁的预制工作，然后采用一定的架设方法进行安装。预制安装法施工一般是指钢筋混凝土或预应力混凝土简支梁的预制安装，分预制、运输和安装三部分。

预制安装法的主要特点是：

（1）由于是工场生产制作，因此构件质量好，有利于确保构件的质量和尺寸精度，并尽可能多地采用机械化施工。

（2）上、下部结构可以平行作业，因而可缩短现场工期。

（3）能有效地利用劳动力，并由此降低了工程造价。

（4）施工速度快，可适用于紧急施工工程。

（5）将构件预制后由于要存放一段时间，因此在安装时已有一定龄期，可减少混凝土收缩、徐变引起的变形。

5.5.2 详细分类

一、固定支架就地浇筑法

有支架就地浇筑法是指在支架上架立模板、绑扎钢筋、浇筑混凝土的施工方法。这是一种传统的施工方法，多用于中、小跨度的连续梁桥。该方法的主要特点是桥梁整体性能好，施工简便、可靠，对机具和起重能力要求不高；若一联在支架上现浇，则施工中不存在体系转换，设计较为简单；需要较多的支架，工期较长。近年来，随着钢支架的应用、支架构件的常备化以及桥梁结构形式的多样化（如变宽度桥、弯桥等），有支架施工方法仍时常采用。

支架按其构造可分为立柱式（满堂支架）、梁式和梁柱式，如图 5-61 所示。立柱式支架现多采用密布的碗扣式钢管脚手架（通常意义上的脚手架不支承结构，仅供工人使用），其构造简单，用于陆地或无通航要求的河道以及桥墩不高的小跨度梁桥；梁式支架可根据跨度大小采用工字钢、钢板梁或制式万能杆件或贝雷桁架拼装的钢梁；梁柱式支架的梁部支承在桥梁墩台或若干临时立柱上，形成连续支架，可用于跨度较大的梁桥。

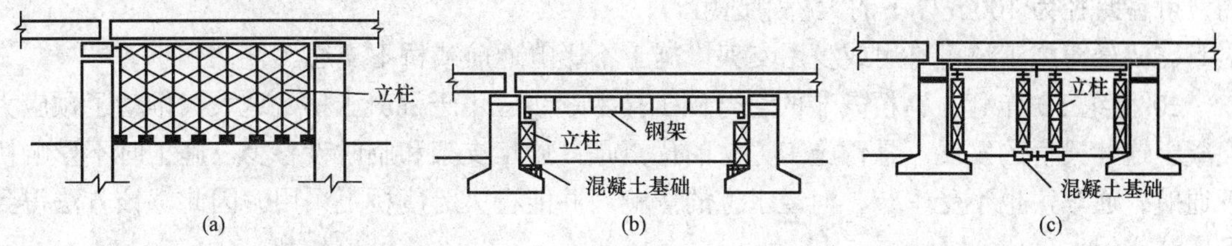

图 5-61　常用的钢支架构造

（a）立柱式；（b）梁式；（c）梁柱式

通常，有支架就地浇筑施工需要在桥跨结构的一联长度内搭设支架，按一定次序完成全桥施工工作，主要工序为下部结构施工、安装支架、架立模板、绑扎钢筋、布置预应力管道、浇筑混凝土、张拉预应力钢筋、落架和移架、桥面工程等，如图 5-62 所示。对混凝土浇筑，小跨度梁桥可采用从一端向另一端、先梁身后支点的方法依次进行；对较大跨度的箱梁桥，可视情况采取纵向分段、竖向分层的方法进行。

图 5-62　梁柱式支架施工

二、悬臂施工法

悬臂施工法是从桥墩开始，两侧对称进行现浇梁段或将预制节段对称进行拼装。前者称悬臂浇筑施工，后者称悬臂拼装施工，有时也将两种方法结合使用。

悬臂施工法的主要特点是：

（1）桥梁在施工过程中产生负弯矩，桥墩也要求承受由施工产生的弯矩，因此，悬臂施工宜在营运状态的结构受力与施工状态的受力状态比较接近的桥梁中选用，如预应力混凝土T形刚构桥、变截面连续梁桥和斜拉桥等。

（2）非墩桥固接的预应力混凝土梁桥，采用悬臂施工时应采取措施，使墩、梁临时固接，因而在施工过程中有结构体系的转换存在。

（3）采用悬臂施工的机具设备种类很多，就挂篮而言，也有桁架式、斜拉式等多种类型，可根据实际情况选用。

（4）悬臂浇筑施工简便，结构整体性好，施工中可不断调整位置，常在跨径大于 100m 的桥梁上选用；悬臂拼装法施工速度快，桥梁上、下部结构可平行作业，但施工精度要求较高，可在跨径为 100m 以下的大桥中选用。

（5）悬臂施工法可不用或少用支架，施工不影响通航或桥下交通。

20 世纪 50 年代，钢桥安装的悬臂施工技术逐步应用于混凝土桥，这大大推动了预应力混凝土连续梁桥的发展。悬臂施工方法的优点是：施工支架和临时设备少，施工时不影响桥下通航、通车，也不受季节、河道水位的影响，并能在大跨度桥上采用。因此，该方法得到了广泛应用。

用于预应力混凝土连续梁桥建造的平衡悬臂施工法，是指梁部施工从桥中间墩处开始，按对称方式逐步接长，悬出梁段直至合拢的施工方法，见图 5-63。按混凝土是现浇还是预制，悬臂施工法分为悬臂浇筑法和悬臂拼装法。前者的接长方式采用挂篮等设备，在桥位处就地浇筑混凝土，待混凝土达到一定强度后，张拉预应力钢筋，前移挂篮，继续下一梁段的施工；后者的接长方式是采用起重机等设备，吊装预先制成的梁段块件就位后，张拉预应力钢筋，前移起重机，继续下一梁段的施工。采用悬臂施工法时需对梁体进行分段，每节段的长短与挂篮或起重机的承载能力有关，一般为 2～5m。

图 5-63 平衡悬臂浇筑施工

三、转体施工法

转体施工法是将桥梁构件先在桥位处岸边（或路边及适当位置）进行预制，待混凝土达到设计强度后旋转构件就位的施工方法，如图 5-64 所示。转体施工其静力组合不变，其支座位置就是施工时的旋转支承和旋转轴，桥梁完工后，按设计要求改变支撑情况。转体施工可分为平转、竖转和平竖结合的转体施工。

图 5-64 北盘江铁路桥转体施工法施工

转体施工法的主要特点是：

（1）可以利用地形，方便预制构件。

（2）施工期间不断航，不影响桥下交通，并可在跨越通车线路上进行桥梁施工。

（3）施工设备少，装置简单，容易制作并便于掌握。

（4）节省木材，节省施工用料。与缆索无支架施工比较，采用转体施工可节省木材 80%，节省施工用钢 60%。

（5）减少高空作业，施工工序简单，施工迅速；当主要构件先期合拢后，给以后施工带来方便。

（6）转体施工适合于单跨和三跨桥梁，可在深水、峡谷中建桥采用，同时也适用于平原区以及用于城市跨线桥。

（7）大跨径桥梁采用转体施工将会取得较好的技术经济效益，转体质量轻型化、多种工艺综合利用，是大跨径及特大跨径桥梁施工有利的竞争方案。

四、顶推施工法

顶推施工是在沿桥纵轴方向的台后设置预制场地，分节段预制，并用纵向预应力筋将预制节段与施工完成的梁体连成整体，然后通过水平千斤顶施力，将梁体向前顶推出预制场地；之后继续在预制场地进行下一节段梁的预制，循环操作直至施工完成。

顶推施工法的主要特点是：

（1）可以使用简单的设备建造长大桥梁，施工费用低，施工平稳、无噪声，可在水深、山谷和高桥墩上采用，也可在曲率相同的弯桥和坡桥上采用。

（2）主梁分段预制，连续作业，结构整体性好；由于不需要大型起重设备，因此施工节段的长度一般可取用 10～20m。

（3）桥梁节段固定在一个场地预制，便于施工管理和改善施工条件，避免高空作业。同时，模板、设备可多次周转使用，在正常情况下，节段的预制周期为 7～10 天。

（4）顶推施工时，梁的受力状态变化很大，施工阶段梁的受力状态与运营时期的受力状态差别较大，因此，在梁截面设计和布索时，要同时满足施工与运营的要求，由此而造成的用钢量较高；施工时也可采取加设临时墩，设置前导梁和其他措施，以减少施工内力。

（5）顶推施工法宜在等截面梁上使用，当桥梁跨径较大时，选用等截面梁会造成材料用量的不经济，也会增加施工难度，因此以中等跨径的桥梁为宜，桥梁的总长也以 500～600m 为宜。

连续梁顶推施工法如图 5-65 所示。

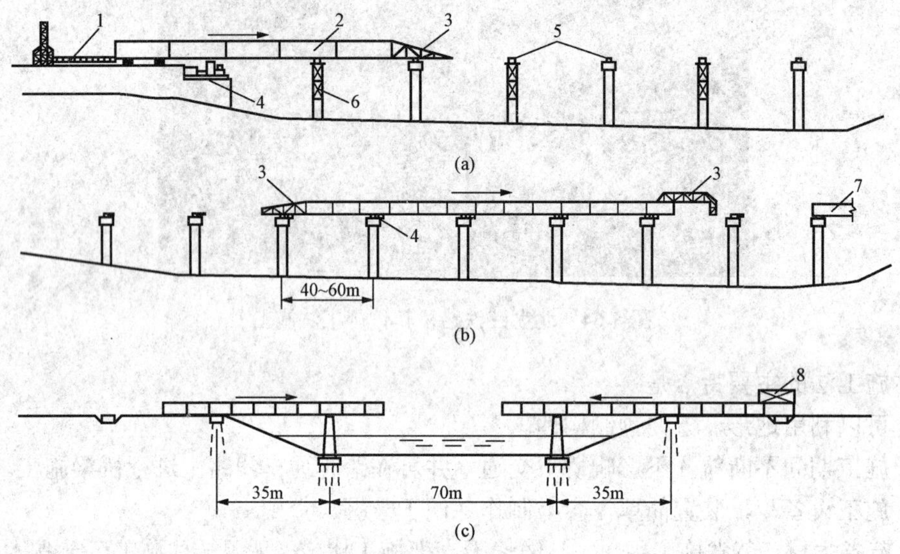

图 5-65 连续梁顶推施工法示意图

（a）单向单点顶推；（b）按每联多点顶推；（c）双向顶推

1—制梁场；2—梁段；3—导梁；4—千斤顶装置；5—滑道支承；6—临时墩；7—已架完的梁；8—平衡重

五、逐孔施工法

逐孔施工法是中等跨径预应力混凝土连续梁的一种施工方法，它使用一套设备从桥梁的一端逐孔施工，直到对岸，包括用临时支承组拼预制节段的逐孔施工法、移动支架逐孔现浇施工法及整孔吊装或分段节段施工法等。

逐孔施工法的主要特点是：

（1）不需要设置地面支架，不影响通航和桥下交通，施工安全、可靠。

（2）有良好的施工环境，保证施工质量，一套模架可多次周转使用，具有在预制场生产的优点。

（3）机械化、自动化程度高，节省劳力，降低了劳动强度，上、下部结构可以平行作业，缩短了工期。

（4）通常每一施工梁段的长度取用一孔梁长，接头位置一般可选在桥梁受力较小的部位。

（5）移动模架设备投资大，施工准备和操作都较复杂。

（6）宜在桥梁跨径小于 50m 的多跨长桥上使用。

六、横移施工法

横移施工法是在拟待安置结构的位置旁预制该结构，并横向移运该结构物，将其安置在规定的位置上。

横移施工法的主要特点是：在整个操作期间与该结构有关的支座位置保持不变，即没有改变梁的结构体系。在横向移动期间，临时支座需要支承该结构的施工重量。

七、提升与浮运施工法

提升施工是在未来安置结构物以下的地面上预制该结构，并将其提升就位。浮运施工是将桥梁在岸上预制，通过大型浮运至桥位，利用船的上下起落安装就位。

使用提升与浮运施工法的要求是：

（1）在该结构下面需要有一个适宜的地面。

（2）被提升结构下的地面要有一定的承载力。

（3）拥有一台支撑在一定基础上的提升设备。

（4）该结构应该是平衡的，至少在提升操作期间是平衡的。

（5）若采用浮运法，则需有一系列大型浮运设备。

架桥机架梁法适用于中、小跨径多跨简支梁桥，因其安置在桥墩上，故不受墩高和水深的影响，在施工过程中不影响桥下通航（或通车）。

架桥机的构造有许多不同的类型，常见的有联合架桥机、闸门式架桥机、穿巷式架桥机等。我国高速铁路梁桥（24、32m 双线和单线单箱整孔预制箱梁）运架设备有履式架桥机、下导梁式架桥机、运架一体式架桥机等，最大起吊能力可达 900t。在实际工程中，还可根据梁的构造、施工单位的现有材料自行设计制造架梁设备。下导梁式架桥机架梁作业如图 5-66 所示。

图 5-66 下导梁式架桥机架梁作业

6 隧道及地下工程

当今世界，人类正在向地下、海洋和宇宙开发。向地下开发可归结为地下资源开发、地下能源开发和地下空间开发三个方面。地下空间的利用也正由局部"点"、"线"的利用向大范围、大距离的"空间"利用发展。

20世纪80年代，国际隧道协会（ITA）提出"大力开发地下空间，开始人类新的穴居时代"的口号。许多国家更是将地下开发作为一种国策，如日本提出了向地下发展，将国土扩大10倍的设想。从某种意义上来说，地下空间的利用历史是与人类文明史相对应的，它大致可以分为以下四个时代：

（1）时代一，即原始时代，从人类出现至公元前3000年的远古时期。原始时代，天然洞窟成为人类防寒暑、避风雨、躲野兽的处所。

（2）时代二，即古代时期，从公元前3000年至5世纪的古代时期。埃及的金字塔、古代巴比伦的引水隧道，均为此时代的建筑典范。我国秦汉时期的陵墓和地下粮仓，已具有相当的技术水平和规模。

（3）时代三，即中世纪时代，从5世纪至14世纪的中世纪时代。此时，世界范围内的矿石开采技术出现，推动了地下工程的进一步发展。

（4）时代四，即近代和现代，从15世纪开始的近代至今。欧美产业革命时期，诺贝尔发明了黄色炸药，成为开发地下空间的有力武器。日本明治维新时代，隧道及铁路技术开始引进并得到大力发展。

现代地下工程发展迅速，各种典型工程不胜枚举。世界已有数百个城市修建了地下铁路。其中，我国大瑶山铁路隧道（见图6-1）长14 295m，历时6年建成；日本青函隧道长53 850m，从规划到建成，历时半个世纪；英法海峡隧道长50km，海底长度为37km，历时7年建成；日韩隧道长250km，采用分段施工方案，其调查斜井已于1986年底动工。著名的公路隧道，如穿越阿尔卑斯山、连接法国和意大利的勃朗峰隧道和连通日本群马县和新泄县的关越隧道，它们的长度均超过10km。各类地下电站迅速增多，其中地下水力发电站的数目，全世界已超过400座，其发电总量达45亿W以上。地下电站的建设是个十分庞大的地下工程。苏联的罗戈水电站，土石方量为510万m^3，混凝土用量为160万m^3，开凿的隧道、洞室为294个，总长度达62km。世界各国修建了大量的地下储藏室，其建造技术得到不断革新。目前，城市地下空间的开发利用已经成为城市建设的一项重要内容。一些工业发达国家，逐渐将地下商业街、地下停车场、地下铁道及地下管线等融为一体，成为多功能的地下综合体。

我国地下空间的开发和利用始于20世纪60年代。1965年，北京开工建设地下铁道（见图6-2），一期工程由北京站至苹果园，全长24.17km，采用明挖法施工；二期工程为环线，在老城墙下修建，全长16.1km。复兴门地铁车站及折返线，位于建筑物与地下管线密集的街区，采用了浅埋明挖法施工。同期，上海修建打浦路水底公路隧道。20世纪70年代，我国修建了大量地下人防工程，其中相当一部分目前已得到开发利用，改建为地下街、地下商场、地下工厂和储藏库。20 世纪 80 年代，上海建成延安东路水底公路隧道，全长 2261m，采用直径为 11.3m 的超大型网格水力机械盾构掘进机施工。同一时期，上海还建成了电缆隧道及其他市政公用隧道等二十余条，总长达 30km 以上。1985～1987 年，上海建成了黄浦江上游引水隧道一期工程，日引用量达 230 万 t，社会效益十分显著。上海人民广场地下车库，其平面尺寸达 176m×146m，深 11m。广州地铁、南京地铁等在此时期也相继进入设计与施工准备阶段，宁波也开始了水底公路隧道的修建工作。20 世纪 90 年代以来，我国城市的地下交通与市政设施加快了修建速度。上海地铁 1、2 号线已相继开通。我国地下空间开发利用的网络体系已开始建设，目前多在地表以下 30m 内的浅层中修筑地下工程。可以预见，随着经济的发展，我国地下工程将进入蓬勃发展的时期。

图 6-1　大瑶山铁路隧道

图 6-2　北京地下铁道

6.1　隧　道　工　程

6.1.1　隧道工程概述

一、隧道的定义

（1）狭义定义：用于保持地下空间作为交通孔道的工程建筑物。

（2）广义定义：出于某种用途，在地面以下以任何方法按规定形状和尺寸修筑的断面面积大于 $2m^2$ 的洞室。按国际隧道协会定义的隧道横断面积的大小划分，隧道可以分为极小断面隧道（$2 \sim 3m^2$）、小断面隧道（$3 \sim 10m^2$）、中等断面隧道（$10 \sim 50m^2$）、大断面隧道（$50 \sim 100m^2$）和特大断面隧道（大于 $100m^2$）。

二、隧道的分类

隧道的种类很多，也有很多不同的分类方法：按隧道所处地质条件来分，可分为土质隧道和石质隧道；按埋置深度来分，可分为浅埋隧道和深埋隧道；按隧道所在位置来分，可分为山岭隧道、水底隧道、水下隧道和地铁隧道等。习惯上常按隧道的作用将隧道划分为交通隧道、水工隧道、市政隧道、矿山隧道四类。

（1）交通隧道。交通隧道又分为公路隧道、铁路隧道、水底隧道、地下铁道、航运隧道和人行地道。

（2）水工隧道。水工隧道是水利工程和水力发电枢纽的一个重要组成部分。水工隧道又包括引水隧道、排水隧道、导流隧道或泄洪隧道、排沙隧道几种。

(3) 市政隧道。市政隧道又分为给排水隧道、管路隧道、线路隧道、人行地道和人防隧道等。

(4) 矿山隧道。矿山隧道又称矿山坑道或巷道，是用于穿越地层通向矿床，以便开采矿体的隧道。

6.1.2 公路隧道

最古老的隧道是古代巴比伦城连接皇宫与神庙间的人行隧道，建于公元前 2180～2160 年。该隧道是一种砖砌建筑物，长约 1km，断面面积为 3.6m×4.5m，施工期间将幼发拉底河水流改道，采用明挖法建造。目前世界上最长的汽车专用隧道是瑞士中部的圣哥达隧道，隧道全长 16.3km。隧道开凿时，第一次使用了硝化甘油炸药。我国最早的交通隧道是位于今陕西汉中县的“石门”隧道，建于公元 66 年。

一、公路隧道线路

公路隧道的平面线形和普通道路一样，根据公路规范要求进行设计。隧道平面线形一般采用直线，而避免采用曲线；必须设置曲线时，应尽量采用大半径曲线，并确保视距。公路隧道的纵断面坡度由隧道通风、排水和施工等因素确定，以缓坡为宜。隧道的纵坡通常应不小于 0.3%，并不大于 3%。隧道如从两个洞口对头掘进，为便于施工排水，可采用人字坡。单向通行时，设置向下的单坡对通风有利。

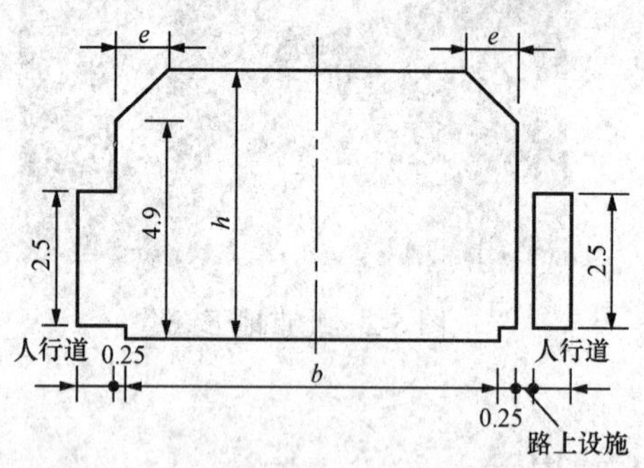

图 6-3 公路建筑限界示例（尺寸单位：m）

隧道衬砌的内轮廓线所包围的空间称为隧道净空。公路隧道净空包括公路建筑限界（见图 6-3）、通风及其他所需的断面积。断面形状和尺寸应根据围岩压力求得最经济值。公路隧道的公路建筑限界包括车道、路肩、路缘带、人行道的宽度，以及车道、人行道的净高。公路隧道净空除包括公路建筑限界以外，还包括通风管道、照明设备、防灾设备、监控设备、运行管理设备等附属设施所需的空间及富裕量和施工允许误差等，如图 6-4 所示。

高速公路和一级公路隧道应设置检修道，其他公路应根据隧道所处地区的行人密度、隧道长度、交通量及交通安全等因素确定人行道的设置。检修道或人行道的高度可按 20～80cm 取值，并综合考虑检修人员步行时的安全、紧急情况时驾乘人员取拿消防设备的安全，以及满足其下放置电缆和给水管等的空间尺寸的要求。公路隧道横断面示例如图 6-5 所示。

二、公路隧道通风

汽车排出的废气含有多种有害物质，如一氧化碳、氮氧化物、碳氢化合物、亚硫酸气体和烟雾粉尘等，会造成隧道内空气的污染。一氧化碳浓度很大时，人体会产生中毒症状，危及生命。烟雾会恶化视野，降低车辆安全行驶的视距。公路隧道空气污染造成危害的主要原因是一氧化碳，为防止污染，应采用通风的方法，从洞外引进新鲜空气冲淡一氧化碳的浓度至卫生标准。

(一) 自然通风

自然通风不设置专门的通风设备，是利用存在于洞口间的自然压力差或汽车行驶时活塞作用产生的交通风力达到通风的目的。

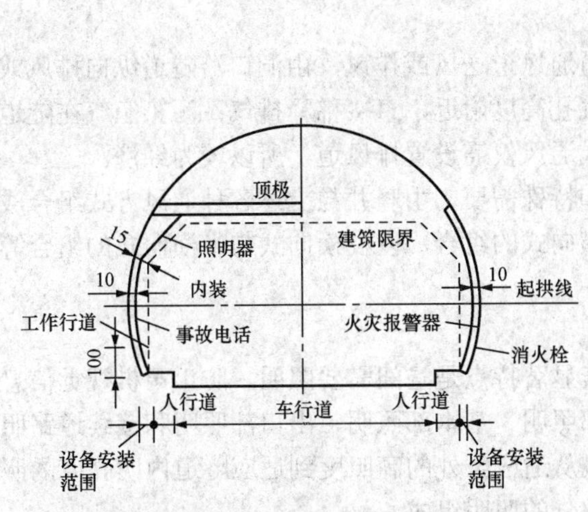

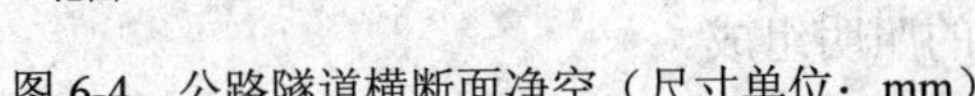

图 6-4 公路隧道横断面净空（尺寸单位：mm）

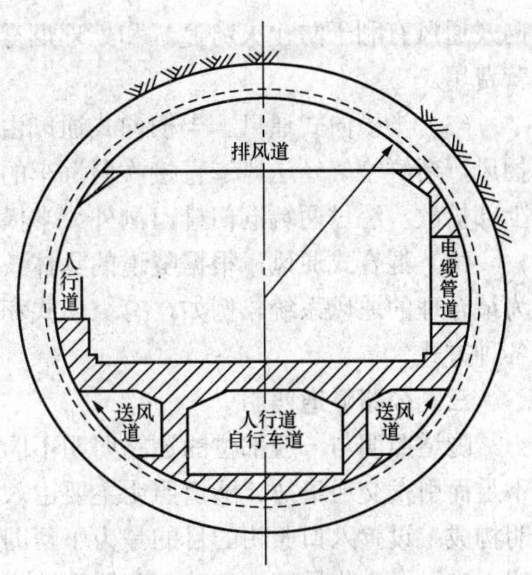

图 6-5 公路隧道横断面示例

（二）机械通风

机械通风又分纵向式、横向式、半横向式和混合式几种。

（1）纵向式通风。纵向式通风通常分为射流式纵向通风和竖井式纵向通风。

1）射流式纵向通风。射流式纵向通风是将射流式风机设置于车道的吊顶部，吸入隧道内的部分空气，并以 30 m/s 左右的速度喷射吹出，用以升压，使空气加速，从而达到通风的目的，如图 6-6 所示。射流式纵向通风比较经济，设备费用少，但噪声较大。

2）竖井式纵向通风。机械通风所需动力与隧道长度的三次方成正比，因此在长隧道中常常设置竖井进行分段通风，如图 6-7 所示。竖井用于排气，有烟囱的作用，效果良好。

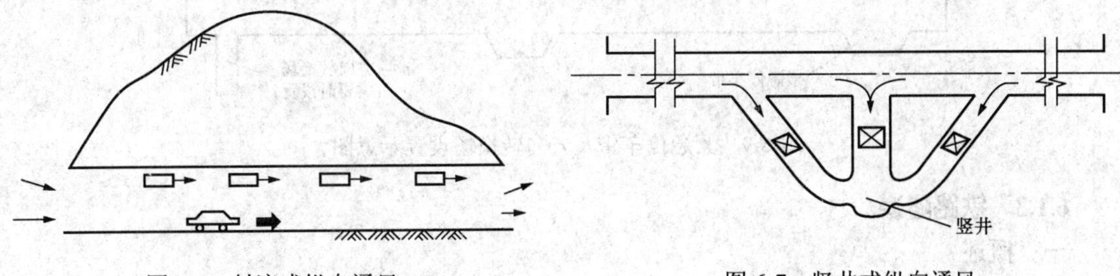

图 6-6 射流式纵向通风

图 6-7 竖井式纵向通风

（2）横向式通风。分别设有排风道，通风风流在隧道内做横向流动，如图 6-8 所示。横

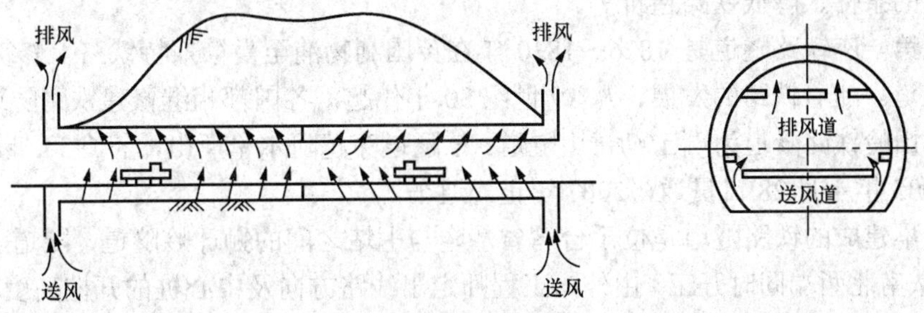

图 6-8 横向式通风

向式通风有利于防止火势蔓延和处理烟雾，但需设置送风道和排风道，增加了建设费用和运营费用。

（3）半横向式通风。半横向式通风由隧道通风道送风或排风，由洞口沿隧道纵向排风或抽风，新鲜空气经送风道直接吹向汽车的排气孔高度附近，直接稀释排气；污染空气在隧道上部扩散，经过两端洞门排出洞外。半横向式通风仅需设置排风道，所以较为经济。

（4）混合式通风。根据隧道的具体条件和特殊需要，由竖井与上述各种通风方式组合成为最合理的通风系统。例如，有纵向式和半横向式的组合，以及横向式与半横向式的组合等各种方式。

三、公路隧道照明

隧道照明与一般部位的道路照明不同，其显著特点是昼间需要照明，防止司机视觉信息不足而引发交通事故。隧道照明主要由入口部照明、基本部照明、出口部照明和接续道路照明构成。设置入口照明的目的是为了帮助司机从适应野外的高照度到适应隧道内明亮度的照明，它一般由临界部、变动部和缓和部三个部分的照明组成。

四、隧道附属设施构造

为了使隧道能够正常使用，保证列车安全通过，除主体建筑外，隧道内还要设置一些附属建筑物，如紧急停车带、排水设施和电力通信信号设施等。其中，紧急停车带是专供紧急停车使用的停车位置。在隧道中，尤其是在长隧道中，当车辆发生故障时，必须尽快离开干道，避让至紧急停车带，以减少交通阻塞，避免发生交通事故。紧急停车带及方向转换场设置如图 6-9 所示。

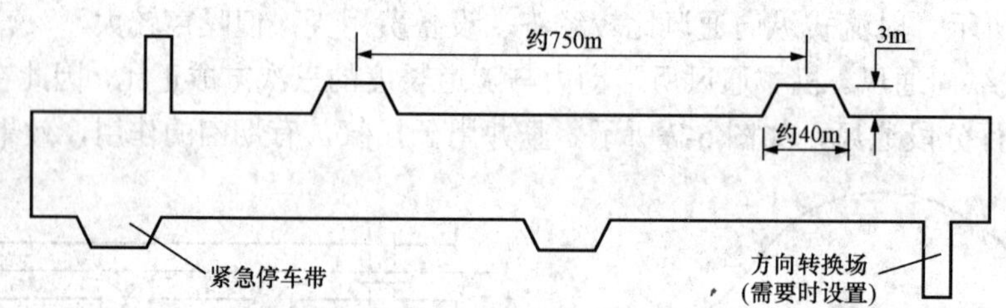

图 6-9 紧急停车带及方向转换场设置示意图

6.1.3 铁路隧道

一、概述

为提供容纳铁路交通空间需要而修建的隧道称为铁路隧道。随着铁路建设不断向山区发展，隧道的优越性也越来越突出，如可大幅度地缩短线路长度、降低线路高程、改善通过不良地质地段的条件、降低铁路造价等。

世界上第一座铁路隧道是 1826～1830 年在英国利物浦至曼彻斯特铁路上修筑的长 1190 m 的双线隧道。随着铁路的发展，从 19 世纪 30 年代起，各国都相继修建铁路隧道。目前世界上最长的山岭铁路隧道为瑞士勒奇山隧道。该隧道穿越阿尔卑斯山，全长 34.6km，于 1994 年开凿，2005 年 4 月 28 日贯通，2007 年正式通车。

我国最早建成的铁路隧道是位于台湾省基隆与七堵之间的狮球岭隧道，隧道全长 261m，于 1887 年从南北两端同时开工，由外国工程师定出线路方向及中心桩的开挖高度，清朝政府的军队负责施工，1890 年建成。我国自主建成的第一座铁路隧道是京张铁路八达岭隧道。它是我国杰出的工程师詹天佑亲自规划督造，依靠我国人民自己的力量建成的。这座单线越岭隧道全长1091m，工期仅为18个月，于1908年建成。

近年来，我国铁路隧道的一个重要发展是隧道的“长大化”。例如，西（安）—（安）康铁路青岔车站和营盘车站之间的秦岭隧道，由两座基本平行的单线隧道组成，两线间距为30m，其中Ⅰ线隧道全长18 460m，Ⅱ线隧道全长18 456m，Ⅰ、Ⅱ线均为单线电气化铁路隧道。兰新铁路兰武段复线上的乌鞘岭特长隧道全长20.05km，具有海拔高、自然环境恶劣、地质情况复杂、施工条件艰苦等特点。石太客运专线的太行山特长隧道通过太行山山脉的山峰越宵山，最大埋深达445m，为双洞单线隧道，线间距为35m，左线隧道长27.84km，右线隧道长27.85km，是我国目前最长的铁路山岭隧道。

1998年，我国引进全断面掘进机修建长达18.4km的秦岭特长隧道，由此开创了采用机械开挖施工的新纪元。

截至2009年底，我国已运营铁路隧道8900多座，总长度6000km，在建2500座，总长度超过4700m；即将开工或规划建设的达5000多座，总长度超过9000km，均为世界第一。

二、铁路隧道的常见技术问题

（一）隧道勘测

隧道勘测前应制订勘测计划，做好一切必要的准备。勘测分为初勘和详勘两个阶段，调查内容主要包括自然概况、工程地质特征、水文地质特征、不良地质地段、地震基本烈度等级、气象资料、施工条件等。

（二）隧道位置选择

隧道位置一般按地形条件和地质条件进行比选。

（三）隧道洞口位置选择

隧道位置确定后，隧道长度由隧道洞口的位置确定。实践总结出的经验为：洞口位置的选择应遵循“早进晚出”的原则；洞口应尽可能地设在山体稳定、地质较好且水不太丰富的地方；洞口不宜设在垭口沟谷的中心或沟底低洼处，不要与水争路；洞口应尽可能设在线路与地形等高线相垂直的地方，使隧道正面进入山体；洞门结构物不致受到偏侧压力；当线路位于可能被淹没的河滩上或水库回水影响范围以内时，隧道洞口标高应在洪水位以上，并加上波浪的高度，以防洪水倒灌到隧道中去；为了保证洞口的稳定和安全，边坡及仰坡均不宜开挖得过高，以防山体扰动太大，或新开出的暴露面太大。

（四）隧道平面设计

铁路的线路通常越直越好。线路越直，列车通过速度越快，线形的距离也相对越短。在隧道内，这种需求更加强烈。因此，在可能的情况下，隧道平面线形应尽量采用直线或大半径曲线，避免小半径曲线。但是，受到某些地形的限制，或地质的影响，往往不得不采用曲线。

（五）隧道纵断面设计

隧道纵断面设计主要是对坡度的设计，具体地说，包括隧道内线路的坡道形式、坡度大小和折减、坡段长度及坡段间的衔接设计等内容。隧道出于岩层之中，除了地质变化外，线路走向不受任何限制，不必采用复杂多变的形式，一般采用单面坡和人字坡两种形式，如图6-10所示。

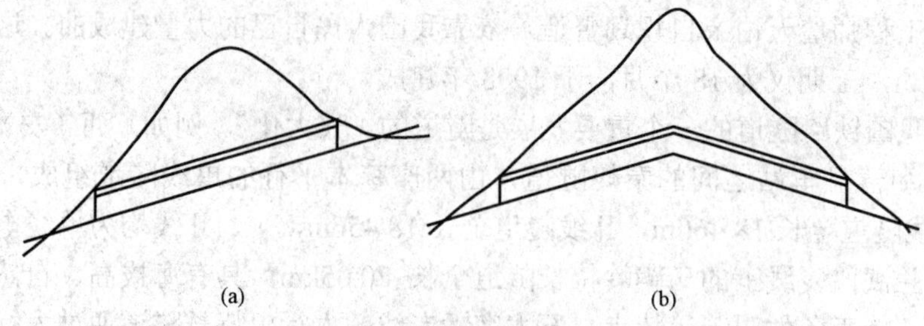

图 6-10 隧道纵断面形式示意图

（a）单面坡；（b）人字坡

考虑隧道排水需要，不宜采用平坡，坡度一般不小于 3‰；在严寒地区的隧道，为防止冻害，还应考虑适当增大排水坡。列车在隧道内运行时，其作用犹如一个活塞，空气阻力远远大于明线地段，削弱了列车的牵引力。

（六）铁路隧道净空

铁路隧道衬砌内轮廓所包络的空间称为隧道净空。新建铁路隧道的净空是根据国家标准规定的铁路隧道建筑限界，并考虑远期隧道内轨道的类型确定的。

对于新建和改建的蒸汽及内燃机牵引的单线和双线铁路隧道的建筑限界形状和尺寸，采用“隧限-1A”和“隧限-1B”，如图 6-11（a）所示；对于新建和改建电力牵引的单线和双线隧道的建筑限界形状和尺寸，采用“隧限-2A”和“隧限-2B”，如图 6-11（b）所示。

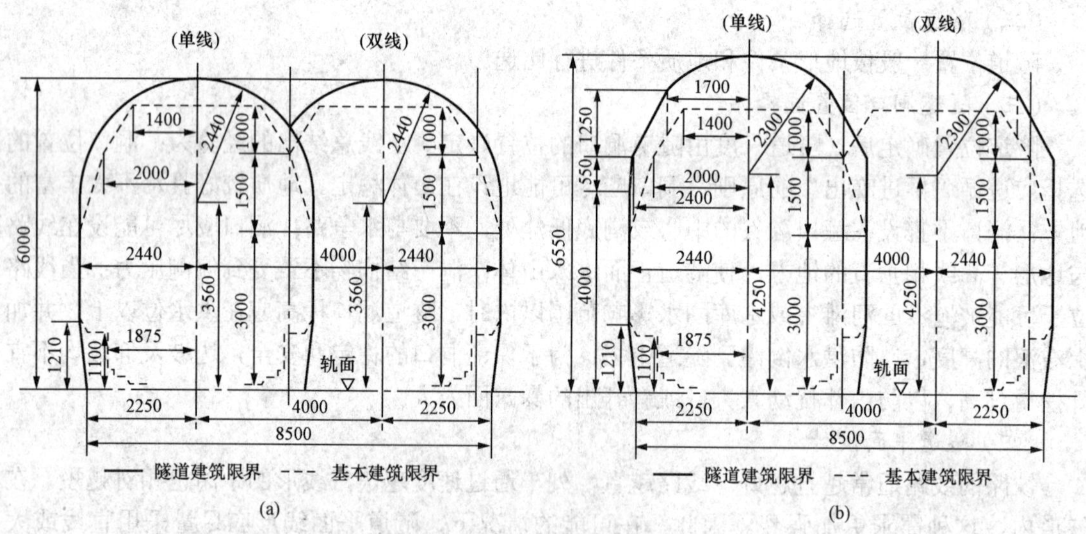

图 6-11 铁路隧道建筑限界（尺寸单位：mm）

（a）蒸汽及内燃机牵引；（b）电力牵引

对于曲线隧道，为保证列车在曲线隧道内运行安全，净空必须进行适当地加大。

对于高速铁路隧道，由于行车速度高引起的空气动力学效应对乘车的舒适度和周围环境有较大的影响。一方面，隧道建筑物按满足 100 年正常使用的永久结构物设计；另一方面，客运专线上通行的列车全部为客车，列车一旦在隧道内发生事故、失去动力或无法及时将列车拉出洞外，车上人员的紧急疏散、逃生和救援就将成为非常关键和重要的问题。所以，高速铁路隧道净空断面设计时需要预留各种空间，如安全空间、救援通道及技术作业空间等。

（七）隧道内附属建筑物

为使铁路隧道能正常使用，确保列车运营安全，在隧道内还需要修建一些附属建筑物来配合主体建筑物，如安全避让设备（避车洞）、排水设施、通信与信号设备、供电与通风设备等。

6.1.4 水底隧道

水底隧道与桥梁工程相比，具有隐蔽性好、可保证平时与战时的畅通、抗自然灾害能力强、对水面航行无任何妨碍的优点，但其造价较高。水底隧道可作为铁路、公路、地下铁道、航运、行人隧道，也可作为管道输送给排水隧道。

从17世纪起，欧洲修建了许多运河隧道，其中法国魁达克运河隧道长157km。1927年，美国在哈德逊河底建成霍兰（Holland）隧道，次年又建成世界上第一条沉管法水底隧道——博赛（Bosey）隧道。目前世界上最长的铁路隧道是在海底穿越津轻海峡的日本青函隧道，全长53.85km，采用矿山法施工技术建成。软土中的水底隧道则多用沉管法和盾构法施工。通常认为沉管法造价低、工期短、施工条件好，因此更为经济、合理。

我国自20世纪60年代开始研究用盾构法修建黄浦江水底隧道。其中，第一条越江隧道（打浦路隧道）于1965年在上海开工建设，1981年建成通车；第一条沉管隧道也于20世纪70年代初期在上海建成。20世纪80年代后期，我国城市水底隧道的修建已进入发展时期。

一、水底隧道的埋置深度

水底隧道的埋置深度是指隧道在河床下岩土的覆盖厚度。埋置深度的大小，关系到隧道长短、工程造价和工期的确定以及水下施工的安全。设计水底隧道的埋置深度时，需考虑以下几个主要因素：

（1）地质及水文地质条件。隧道穿越河床的地质特征、河床的冲刷和疏浚状况。

（2）施工方法要求。不同的隧道施工方法对其顶部的覆盖厚度有不同的要求，如沉管法施工，只要满足船舶抛锚要求即可。

（3）抗浮稳定的需要。埋在流砂、淤泥中的隧道会受到地下水的浮力作用，此浮力应由隧道自重和隧道上部覆盖土体的重力加以平衡。为保险起见，该平衡力应为浮力的1.10～1.15倍。检验抗浮稳定时，为确保安全，通常不计摩擦力的作用。

（4）防护要求。水底隧道应具备一定的抵御常规武器和核武器破坏的能力。根据在常规武器攻击中非直接命中、减少损失和早期核辐射的防护要求，覆盖层应有适当的厚度。

二、水底隧道的断面形式

水底隧道的断面形式通常有圆形、拱形、矩形三种。

（1）圆形断面。国内外水底隧道，特别是河底段，多采用沉管法和盾构法施工，其断面多为圆形，如图6-12所示。

（2）拱形断面。采用矿山法施工时，一般有拱形断面。采用该断面形式时，受力与断面利用率均较好。

（3）矩形断面。圣彼得堡卡诺尼尔水下隧道（见图6-13）为双车道公路隧道，矩形断面，具有旁侧的人行道和通风道，采用沉管法施工。加拿大蒙特利尔市劳伦河下的拉封基隧道也为矩形断面（见图6-14），也采用沉管法施工。

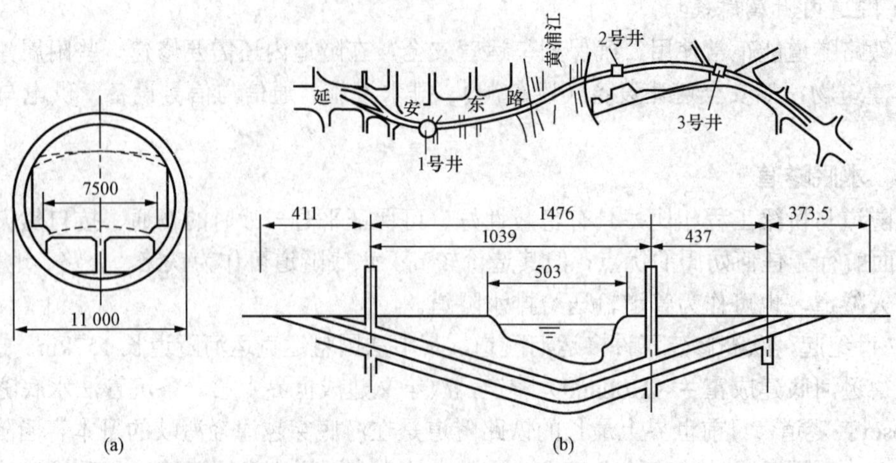

图 6-12　上海延安东路越江隧道断面（尺寸单位：m）

（a）盾构法施工圆形断面；（b）隧道纵断面

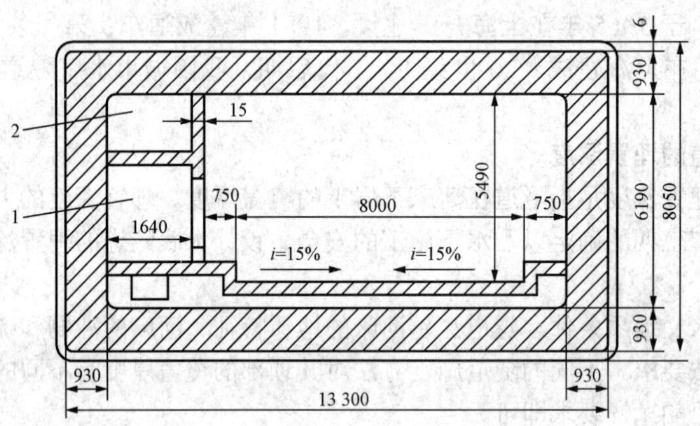

图 6-13　圣彼得堡卡诺尼尔水下隧道断面（尺寸单位：mm）

1—人行道；2—通风道

三、隧道防水

水底隧道的主要部分处于河、海床下的岩土层中。常年在地下水位以下，承受着自水面开始至隧道埋深的全水头压力。因此，水底隧道从施工到运营均存在防水问题。防水的主要措施有采用防水混凝土、壁后回填、围岩注浆和双层衬砌等。

四、海底隧道

全世界已建成和在建的跨海隧道有 20 多条，主要分布在欧洲、日本和中国香港。2010年建成通车的厦门翔安隧道是我国内地第一条海底隧道，全长 8.695km，从厦门岛到达对岸的大陆端，时间比原来节省了 82min。双向六车道的厦门翔安海底隧道通道是厦门岛第五条出入岛通道，兼具公路和城市道路双重功能。它的建成通车，使厦门岛出入形成了从海上到海底的全天候立体交通格局，如图 6-15、图 6-16 所示。

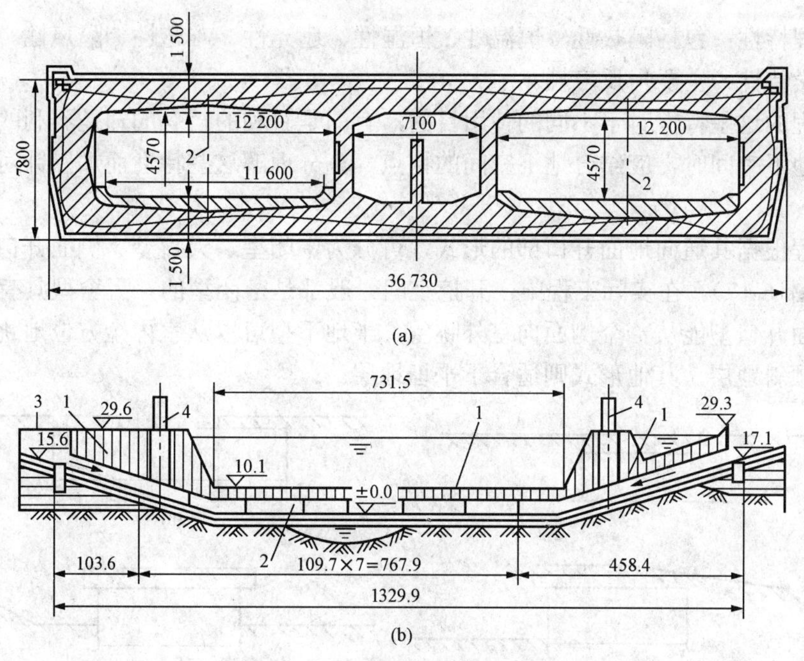

图 6-14 蒙特利尔拉封基隧道断面

（a）隧道纵断面（尺寸单位：mm）；（b）总剖面图（尺寸单位：m）

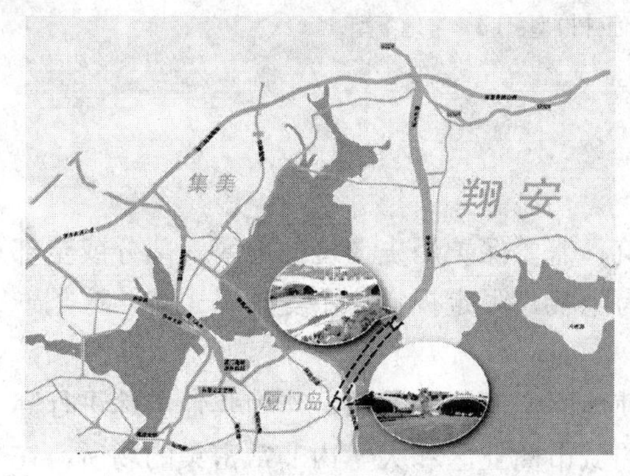

图 6-15 厦门翔安海底隧道平面位置图

图 6-16 厦门翔安海底隧道断面

6.2 地 下 工 程

6.2.1 概述

一、地下工程的定义

地下工程是一个较为广阔的范畴，它泛指修建在地面以下岩层或土层中的各种工程空间与设施，是地层中所建工程的总称，通常包括矿山井巷工程、城市地铁隧道工程、水工隧洞工程、交通隧道工程、水电地下洞室工程、地下空间工程、军事国防工程和建筑基坑工程。

二、地下工程的特性

地下工程的特性包括构造特性、物理特性和化学特性三种。

（1）构造特性：包括空间性、密闭性、隔离性、耐压性、耐寒性、抗震性。

（2）物理特性：包括隔热性、恒温性、恒湿性、遮光性、难透性、隔声性。

（3）化学特性：主要指反应性。

地下工程的这些特性对于不同的使用目的，有的是有利的，有的却是不利的。因此，在规划和利用地下空间时，应结合地下空间的特点，充分理解这些特性而加以针对性的利用，扬长避短。

地下工程根据其通向地面开口部的形式，可分为密闭型、天窗型、侧面开口型及半地下型四类（见图 6-17）。在实际工程中，开挖空间一般都是密闭型的，天窗型具有自然采光的开放感，侧面开口型能从一个侧面向室外眺望，半地下型可以从室内全方位地眺望。侧面开口型适合于倾斜地层，其他形式则适合于平坦地层。

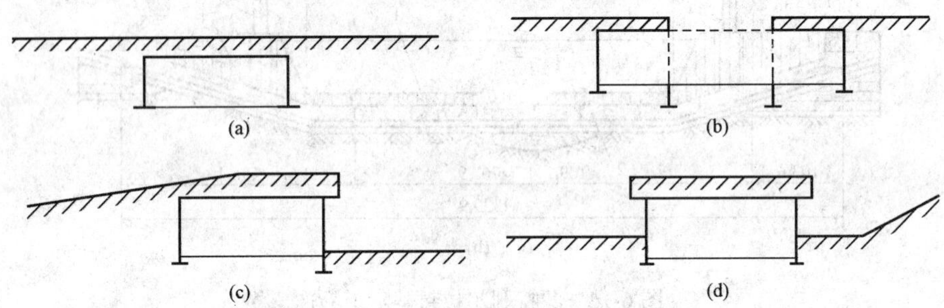

图 6-17　地下工程的几种常见形式

（a）密闭型；（b）天窗型；（c）侧面开口型；（d）半地下型

三、地下工程的优缺点

（一）地下工程的优点

地下工程的优点主要有：

（1）限定视觉。对于许多场合，如动物园建筑、需要保护历史遗迹的地区、部分或全部在地下的建筑物，与通常的建筑物相比，外观较为隐蔽，限定视觉，不受外界影响，这是一个很明显的优点。

（2）土地的高效利用。在地下修建空间，可使地面空间得到开放，作为其他用途进行高密度的开发。对于希望尽可能多地保留开放空间的城市商业区和大学内非常密集的场所，在地下工程的地面上修筑广场或公园，保留一些开放空间是一种有效途径。另外，隐形的地下工程还起到了保护自然资源、协调环境的作用。

（3）地下流通和输送。为了对高密度地区进行有效流通和输送服务，地下空间工程起到了极大的作用，其能够在地下形成大量有效的流通和输送系统，将地表面的障碍减小到最小。

（4）节约能源、控制气候。地下结构具有潜在的节约能源的效益。一般来说，与大地接触的地表面的面积比例越大，兴建的结构越深，能源保护的效益越大，其效益主要表现在冬季热损失少、夏季冷却能减少、气温的日变动量少等方面。

（5）具有防御灾害的功能。用土覆盖或围筑的结构，与通常的结构相比，更能够抵抗各种灾害的影响。在强风或龙卷风地区，覆土结构在防御功能上体现了更大的优势；设计合理的地下结构的抗震能力比地面结构强得多；地下空间与地表面隔离，实质上是一个防火结构；地下结构物本身具有保护人们免受自然灾害侵害的特性，人类更期待地下人防工程能够抵御破坏、攻击、核战争等威胁。

另外，地下空间还具有温度和湿度相对稳定、噪声和震动得以隔离、维修管理量少等优点。

（二）地下工程的缺点

地下工程的缺点主要有：

（1）获得眺望和自然采光的机会有限。由于建筑物全部或部分设在地下，几乎所有外壁表面都被土覆盖，因此供给的自然光和向屋外的眺望受到了限制。地下建筑物的这种限制，可以利用中庭和天窗等接近地表的开口部得到一定的解决，但对开挖空间，该问题更为严重。利用自然光和眺望，具有心理学和心理社会学的效益。但采光和眺望并不是所有的活动都要求的：对于不具有方向性活动的大空间，如人们滞留时间很短的商店和图书馆等，一般不必要设置窗户；剧场以及仓库等完全可以不设置窗户。

（2）进入和往来不便。人和车进入和往来地下空间，不能像在地表面上一样多方向任意地进行，而要受到一定的限制，只能根据地下空间的形态和方式进入和往来。

（3）环境能源利用上的限制。地下结构物在环境能源利用上能追求效益是很难定量的，是有限制的，如通风对热、冷效益的影响，开口位置和大小对环境能源利用的影响等。

（4）一般来说，地下空间通风条件差，会出现潮湿、结露等现象。

四、地下工程的利用形态

城市现代化建设的要求，使得地下工程的利用形态多样化，归纳起来大致有以下几种：

（1）伴随着城市现代化交通系统的发展而对地下空间的利用，如城市地铁等。

（2）伴随城市的现代化发展和科学技术的发展而对地下空间的利用，如地下办公楼、地下街、地下停车场、能源供给设施、通信设施、上下水道、地下水力发电站、地下能源发电站及地下工厂等。

（3）防御和减少灾害而利用的地下工程，如人防工程，各种储备设施，防御洪水灾害的地下河、地下坝等。

6.2.2 地下储藏设施

地下储藏设施的修建是地下空间利用的一个重要方面，主要包括能源储藏设施、粮食储藏设施、用水储藏设施及放射性废弃物处理设施等方面。

一、能源储藏设施

利用地下空间进行储藏的能源有石油、液化天然气、压缩空气、超导能等，储藏设施主要有埋入地下的金属储槽、废弃坑道、天然的地下空洞、用开挖方法修建的地下空洞等。目前较多采用的是开挖修建地下空洞形成的储藏空间，一般需经过防渗处理，如竖型地下储槽、水封式储槽等。

（一）竖型地下储槽

竖型地下储槽一般是以圆筒形混凝土壁和底板作为储槽壁，内部设有保证液密性的钢板，储藏对象为常温下的石油类和低湿下（－160～40℃）的液化石油及液化天然气。储藏基地各种设施的布置必须遵守消防等法规，并依安全、操作方便、经济等原则决定。这些设施包括储藏设施、服务设施、出入荷载设施、排水处理设施、军务管理设施等。

和地面储槽相比，在同样大的用地范围内，竖型地下储槽可以多储藏2～3倍的容量，其安全性、环境保护性等都较优越，因而发展迅速。例如，内径83m、液深48m的日本水岛的石油储槽及内径90m、液深48m的秋田储藏基地等均属竖型地下储槽（见图6-18）。

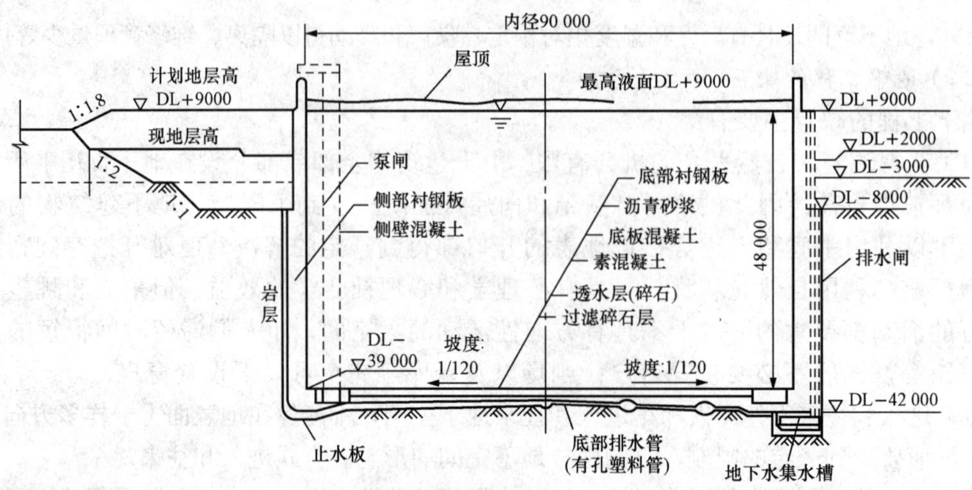

图 6-18 竖型地下储槽构造图

（二）水封式储槽

瑞典在第二次世界大战中首先开始修建地下储槽，用于储藏石油等。图 6-19 所示为水封式储槽系统，地面的雨水渗透到土中，成为层间地下水；层间地下水的一部分则通过节理渗入岩体深处，充满岩体内的空隙。这种含在岩体内的水称为岩体内地下水。在这种岩体内开挖空洞，空洞中将充满地下水。而在这样的空洞中储藏石油类的物质，由于地下水的压力比石油压力大，可防止石油的泄漏，这就是水封的优点。

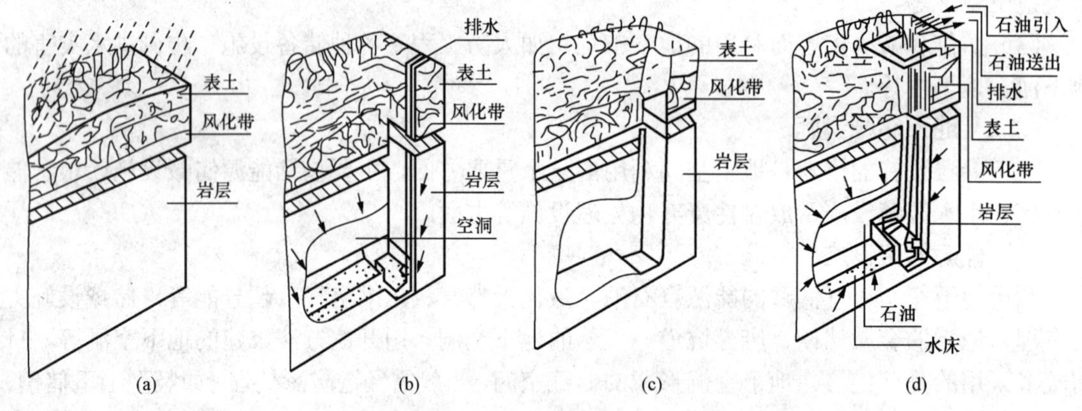

图 6-19 水封式储槽系统示意图

（三）其他能源储藏

（1）压缩能源储藏。这里的压缩能源储藏是指把原子能发电站等多余的夜间电力以压缩空气形态加以储藏的方式。储藏压缩空气的容器可以是岩盐空洞、岩体空洞等。目前，世界上只有极少数的压缩空气储藏系统（见图 6-20）。

（2）热水储藏。热水储藏是把发电站的剩余电力、太阳能及其他排热等以热水形态加以储藏的方式。在北欧等国，热水储藏多用于地区暖房等供热。热水储藏有地上型和地下型之分，其中地下型对环境影响小，而且造价低，故多被采用。图 6-21 所示为利用含水层进行热能储藏的设计概念。

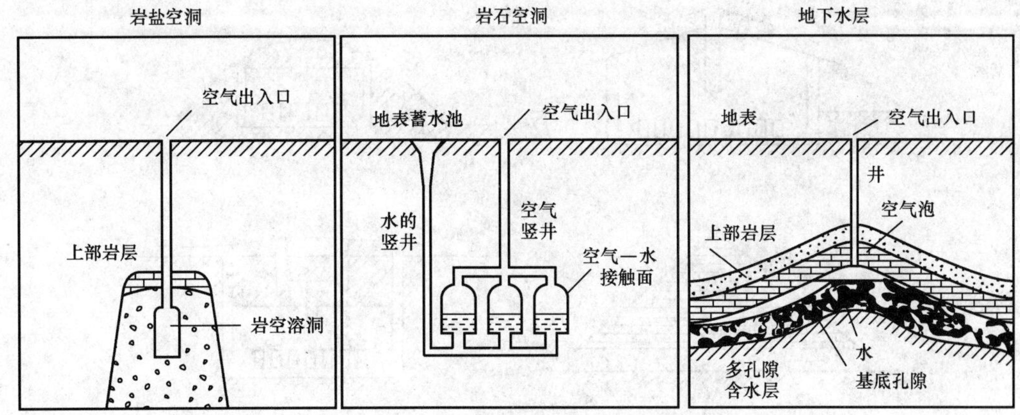

图 6-20 压缩空气储藏系统示意图

二、用水储藏设施

由于生产和生活的需要，人类用水量逐年增加，除对河川进行开发利用之外，用水储藏成为一个重要的研究课题，主要包括储藏农业用水的地下储水坝、储藏饮用水的地下储槽等。

在一些透水性岩石的下盘有不透水性基岩时，可做一道屏障形成地下坝蓄水。例如，日本在西南诸岛曾提出设想，西南诸岛的降雨量超过2000mm，透水系数约为 10%，多数由厚 30m 左右的石灰岩构成，因此，在一些透水性岩石的下盘有不透水性基岩时，可做一屏障形成地下坝。宫古岛的皆福地下坝高约 16.5m，长 500m，总储水量约 700 000m^3。

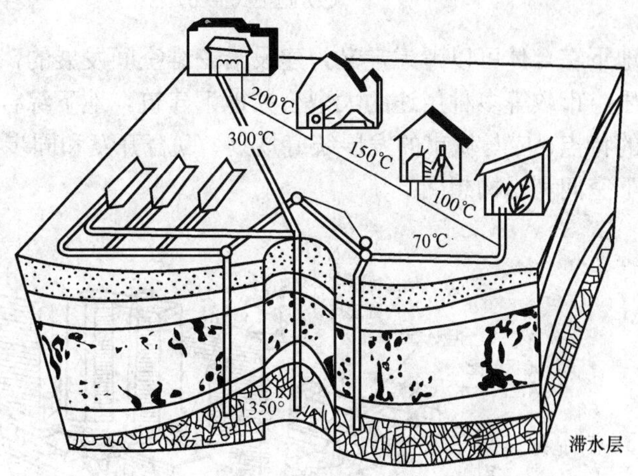

图 6-21 利用含水层进行热能储藏的设计概念示意图

一般在干燥半干燥、季节性缺水地区可以建造地下饮用水库。例如，挪威等国曾在岩体中建造饮用水储藏设施，并设有集水竖井、钢管井等取水和放水设施。

三、放射性废弃物处理设施

一般来说，放射性废弃物视其放射性水平的高低，在处理方式上各不相同。原子能发电站的放射性废弃物在进行在处理提取残余元素后，会对人体产生不良影响。这类再处理的废弃物属于高放射性废弃物，实际中常采用图 6-22 所示的几种处理设施进行处理。其中，地下式最好，地面开挖竖井达到良好岩体后，修建水平的隧道群，放入废弃物后加以埋设，一般都设在地下 500～1000m 深处。

6.2.3 城市地下综合体

城市地下空间的开发利用，已经成为现代城市规划和建设的重要内容之一。一些大城市从建造地下街、地下商场、地下车库等建筑开始，逐渐发展为将地下商业街、地下停车场和地下铁道、管线设施等结合为一体，形成与城市建设有机结合的多功能地下综合体。因此，

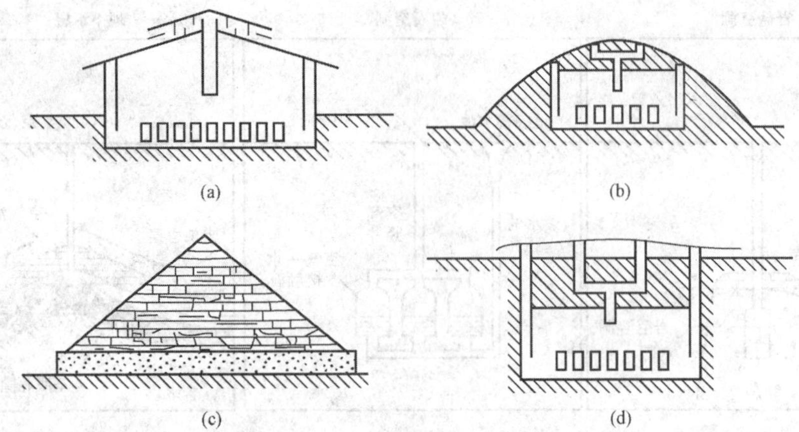

图 6-22　高放射性废弃物处理形式
（a）地上式；（b）古墓式；（c）金字塔式；（d）地下式

地下综合体可以考虑定义为建设沿三维空间发展的，地下连通的，结合交通、商业储存、娱乐、市政等多种用途的大型公共地下建筑。地下综合体具有多重功能、空间重叠、设施综合的特点，应与城市的发展统筹规划、联合开发和同步建设。图 6-23 所示为日本东京都城市地下空间利用构想图。

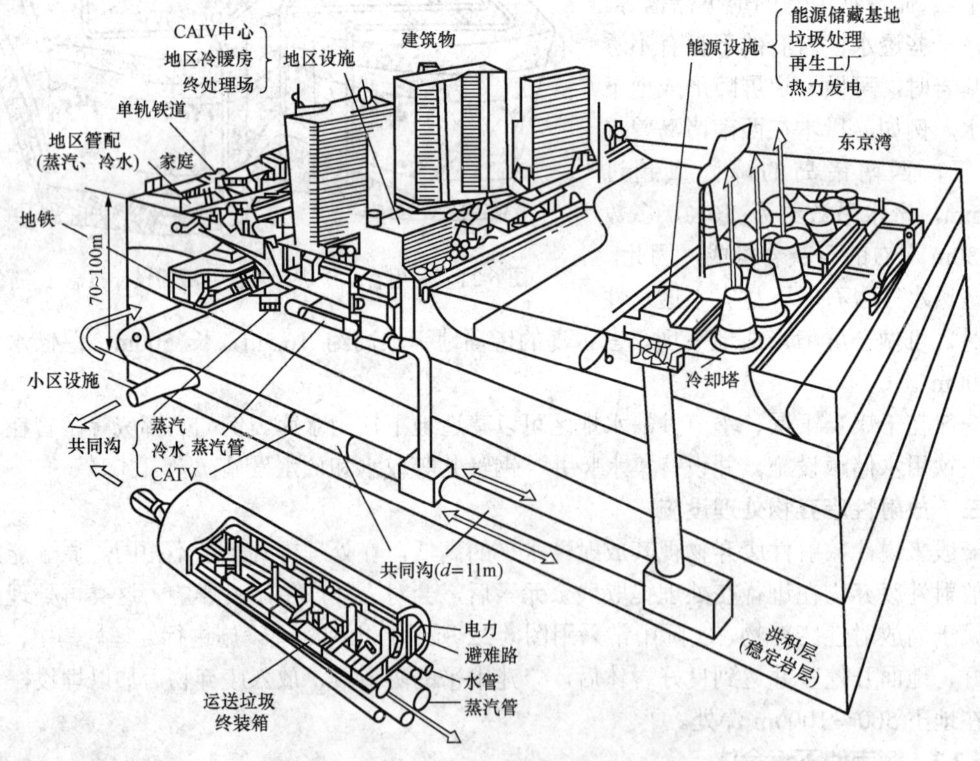

图 6-23　日本东京都城市地下空间利用构想图

一、地下街

地下街是城市的一种地下通道。不论是联系各个建筑物的，还是独立修建的，均可称为地下街，其形式可以是独立实体或附属于某些建筑物。地下街在我国的城市建设中起着多方面的积极作用，其具体表现为：

（1）改善城市交通，减少地面人员的交叉流动，实现人车分流。

（2）地下街与商业开发相结合，解决地面购物及服务设施等不足的问题，繁荣城市经济。

（3）改善城市环境，建立交通枢纽及各建筑物之间的联络通道，满足战备要求。

地下街在国土面积小、人口多的日本最为发达。1930 年，日本东京上野火车站地下步行通道两侧开设的商业柜台形成了“地下街之端”。20 世纪 50 年代，地下街开始大规模发展，到目前为止，已有 20 多个城市修建了各种规模的地下街 150 多处，约 120 万 m^2，其中超过 2/3 分布在东京、名古屋、大阪三个城市，如图 6-24 所示。日本地下街在多年的发展中形成了自己的特点，即功能明确、布置简单、使用方便、重视安全等。在规模上，地下街不追求过大，目前单个地下街面积最大的不超过 8 万 m^2，一些新建的地下街面积多在 3 万～4 万 m^2。

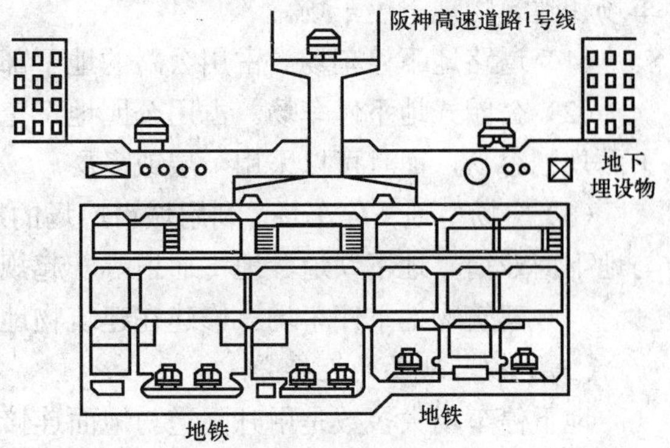

图 6-24　日本大阪地下街断面图

地下街的基本类型有广场型、街道型和复合型三种。

（1）广场型。广场型地下街多修建在火车站的站前广场或附近广场的下面，与交通枢纽连通，其特点是规模大、客流量大、停车面积大。例如，日本车站的八重州地下街分为上、下两层，上层为人行通道及商业区，下层为交通通道，有高速铁路和地下铁道。该地下街总面积达 68 000m^2，总长度为 6.0km，拥有 141 个商店，与 51 座大楼连通，每天利用人数达 300 万人以上。

（2）街道型。街道型地下街一般修建在城市中心区较宽广的主干道之下，出入口多与地面街道和地面商场相连，也兼作地下人行道或过街人行道。例如，我国成都市顺城街地下商业街位于成都市中心的繁华商业区，全长 1300m，分单、双两层，总建筑面积达 41 000m^2，宽为 18.4～29.0m，中间步行道宽 7.0m，两边为店铺，有 30 个出入口，另有设备（通风、排水等）和生活设施房间、火灾监控中心办公室等。

（3）复合型。复合型地下街为上述两种类型的综合，具有两者的特点，一些大型的地下街多属此类。从表面上看，地下街中繁华的商业区还似乎给人以商业为主要功能的印象，其实不然，地下街应是一个综合体，在不同的城市以及不同的位置，其主要功能并不相同。因此，在规划地下街时，应明确其主要功能，以便合理地确定各组成部分的相应比例。从日本修建的地下街的组成情况看，在地下街的总面积中，通道占 29.6%，停车场占 30.5%，商店占 25.6%，机房等设施占 14.4%。由此说明，日本地下街的主要功能和作用在于交通。

二、地下停车场

在城市用地日趋紧张的情况下，将停车场放在地下，是解决城市中心地区停车困难的主要途径之一。地下停车场按使用性质、设置场所和与地面的连接等分，也有各种不同的类型。

（一）按使用性质分

地下停车场按使用性质分，可分为公共停车场和专用停车场。

（1）公共停车场。克服城市路边违章停车、改善城市静态交通环境而设置的供车辆停放的公共使用场所。

（2）专用停车库。为特殊用途的车辆及载重车的停放而专门建造的停车库。

（二）按设置场所分

地下停车场按设置场所分，可分为道路地下停车场、公园式地下停车场、广场型地下停车场和建筑物地下停车场。

（1）道路地下停车场。占用公路的地下部分而设置的停车场，多为细长形。

（2）公园式地下停车场。占用公园地下空间而设置的停车场，能利用较大的地下空间，平面规划容易，而且可以采用一层或多层。

（3）广场型地下停车场。利用城市广场的地下空间建造的停车场，从广场的立体利用看，与地下商业街、地下铁道、地下通道等一起规划的比较常见。

（4）建筑物地下停车场。修建在建筑物地下的停车场。

（三）按与地面的连接分

地下停车场大多数是用升降道与地面连接。按升降道的形式不同，又可分为自行式和机械式两类。

三、地下铁道（地铁）

（一）地铁发展现状

国际隧道协会将地铁定义为轴重相对较重、单向输送能力在 3 万人次/h 以上的城市轨道交通系统。线路通常设在地下隧道内，也有的在城市郊外地区从地下转到地面或高架上。目前，地铁已成为发达国家大城市公共交通的重要手段。一些大城市，如纽约、芝加哥、伦敦、巴黎、东京、莫斯科等的地铁运营里程都超过 100km 以上。其中，纽约地铁里程达 1142km，是世界上最长的城市地铁；伦敦地铁共 9 条线，总长 500km，共 273 个车站，可日运 300 万人次，足以满足 40%的出行人员的需要。首尔 1974 年才开始修建地铁，现已建成 8 条干线，地铁总长 286.9km，平均车速为 40km/h，日运载量 350 万人次，地铁运量达城市居民出行量的 33.8%。

目前，地铁在缓解城市道路交通压力方面具有越来越重要的作用，其优越性主要表现在：

（1）运量大。地铁运量为公共汽车的 6～8 倍，完善的地铁系统可承担市内公共交通运量的 50%左右。

（2）行车速度快。地铁不受行车路线的干扰，其行驶速度为地面公共交通工具行车速度的 2～4 倍。

（3）运输成本低。

（4）安全、可靠、舒适。

（5）地铁的大部分线路修在地面以下，能合理地利用城市的地下空间，保护城市景观。

城市学家认为，人口超过 100 万的城市，为适应未来的交通需求和城市空间的合理利用，都宜修建地铁。

（二）地铁规划

地铁规划主要研究内容包括：

（1）预测交通量。作为城市地铁路网规划的基础资料，首先要对城市交通圈总体交通量发生和需求进行预测；交通量作为地铁线路走向规划和建设规模的重要依据，要对地铁线路建设营运吸引客流量进行预测。一般的预测流程大致按客流的发生量、集中程度、分布状况及交通分配等的现状和发展来进行推求。

（2）路网规划。路网规划时主要考虑其要与客流预测相适应，且符合城市发展的规划，贯通城市中心及其他主要地点，并均匀布置；与周围地区和城市业务地区以最短时间联络；力求多设换乘地点，方便出行客流；合理布置车间间距，提高列车的运行效率；为了最大限度地吸引沿线路面交通量，应沿干线道设置；应与周围地区已建铁路相联络。路网的主要类型如图 6-25 所示。

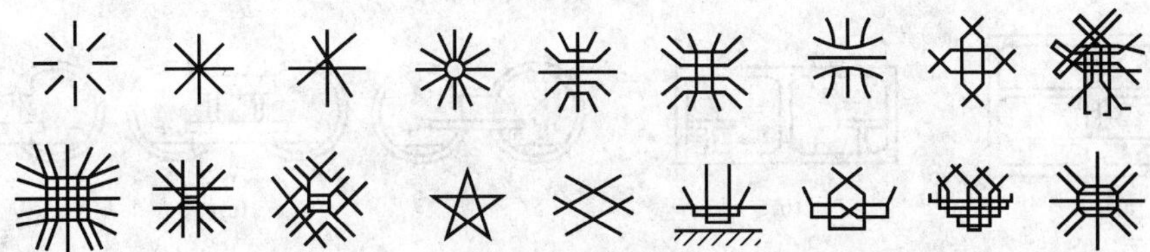

图 6-25 路网类型

（3）线路规划。地铁线路包括正线和辅助线和车场线。正线为运营线路，行车密度大、速度高，必须保证行车安全，舒适标准要求高；辅助线是为保证正线运营而配置的线路，标准要求也较低；车场线是场区作业的线路，行车速度低，故线路标准只要满足场区作业需要即可。线路的选定需要综合研究路线的经济性、运行的通畅、线路的维修管理、防火、与沿线环境的配合等进行比选。

（三）地铁区间隧道及车站

地铁是地下工程的一种综合体，其组成包括区间隧道、地铁车站和区间设备段等设施。地铁所用设备涉及各种不同的技术领域。

地铁的区间隧道是连接相邻车站之间的建筑物，它在地铁线路的长度与工程量方面均占有较大比重。区间隧道衬砌结构内应具有足够空间，以满足车辆通行和铺设轨道、供电线路、通信和信号、电缆和消防、排水及照明等装置的要求。

（1）地铁隧道结构。

1）浅埋区间隧道。多采用明挖法施工，常用钢筋混凝土矩形框架结构。图 6-26 所示为浅埋区间隧道的结构形式。

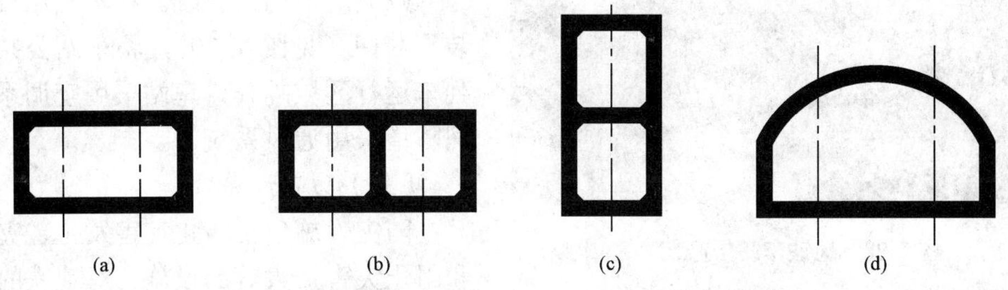

图 6-26 浅埋区间隧道的结构形式

（a）单跨矩形；（b）双跨矩形；（c）单跨双层；（d）单拱形

2）深埋区间隧道。深埋隧道多采取暗挖法施工，用圆形盾构开挖和钢筋混凝土管片支护。结构上覆土的深度要求不小于盾构直径。从技术和经济观点分析，采用暗挖法施工时，建造两个单线隧道比建造时将双线放在一个大断面隧道里的做法合理，因为单线隧道断面利用率高，且便于施工。

莫斯科早期地铁为适应备战要求而采用了深埋形式，有的路段深达40～50m。伦敦地铁有的建在30m深左右的黏土层中，以利用其不渗水的特点，方便施工。

（2）站台形式。站台是地铁车站的最主要部分，是分散上下车人流、供乘客乘降的场地。

世界各地车站站台的断面形式各异，如图6-27所示。但站台形式按其与正线之间的位置关系，可分为岛式站台、侧式站台和岛侧混合式站台。

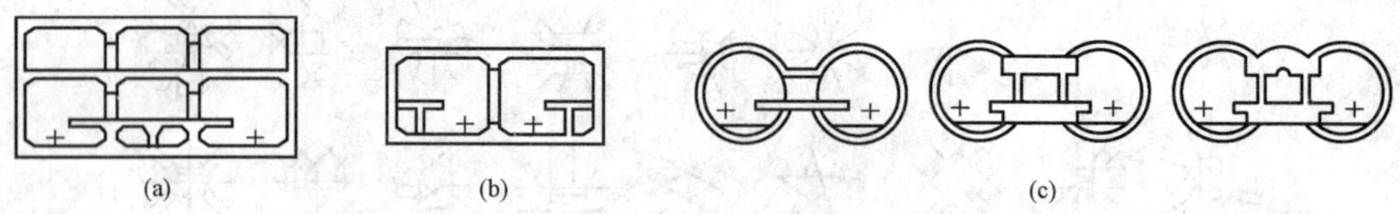

图6-27　地铁车站形式

（a）厢形岛式车站；（b）厢形侧式车站；（c）圆形岛式车站

（四）通风空调设备

在隧道内，乘客的体温、建筑的照明、列车用的电力都散发出热量而使温度上升，清洗水和地下工程特性使湿度增加，乘客和各种设备散发出的一氧化碳和臭气也会污染空气。因此，要净化空气，调节温度和湿度，创造一个舒适干净的环境，就需要进行通风。地铁通风空调系统一般分为开式系统、闭式系统和屏蔽门式系统。

（1）开式系统。应用机械或“活塞效应”的方法使地铁内部与外界交换空气，利用外界空气冷却车站和隧道。这种系统多用于当地最热月的月平均温度低于25℃且运量较小的地铁系统。

（2）闭式系统。即使地铁内部基本上与外界大气隔断，仅供给满足乘客所需的新鲜空气量。车站一般采用空调系统，而区间隧道的冷却是借助于列车运行的“活塞效应”携带一定部分车站空调冷风来实现。这种系统多用于当地最热月的月平均温度高于25℃，且运量大、高峰小时的列车运行对数和每列车车厢节数的乘积大于180节的地铁系统。

图6-28　地铁车站屏蔽门

（3）屏蔽门式系统。在车站站台边缘安装屏蔽门（见图6-28），将车站公共区域与列车运行区域隔开，车站采用空调系统，区间隧道采用通风系统。

（五）防灾设施

防灾设施包括防止灾害发生、灾害救援和阻止灾害扩大等的设施。对地铁的车站、隧道、变电站等设备，均要考虑防灾、灭火等设施。对旅客流通量大的车站，应该考虑设置防灾中心，其可以在火灾早期进行有效的观测和通报、综合指挥及诱导避难等。

6.2.4 地下工业设施

一、地下生产工厂

充分利用地下空间的特性建立地下工厂，是近年来地下工程的一个发展方向。例如，大规模矿山中将机械修理车间设在地下，可大大节省地面搬运的时间。随着坑道的延长、深度的增加，其经济效果更显著。在美国，利用地下埋深在3～5m时的恒温和恒湿物理特性栽培苗木，所需光线由电灯供给，因温度管理成本低，故成绩斐然。

二、地下电站

地下水力、核能、火力发电站和压缩空气站均属于动力类地下厂房，无论在平时还是战时，都是国民经济的核心部门。

（一）地下水电站

地下水电站可以划分为两种主要类型，即利用江河水源的地下水力发电站和循环使用地下水的抽水蓄能水电站。地下水电站可以充分利用地形、地势，尤其在山谷狭窄的地带，在地下建站和布置发电机组将十分经济有效。我国葛洲坝水电站、二滩水电站和三峡水电站都修建了不同规模的地下水电站。

位于松花江上的白山发电站年均发电量为23.6亿kWh，以220kV输电线路并入东北电网，是目前我国最大的地下水电站。而1997年建成的日本新高濑川地下水电站装机容量为1287万kW，开挖量为21.2万m^3，布置如图6-29所示。

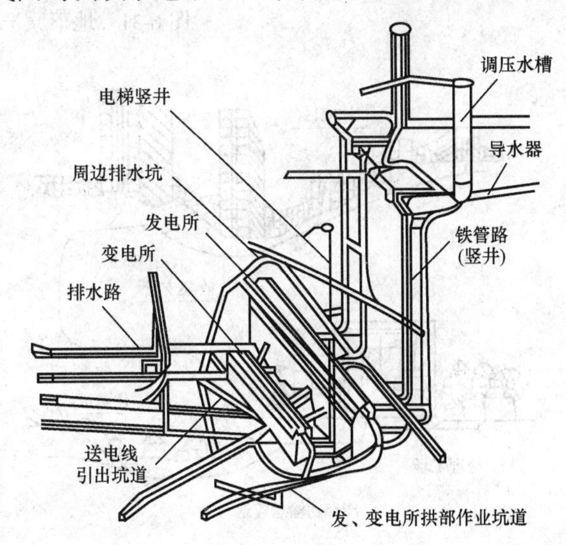

图6-29 日本新高濑川地下水电站布置

地下抽水蓄能水电站也称地下扬水水电站。这种水电站通常设于地下深处，具有地上、地下两个水库。供电时，水由地上水库经水轮发电机发电后流入地下水库；供电低峰时，用多余的电力反过来将地下水库的水抽回原地面水库，以便循环使用。

近十几年来，地下发电站发展很快，世界各国修建的地下发电站多采用扬水式。1999年3月，世界上第一座海水抽水蓄能电站Okinawa Yambaru在日本建成投产。这是一座以海水为工作介质的真机试验电站，装机容量30MW，最大工作水头152m，最大泄流量26m^3。日本抽水蓄能水电站除了上库外，电站厂房、输水管道等均采用地下施工方式，厂房和外部的联系是通过垂直升降设备完成的。如此一来，除了蓄水部分外，植被没有遭到任何破坏；从电站鸟瞰图看，上库像一颗明珠镶嵌在郁郁葱葱的山坳中。图6-30所示为该电站的鸟瞰图。

图6-30 日本抽水蓄能水电站鸟瞰图

（二）地下原子能发电站

地下原子能发电站有半地下式和全地下式

两类，如图 6-31 所示。

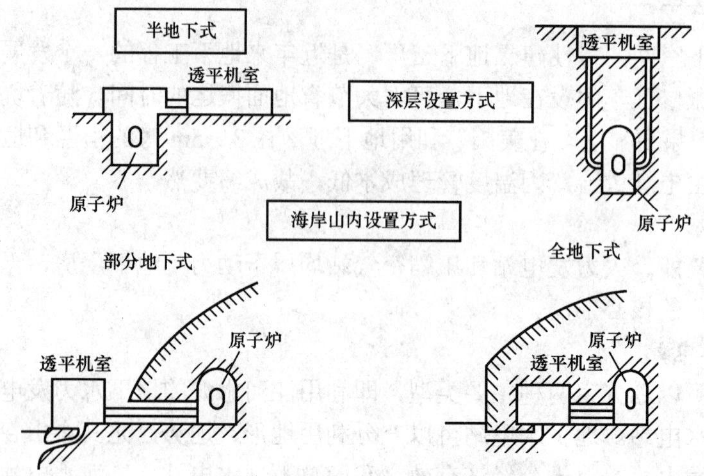

图 6-31　地下原子能发电站的形式

地下原子能发电站的主要优点是：选址条件的范围大，海岸或山区均可修建；修建在地下，对自然景观影响小；地下空洞围岩对放射性具有良好的屏蔽效果；抗震性好。但缺点是：开挖量大，费用高，工期长，扩建、改建难。

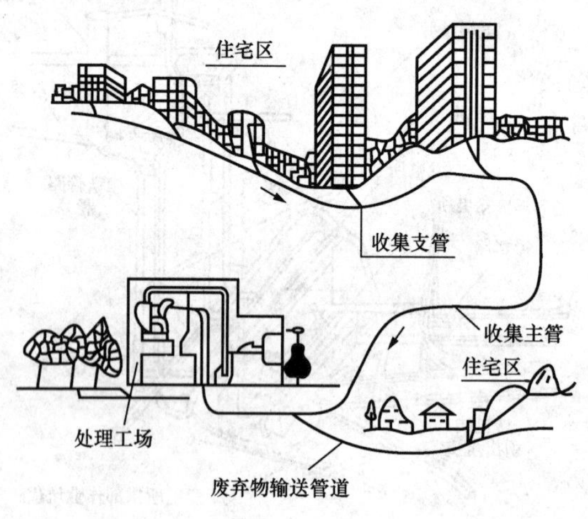

图 6-32　废弃物地下处理设施示意图

三、废弃物地下处理设施

废弃物处理设施包括废弃物的排除、收集、运输、处理、处置等一系列作业设施。废弃物地下输送设施与车辆运输系统完全不同，它是利用气流将排出场所的废弃物通过地下埋设的管道输送到处理场，如图 6-32 所示。利用废弃物地下管道输送设施，主要方式是以水和空气为媒介，矿石和砂土的输送多采用水，废弃物的输送主要采用空气。

6.3　隧道及地下工程的施工方法

隧道及地下工程的施工就是在地下挖掘所需要的空间，并修建能长期经受外部压力的衬砌结构。工程进行时，由于要承受周围岩土或土砂等重力而产生的压力，不但要防止可能发生的崩坍，有时还要避免由于地下水涌出等所产生的不良影响。因此，为了适应多种多样的条件，隧道施工技术也是复杂多样的。通常，隧道及地下工程的施工方法大致可分为明挖法和暗挖法两类。明挖法又分基坑开挖、盖挖和沉管三种；暗挖法则分为钻爆法（又称矿山法）、盾构法、掘进机法和顶进法四种。下面就常见的施工方法进行介绍。

6.3.1　明挖法

所谓明挖法，是指地下结构工程施工时，从地面向下分层、分段一次开挖，直至达到结构要求的尺寸和高程，然后在基坑中进行主体结构施工和防水作业，最后回填恢复地面。实际工程施工中，常根据工程地质条件、开挖工程规模、地面环境条件、交通状况等确定。

1950 年前后，日本东京、大阪重新开始的地铁建设全部采用明挖法施工。目前，在国内外地下工程修建中，明挖法主要应用于大型浅埋地下建筑物的修建和郊区地下建筑的修建，且逐渐演化成盖挖和明暗挖相结合的施工方法，但总体来说明挖法仍是地下工程建设的主要施工方法。以北京地铁的修建为例，在早期由于施工方法的限制，地铁 1、2 号线基本采用明挖法修建。

明挖法的关键工序是：降低地下水位、边坡支护、土方开挖、结构施工、防水工程等。目前，我国在大面积深基坑降水和边坡支护等方面取得了进步，明挖法也在许多地下工程中得到了更好的应用。明挖法隧道采用的结构形式是多种多样的，但以箱形结构为主。箱形结构的侧壁多采用连续墙作为主体结构的一部分。因隧道的使用目的不同，箱形结构也有各种各样的形式，如图 6-33 所示。

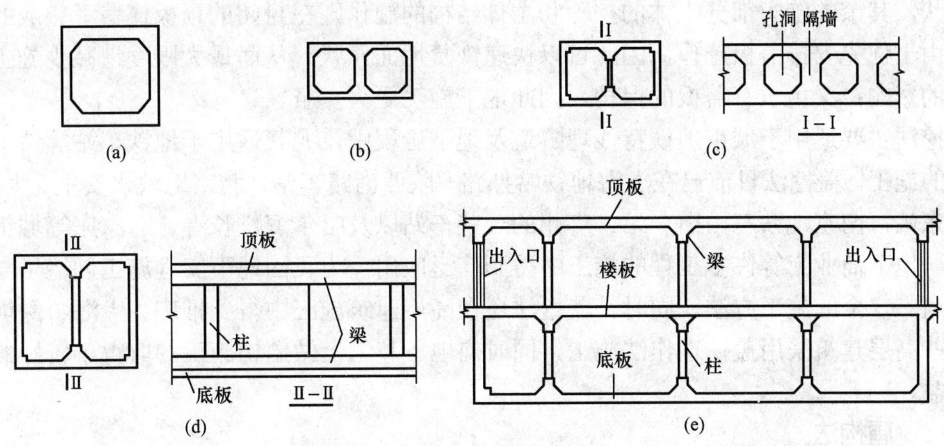

图 6-33 箱形结构的典型形式

（a）单跨；（b）双跨；（c）隔墙开设孔洞；（d）梁柱体系；（e）多层多跨形式

6.3.2 传统矿山法

传统矿山法是采用木构件或钢构件作为临时支撑，抵抗围岩变形，承受围岩压力，获得坑道的临时稳定，待隧道开挖成形后，再逐步地将临时支撑撤换下来，而代之以整体式单层衬砌作为永久性支护的施工方法。

早期的传统矿山法主要采用木构件作为临时支撑，施作后的木构件支撑只是作为维护围岩稳定的临时措施，持隧道开挖成形后，再逐步地将其拆除，并代之以整体式单层衬砌。木构件支撑由于其耐久性差和对坑道形状的适应性差，支撑撤换工作既麻烦又不安全，且对围岩有进一步扰动，因此目前已很少采用。

由于材料的进步和钢材产量的增加，传统矿山法已发展为主要采用钢构件承受早期围岩压力，以维护围岩的临时稳定，然后在此基础上再施作内层衬砌，以承受后期围岩压力并提供安全储备。钢构件支撑具有较好的耐久性和对坑道形状的适应性等优点，施作后的钢构件支撑不予拆除和撤换，也更为安全。至今这种方法也时有采用。

6.3.3 新奥法

新奥法又称暗挖法，是在传统矿山法修建隧道方法的基础上发展起来的，其主要采用锚杆和喷射混凝土作为维护围岩稳定的初期支护，以帮助围岩获得初步稳定，施作后的锚喷支护即成为永久性承载结构的一部分而不予拆除，然后在此基础上再施作内层衬砌作为安全储备。初期支护、内层衬砌和围岩三者共同构成了永久的隧道结构承载体系。

新奥法的施工原则是：少扰动、早锚喷、勤量测、紧封闭。当隧道围岩坚硬、完整，或者围岩虽然比较软弱破碎，但地应力不很大，埋深较大时，隧道上覆土的自然成拱作用较好，工作面稳定既不易受地面条件的影响，围岩松弛变形也不至于波及地表，采取常规支护，并按“先开挖，后支护”的顺作程序施工。但当隧道围岩破碎，而地应力也较大时，无论是浅埋还是深埋，围岩都表现为较强的流变性，随时会发生坍塌，此时应采取“先支护，后开挖”的逆作程序及特殊的稳定措施，如超前支护或注浆加固处理，然后再开挖。

6.3.4 盖挖法

盖挖法是在隧道浅埋时，由地面向下开挖至一定深度后，将结构顶板施作封闭，并恢复地面原状，其余的绝大部分土体的挖除和主体结构的施作则在封闭的顶板掩盖下完成的施工方法。由于优先安排盖板施作，因此可以快速恢复地面原状，从而最大限度地减少施工对地面交通的影响；又由于有盖板的保护，因此地下施工更为安全。

盖挖法主要适用于城市地铁特浅埋隧道及地下工程中，尤其适用于地铁车站等地下洞室建筑物的施工。盖挖法目前已在上海地铁常熟路、陕西南路车站，北京地铁永安里、大北窑、天安门东站，南京地铁三山街车站，广州的一些车站以及哈尔滨、长春、石家庄等城市的地下商场、地下商业街等许多工程的施工中得到广泛应用，为我国地下工程施工创造了一种简单、快速、安全的施工方法。同时，盖挖法还在高层建筑施工中得到推广。上海、深圳、天津的一些高层建筑采用盖挖逆作法施工，同时向地下和地上做结构施工，取得了较好的技术经济效益。

6.3.5 盾构法

盾构法是使用盾构机械在围岩中推进，一边防止土砂的崩坍，一边在其内部进行开挖、衬砌作业修建隧道的方法。用盾构法修建的隧道称为盾构隧道。盾构法是软土隧道掘进施工的一种有效方法，在城市地铁施工中已得到了广泛的应用。盾构机如图 6-34 所示。

图 6-34 盾构机

盾构施工首先要修建预备竖井，在竖井内安装盾构，然后边推进边衬砌。盾构推进的反力开始时是由竖井后背墙提供，进入正洞后则由已拼装好的衬砌环提供。盾构挖出的土体由竖井通道送出洞外。盾构每推进一环的距离，就在盾尾支护下拼装或现浇一环衬砌，并向衬砌与围岩之间的空隙中压注砾石及水泥砂浆，使衬砌与围岩保持紧密接触，既阻止了地面的沉陷，又可起到防水的作用，如图 6-35 所示。

盾构施工技术在国际上起步较晚，但近年来发展较快。我国的盾构研究起步于 20 世纪 60 年代。1963 年，上海开始用盾构做试验隧道，为盾构在软土中施工提供了宝贵经验，对地上和江面航运无影响。这种工法的安全性较高，适合在软土或者砂土地层中使用。盾构技术在近十几年来有了飞跃式的发展，适用于多种地层。我国广深港客运专线狮子洋隧道、天津站与天津西站地下直线段就是采用盾构法施工的隧道。

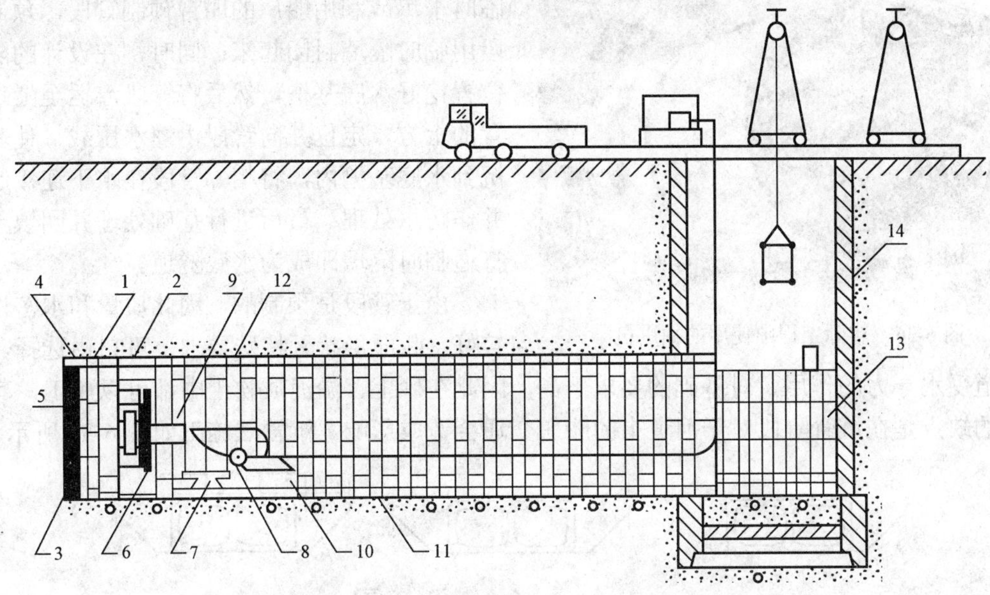

图 6-35 盾构法施工示意图

1—盾构；2—盾构千斤顶；3—盾构正面网格；4—出土转盘；5—出土皮带运输机；6—管片拼装机；7—管片；8—压浆泵；9—压浆孔；10—出土机；11—由管片组成的隧道衬砌结构；12—在盾尾空隙中的压浆；13—后盾管片；14—竖井

盾构的类型很多，选择适合土质条件并确保工作面稳定的盾构机类型及合理的辅助工法是盾构施工的关键。此外，盾构的外径、覆土厚度、线性、掘进距离、工期、竖井用地、路线附近的重要构筑物等地域环境条件的考虑也至关重要，当然还应考虑安全性和成本。通常要求按上述因素综合考虑选定合适的盾构，如半机械式盾构、机械式盾构、挤压式盾构、泥水加压式盾构、土压平衡式盾构、泥土式盾构等。

6.3.6 掘进机法

隧道掘进机（Tunnel Boring Machine，TBM）是一种利用回转刀具开挖（同时破碎和掘进）隧道的机械装置，通常是指岩石隧道全断面掘进机。它是一种集掘进、出渣、支护和通风防尘等多种功能为一体的大型高效隧道施工机械。隧道掘进机适用于中硬岩地质的隧道施工，采用机械破碎岩石的方法进行开挖。

目前，隧道掘进机正朝着机械、电气、液压和自动一体化及智能化的方向发展。隧道掘进机法具有快速、优质、经济和安全等优点，但对具有坍塌、岩爆、软弱地层、涌水及膨胀岩等不良地质情况的地段适应性较差。自 1954 年第一台隧道掘进机投入施工以来，到目前为止，世界上各种地下工程（铁路、公路、上下水道、水工隧洞、矿山等）中约有 700 项以上的工程采用了隧道掘进机。高速掘进是隧道掘进机的最大优点，国内外最大月进洞超过 1000 m 的例子很多。著名的英吉利海峡隧道就是采用隧道掘进机法进行施工的，我国于 1999 年 9 月全部贯通、2000 年 8 月通车的秦岭铁路隧道 I 线采用掘进机法施工，在我国铁路隧道施工中尚属首次。I 线（左线）隧道采用了直径达到 8.8m 的 2 台敞开式掘进机，由隧道两端相向施工。图 6-36 所示为实际工程中使用的掘进机。

图 6-36 实际工程中使用的掘进机

6.3.7 沉管法

沉管法又称沉埋法，即先在隧址附近修建临时干坞或利用船厂的船台预制管段，预制管段用临时隔墙封闭起来；同时，在设计的隧道位置挖好水底基槽，然后将管段浮运至隧道位置的上方，定位并向管段内灌水压载，使其下沉到水底基槽内，将相邻管段在水下连接起来并作防水处理；最后进行基础处理并回填土，打通临时隔墙即成为水底隧道。

由于管段是预制的，因此质量和水密性均较好，断面形状无特殊要求，可自由选择。沉管隧道受水浮力的作用，对基础的要求不高，因此在砂上、淤泥质软土中都可以施工，其最主要的缺点是在沉管阶段对于河道上的船舶交通会造成影响。沉管法施工如图 6-37 所示。

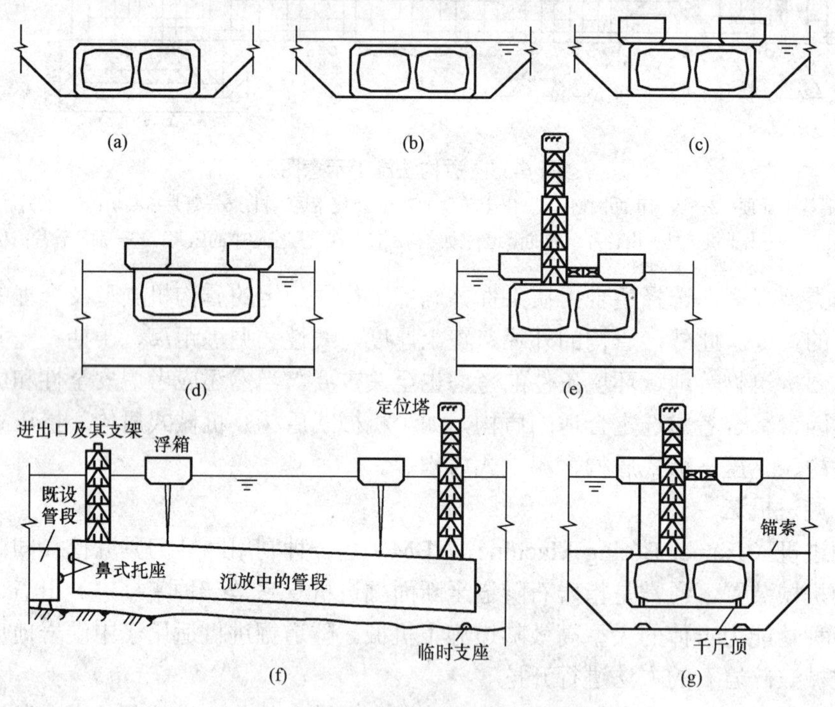

图 6-37 沉管法施工

（a）在干坞中建成管段；（b）管段压载后向干坞灌水；（c）浮箱在管上就位；（d）管段浮起待运；（e）安装定位塔和进出口管段重新加载并由浮箱系吊；（f）、（g）管段下沉就位

英国于 1810 年采用沉埋法在伦敦进行了水底隧道施工试验。该试验隧道的两个孔道由砖石圬工砌成，外径为 3.4m，沉于泰晤士河河底，但由于未能解决好管段防水问题，试验并未取得成功。沉埋法的首次成功应用是 1894 年美国波士顿建成的一条城市水底污水隧道。我国 1995 年通车的宁波甬江水底沉管隧道也采用了沉埋法，该隧道为单孔双车道汽车隧道，全长 1019m，其中水下段 420m，是采用 5 节 8m×11.9m 的钢筋混凝土大型沉管水底对接而成，主体沉管段分五节，即 85m＋80m＋3×85m。

2003 年 6 月，规模居亚洲第一的上海外环沉管隧道（8 车道）的建成通车，标志着我国沉管隧道设计与施工水平均已达到国际先进水平。2008 年 12 月，武汉长江水底隧道正式通车运行，隧道全长约 3200m，其中沉埋段长约 1300m。

6.3.8 顶管法

顶管法施工是指隧道或地下管道穿越铁路、道路、河流或建筑物等各种障碍物时采用的一种暗挖式施工方法。施工时，通过传力顶铁和导向轨道，用支承于基坑后座上的液压千斤顶将管压入土层中，同时挖除并运走管正面的泥土。当第一节管全部顶入土层后，接着将第二节管接在后面继续顶进，这样将一节节管子顶入，做好接口，建成涵管。顶管法特别适于修建穿过已成建筑物、交通线下面的涵管或河流、湖泊。顶管按挖土方式的不同，分为机械开挖顶进、挤压顶进、水力机械开挖和人工开挖顶进等，如图 6-38 所示。

图 6-38 顶管法施工

顶管法施工是继盾构施工之后发展起来的地下管道施工方法，最早应用于 1896 年美国北太平洋铁路铺设工程中，20 世纪 60 年代在世界各国得到推广应用。

我国于 20 世纪 50 年代从北京、上海开始试用。1986 年，上海穿越黄浦江输水钢质管道，应用计算机控制、激光导向等先进技术，单向顶进距离 1120m，顶进轴线精度：左右小于±150mm，上下小于±50mm。1981 年，浙江镇海穿越甬江的管道，直径为 2.6m，单向顶进 581m，采用 5 只中继环，上下左右偏差小于 10mm。

6.3.9 辅助工法

辅助工法通常又包括以下几类。

一、冻结法

冻结法是通过钻孔，埋入钢管，在钢管中加盐水或液氮，经循环使周围地层冻结而形成保护层的方法。它不仅能保证地层稳定，还能起隔水作用，确保施工安全。作为一种成熟的施工方法，冻结法的应用在国际上已有 100 多年的历史。我国采用此法已有 40 多年的历史，冻结最大深度达 435 m，冻结表土层最大厚度达 375 m，冻土强度可达 5～10MPa。确切地说，冻结法不是一种开挖方法，而是面向含水地层的一种处理方法，常配合其他开挖方法使用。上海地铁 2 号线共 9 个旁通道，其中 4 个是使用水平冻结技术完成的。此外，北京、广州、南京等许多大中城市的地铁工程和市政基础等多项工程建设中都曾采用过冻结法。一般来说，冻结法造价相对较高，当其他方法施工困难时，可选用冻结法，但应在施工中注意冻胀引起的变形，以采取相应对策。

二、管棚法

管棚法作为地下工程的辅助施工方法，是在地质条件恶劣和特殊条件下作为安全开挖预先提供增强地层承载力的临时支护方法，对控制塌方和抑制地表沉陷具有明显的效果，是防止地中及地面结构物开裂、倒塌的有效方法之一。由于其施工精度要求高、要求专门的设备、造价高、速度慢、纵向搭接设置第二排管棚的难度大等原因，一般只在特殊地段，如隧道洞口、浅埋段、拱顶地质松软易塌落的地段、下穿公路与建（构）筑物、地表沉降要求严格的地段采用，沿着隧道断面周边的一部分或全部，以一定的间距环向布设，以形成管棚群。

三、注浆法

注浆法是将注浆材料按一定配合比例制成浆液，再通过一定的方式压入隧道围岩或衬砌背后的空隙中，经凝结、硬化后起到堵水和加固围岩作用的一种辅助施工方法。围岩注浆是隧道通过软弱围岩地段时常用的过程手段，其作用有：加固围岩，增强围岩的自身强度、承载能力、自稳能力；提高围岩的密实性，减少地下水的渗透量，承担外水压力；减轻初期支护喷射混凝土层承受的外荷载，降低其刚度，增强其柔性，提高其抗渗能力。注浆法主要包括小导管预注浆法、帷幕注浆法、径向局部注浆法、地表旋喷桩加固法等。

四、降水法

当隧道出于富水地层时，为了保持开挖工作面的干燥或少水状态，以便安全、快速施工，在地层渗透性较好、不会因降水引起地表过大沉陷时，可采用降水法（又称降低地下水位法）。常采用的降水法包括洞内轻型井点降水法、地表深孔井点降水法、洞内水平井点降水法等。

五、预切槽法

预切槽法是用专门的预切槽机沿隧道横断面周边预先切割或钻一条有限宽度的沟槽。在硬岩中，切槽可作为爆破的临空面，气爆顺序与传统爆破相反，不是由里向外，而是由外向里逐层起爆。这种方法可以显著降低钻爆法施工的爆破振动速度。在松散地层中，切槽后立即向槽内喷入混凝土，在开挖面前方形成一个预筑拱，随后才将切槽所界定的开挖面开挖出来，这样就能有效地减少因开挖面开挖而产生的围岩变形与地表沉降，并使开挖工作面能在预筑拱保护下安全、高效地进行。

6.4 我国隧道及地下工程的发展前景

6.4.1 发展状况

我国地域辽阔，南北长约 4000km，东西长约 4500km，地势海拔高差达 5000m 左右，地表起伏很大，峡谷、丘陵、高山遍布在 2/3 的国土上，平面投影面积达 960 万 km^2，居住着 56 个民族，人口超过 13 亿。铁路、公路一直是人们出行的主要交通方式。随着生活节奏的加快和科学技术的进步，要求安全、舒适、快速、方便、经济的运输方式已提到议事日程上来。过去采用的盘山绕行、挖深路堑等方法不仅增加了里程，破坏了环境，而且行车很不安全，尤其是公路，赶上冬季，线路多在冰冻线以上，因山高、路滑、坡陡而翻车、封路的事件屡屡发生。深挖路堑形成高边坡，不仅损失了许多土地，也破坏了自然环境，常常发生大的滑坡、坍方等灾害。所以，从实施可持续发展战略出发，在今后几十年中，交通隧道将如雨后春笋一样迅猛发展。我国将建设一批新铁路，其中包括为数众多的山区铁路。例如，内江—昆明铁路，水富—梅花山段正线全长 357.6km，含隧道 127 座，累计长 144.5km，占正线的 40%，其中 3km 以上的长隧道 15 座；西安—南京铁路西段位于山区，含隧道 74 座，累计长 77.6km，其中 3km 以上的长隧道 6 座，最长的是 12.31km 的东秦岭隧道；重庆—怀化铁路的鱼嘴—怀化段，正线长 584.3km，含隧道 169 座，累计长 214.4km，占全长的 36.796%，其中 3km 以上的长隧道 21 座。

21世纪，水下交通隧道在沿江、沿海城市进入建设高潮。以上海为例，根据上海市城市总体规划，到2020年，黄浦江上越江设施的总体规模将达到99个车道。其中，外环线以内的越江设施中，隧道车道数将占到70%左右。

当今世界各国都极为重视地下空间资源的开发利用，这已成为世界性的发展趋势和衡量城市现代化的重要标志。对于我国这样一个人口庞大、资源相对贫乏的国家来说，拓展新的城市发展空间，走集约化城市发展道路势在必行。向地下要空间，开发城市第二空间——地下空间资源是我国城市发展的必由之路，是解决城市发展面临的人口、环境、资源危机的重要措施和医治城市综合征的重要途径。自1969年国内第一条地铁——北京地铁1号线建成通车以来，上海、广州、天津、大连、南京、深圳等城市也先后建成地铁并投入运营。

6.4.2 发展趋势

隧道和城市地下空间的开发利用及其技术的发展趋势如下：

（1）隧道工程的长大化和微型化。20世纪80年代之前，受技术条件的限制，我国隧道工程规模都不大。直到1987年，长14.3km的大瑶山隧道的建成，标志着我国长大隧道建设的开始，之后长大隧道在我国便如雨后春笋般地发展起来。2000年，我国建成的西康复线秦岭隧道长18.46km，2006年建成的兰新复线新乌鞘岭隧道长20.05km，而2007年12月贯通的石太客专太行山隧道长度则达到27.84km。2008年通车的中国东北伙房水库输水工程隧洞长85.32km，开挖洞径为8.00m；隧道穿越50多座山峰，50多条河谷，29条断层。地表到隧道顶端的距离最大为630m，最小为60m。此外，规划建设中的西格复线新关角隧道长32.6km（2012年通车）。

与此同时，微型隧道工程也将加速发展。微型隧道是人进不去的隧道，直径一般在25～30cm，最大可达2m。在隧道表面入口处采用遥控技术进行开挖和支护，这种方法快速、准确、经济、安全，适用于在高层建筑、历史名胜古迹、高速公路和铁路以及河道的下方安设管道。目前世界上已采用微型隧道技术修建了5000km管道，由于地下管线不断增多，这种工程的应用将越来越广泛。

（2）城市地下空间利用的综合化、分层化与深层化。21世纪，城市地下综合体大量出现，如地下步行道系统、地下快速轨道系统、地下高速道路系统的相结合，以及地下综合体与地下交通换乘枢纽的结合。地上、地下空间功能既有区分，更有协调发展，会成为地下空间利用的一个趋势。

随着先进城市的地下浅层空间基本开发完毕，以及深层开挖技术和装备的逐步完善，为了综合利用地下空间资源，地下空间开发正逐步向深层发展。在这种分层面的地下空间内，以人及其服务的功能区为中心，实施人、车分流，市政管线、污水和垃圾处理分置于不同的层次，各种地下交通也分层设置，可减少相互干扰，保证地下空间利用的充分性和完整性。

（3）快速施工将是今后隧道修建的主攻方向。隧道机械化施工是快速施工的主要措施，各种隧道掘进机和盾构将成为地下隧道快速开挖的普遍工艺。随着地下空间开发利用程度的不断扩展，长大隧道的开挖以及遇到不良地层的机会增多，对隧道开挖速度及开挖安全的要求越来越高，预计在硬岩中采用隧道掘进机开挖、软岩中采用各种盾构的趋势将更加明显。同时，消除施工中的塌方是快速施工的前提，实施超前地质预报，在不良地质的隧道施工中推广辅助工法的技术开发与应用，是提高施工队伍技术水平的主要手段。

（4）市政管线公用隧道（共同沟）在未来将得到更广泛的应用和发展。随着城市和生活现代化程度的提高，各种管线的种类、密度和长度将快速增加，易于维护检查的共同沟的发展将成为必然，从而可大大减少管线遭破坏而引发的事故。

（5）大力发展浅埋暗挖技术、沉管技术、沉井技术和非开挖技术，促进中小口径顶管掘进的标准化、系列化和推广应用。

（6）"3S"技术在地下空间开发中的应用将得到加强。由于地下空间开挖中定位和对地质地理信息的需要，GPS（全球定位系统）、RS（遥感）和GIS（地理信息系统）技术在地下空间开发中将会得到越来越广泛的应用。

（7）勘察、设计和施工的信息化整合。现代地下空间的勘察、设计和施工阶段将被整合成为一个统一的过程，该过程中各个阶段的相互联系将借助于信息技术实施统一管理。

（8）加强环保意识。逐步建立大型隧道及地下工程施工监测、监控、环境病害预测防治系统，采取有效的方法和措施，将隧道及地下工程施工与运营对环境的不良影响降低到可接受的程度。

（9）制定相应的有关城市地下工程规划、勘察、设计、施工等技术和经济方面的法规、标准等，以保证有法可依、有章可循；引进消化吸收国外先进管理方法和经验，进行本土化改造和自主创新研发。

7 港口工程及水工建筑物

7.1 概 述

7.1.1 港口工程的定义

港口是具有水陆联运设备和条件，供船舶安全进出和停泊的运输枢纽。港口工程是兴建港口所需的各项工程设施的工程技术，包括港址选择、工程规划设计及各项设施（如各种建筑物、装卸设备、系船浮筒、航标等）的修建；有时也指港口的各项设施。港口工程原是土木工程的一个分支，随着港口工程科学技术的发展，已逐渐成为相对独立的学科，但仍和土木工程的许多分支，如水利工程、道路工程、铁路工程、桥梁工程、房屋工程、给水和排水工程等存在密切的联系。

7.1.2 港口工程发展简史

最原始的港口是天然港口，有天然掩护的海湾、水湾、河口等场所供船舶停泊。随着时间的推移和人类生产力的发展，天然港口已经越来越不能满足人类自身发展的需求，而需要兴建具有码头、防波堤和装卸机具设备的人工港口，这就是港口工程建设的开端。我国是人工港口出现最早的国家之一，在秦汉时期就出现了山阴港等人工海港。

到近代（17 世纪中叶～20 世纪中叶），随着资本主义的发展和商品经济的崛起，船舶迅速大型化，原来以石材和木料为主的港口工程逐渐被以钢材和混凝土结构为主的港口工程所取代，在工程理论方面也有巨大的创新，从而保证了工程结构物的安全性。

通常所说的港口工程是指现代港口工程（20 世纪中叶以后）。第二次世界大战以后，现代科学技术推进了建筑材料的发展和建筑理论技术的更新，加上施工过程的工业化和规模化，使一大批大型的海港相继涌现，如荷兰的鹿特丹海港（见图 7-1）、中国的上海港（见图 7-2）等。

图 7-1 荷兰鹿特丹海港

图 7-2 中国上海港

7.2 港口的分类

7.2.1 按地理位置分

港口按地理位置分，可分为内河港、海港和河口港。

（1）内河港。内河港是指位于天然河流或人工运河上的港口，包括湖泊港和水库港。湖泊港和水库港水面宽阔，有时风浪较大，因此同海港有许多相似处，如往往需修建防波堤等。苏联古比雪夫、齐姆良斯克等大型水库上的港口和中国洪泽湖上的小型港口均属此类，如图7-3和图7-4所示。

图7-3 苏联古比雪夫水库港

图7-4 中国洪泽湖水库港

（2）海港。海港是指位于海岸、海湾或泻湖内，或离开海岸建在深水海面上的港口。位于开敞海面岸边或天然掩护不足的海湾内的港口，通常需修建相当规模的防波堤，如我国的大连港（见图7-5）、青岛港、连云港（见图7-6）、基隆港和意大利的热那亚港等。供巨型油轮或矿石船靠泊的单点或多点系泊码头和岛式码头属于无掩护的外海海港，如利比亚的卜拉加港、黎巴嫩的西顿港等。泻湖被天然沙嘴完全或部分隔开，开挖运河或拓宽、浚深航道后，可在泻湖岸边建港，如广西的北海港；也有完全靠天然掩护的大型海港，如东京港（见图7-7）、香港港、悉尼港（见图7-8）等。

图7-5 大连港

图7-6 连云港

图 7-7 东京港

图 7-8 悉尼港

（3）河口港。河口港是指位于河流入海口或受潮汐影响的河口段内，可兼为海船和河船服务的港口。河口港一般有大城市作依托，水陆交通便利，内河水道往往深入内地广阔的经济腹地，承担大量的货流量。因此，世界上许多大港都建在河口附近，如鹿特丹港、泰晤士港（见图 7-9）、纽约港、列宁格勒港、深圳港（见图 7-10）、上海港等。河口港的特点是，码头设施沿河岸布置，离海不远而又不需建防波堤，如岸线长度不够，可增设挖入式港池。在我国，一般把河口港划入海港的范畴。

图 7-9 英国泰晤士港

图 7-10 中国深圳港

7.2.2 按用途分

港口按用途分，可分为商港、工业港、渔业港、军港、油港、散货港和避风港等。

（1）商港。商港是指专门从事客货运业务的港口，所以也称为公共港。商港不但要有优良的自然条件，还必须具备工商业比较集中、商品经济比较发达、交通十分方便等特点，并具有从事水、陆、空联运的各种设施，如上海、香港、鹿特丹和汉堡等港口都是世界上著名的商港。

（2）工业港。工业港是指为临近江、河、湖、海的大型工矿企业直接运输原料、燃料和产品的港口。

（3）渔业港。专门从事渔业的港口。我国的渔港一般只用于渔船的停泊、装运物资等，而现代化的渔港应具备各种鱼类的加工设备。

（4）军港。为军事目的而修建的港口。

（5）油港。专门装卸原油或成品油的港口。

（6）散货港。专门装卸大宗矿石、煤炭、粮食、河沙、石料等散货的港口。

（7）避风港。专为船舶、木筏等在海洋、大潮、江河中航行和作业遇到突发性风暴时避风用的港口。

7.2.3 其他分类方式

港口按运输货物贸易方式分，可分为对外开放港口和非对外开放港口等；按运输功能分，可分为客运港、货运港、综合港等。

7.3 港口的组成

7.3.1 港口水域

港口水域是港界线以内的水域面积，它一般需满足两个基本要求：①船舶能安全地进出港口和靠离码头。②能稳定地进行停泊和装卸作业。港口水域主要包括进出港航道、转头水域、码头前水域、锚地及助航标志等几部分。

（1）进出港航道。进港航道是船舶进出港口水域并与主航道连接的通道，一般设在天然水深良好，泥沙回淤量小，尽可能避免横风横流和不受冰凌等干扰的水域。

（2）转头水域。转头水域又称回旋水域，是指船舶在靠离码头、进出港口需要转头或改换航向时而专设的水域。

（3）码头前水域（港池）。码头前水域是指码头前供船舶靠离和进行装卸作业的水域。

7.3.2 港口陆域

港口的陆域是港口陆地部分的面积，主要用于陆上交通及货物的存放，主要包括码头、防堤波、护岸建筑、进口仓库与货场等。

（1）码头。码头是供船舶系靠、装卸货物或上下旅客的建筑物的总称，是港口中主要的水工建筑物之一。码头的主要布置形式有：①顺岸式。码头与自然海岸线大体平行，在河港、河口港及部分中小型海港中较常用。②突堤式。码头的前沿线与自然岸线有较大的角度。③挖入式。港池由人工开挖形成，在大型的河港及河口港中较为常见。

（2）防堤波。防堤波的主要功能是为港口提供掩护条件，阻止波浪和漂沙进入港内，保持港内水面的平稳和所需要的水深，同时兼有防沙、防冰作用。防堤波的平面布置方式有：①单突式。在海岸适当地点筑堤一条伸入海中，使堤端达到适当的深水处。②双突式。自海岸两边适当的地点各筑突堤一道伸入海中，在两堤的末端形成了突出深水的出口，以形成较大的水域，保持港内的航道水深。③岛堤。筑堤于海中，形成海岛，专拦迎面袭来的波浪与漂沙。④组合堤。也称混合堤系，由突堤与岛堤混合应用而成。

（3）护岸建筑。天然河岸或海岸受到波浪、潮汐、水雷等自然力的破坏作用会产生冲刷和侵蚀现象。但是，码头的陆域边界一般是不允许冲刷的，因此产生了护岸建筑。护岸方法一般分为两大类：一类是直接护岸，一类是间接护岸。

（4）港口仓库与货场。港口仓库与货场是港口的存储系统，主要作用是加速车船货物的周转，提高港口的吞吐能力。货场主要用来存放不怕雨淋、日晒和气温变化影响的货物，而仓库一般用来保管贵重的货物，不使它们受到降水和日晒的影响。

7.4　水工建筑物

水工建筑物是指为开发、利用和保护水资源，减免水害而修建的承受水作用的建筑物；有时也指实现各项水利工程目标的重要组成部分。水工建筑物涉及许多学科领域，除基础学科外，还与水力学、水文学、工程力学、土力学、岩石力学、工程结构、工程地质、建筑材料，以及水利勘测、水利规划、水利工程施工、水利管理等密切相关。水工建筑物的设计和研究方法，主要有理论分析、试验研究、原型观测和工程类比等。

水工建筑物历史悠久。早在公元前 2900 年，埃及就在尼罗河上建造了一座高 15m、长 240m 的挡水坝（见图 7-11）。在中国，从春秋时期开始，人们就在黄河下游沿岸修建堤防，经历代整修加固，形成了长约 1500km 的黄河大堤。公元前 256～前 251 年兴建并延用至今的都江堰工程（见图 7-12），利用鱼嘴分水，飞沙堰泄洪、排沙，宝瓶口引水，是引水灌溉工程的典范。从春秋时期开始兴建，至公元 1293 年全线通航的京杭运河是世界上最长的运河。

图 7-11　埃及阿斯旺大坝

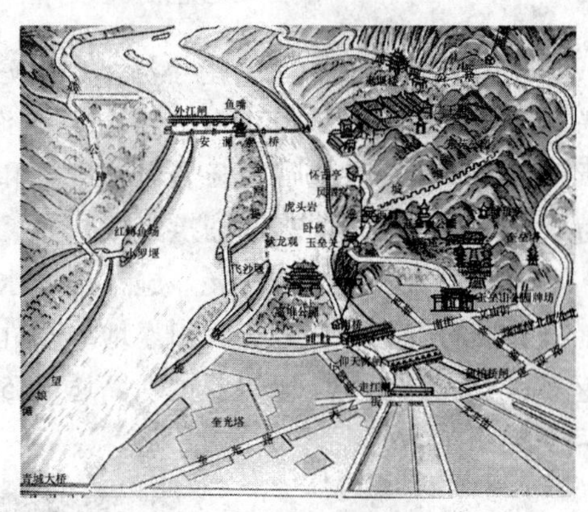

图 7-12　中国都江堰

中世纪及其以前的水利工程建设大都凭借经验，缺乏理论分析。19 世纪中期，特别是进入 20 世纪以后，由于生产的发展和科学技术的进步，水工设计理论不断完善，施工技术水平逐步提高，水工建设取得了较快的进展。例如，重力坝剖面的底宽与坝高之比在逐渐减小；在适宜的条件下，改变结构形式（如腹拱坝）或采用减压排水系统，以减小坝体工程量；而碾压混凝土筑坝等技术的出现，又为简化坝体施工、加快工程进度和降低造价提供了有利条件。20 世纪 80 年代最高的重力坝是瑞士的大迪克桑斯坝，坝高 285m，如图 7-13 所示。

20 世纪 60 年代以来，拱坝建设发展较快，对坝址地形和地质条件的要求逐渐放宽，在宽高比大于 5 和地质条件复杂的地基上也能修建拱坝；为改善坝肩稳定条件，拱圈已从过去的单圆弧拱发展为多圆心拱、椭圆拱、抛物线拱和对数螺线拱等多种形式；对不太对称的河谷，常采用周边缝（见双曲拱坝）将坝体与地基分开，以改善坝体应力和减少工程量。典型的拱坝如英古里坝，其高度已达 272m，如图 7-14 所示。

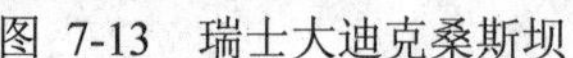

图 7-13 瑞士大迪克桑斯坝

图 7-14 英古里坝

2010 年 8 月，中国云南小湾水电站建成投产以后，已经成为世界上最高的拱坝，最大坝高达 292m，水库总库容 11 亿 m^3，下游设有引水式电站，装机容量为 130 万 kW，如图 7-15 所示。坝址为石灰岩和白云岩，被裂隙和断层切割，地质条件复杂，地震烈度为Ⅷ度。坝型为双曲拱坝，坝面由多心圆拱组成。

随着土力学理论的发展，施工技术水平的提高，大功率、高效施工机械的采用和对上坝土料要求的放宽，加之有些国家地质条件较好的坝址已经不多等原因，致使高土石坝的修建越来越多。塔吉克斯坦的罗贡坝高达 335m，是 20 世纪 80 年代世界上最高的土石坝，如图 7-16 所示。

图 7-15 中国小湾水电站

图 7-16 塔吉克斯坦的罗贡坝

在重力坝和拱坝不断发展的同时，钢筋混凝土面板堆石坝也在迅速发展。岩石力学的发展，促使采用隧洞等地下结构的工程日益增多，规模也在不断扩大，施工技术和机械化水平不断提高，预应力衬砌隧洞、锚喷支护、在软基上用高压喷射灌浆开挖洞室等都在发展。利用混凝土防渗墙或帷幕灌浆解决坝基渗漏，在深厚覆盖层地基上修建土石坝，在岩溶地区和复杂地基修建高坝均获得了成功。埃及阿斯旺高坝的帷幕深 170m；加拿大马尼克三级土坝，防渗墙深达 131m。中国在岩溶地区成功地建成了高 165m 的乌江渡拱形重力坝（见图 7-17），灌浆帷幕深达 260m。由于高坝建设增多，大流量泄洪消能设施发展迅速，单宽流量不断加大，有些工程高达 $300m^3/(s \cdot m)$ 以上。为解决由于高速水流引起的空蚀问题，除做好体型设计外，还采用了掺气减蚀等措施。在高山峡谷地区，为适应泄水建筑物与水电站厂房的布置，厂房顶溢流式、挑越式厂坝联合泄洪以及厂房位于坝内的腹拱式等形式也逐渐付诸实施。大容量电子计算机和有限元方法的采用，又为解决过去用人工难以完成的许多计算课题和数据处理创造了良好条件。

图 7-17 中国乌江渡拱形重力坝

7.4.1 水工建筑物的主要特点

水工建筑物具有以下主要特点：

（1）受自然条件制约多，地形、地质、水文、气象等对工程选址、建筑物选型、施工、枢纽布置和工程投资影响很大。

（2）工作条件复杂，如挡水建筑物要承受相当大的水压力，由渗流产生的渗透压力对建筑物的强度和稳定不利；泄水建筑物泄水时，对河床和岸坡具有强烈的冲刷作用等。

（3）施工难度大，在江河中兴建水利工程，需要妥善解决施工导流、截流和施工期度汛；此外，复杂地基的处理以及地下工程、水下工程等的施工技术都较复杂。

（4）大型水利工程的挡水建筑物失事，将会给下游带来巨大损失和灾难。

7.4.2 水工建筑物的分类

水工建筑物可按使用期限和功能进行分类。按使用期限可分为永久性水工建筑物和临时性水工建筑物，后者是指在施工期短时间内发挥作用的建筑物，如围堰、导流隧洞、导流明渠等；按功能可分为通用性水工建筑物和专门性水工建筑物两大类。

一、通用性水工建筑物

通用性水工建筑物一般包括：

（1）挡水建筑物。为拦截江河、渠道等水流的壅高水位，以及为防御洪水而沿河湖、海岸修建的水工建筑物。

（2）泄水建筑物。用于排放多余水量、泥沙和冰凌等的水工建筑物。

（3）进水建筑物。从江河、湖泊、水库或人工水道将水引入渠道、隧洞、管道的建筑物。

（4）输水建筑物。向用水部门送水的建筑物。

（5）河道整治建筑物。稳定或改善河势、调整水流所修建的水工建筑物。

二、专门性水工建筑物

专门性水工建筑物一般包括：

（1）水电站建筑物。水电站中拦蓄河水、抬高水头、装设机电设备以及将水引经水轮发电机组发电的一系列建筑物的总称。

（2）渠系建筑物。为了安全输水，合理配水，精确量水，以达到灌溉、排水及其他用水目的而在渠道上修建的水工建筑物。

（3）港口水工建筑物。建于水中的港口建筑物，一般包括防波堤、码头、升船和修船用的船台、滑道、船坞等。港口护岸、海上灯塔和布置在水上的导标也属于港口水工建筑物。

（4）过坝设施。在水利枢纽中，为船只、木材、鱼类过坝（闸）而建的设施的总称。

（5）过船设施。又称为通航设施。

（6）过木设施。江河中常见的木材流放方式有两种，即单根原木散漂流放、编结成排（筏）流放。

（7）过鱼设施。水利枢纽中兴建过鱼设施已有数百年的历史，但直到20世纪30年代，过鱼设施的研究和建设才开始有较大发展。

有些水工建筑物的功能并不是单一的，难以严格区分其类型。例如，溢流坝既是挡水建筑物，又是泄水建筑物；闸门既能挡水和泄水，又是水力发电、灌溉、供水和航运等工程的重要组成部分；有时施工导流隧洞可以与泄水或引水隧洞等结合。

7.4.3 常见的几种水工建筑物

一、重力坝

（一）重力坝的概念

重力坝是指在水压力及其他外荷载作用下，主要依靠坝体自重来维持稳定的坝。重力坝的断面基本呈三角形，筑坝材料为混凝土或浆砌石。据统计，在各国修建的大坝中，重力坝在各种坝型中往往占有较大的比重。在中国的坝工建设中，混凝土重力坝也占有较大的比重，在20座高100m以上的高坝中，混凝土重力坝就有10座。重力坝之所以得到广泛应用，是由于具有以下优点：①相对安全可靠，耐久性好，抵抗渗漏、洪水漫溢、地震和战争破坏的能力都比较强；②设计、施工技术简单，易于机械化施工；③对不同地形和地质条件的适应性强，任何形状的河谷都能修建重力坝，对地基条件要求不高；④在坝体中可布置引水、泄水孔口，解决发电、泄洪和施工导流等问题。重力坝的缺点是：①坝体应力较低，材料强度不能充分发挥；②坝体体积大，耗用水泥多；③施工期混凝土温度应力和收缩应力大，对温度控制要求高。

重力坝在水压力及其他荷载作用下，主要依靠坝体自重产生的抗滑力来满足稳定要求；同时依靠坝体自重产生的压力来抵消由于雨水压力所引起的拉应力，以满足强度要求。各种形式的重力坝如图7-18所示。

（二）重力坝的分类

重力坝按其结构形式分，可分为实体重力坝（见图7-19）、宽缝重力坝、空腹重力坝；按泄水条件分，可分为非溢流坝和溢流坝。

实体重力坝因横缝处理的方式不同可分为以下三类：

（1）悬臂式重力坝。横缝不设键槽，不灌浆。

（2）铰接式重力坝。横缝设键槽，但不灌浆。

（3）整体式重力坝。横缝设键槽，并进行灌浆。

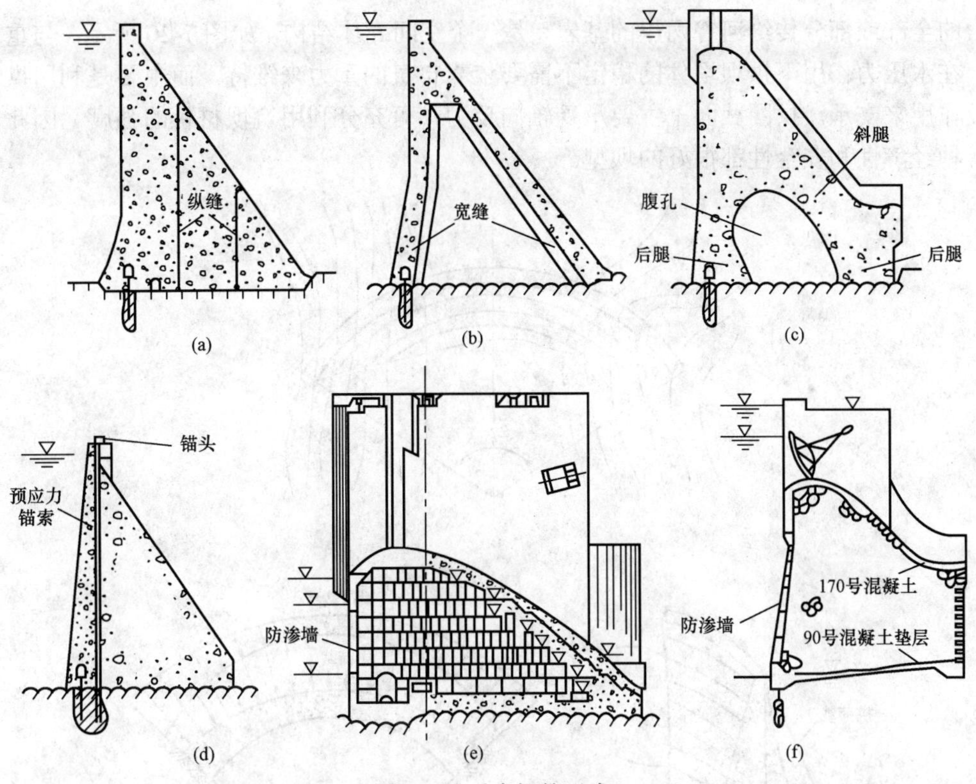

图 7-18　重力坝的形式

（a）实体重力坝；（b）宽缝重力坝；（c）空腹重力坝；（d）预应力重力坝；（e）装配式重力坝；（f）浆砌石重力坝

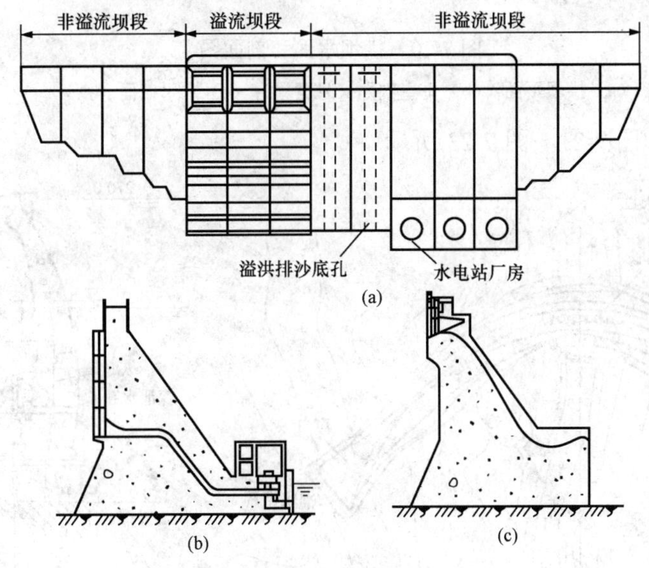

图 7-19　实体重力坝

（a）坝段平面图；（b）非溢流坝（电站坝段）剖面；（c）溢流坝剖面

二、拱坝

（一）拱坝的概念

拱坝是一种建筑在峡谷中的拦水坝，在平面上呈凸向上游的拱形，主要借助拱的作用将水压力的全部或部分传给河谷两岸的基岩，是一个空间壳体结构，如图 7-20 所示。与重力坝相比，在水压力作用下拱坝坝体的稳定不需要依靠自身的重力来维持，而主要是利用拱端基岩的反作用来支承。拱圈截面上主要承受轴向反力，可充分利用筑坝材料的强度。因此，拱坝是一种经济性和安全性都很好的坝型。

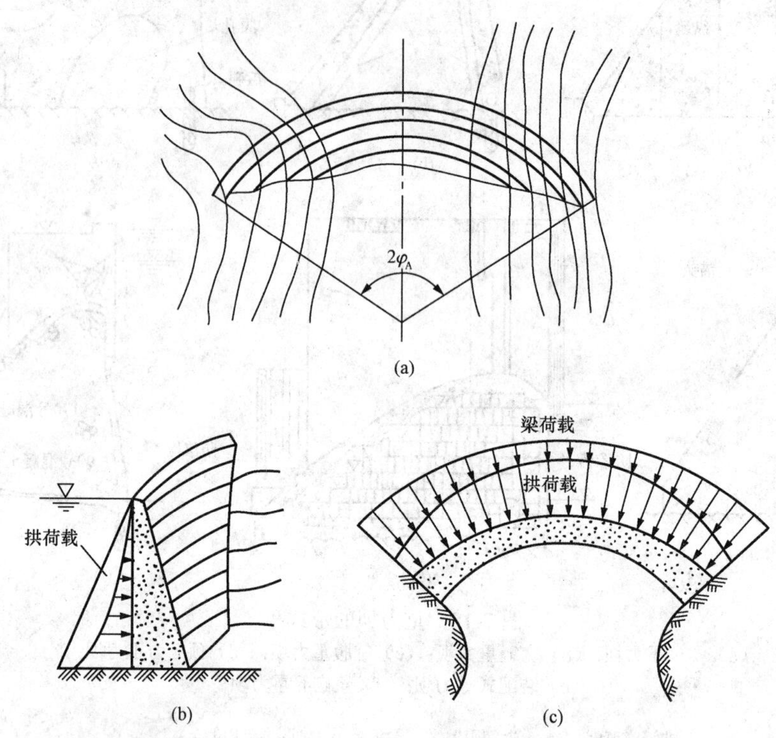

图 7-20 拱坝平面和剖面图

（a）拱坝平面；（b）垂直剖面（悬臂梁）；（c）水平截面（拱）

典型拱坝示例如图 7-21～图 7-23 所示。

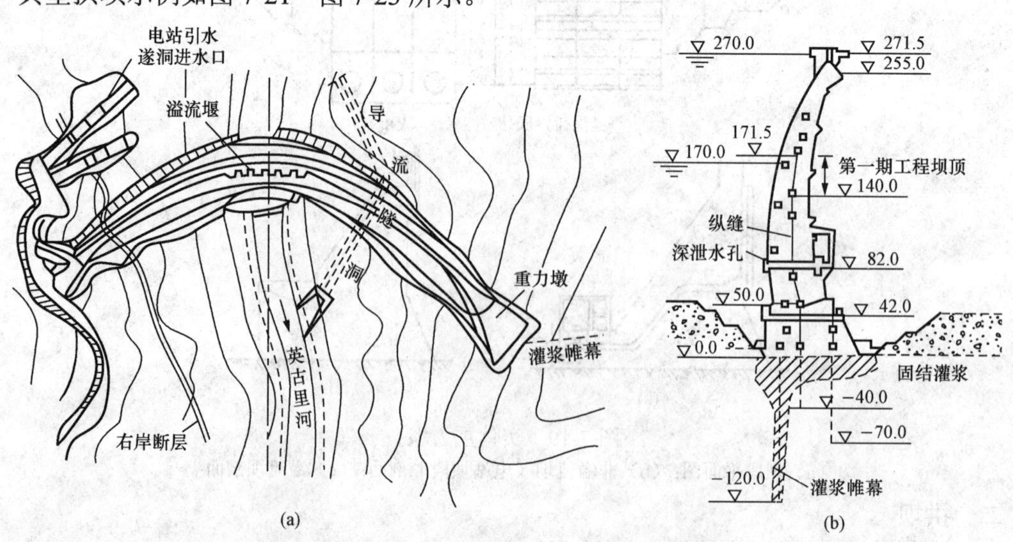

图 7-21 苏联英古里双曲拱坝（尺寸单位：m）

（a）平面布置图；（b）剖面图

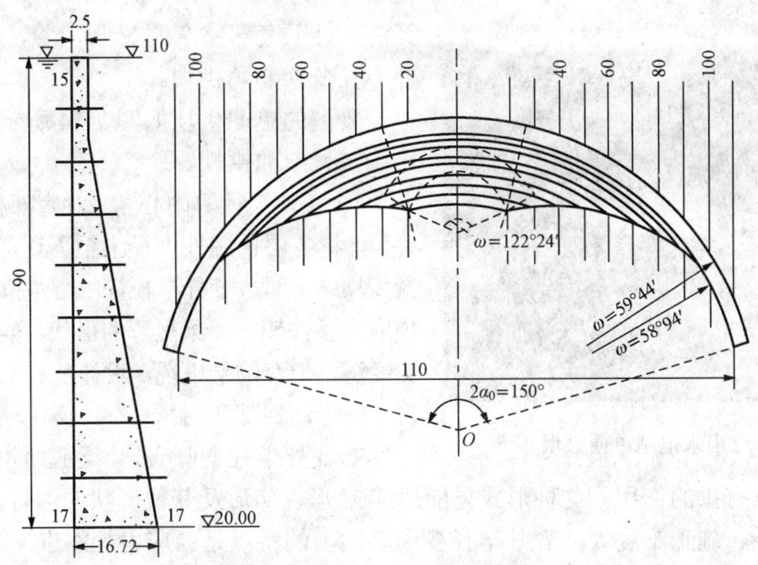

图 7-22　意大利瓦依昂拱坝

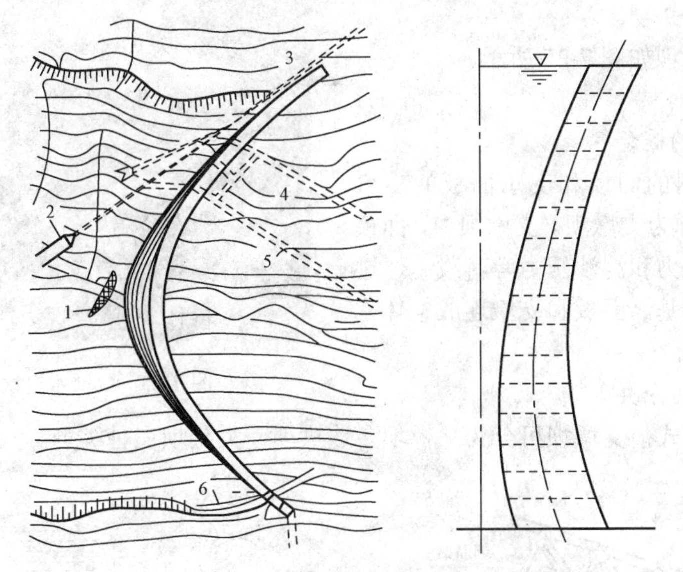

图 7-23　法国托拉拱坝

（二）拱坝的分类

控制拱坝形式的主要参数有拱弧的半径、中心角、圆弧中心沿高程的迹线和拱厚。按照拱坝的拱弧半径和拱中心角，可将拱坝分为单曲拱坝和双曲拱坝。中心角的影响：中心角大一些， 拱圈厚度小一些，拱圈内力小一些，因此适当加大中心角是有利的；但是，过大的中心角将使拱端弧面的切线与河岸等高线的夹角变小，降低拱座的稳定性。

（1）单曲拱坝。单曲拱坝又称定外半径定中心角拱。对 U 形或矩形断面的河谷，其宽度上下相差不大，各高程中心角比较接近，外半径可保持不变，仅需下游半径变化，以适应坝厚变化的要求。

单曲拱坝的特点是：施工简单，直立的上游面便于布置进水孔和泄水孔及其设备；但当河谷上宽下窄时，下部拱的中心角必然会减小，从而降低拱的作用，要求加大坝体厚度，不

图 7-24　白山水电站单曲拱坝

经济。对于底部狭窄的 V 形河谷，可考虑采用等外半径变中心角拱坝。

典型的单曲拱坝如图 7-24 所示。

（2）双曲拱坝。

1）变外半径等中心角、对底部狭窄的 V 形河谷，宜将各层拱圈外半径上至下逐渐减小，可大大减少坝体方量。变外半径等中心角拱坝的特点：拱坝应力条件较好，梁呈弯曲形状，兼有拱的作用，更经济，但有倒悬出现，设计及施工较复杂，对 V 形、U 形河谷都适用。

2)变外半径变圆心，让梁截面也呈弯曲形状，因此悬臂梁也具有拱的作用；这种形式更能适应 V 形、梯形及其他形状的河谷，布置更加灵活，但结构复杂、施工难度大。变外半径变圆心拱坝的特点是：应力状态进一步改善，节省工程量，结构更加复杂，施工难度更大，被广泛采用为双曲砌石拱坝。

图 7-25　二滩水电站双曲拱坝

典型的双曲拱坝如图 7-25 所示。

三、支墩坝

(一) 支墩坝的概念

由一系列倾斜的面板和支承面板的支墩（扶壁）组成的坝称为支墩坝。支墩坝中，面板直接承受上游水压力和泥沙压力等荷载，通过支墩将荷载传给地基。面板和支墩连成整体，或用缝分开。

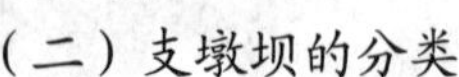

(二) 支墩坝的分类

根据面板的形式，支墩坝可分为平板坝、连拱坝、大头坝三种类型。

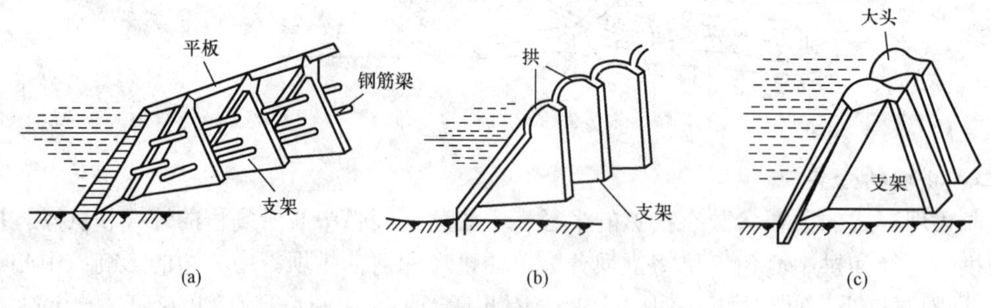

图 7-26　支墩坝类型

（a）平板坝；（b）连拱坝；（c）大头坝

（1）平板坝。由平板面板和支墩组成的支墩坝称为平板坝。自 1903 年修建了第一座有倾斜面板的安布生平板坝以后，世界各国修建了很多中、低高度的平板坝。阿根廷在 1948 年修建的埃斯卡巴平板坝，坝高 83m，是世界上最高的平板坝。苏联修建了一些土基上的溢流平板坝。中国在 1958 及 1973 年分别建成高 54m 的金江平板坝和高 42m 的龙亭平板坝。

面板与支墩的连接有以下三种形式：

1）简支式。面板简支在支墩托肩（牛腿）上，接缝涂沥青玛琋脂等柔性材料，并设置止水。简支式能适应地基和温度变形，采用最多。

2）连续板式。面板跨过支墩，每隔两三跨设一道伸缩缝。连续板式可以减小板的跨中弯矩，但会在跨过支墩处产生负弯矩，易在迎水面产生裂缝，所以较少采用。

3）悬臂式。面板与支墩刚性连接，在跨中设缝，要求变形小，以防接缝漏水，只能用于低坝。平板坝支墩有单支墩和双支墩两种形式，双支墩用于高坝。

（2）连拱坝。由拱形面板和支墩组成的支墩坝称为连拱坝。与其他形式的支墩坝比较，连拱坝具有下列特点：

1）拱形面板为受压构件，承载能力强，可以做得较薄；支墩间距可以增大；混凝土用量最少，但钢筋用量较多；混凝土平均含钢筋量可达 30～40kg/m^3；施工模板较复杂；混凝土单位体积的造价高。

2）面板与支墩整体连接，对地基变形和温度变化的反应比较灵敏，要求修建在气候温和的地区，且地基比较坚固。

3）上游拱形面板与溢流面板的连接比较复杂，因此很少用作溢流坝。

（3）大头坝。面板由支墩上游部分扩宽形成，称为头部。相邻支墩的头部用伸缩缝分开，为大体积混凝土结构。对于高度不大的支墩坝，除平板坝的面板外，也可用浆砌石建造。

大头坝与宽缝重力坝结构体型相似，主要区别为：

1）大头坝支墩间的空距一般大于支墩厚度，而宽缝重力坝则相反。

2）大头坝上游面的倾斜度一般较宽缝重力坝大。

3）大头坝支墩下游部分可以不扩宽，坝腔是开敞的，而宽缝重力坝则是封闭的。

大头坝头部有以下三种形式：

1）平板式。上游面为平面，施工简单；但在水压力作用下，上游面易产生拉应力，引起裂缝。

2）圆弧式。上游面为圆弧，作用于弧面上的水压力向头部中心辐集，应力条件好，但施工模板较复杂。

3）钻石式。上游面由三个折面组成，兼有平板式和圆弧式的优点，最常采用。大头坝支墩有单支墩和双支墩两种形式，高坝多采用双支墩，以增强其侧向稳定性。为了提高支墩的侧向刚度或为了防寒，也可将下游部分扩宽，使坝腔封闭。这时在结构体型上接近宽缝重力坝。

四、溢流坝和泄水孔

（一）溢流坝的概念

溢流坝为坝顶可泄洪的坝，也称滚水坝。溢流坝一般由混凝土或浆砌石筑成，按坝型可分为溢流重力坝、溢流拱坝、溢流支墩坝和溢流土石坝。后者仅限于溢流面和坝脚有可靠防护设施、单宽流量较小的低坝。和厂房结合在一起，作为泄洪建筑物的坝内式厂房溢流坝、厂房顶溢流和挑越厂房顶泄流的厂坝联合泄洪方式，可用在高山峡谷地区，是宣泄大流量时解决溢洪道和电站厂房布置位置不足的一种途径，也是从溢流坝发展起来的新形式。

溢流重力坝是溢流坝中修建较多、运行经验丰富的坝型。

坝身设有溢流面、底孔、中孔的重力坝称为泄水重力坝。它既是泄水建筑物，又是挡水建筑物。因此，它除了应满足挡水建筑物的稳定强度要求外，还应满足水流条件、解决好下泄水流对建筑物可能产生的空蚀、振动以及对下游的冲刷。

（二）泄水重力坝的泄水方式

（1）坝顶溢流式：

1）从坝顶过水，闸门承受水头较小，孔口尺寸可以较大。

2）闸门全开时，下泄流量与水头的3/2次方成正比。

3）闸门启闭方便，易于检查修理。

4）可以排冰及其他漂浮物，但不能预泄。

（2）大孔口溢流式：

1）为满足预泄要求，将堰顶高程降低。

2）利用胸墙挡水，减小闸门高度。

3）低水位时胸墙不影响泄流，和堰顶泄流相同。

4）胸墙可以做成活动式的，当遇特大洪水时，可将胸墙吊起来。

5）库水位较低时，不能供水和放空检修。

（3）深式泄水孔：

按孔内流态，深式泄水孔可分为有压泄水孔和无压泄水。深式泄水孔的特点如下：

1）流量与水头的1/2次方成比例，超泄能力小。

2）闸门承受水头高，操作、检修都比较复杂。

3）可向下游供水、预泄、放空、排沙和施工导流。

以上三种方式各有特色，应结合具体情况比较选择，一般可配合使用，但为简化结构、便于施工和运用，类型不宜过多。

五、土石坝

（一）土石坝的概念

土石坝泛指由当地土料、石料或混合料，经过抛填、碾压等方法堆筑成的挡水坝。当坝体材料以土和砂砾为主时，称土坝；以石渣、卵石、爆破石料为主时，称堆石坝；当两类当地材料均占相当比例时，称土石混合坝。土石坝是历史最为悠久的一种坝型。近代的土石坝筑坝技术自20世纪50年以后得到发展，并促成了一批高坝的建设。目前，土石坝是世界坝工建设中应用最为广泛和发展最快的一种坝型，如甘肃文县白龙江碧口水电站（见图7-27）、北京的密云水库（见图7-28）。

（二）土石坝的分类

（1）按施工方法分类：分碾压式、水力冲填式、水中填土式、定向爆破。

（2）按材料在坝体内的配置和防渗体的位置分类（见图7-29），有：

1）均质土坝：坝体剖面的全部或绝大部分由一种土料填筑。

2）塑性心墙坝：用透水性较好的砂或砂砾石做坝壳，以防渗性较好的黏性土作为防渗体设在坝的剖面中心位置，心墙材料可用黏土，也可用沥青混凝土和钢筋混凝土。

3）塑性斜墙坝：防渗体置于坝剖面的一侧。

4）多种土质坝：坝址附近有多种土料用来填筑的坝。

5）土石混合坝：如坝址附近砂、砂砾不足，而石料较多时，上述的多种土质坝的一些部位可用石料代替砂料。

图 7-27　碧口水电站

图 7-28　密云水库

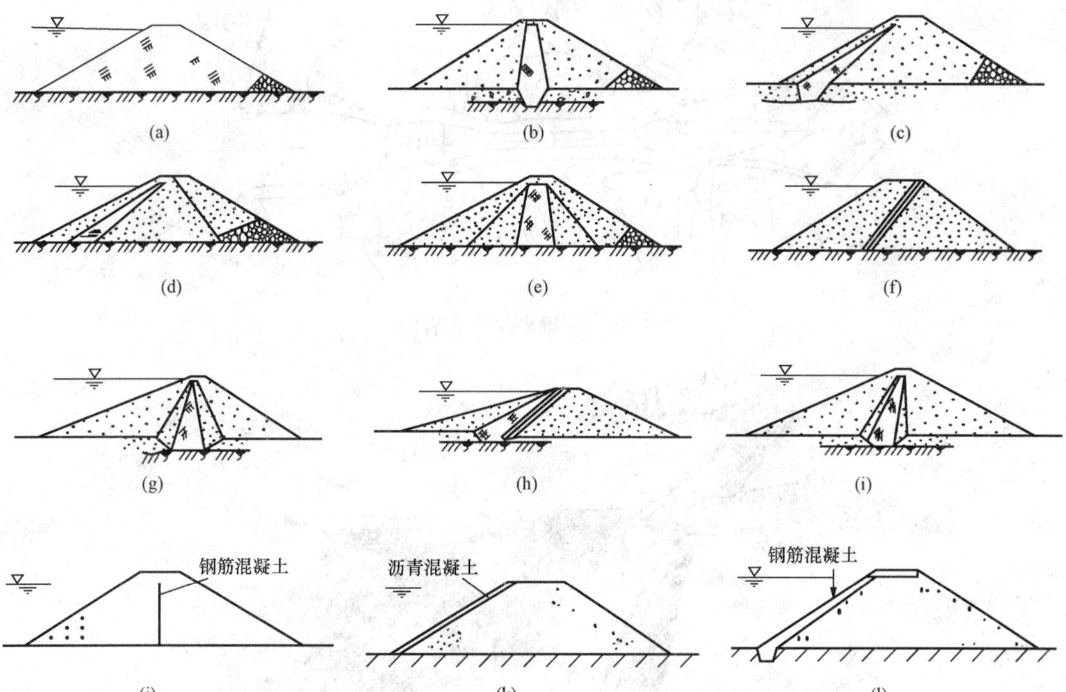

图 7-29　按材料在坝体内的配置和防渗体的位置分类

（a）均质坝；（b）黏土心墙；（c）黏土斜墙坝；（d）多种土质坝；（e）多种土质坝；（f）土石混合坝；（g）黏土心墙土石混合坝；（h）黏土斜墙土石混合坝；（i）黏土斜心墙土石混合坝；（j）沥青混凝土心墙坝；（k）沥青混凝土斜墙坝；（l）钢筋混凝土斜墙坝

六、河岸溢洪道

（一）泄水建筑物

用来宣泄洪水期间或其他情况下水库（或渠道）中多余水量，以保证大坝安全的建筑物称为泄水建筑物，包括河床溢洪道（如溢流坝、泄洪闸、泄水孔等）和河岸溢洪道（明渠和泄水隧洞等）。

（二）河岸溢洪道的适用条件

河岸溢洪道的适用条件如下：

（1）河谷狭窄，洪峰流量大，采用河床布置有困难。

（2）坝体不宜作河床溢洪道。

（3）有垭口地形。

（4）利用施工导流洞改建。

（三）河岸溢洪道的分类

河岸溢洪道可分为正槽溢洪道（见图 7-30）、侧槽溢洪道（见图 7-31）、井式溢洪道、虹吸溢洪道和泄洪隧洞。

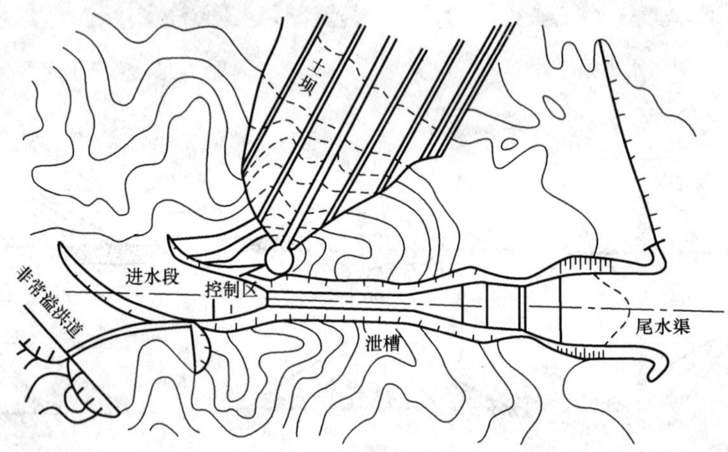

图 7-30　正槽溢洪道布置图

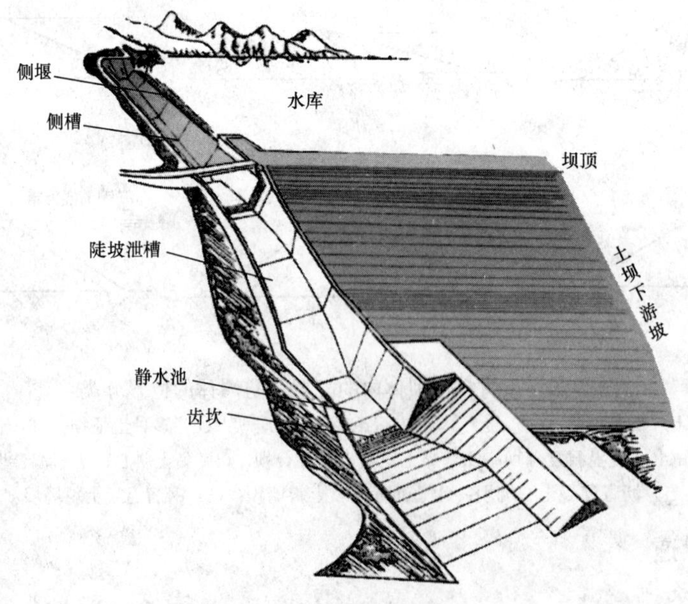

图 7-31　侧槽溢洪道典型布置

七、水工地下洞室

（一）水工隧洞的概念

水工隧洞是指在地基内开挖而成，四周被围岩包围起来的水工建筑物。刘家峡水电站由混凝土重力坝、黄土副坝、电站厂房及泄洪排沙等建筑物组成，是以发电为主，兼有防洪、防凌等作用的枢纽，如图 7-32 所示。由于河谷狭窄、导流及泄洪量大，除布置有开敞式河岸溢洪道外，还设有大断面的导流兼泄洪隧洞。南水水电站由定向爆破堆石坝、导流兼泄洪隧洞、引水隧洞、调压井和地下厂房等组成，如图 7-33 所示。由于拦河坝处于峭壁狭窄中，故采用隧洞导流、泄洪。白云山水电站拦河坝为三心等厚重力拱，设有三条引水隧洞和三条尾水隧洞，如图 7-34 所示。

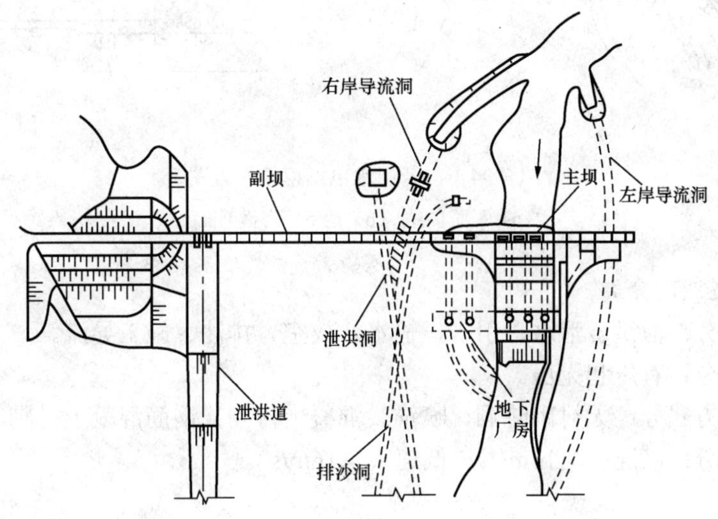

图 7-32 刘家峡水电站枢纽平面布置图

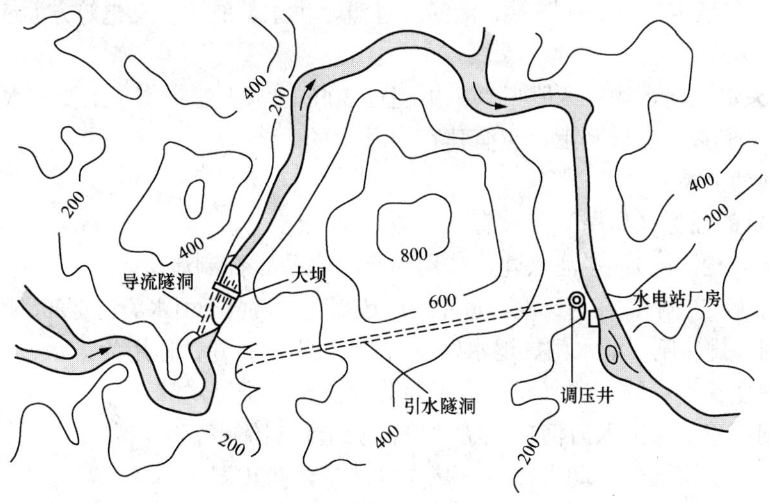

图 7-33 南水水电站枢纽平面布置图

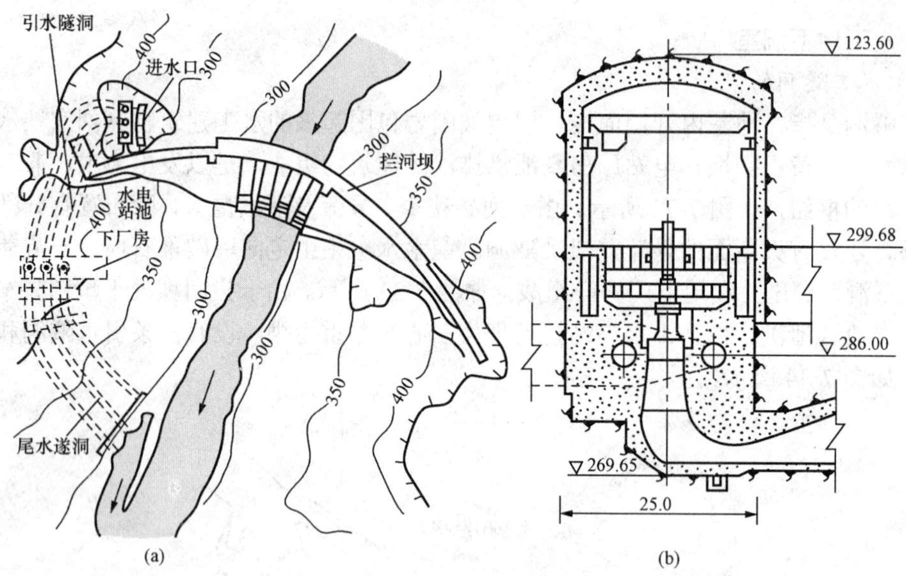

图 7-34 白云山水电站枢纽布置图

(a) 平面布置；(b) 地下厂房横剖面

(二) 水工隧洞的分类

(1) 按功能分：泄洪、泄水、引水、输水、放空、排沙、施工导流。

(2) 按流态分：有压和无压。

(3) 按衬砌方式分：无衬砌隧洞，喷锚、混凝土衬砌或钢筋混凝土衬砌等。

(4) 按流速分：高速（>16m/s）、低速（<16m/s）。

八、水闸

(一) 水闸的概念

(1) 水闸：调节水位、控制流量的低水头水工建筑物，主要依靠闸门控制水流，具有挡水和泄（引）水的双重功能，在防洪、治涝、灌溉、供水、航运、发电等方面应用十分广泛，如图 7-35 和图 7-36 所示。

(2) 低水头水工建筑物：一般指水头不超过 30m 的水工建筑物，主要有水闸、低坝、橡胶坝、船闸等，多数建在软基上，也有建在岩基上的。

(二) 水闸的分类

(1) 按担负的任务（作用）分，有：

1) 节制闸（拦河闸）：拦河兴建，作用为调节水位、控制流量。

2) 进水闸（渠首闸）：在河、湖、水库的岸边兴建，常位于引水渠道首部，用于引取水流。

3) 排水闸（排涝闸、泄水闸、退水闸）：在江河沿岸兴建，作用为排水、防止洪水倒灌。

4) 分洪闸：在河道的一侧兴建，作用为分泄洪水、削减洪峰、滞洪。

5) 挡潮闸：建于河流入海河口上游地段，防止海潮倒灌。

6) 冲沙闸：静水通航，动水冲沙，减少含沙量，防止淤积。

7) 排冰闸：在堤岸上建闸，防止冬季冰凌堵塞。

(2) 按闸室结构分：

1）开敞式：闸室露天，又分为有胸墙和无胸墙两种形式。

2）涵洞式：闸室后部有洞身段，洞顶有填土覆盖（有压、无压）。

（3）按操作闸门的动力分：

1）机械操作闸门的水闸。

2）水力操作闸门的水闸。

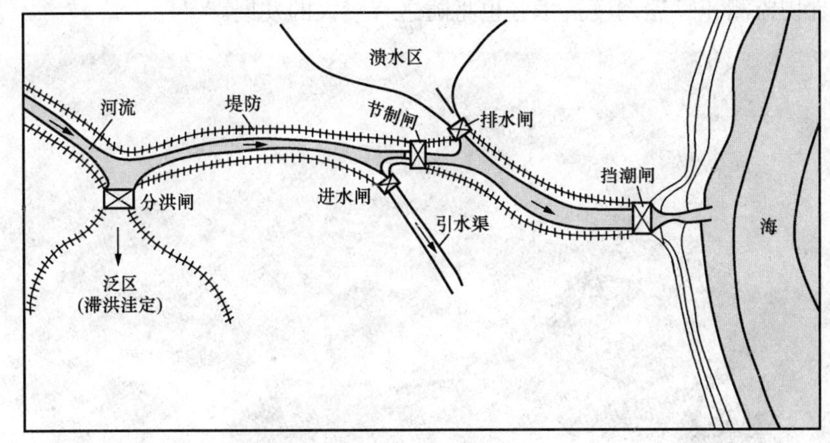

图 7-35 水闸的类型

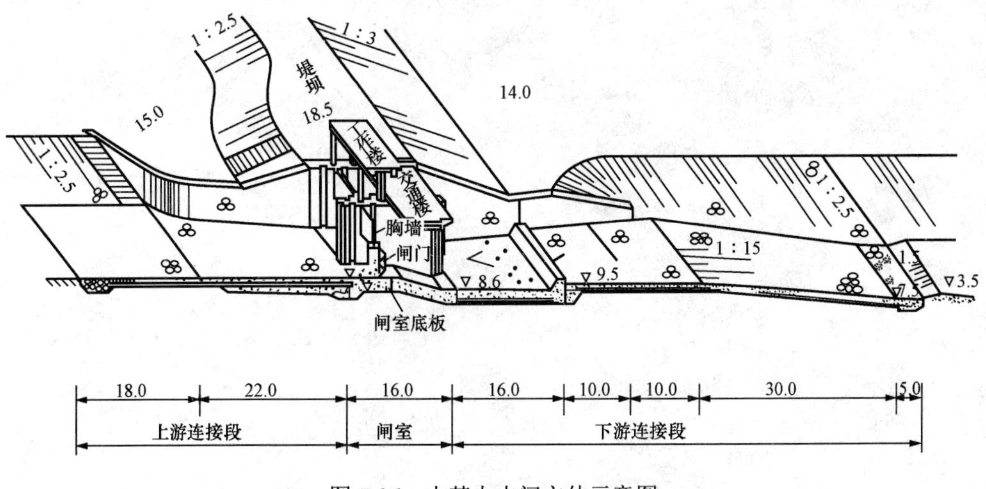

图 7-36 土基上水闸立体示意图

7.4.4 展望

20 世纪以来，水工建筑物在世界各国发展迅速，规模也越来越大。我国在建及拟建的水工建筑物与已建成的相比，无论在形式上、规模上都有较大的改进和提高。土石坝的高度将从 100m 提高到近 200m，而混凝土坝的高度则将达到 250m 左右；电站装机容量将达到 300 万～400 万 kW，甚至 1000 万 kW 以上。我国建成的三峡大坝是世界第一大的水电工程（见图 7-37），位于湖北省宜昌市境内的三斗坪，距下游葛洲坝水利枢纽工程 38km。三峡大坝工程包括主体建筑物工程及导流工程两部分，工程总投资为 954.6 亿元人民币。大坝为混凝土重力坝，坝顶总长 3035m，坝顶高程 185m，正常蓄水位 175m，总库容 393 亿 m^3，其中防洪库容 221.5 亿 m^3，能够抵御百年一遇的特大洪水。

目前，一些中、低水头的抽水蓄能或混合式抽水蓄能电站已开始兴建；一些大规模的引水、供水、灌溉等工程亦将相继投入实施。从全世界而言，水工建筑物的前景是向高水头、大容量、新材料、新结构等方面发展。随着施工技术不断提高和大型、高效施工机械及高速、大容量电子计算机的采用，高拱坝、高土石坝、碾压混凝土坝、深埋隧洞及大型地下建筑物等的设计和研究将会有较快的进展。此外，预制构件装配化的中、小型水工建筑物的应用，以及水工建筑物监测和管理调度技术等也将随之有较大的发展。

图 7-37 三峡大坝

8 飞机场工程

8.1 飞机场的功能要求及分类

机场，亦称飞机场、空港，较正式的名称为航空站，是专供飞机起降活动的飞行场。机场有不同的大小，除了跑道之外，通常还设有塔台、停机坪、航空客运站、维修厂等设施，并提供机场管制服务、空中交通管制等其他服务，布局如图 8-1 所示。

图 8-1 机场布置示例

8.1.1 飞机场的功能要求

飞机场的功能要求如下：

（1）让飞机安全、确实、迅速起飞。

（2）安全、确实地载运旅客、货物，同时对于旅客的照顾也要求有舒适性。

（3）对飞机进行维护和补给。

（4）让旅客、货物顺利抵达附近城市中心（或是由都市中心抵达机场）。

（5）若是国际机场，则必须有出入境管理、通关和检疫（CIQ）相关的业务。

（6）机场跑道要有良好的平整度，足够的宽度、长度。

（7）跑道表面要有良好的、均匀的摩擦系数。

（8）跑道要有足够的强度，能抵御大型载人飞行器降落时对跑道的冲击和压力，并有较大的安全冗余。

8.1.2 飞机场的分类

机场一般分为军用和民用两大类，用于商业性航空运输的机场也称为航空港。我国把大型民用机场称为空港，小型机场称为航站。

通常，按机场规模和旅客流量可将机场分为以下三种类型。

一、枢纽国际机场

枢纽国际机场是指在国家航空运输中占据核心地位的机场。这种机场无论是旅客的接送人数，还是货物吞吐量，在整个国家航空运输中都占有举足轻重的地位，其所在城市在国家经济社会中居于特别重要的地位，是国家的政治、经济中心或特大省会城市，如北京首都国际机场（见图 8-2）、深圳宝安国际机场、上海浦东国际机场、广州白云国际机场、香港国际机场、成都双流国际机场、哈尔滨太平国际机场、沈阳桃仙国际机场、重庆江北国际机场、武汉天河国际机场、杭州萧山国际机场、天津滨海国际机场等。

二、区域干线机场

区域干线机场所在城市是省会（自治区首府）、重要开放城市、旅游城市或其他经济较为发达、人口密集的城市。这种机场无论是旅客的接送人数，还是货物吞吐量都相对较大，如

图 8-2 北京首都国际机场鸟瞰图

宜宾宗场区域国际机场、无锡硕放区域国际机场等。

三、支线机场

除上面两种类型以外的民航运输机场均为支线机场。支线机场的运输量不大，但在沟通全国航路或对某个城市地区的经济发展方面起着重要作用，如泸州蓝田机场（见图 8-3）、泉州晋江机场等。

图 8-3 泸州蓝田机场

8.2 飞机场的构成

机场作为商用运输的基地，可划分为飞行区、地面运输区和候机楼区三部分。飞行区是飞机活动的区域；地面运输区是车辆和旅客活动的区域；候机楼区是旅客登记的区域，是飞行区和地面运输区的接合部位。机场的构成如图 8-4 所示。

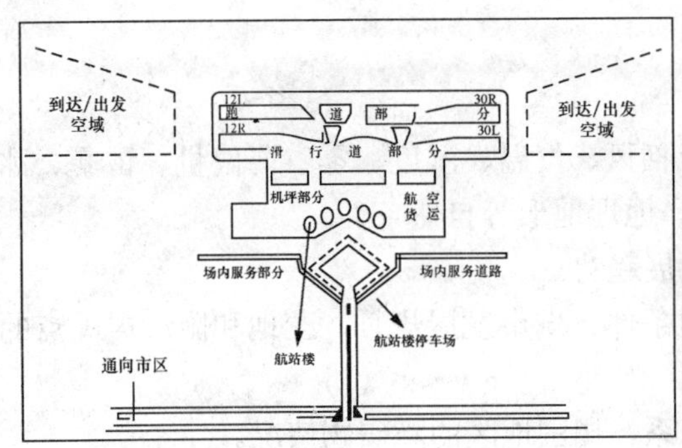

图 8-4　机场构成平面图

一、飞行区

飞行区分空中部分和地面部分。空中部分是指机场的空域，包括进场和离场的航路；地面部分包括跑道、滑行道、停机坪和登机门，以及一些为维修和空中交通管制服务的设施和场地，如机库、塔台、救援中心等。

飞行区等级技术标准采用飞行区等级指标Ⅰ（数字代号）和等级指标Ⅱ（字母代号）的方式。

（1）飞行区等级指标Ⅰ。根据机场飞行区使用的最大飞机的基准飞行场地长度，分为 1、2、3、4 四个等级。

（2）飞行区等级指标Ⅱ。根据机场飞行区使用的最大飞机的翼展和主起落架外轮外侧间的距离，从小到大分为 A、B、C、D、E、F 六个等级。

二、地面运输区

机场是城市的交通中心之一，有严格的时间要求，因而从城市进出空港的通道是城市规划的一个重要部分。大型城市为了保证机场交通的通畅，都修建了从市区到机场的专用高速公路，甚至还开通了地铁和轻轨交通，方便旅客出行。在考虑航空货运时，要把机场到火车站和港口的路线同时考虑在内。此外，机场还须建有大面积的停车场及相应的内部通道。

三、候机楼区

候机楼区包括候机楼建筑本身以及候机楼外的登机机坪和旅客出入车道。它是地面交通和空中交通的接合部位，是机场对旅客服务的中心地区。

（1）登机机坪。登机机坪是指旅客从候机楼上机时飞机停放的机坪。该机坪要求能使旅客尽量减少步行上机的距离。按照旅客流量的不同，登机机坪的布局可以有多种形式，如单线式、指廊式、卫星厅式等。旅客登机可以采取从登机桥登机，也可采用车辆运送登机。

（2）候机楼。候机楼包括旅客服务区和管理服务区两大部分。旅客服务区包括值机柜台、安检、海关及检疫通道、登机前的候机厅、迎送旅客活动大厅以及公共服务设施等。管理服务区则包括机场行政后勤管理部门、政府机构办公区域以及航空公司运营区域等。

8.3　飞 机 场 规 划

飞机场规划就是制定飞机场及其邻近地区内各种设施所使用土地的最终总体布置。

一、规划依据

飞机场规划依据主要包括：

（1）场地的工程地质和水文地质、气象（包括风、气温、湿度、雾、降雨量、雷暴、冰雹、雪、风沙、气压、能见度和天气变化统计）、地理地形等自然条件。

（2）航空业务量预测、飞机机种、特征和发展趋势。

（3）飞机场和城市的距离、相对位置、交通条件、城市发展规划、土地和附近居民点的分布。

（4）场地和邻近飞机场、空域及禁航区的关系、周围地区的障碍物情况。

（5）无线电收发讯区的划分、公用设施（如供水、供电、煤气和燃油）的获得。

（6）植被和鸟类栖身地等生态环境。

二、规划原则

飞机场的规划一般应遵循以下原则：

（1）统一规划，分期建设，在满足最终发展设想的前提下，合理布置近期建设项目。

（2）主要设施的分区既要满足各自的功能要求，又要协调它们之间的相互联系；各设施的容量互相平衡，保证飞机安全运行。

（3）总体布局紧凑，使用灵活，有发展余地。

（4）用地经济合理，少占或不占良田和居民点。

（5）避免环境污染，维持生态平衡，使飞机场和它所服务的城市及周围地区协调发展。

随着民航运输的发展、飞机机型的更新、导航设施的改进，以及环境标准的日益严格等，飞机场总体规划必须是综合分析了技术、经济、政治、社会、财政、环境等诸因素后得出的技术可行、经济合理的最佳方案。

三、规划内容

飞机场规划的具体内容因飞机场性质、规模和地理位置的不同而异，主要包括：

（1）航空业务量的预测。

（2）确定飞机场近期、远期和最终的发展规模和标准。

（3）制定飞机场主要设施的平面布局。

（4）分析飞机场运行的环境影响和处置措施。

（5）拟定飞机场及其邻近地区的土地使用规划。

（6）确定近期建设项目，估算投资并提出建设分期。

（7）分析评价飞机场经营的社会、经济效益。

四、航空业务量的预测

各种业务量的预测是制订规划的基础。预测期限分短、中、长期，短期预测年限不低于5年，中期为5～10年，长期为15年或更长。有时也对飞机场最终容量作出预测，预测内容包括飞机运行架次、机型组合、旅客人数、货物邮件运量和地面车辆交通量；预测方法有趋势外推法、经济模式、市场调查法和专家评估法。趋势外推法是根据历年业务量的统计数据，推算出年增长率以预测未来交通量，适用于短期预测。经济模式是通过分析城市或地区间的人口、国民生产总值、工业发展水平、国民收入和航空运输费用等社会、经济因素，经过统计分析，建立以若干经济指标为自变量的数学模型预测业务量，适用于中长期预测。市场调查法和专家评估法分别采用调查不同部门航空运输业务潜力和邀请航空公司、民航当局及经济方面的专家的方法，对某特定飞机场的业务量作出评估和预测。

五、发展规模和标准的确定

根据预测业务量确定飞机场设施近期、远期及最终发展规模；根据飞机机型和航线航程确定飞行区各项设施的几何尺寸和数量（即跑道和滑行道的长、宽、厚及间距、数量）；根据高峰小时飞机架次和旅客人数确定航站区规模；货物年运量确定货物航站规模，并相应确定保证飞机安全飞行的通信导航、空中交通管制、气象设施；确定保证飞机场正常运行的供电、供水、供油等公用设施，以及进出飞机场的道路及飞机场场内道路、停车场的规模。

六、飞机场主要设施的平面布置

（1）飞行区的布置。主要指跑道、平行滑行道、快速出口滑行道、联络滑行道、升降带、停机坪及飞行区排水系统的布置。其中，跑道是最主要的部分，它的布置取决于跑道的数量和方位（见飞机场跑道）。平行滑行道的位置及尺寸取决于跑道的类别及使用的机型，通常只布置一条平行滑行道。在飞行量非常大的飞机场，则要求规划布置第二条平行滑行道，以保证飞机在地面上运行的安全与畅通。在业务量繁忙的情况下，需要设置快速出口滑行道，它与跑道的夹角在 30° 左右，其位置取决于使用的机型、接地速度、减速率和出口数目。跑道、平行滑行道、停机坪间设联络滑行道。

根据停放飞机的机型和数量、场地条件布置停机坪。在一些飞机场，还应根据需要设置等待机坪、隔离机坪及旁通滑行道等。

（2）航站区的布置。航站区处在飞行区和地面工作区的分界上，是飞机场规划布局的重点。航站区的设施主要有旅客航站、货物航站、客机坪、站前区道路及停车场。航站区的布置主要是确定航站区的位置和选择合适客机坪和旅客航站构形。

客机坪的布置形式有四种，如图 8-5 所示。

1）前列式机坪。飞机沿旅客航站前面停放，当机位数小于或等于 4 个时，前列式较为合理；当需要 4 个以上机位时，前列式难以安排旅客流程，建设费用也明显增加。

2）指廊式机坪。飞机沿旅客航站指廊停放，一条指廊适用于 6～12 个机位，当机位数超过 30 个时，采用多条指廊或 Y 形、T 形指廊。

3）卫星式机坪。飞机围绕卫星厅停放，旅客航站与卫星厅用隧道或过廊连接。

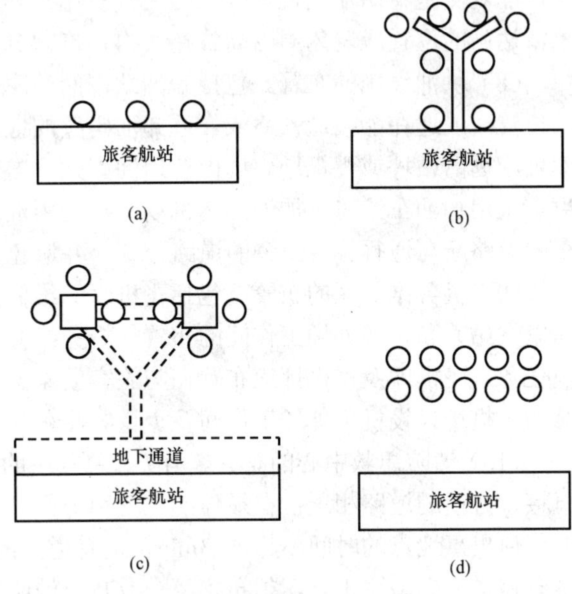

图 8-5 客机坪的布置形式

（a）前列式；（b）指廊式；（c）卫星式；（d）开阔式

4）开阔式机坪。飞机靠近或远离旅客航站停放，往往多于一排；在飞机靠近旅客航站停放时，旅客步行登机，否则用汽车或称“活动休息室”的运输车运送旅客登机。

（3）旅客航站的布置。旅客航站的布置根据业务性质、旅客流程、机位数、登机方式及建筑面积、形式和风格，结合客机坪类型而定，一般有五种基本构形：①简单构形，采用前列式机坪；②线形构形，有直线形、折线形、弧线形等，采用前列式机坪和旅客登机桥登机；③指廊构形，采用指廊式机坪；④卫星构形，采用卫星式机坪；⑤“活动休息室”构形、单元航站构形，前者适用于旅客航站与停机坪距离较远时；后者适用于多家航空公司同时在机场营业时，每个航空公司沿着连接道路建造自己的单元旅客航站，也适于建设大型飞机场时，根据旅客量增长的需要逐步增建旅客航站单元。

（4）货物航站的布置。货物航站的布置主要包括货物航站、货机坪、道路及停车场等的布置，其位置取决于年货运量及货运方式。在货运量小、客货混装运输的飞机场可不单设货机坪，但必须布置货运区。在货运量大、以货机运输为主的飞机场，应考虑单独布置包括货机坪在内的货运区，其位置与旅客航站保持一定距离，在客、货运站间布置连接道路。

（5）工作区的布置。包括航空公司、飞机场管理当局和武装警察、海关、检疫等部门在飞机场工作的人员办公和生活的地区，应相对集中地布置在与航站区相隔一定距离的地方，以不影响和干扰旅客及各种车辆的通行为原则；生活用房除必不可少者外，其他均应在飞机场外建造。

（6）塔台和无线电通信导航台、站、点的布置。塔台应布置在整个飞机场的适中位置，不得妨碍航站区的扩建。无线电通信导航各系统的台、站包括外、中、内指点标台，远程（近程）雷达站，航向台，下滑台，发讯台，全向信标/测距仪台等的位置，须结合飞机场规模、地形、场地条件和设备技术要求选点，必须易于解决水、电等公用设施，并有与外界接通的道路。

（7）气象设施的布置。包括气象观测站和气象雷达站的布置。观测站应尽可能靠近飞行区，能观测跑道两端飞机进入区的天气变化，其仪表应避免受到来自飞机喷气流的吹袭。气象雷达站的位置应避免周围高耸建（构）筑物对雷达波的遮挡。

（8）供油设施的布置。包括卸油站、储油库、使用油库及机坪加油系统的布置。卸油站的位置一般选在能接通铁路或靠近卸油码头的地方。根据飞行量的大小决定储油库的规模，库址应远离站坪或飞机场。场内使用油库则须与其他功能区段分隔开，并保持足够的安全距离。采用加油车给飞机加油的飞机场，在使用油库与站坪间应有便捷的道路相通，通行运油车的道路应与通行旅客车辆的道路分开，并避免交叉。

（9）机务维修区的布置。包括飞机库、维修车间、修机坪、三站（制氧站、制氢站、压缩空气站）和机务外场工作间的布置。机务维修区的规模和构成取决于飞机场机务维修规模及任务。飞机库及修机坪应布置在与旅客航站、货物航站相隔一定距离处。承担航线飞机检修的飞机场只设机务外场工作间及少量维修车间，它们的位置宜靠近停机坪。

（10）消防急救中心的布置。消防、急救站的位置须尽可能靠近飞行区，和飞行区间设有直接、方便的道路相连；在最佳能见度和地面条件下，从消防站开出的消防车到达飞机场上的任何出事地点的时间不超过 3min，在有道面的地段争取不超过 2min。为此，在有两条或多条跑道的大型飞机场，须布置两个或几个消防站，从消防站的观察控制室应能瞭望到飞机场飞行区里飞机活动情况。救援中心通常和飞机场消防站布置在一起。

（11）道路的布置。应结合城市规划的道路网布置进场道路，尽量把通往旅客航站的车辆和其他服务车辆分开；通往各功能区的道路和各区段间的连接道路应综合布置；结合飞机场围界布置巡逻道路。

此外，飞机场总体规划还必须制定飞机场的环境设计及绿化布置；飞机噪声的隔离，水、空气污染的控制和鸟害的防治等措施；同时，考虑飞机场内的土地使用规划，并根据飞机运行产生的噪声影响情况，向当地城市规划部门提供飞机场附近土地使用规划的建议。

七、土地使用规划

飞机场附近的土地宜分区控制使用，尽量使噪声污染的影响限制在容许范围之内，形成一个合理利用的环境。

根据对飞机场运行的飞机机型、航线、运行次数及时间的预测或实测资料，通过计算或实测，求出飞机运行中各不同距离的感觉噪声级，并计算出有效感觉噪声级，作出飞机场噪声暴露预测。利用计算成果，绘出飞机场噪声暴露等强线图。将等强线图覆盖在土地利用地图上，根据本国关于飞机场附近噪声环境的标准，对照等强线图即可对现在的土地使用情况是否适应作出评价。如果飞机场外的土地尚待开发，等强线图就是建立综合的土地使用分区要求的基础；对于超出环境噪声标准的建筑区，应提出采取妥善措施的建议。

八、评价飞机场运行的社会、经济效益

包括直接经济效益和间接经济效益。直接经济效益通过分析飞机场投资和经营利润之间的关系，考虑时间因素，对飞机场工程进行总评价；评价方法有简单投资收益率、返本期、盈亏分析等。间接社会经济效益通过分析飞机场运行对城市和周围地区的工农业生产、旅游、外贸、资源开发、科技、文教等产生的经济效益，对飞机场工程进行总评价。直接经济效益通常采用定量分析，间接经济效益则以定性分析为主、定量分析为辅。

在上述工作的基础上，完成飞机场总体布置图，飞机场和城市及邻近飞机场关系图，净空要求限制图，飞机离港、进近和复飞航线图，飞机场空域图，飞机运行噪声影响及附近土地使用规划图，风的分析以及规划总说明等，如图 8-6 所示。

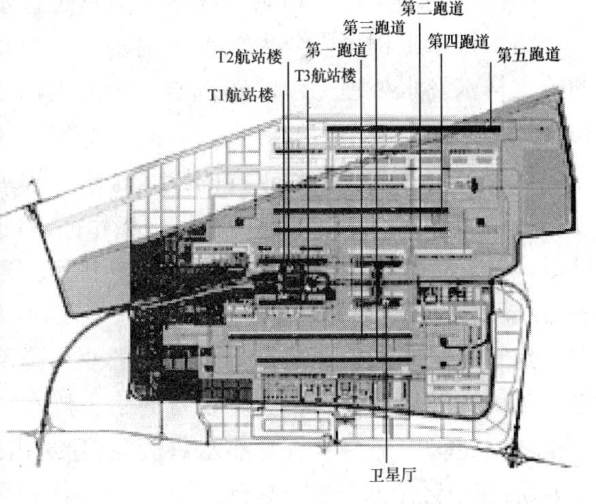

图 8-6　机场规划图

9 建筑给水排水工程

给水排水工程以水的社会循环为研究内容。水危机是我国社会经济发展的主要制约因素。我国的水危机是以水资源短缺和水环境污染为标志的。给水排水工程担负着解决我国水危机的重担，覆盖以下专业领域：水资源可持续利用和保护、水的社会循环、水的生态功能、节水工作、水质及其相关的高新技术等。

给水排水工程是一门应用很广泛的学科。它是以城市水的输送、净化及水资源保护与利用有关的理论与技术为主要研究内容，与城市、城镇建设事业，工业生产，环保和人民生活密切相关的重要学科。

给水排水工程是土木工程的一个重要分支，是指用于给水供给、废水排放和水质改善的工程，是城市基础设施的一个重要组成部分。城市的人均耗水量和排水处理的比例，往往反映出一个城市的发展水平。为了保障人民的生活水平和工业生产的发展，城市必须具有完善的给水排水系统。

给水排水工程的学科特征是：

（1）用水文学和水文地质学的原理解决从水体内取水和排水的有关问题。

（2）用水力学原理解决水的输送问题。

（3）用物理、化学和微生物学的原理进行水处理和检测。

给水排水工程可以分为城市公用事业和市政工程的给水排水工程、大中型工业企业生产的给水排水及水处理工程、建筑给水排水工程。各类给水排水工程在服务规模及设计、施工与维护等方面均有不同的特点。

城市公用事业和市政工程的给水排水工程主要包括城市给水工程和城市排水工程，是一项集城市用水的取水、净化、输送，城市污水的收集、处理、综合利用，降水的汇集、处理、排放，以及城区防洪（潮、汛）、防涝、排污为一体的系统工程，是保障城市经济社会活动的生命线工程。

建筑给水排水工程是直接服务于工业与民用建筑物内部及居住小区（含工业企业、学校等）范围内的生活设施和生产设备的给水排水工程，是建筑设备工程的重要内容之一，其工程整体由建筑内部给水（含热水供应）、建筑内部排水（含雨水）、建筑消防给水（含气体消防）、居住小区给水排水、建筑水处理以及特种用途给水排水等部分组成。该工程功能的实现主要依靠各种材料和规格的管道、卫生器具与各类设备和构筑物的合理选用，管道系统的合理布置设计，精心的施工与认真的维护管理等。给水排水工程是为适应我国城市建设现代化程度与人民生活福利设施水平的不断提高而形成的一门内容不断充实和更新的工程技术。

9.1 建筑给水工程

建筑给水工程是将符合水质标准的水送至生活、生产和消防给水系统的各用水点，以满足水量和水压的要求，通常涉及水的分配、计量、输送、储存和加压以及水质标准等方面的问题。

供给居住小区范围内建筑物内外部生活、生产、消防用水的给水系统，包括建筑内部给水系统与居住小区给水系统两类。其供水规模较市政给水系统小，且大多数情况下无须设自备水源，可直接从市政给水系统引水。

9.1.1 建筑内部给水工程

建筑内部给水工程是将城市给水管网或自备水源给水管网的水引入室内，经配水管道送至生活、生产和消防用水设备，并满足各用水点对水量、水压和水质的要求。

一、给水系统的分类

给水系统按照其用途可分为以下三类：

（1）生活给水系统。供人们在不同场合的饮用、烹饪、盥洗、洗涤、沐浴等日常生活用水的给水系统，其水质必须符合国家规定的生活饮用水卫生标准。

（2）生产给水系统。供给各类产品生产过程中所需的用水、生产设备的冷却、原料和产品的洗涤及锅炉用水等的给水系统。生产用水对水质、水量、水压及安全性的要求随工艺要求的不同，而有较大的差异。

（3）消防给水系统。供给各类以水作为灭火剂的消防设备扑灭火灾用的给水系统。消防用水对水质的要求不高，但必须按照建筑设计防火规范保证供应足够的水量和水压。

上述三类基本给水系统可以独立设置，也可根据各类用水对水质、水量、水压、水温的不同要求，结合室外给水系统的实际情况，经技术经济比较，或兼顾社会、经济、技术、环境等因素的综合考虑，设置成组合各异的共用系统，如生活、生产共用给水系统，生活、消防共用给水系统，生产、消防共用给水系统，生活、生产、消防共用给水系统；还可按供水用途的不同、系统功能的不同，设置成饮用水给水系统、杂用水（中水）给水系统、消火栓给水系统、自动喷水灭火给水系统、水幕消防给水系统，以及循环或重复使用的生产给水系统等。

二、给水系统的组成

建筑内部给水系统的组成如图 9-1 所示。

（1）引入管。从室外给水管将水引入室内的管段，也称进户管，如图 9-2 所示。

（2）水表节点。安装在引入管上的水表及其前后设置的阀门和泄水装置的总称，如图 9-3 所示。

（3）给水管道。包括干管、立管和支管，如图 9-4 所示。

（4）配水装置和用水设备。各类卫生器具和用水设备的配水龙头和生产、消防等用水设备。

（5）给水附件。管道系统中调节水量、水压，控制水流方向以及关断水流，便于管道、仪表和设备检修的各类阀门。

（6）增压和储水设备。当室外给水管网的水压、水量不能满足建筑用水要求，或要求供水压力稳定、确保供水安全可靠时，应根据需要，在给水系统中设置水泵、气压给水设备、水池和水箱等增压、储水设备。

三、给水方式

（一）直接给水方式

由室外给水管网直接供水，是最简单、经济的给水方式，如图 9-5 所示。它适用于室外给水管网的水量、水压在一天内均能满足用水要求的建筑。

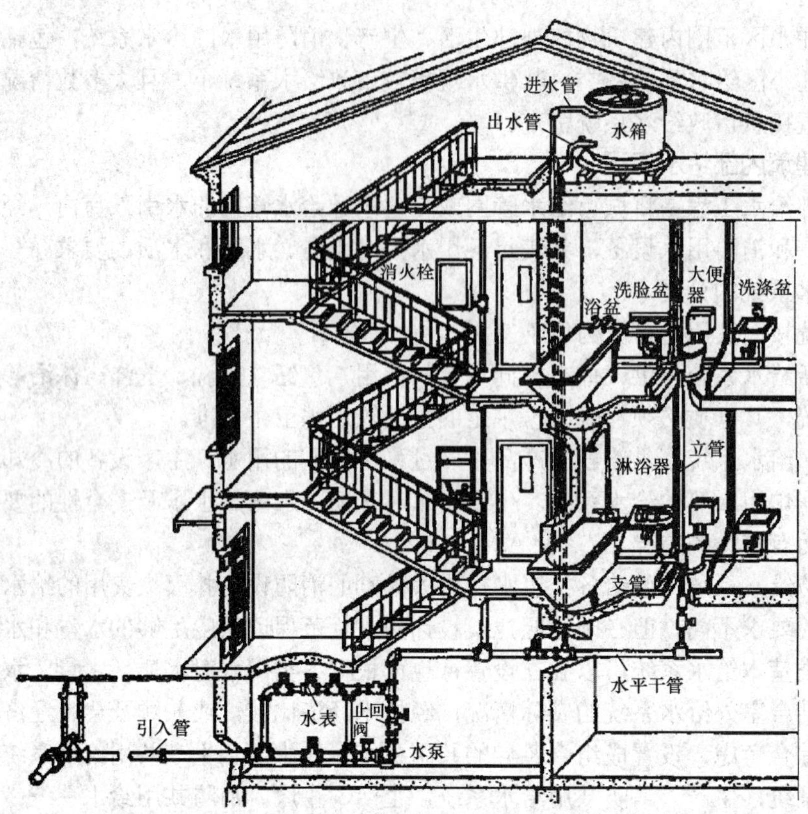

图 9-1 建筑内部给水系统的组成示意

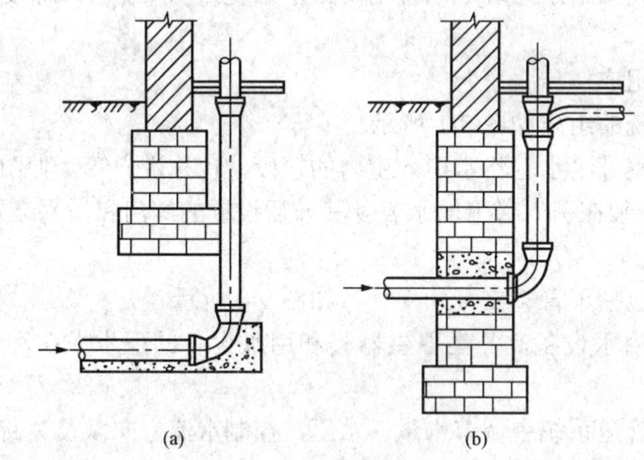

图 9-2 建筑物的引入管

（a）从浅基础下通过；（b）穿基础

（二）设水箱的给水方式

设水箱的给水方式宜在室外给水管网供水压力周期性不足时采用。当低峰用水时，可利用室外给水管网水压直接供水并向水箱进水，以供水箱储备，如图 9-6（a）所示。高峰用水时，室外管网水压不足，则由水箱向建筑给水系统供水，如图 9-6（b）所示。当室外给水管网水压偏高或不稳定时，为保证建筑内给水系统的良好工况或满足稳压供水的要求，也可采用设水箱的给水方式。室外管网直接将水输入水箱，由水箱向建筑内给水系统供水。

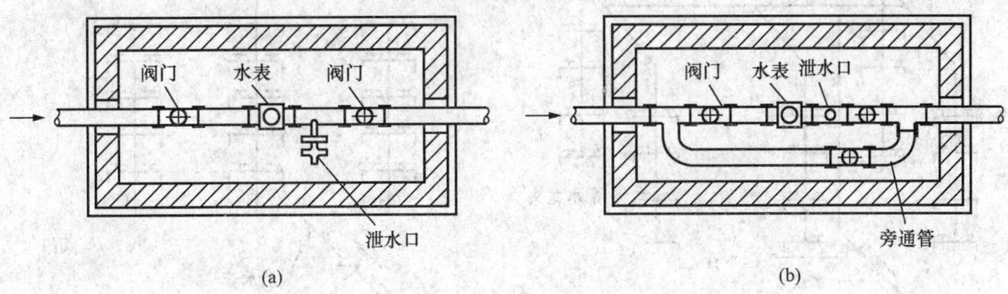

图 9-3 水表节点

（a）水表节点；（b）有旁通管的水表节点

(a)

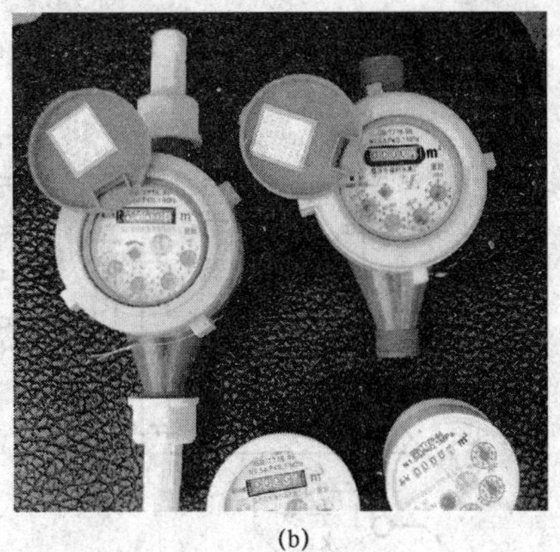
(b)

图 9-4 给水管道及水表

（a）给水管道；（b）水表

（三）设水泵的给水方式

设水泵的给水方式宜在室外给水管网的水压经常不足时采用，如图 9-7 所示。

（四）设水泵和水箱联合的给水方式

设水泵和水箱联合的给水方式宜在室外给水管网压力低于或经常不满足建筑内给水管网所需的水压，且室内用水不均匀时采用，如图 9-8 所示。该给水方式的优点是水泵能及时向水箱供水，可缩小水箱的容积，又因有水箱的调节作用，水泵出水量稳定，能保持在高效区运行。此外，还有既设水泵又设水箱和水池的分区给水方式，如图 9-9 所示。

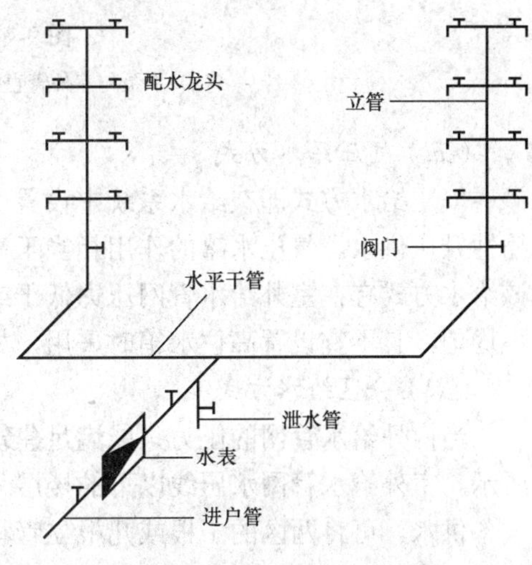

图 9-5 直接给水方式

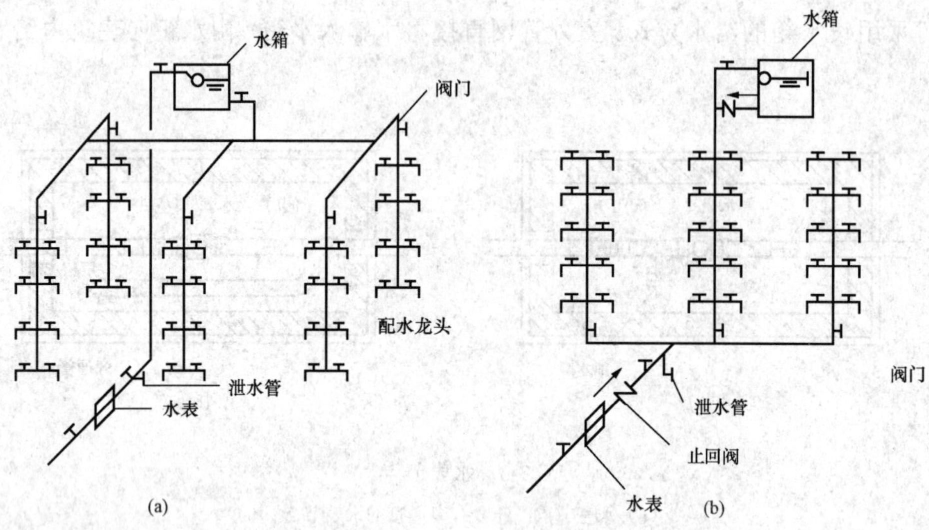

图 9-6 设水箱的给水方式

（a）低峰用水的给水；（b）高峰用水的给水

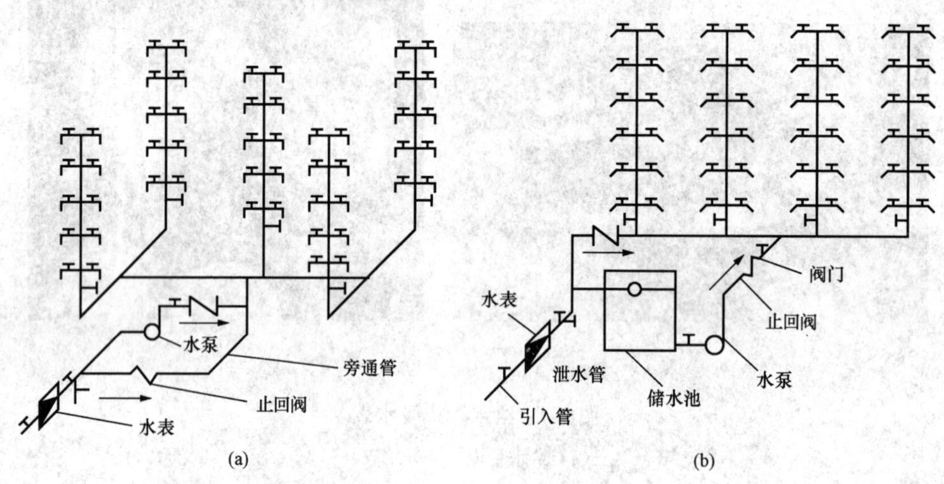

图 9-7 设水泵的给水方式

（a）水泵与室外管直接相通；（b）水泵与室外管间接相通

（五）气压给水方式

气压给水方式即在给水系统中设置气压给水设备，利用该设备的气压水罐内气体的可压缩性升压供水。气压水罐的作用相当于高位水箱，但其位置可根据需要设置在高处或低处。该给水方式宜在室外给水管网压力低于或经常不能满足建筑内给水管网所需水压，室内用水不均匀，且不宜设置高位水箱时采用，如图 9-10 所示。

（六）分区给水方式

当内外给水管网的压力只能满足建筑下层供水要求时，可采用分区给水方式，如图 9-11 所示。室外给水管网水压线以下的楼层为低区由外网直接供水，以上楼层为高区由升压储水设备供水。可将两区的 1 根或几根立管相连，在分区处设阀门，以备低区进水管发生故障或外网压力不足时打开阀门，由高区水箱向低区供水。

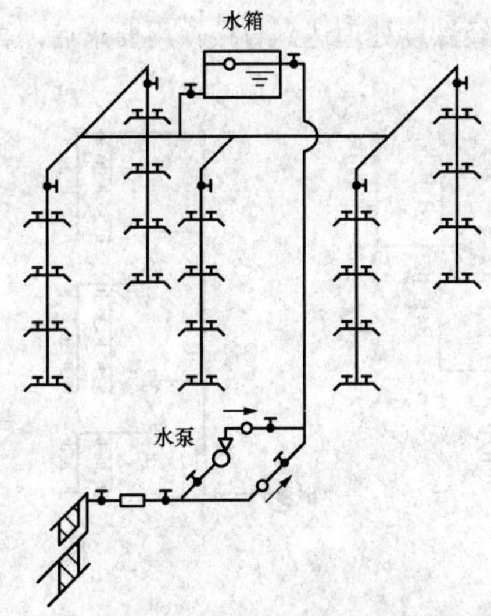

图 9-8 设水泵和水箱的联合供水方式

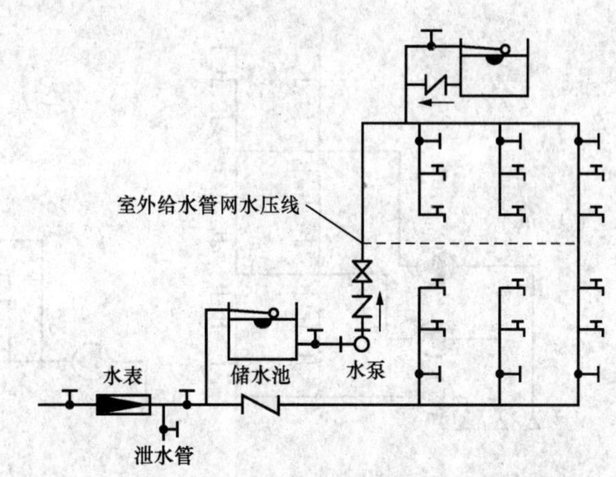

图 9-9 设水泵、水箱和水池的分区给水方式

在高层建筑中，常见的分区给水方式有水泵并列分区给水方式、水泵串联分区给水方式和水泵供水减压阀减压分区给水方式。

（1）水泵并列分区给水方式。该给水方式是各给水分区分别设置水泵或调速水泵，各分区水泵采用并列方式供水，如图 9-11（a）所示。该给水方式的优点是供水可靠、设备布置集中，便于维护、管理，省去水箱占用面积，能量消耗较少；缺点是水泵数量多、扬程各不相同。

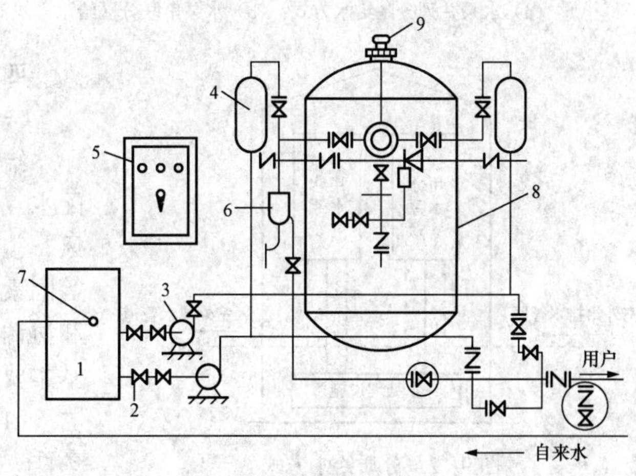

图 9-10 气压罐给水方式

（2）水泵串联分区给水方式。各分区分别设置水泵或调速水泵，各分区水泵采用串联方式供水，如图 9-11（b）所示。该给水方式的优点是供水可靠，不占用水箱使用面积，能量消耗较少；缺点是水泵数量多，设备布置分散，维护、管理不便。使用时，水泵启动顺序为自下而上，各区水泵的能力应匹配。

（3）水泵供水减压阀减压分区给水方式。如图 9-11（c）所示，该给水方式的优点是供水可靠、设备与管材少、投资省、设备布置集中、省去水箱占用面积；缺点是下区水压损失大、能量消耗多。

（七）分质给水方式

分质给水方式是指根据不同用途所需的不同水质，分别设置独立的给水系统，如图 9-12 所示。饮用水给水系统供饮用、烹饪、盥洗等生活用水，水质应符合生活饮用水卫生标准。杂用水给水系统水质较差，仅符合生活杂用水水质标准，只能用于建筑内冲洗便器、绿化、洗车、扫除等用水。近年来，为确保水质，有些国家还采用了饮用水与盥洗、淋浴等生活用水分设两个独立管网的分质给水方式。生活用水均先入屋顶水箱（空气隔断）后，再经管网供给各用水点，以防回流污染。饮用水则根据需要，经深度处理达到直接饮用要求后，再行输配。

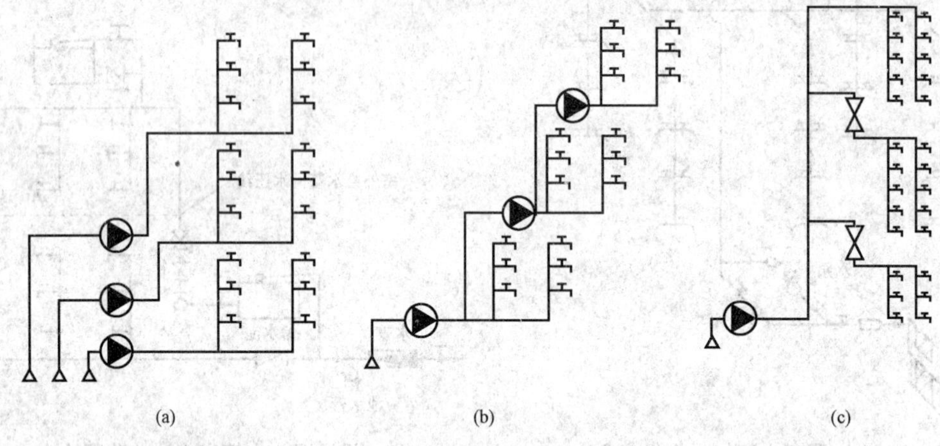

图 9-11 分区给水方式

（a）水泵并列分区给水方式；（b）水泵串联分区给水方式；（c）水泵供水减压阀减压分区给水方式

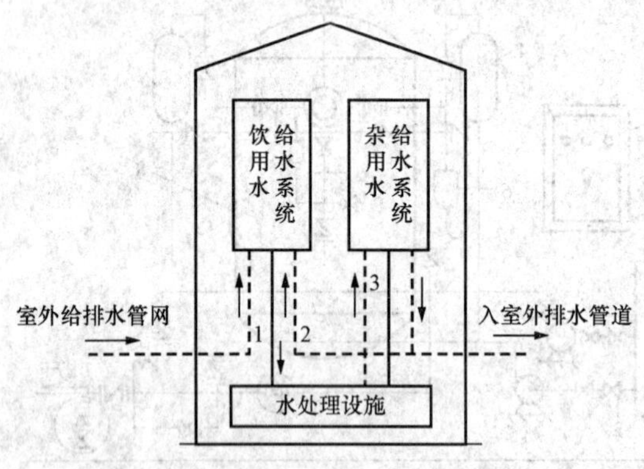

图 9-12 分质给水方式

1—生活废水；2—生活污水；3—杂用水

四、给水管道的布置与敷设

（一）管道布置

给水管道的布置受建筑结构、用水要求、配水点和室外给水管道的位置，以及供暖、通风、空调和供电等其他建筑设备工程管线布置等因素的影响。进行管道布置时，不仅要处理和协调好各种相关因素的关系，还要满足相关基本要求。

（1）基本要求。确保供水安全和良好的水力条件，力求经济合理；保护管道不受损坏；不影响生产安全和建筑物的使用；便于安装维修。

（2）布置形式。给水管道的布置按供水可靠程度要求可分为枝状和环状两种形式。前者为单向供水，供水安全可靠性差，但节省管材、造价低；后者的管道相互连通，双向供水，安全可靠，但管线长、造价高。一般建筑内给水管网宜采用枝状布置。按水平干管的敷设位置，给水管道的布置又可分为上行下给、下行上给和中分式三种形式。干管设在顶层天花板下、吊顶内或技术夹层中，内上向下供水的为上行下给式，其适用于设置高位水箱的居住与公共建筑和地下管线较多的工业厂房。干管埋地，设在底层或地下室中，由下向上供水的为下行上给式，其适用于利用室外给水管网水压直接供水的工业与民用建筑。水平干管设在中间技术层内或某层吊顶内，由中间向上、下两个方向供水的为中分式，其适用于屋顶用作露天茶座、舞厅或没有中间技术层的高层建筑。同一建筑的给水管网也可向时兼有以上两种形式。

（二）管道敷设

给水管道的敷设有明装、暗装两种形式。明装即管道外露，其优点是安装维修方便，造价低；但外露的管道影响美观，表面易结露、积灰，一般用于对卫生、美观没有特殊要求的建筑。暗装就是将管道隐蔽，如敷设在管道井、技术层、管沟、墙槽、顶棚或夹墙中，直接埋地或埋在楼板的垫层里；其优点是管道不影响室内的美观、整洁，但施工复杂、维修困难、造价高，适用于对卫生、美观要求较高的建筑，如宾馆、高级公寓和要求无尘、洁净的车间、实验室、无菌室等。

五、给水所需水压、水量的计算

（一）给水系统所需水压

建筑内部给水系统所需的水压、水量是选择给水系统中增压和水量调节、储水设备的基本依据。

满足卫生器具和用水设备用途要求而规定的其配水装置单位时间的出水量，称为额定流量。各种配水装置为克服给水配件内摩阻、冲击及流速变化等阻力而放出额定流量所需的最小静水压力，称为流出水头（或最低工作压力）。给水系统中如果某一配水点的水压满足，则系统中其他用水点的压力均能满足，此时称该点为给水系统中的最不利配水点。

要满足建筑内给水系统各配水点单位时间内使用时所需的水量，给水系统的水压就应保证最不利点配水具有足够的流出水头，见图 9-13。

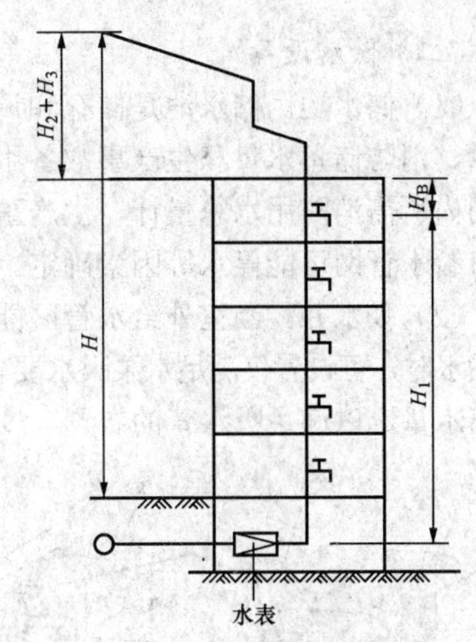

图 9-13　建筑内部给水系统所需要的压力

（二）给水系统所需水量

建筑内给水包括生活、生产和消防用水三部分。

（1）生活用水量受当地气候、生活习惯、建筑物使用性质、卫生器具和用水设备的完善程度以及水价等多种因素的影响，故用水量不均匀。

（2）生产用水量一般比较均匀，可按消耗在单位产品上的水量或单位时间内消耗在生产设备上的水量计算确定。

（3）消防用水量大而集中，并与建筑物的使用性质、规模、耐火等级和火灾危险程度等密切相关。为保证灭火效果，建筑内消防用水量应按规定，根据同时开启时消防灭火设备的用水量之和来计算。

六、增压、储水设备

（一）增压设备

（1）水泵。水泵是给水系统中的主要升压设备。在建筑内部的给水系统中，一般采用离心式水泵，它具有结构简单、体积小、效率高且流量和扬程在一定范围内可以调整等优点。水泵的流量、扬程应根据给水系统所需的流量、压力确定，如图 9-14 所示。由流量、扬程查水泵性能表（或曲线）即可确定其型号。

（2）气压给水设备。气压给水设备的理论依据是波意耳—马略特定律，即在定温条件下，一定质量气体的绝对压力和它所占的体积成反比。它利用密闭罐中压缩空气的压力变化，调节和压送水量，在给水系统中主要起增压和水量调节的作用，如图 9-15 所示。

图 9-14　水泵

图 9-15　气压给水设备

（二）储水设备

（1）储水池。储水池是储存和调节水量的构筑物，其有效容积应根据生活（生产）调节水量、消防储备水量和生产事故备用水量确定。消防储备水量应根据消防要求，以火灾延续时间内所需消防用水总量计。生产事故备用水量应根据用户安全供水要求，中断供水后果和城市给水管网可能停水等因素确定。

（2）吸水井。当室外给水管网能满足建筑内所需水量，而供水部门不允许水泵直接从外网抽水时，可设置仅满足水泵吸水要求的吸水井。吸水井的有效容积应大于最大 1 台水泵 3min 的出水量，以满足吸水管的布置、安装、检修和防止水深过浅水泵进气等正常工作要求。

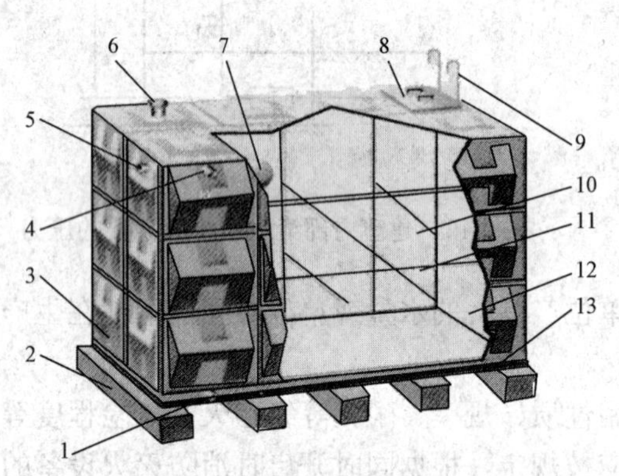

图 9-16　玻璃钢水箱

1—排污口；2—混凝土基础；3—外围板；4—溢流口；5—进水口；6—排气口；7—自动补水装置；8—入孔盖；9—扶梯；10—内围板；11—不锈钢拉杆；12—出水口；13—钢支架

（3）水箱。水箱的用途多样，有高位水箱、减压水箱、冲洗水箱、断流水箱等多种类别，其形状通常为圆形或矩形，特殊情况下也可设计成任意形状。水箱制作材料包括普通钢板、搪瓷钢板、镀锌钢板、复合钢板和不锈钢板、钢筋混凝土、塑料和玻璃钢等。图 9-16 所示为玻璃钢水箱。

水箱的有效容积主要根据它在给水系统中的作用来确定。若仅作为水量调节之用，其有效容积即为调节容积；若兼有储备消防和生产事故用水量作用，其容积以调节水量、消防和生产事故备用水量之和来确定。

9.1.2　居住小区给水

我国将城镇居民居住用地组织的基本构成单元分为三级：

（1）居住组团。最基本的构成单元，占地面积小于 $10\times10^4\text{m}^2$，居住 300～800 户，人口在 1000～3000 人范围内。

（2）居住小区。由若干个居住组团构成，占地面积在 10×10^4～$20\times10^4\text{m}^2$ 之间，居住 2000～3000 户，人口在 7000～13 000 人之间。

（3）居住区。由若干个居住小区组成，居住 7000～10 000 户，人口在 25 000～35 000 人之间。

居住小区是现代城市的重要组成部分之一。它是指含有教育、医疗、文体、经济、商业服务及其他公共建筑的城镇居民住宅建筑区。居住小区内包括医院、邮局、银行、影剧院、运动场馆、中小学、幼儿园，各类商店、饮食服务业、行政管理及其他设施，此外还应有道路、广场、绿地等。

居住小区给水排水管道，是建筑给水排水管道和市政给水排水管道的过渡管段，其服务范围不同，给水、排水的不均匀系数就与前者不尽相同，其给水、排水的设计流量也与前者不相同。

一、居住小区给水水源

居住小区位于市区或厂矿区供水范围内时，应采用市政或厂矿给水管网作为给水水源，以减少工程投资。若居住小区离市区或厂矿较远，需要敷设专门的输水管线，则可经过技术经济比较，确定是否自备水源。在严重缺水地区，应考虑建设居住小区的中水工程，用中水来冲洗厕所、浇洒绿地和道路。

二、居住小区用水量的组成及水量的确定

居住小区总的用水量为小区内居民生活用水量、公共建筑用水量、绿化用水量、水景及娱乐设施用水量、道路及广场用水量、公用设施用水量、未预见用水量及管网漏失水量和消防用水量之和。居住小区的室外给水系统供应的水量应满足居住小区内全部用水的要求，即小区内建筑内、外用水量之和。

三、小区给水方式及选择

小区给水方式主要有城市给水管网直接给水方式和小区集中或分散式加压给水方式两种类型。

（一）城市给水管网直接给水方式

直接给水方式可以分为两种情况，一种是给水水压能满足的层数直接供水；另一种是设置屋顶水箱，利用夜间水压调蓄供水。

（二）小区集中或分散加压给水方式

城市管网压力过低，不能满足小区压力要求时，应采用小区加压给水方式。小区加压给水方式又分为集中加压方式和分散加压方式。常见方式有：

（1）水池—水泵—水塔。

（2）水池—水泵。

（3）水池—水泵—水箱。

（4）管道泵直接抽水—水箱。

（5）水池—水泵—气压罐。

（6）水池—变频调速水泵。

（7）水池—变频调速水泵和气压罐组合。

各种给水方式都有其优缺点。即使是同一种方式，用在不同地区或不同规模的居住小区中，其优缺点也往往会发生转化。小区给水方式的选择，应根据城镇供水条件、小区规模和用水要求、技术经济比较、社会和环境效益等综合评价确定。

选择小区给水方式时，应充分利用城镇给水管网的水压，优先采用管网直接给水方式。采用加压给水时，城镇给水管网水压能满足的楼层仍可采用直接给水。

小区给水系统应与城镇及建筑给水系统相适应，一般分为生活给水系统和消防给水系统。

低层和多层建筑的居住小区，一般不设室内消防给水系统，而多用生活—消防给水系统。

在严重缺水地区，可考虑采用中水回用设施，小区生活给水系统则分为饮用水给水系统和杂用水给水系统。如果小区内城镇供水水质很差，可考虑采用优质探井水或给水深度净化装置供应饮水，生活给水系统则可分为深井水（净水）给水系统和非饮用水给水系统。

多层、高层组合的居住小区应采用分区给水系统，其中高层建筑部分应根据高层建筑的数量、分布、高度、性质、管理和安全等情况，经技术经济比较后，确定采用分散、分片集中或集中调蓄增压给水系统。

分散调蓄增压是指高层建筑只有一幢或幢数不多，但各幢供水压力要求差异较大，每一幢建筑单独设置水池和水泵的增压给水系统。

分片集中调蓄增压是指小区内相近的若干幢高层建筑分片共用一套水池和水泵的增压给水系统。

集中调蓄增压是指小区内的全部高层建筑共用一套水池和水泵的增压给水系统。

分片集中和集中调蓄增压给水系统总投资较省，便于管理，但在低层区安全性较低。

四、管道的布置与敷设

居住小区给水管道的布置，应包括整个居住小区的给水干管，以及居住组团内的小区支管至接户管。定线原则是：首先按小区的干道布置给水干管网，然后在居住组团布置小区支管及接户管。

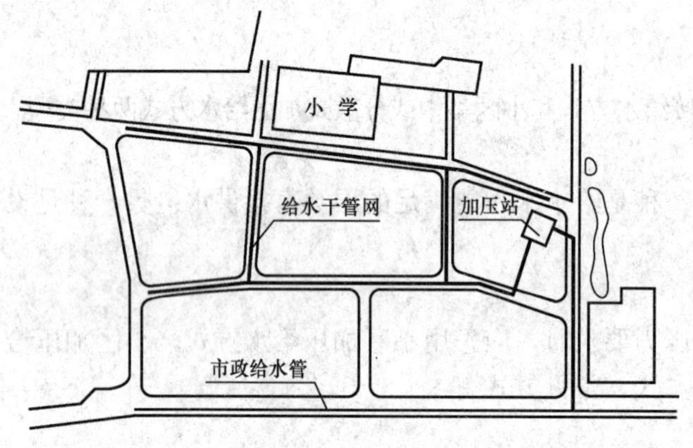

图 9-17　某小区给水网管布置图

小区给水干管的布置可以参照城市给水管网的要求和形式。布置时应注意管网要遍布整个小区，保证每个居住组团都有合适的接水点。为了保证供水安全可靠，小区干管应布置成环状或与城镇给水管道连成环网，如图 9-17 所示。

小区支管和接户管的布置通常采用枝状网，如图 9-18 所示，要求小区支管的总长度尽量短。对于高层居住组团及用水要求高的组团，宜采用环状布置，从不同侧的两条小区干管上接小区支管及接户管，以保证供水安全和满足消防要求。

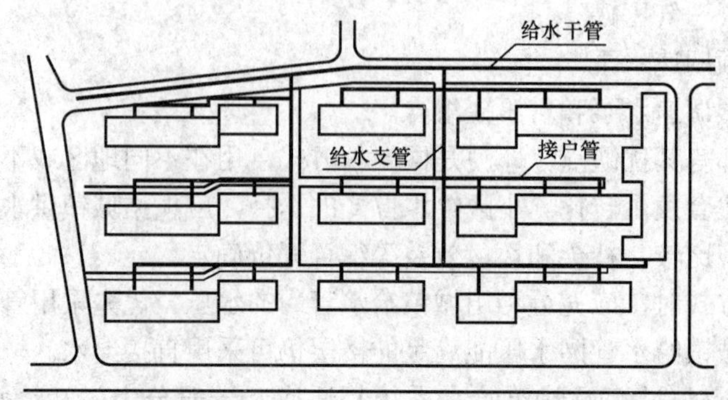

图 9-18　某组团给水支管和接户管布置图

9.2 建筑排水工程

建筑排水工程是工业与民用建筑物内部和居住小区范围内生活设施和生产设备排出的生活污水、工业废水以及雨水的总称，包括对它的收集、输送、处理与回用以及排放等排水设施。建筑排水系统是接纳输送居住小区范围建筑物内、外部排出的污水，废水及屋面雨水的排水系统，包括建筑内部排水系统与居住小区排水系统两类。与市政排水系统相比，建筑排水系统不仅规模较小，而且大多数情况下无污水处理设施，直接接入市政排水系统。

9.2.1 建筑内部排水系统

一、排水系统的分类

建筑内部排水系统的功能是将人们在日常生活和工业生产过程中使用过的、受到污染的水，以及降落到屋面的雨水和雪水收集起来，及时排到室外。建筑内部排水系统分为污水、废水排水系统（排除人类生存过程中产生的污水与废水）和屋面雨水排水系统（排除自然降水）两大类。按照污水、废水的来源，污废水排水系统又分为生活排水系统和工业废水排水系统；按污水与废水在排放过程中的关系，生活排水系统和工业废水排水系统又分为合流制和分流制两种体制。所以，建筑内部排水系统可分为以下七种类型：

（1）生活排水系统：是合流制排水系统，排除居住建筑、公共建筑以及工业企业生活间的污水与废水。

（2）生活污水排水系统：排除大便器（槽）、小便器（槽）以及与此相似的卫生设备产生的污水。污水需经化粪池或居住小区污水处理设施处理后才能排放。

（3）生活废水排水系统：排除洗脸、洗澡、洗衣和厨房产生的废水。生活废水经过处理后，可作为杂用水，用来冲洗厕所、浇洒绿地和道路、冲洗汽车等。

（4）工业废水排水系统：是合流制排水系统，排除在工业企业在工艺生产过程中产生的污水与废水。

（5）生产污水排水系统：排除工业企业在生产过程中被化学杂质（有机物、重金属离子、酸、碱等）、机械杂质（悬浮物及胶体物）污染较重的工业废水，需要经过处理，达到排放标准后排放。

（6）生产废水排水系统：排除污染较轻或仅水温升高，经过简单处理后（如降温）可循环或重复使用的较清洁的工业废水。

（7）屋面雨水排除系统：收集并排除降落到多跨工业厂房、大屋面建筑和高层建筑屋面上的雨雪水。

室内雨水系统用于排除屋面的雨水和冰、雪融化水，按雨水管道敷设的不同情况，可分为外排水系统和内排水系统两类。

1）外排水系统。外排水系统的管道敷设在外，故室内无雨水管道产生的漏、冒等隐患，且系统简单、施工方便、造价低，在设置条件具备时应优先采用。根据屋面的构造不同，该系统又可分为檐沟外排水系统和天沟外排水系统，如图 9-19 所示。

2）内排水系统。内排水系统是指在屋面设雨水斗，建筑物内部有雨水管道的雨水排水系统。对于跨度大、特别长的多跨工业厂房，在屋面设天沟有困难的锯齿形或壳形屋面厂房及屋面有天窗的厂房应考虑采用内排水形式。对于建筑立面要求高的高层建筑、大屋面建筑及寒冷地区的建筑，在外墙设置雨水排水立管有困难时，也可考虑采用内排水形式。

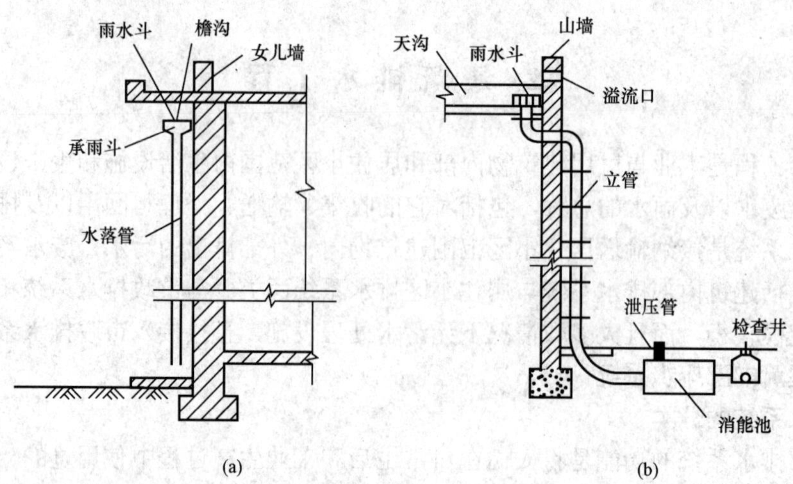

图 9-19 外排水系统

（a）檐沟外排水；（b）天沟外排水

内排水系统由雨水斗、连接管、悬吊管、排出管、埋地管和检查井组成，如图 9-20 所示。降落到屋面上的雨水，沿屋面流入雨水斗，经连接管、悬吊管流入排水立管，再经排出管流入雨水检查井，或经埋地管排至室外雨水管道。

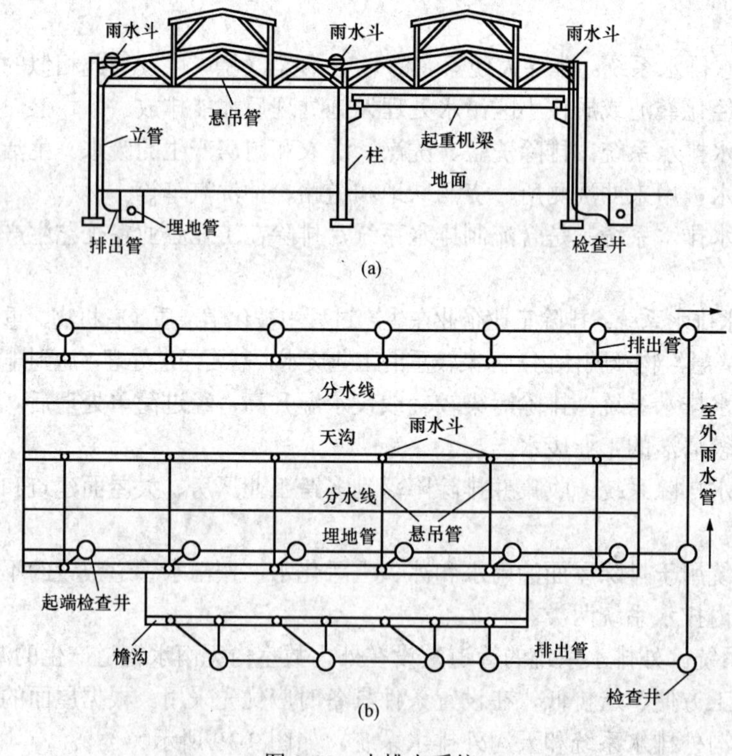

图 9-20 内排水系统

（a）剖面图；（b）平面图

二、排水系统的组成

建筑内部污水、废水排水系统应能满足三个基本要求：首先，系统能迅速、畅通地将污水和废水排到室外；其次，排水管道系统内的气压稳定，管道系统内的有害气体不能进入室内，保持室内良好的环境卫生；第三，管线布置合理、简短顺直，工程造价低。

为满足上述要求，建筑内部污水、废水排水系统的基本组成部分有卫生器具和生产设备的受水器、排水管道、清通设备和通气管道，如图9-21所示。在有些建筑物的污水、废水排水系统中，根据需要还设有污水、废水的提升设备和局部处理构筑物。

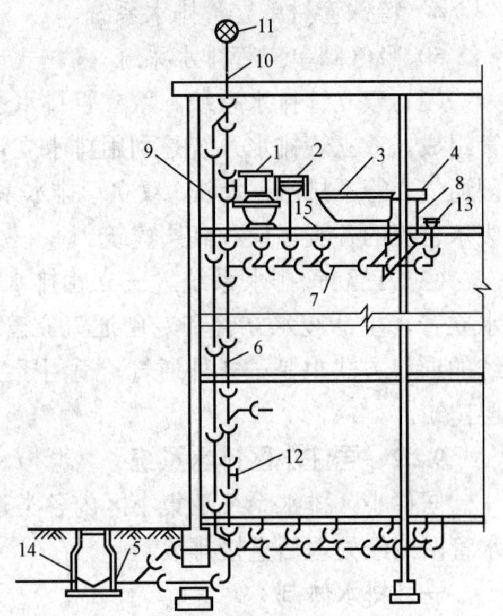

图9-21 排水系统

1—大便器；2—洗脸盆；3—浴盆；4—洗涤盆；5—排出管；6—立管；7—横支管；8—支管；9—通气立管；10—伸顶通气管；11—网罩；12—检查口；13—清扫口；14—检查井

（1）卫生器具和生产设备受水器。卫生器具和生产设备受水器应满足人们在日常生活和生产过程中的卫生和工艺要求。其中，卫生器具又称卫生设备或卫生洁具，是接收、排出人们在日常生活中产生的污废水或污物的容器或装量。生产设备受水器是接收、排出工业企业在生产过程中产生的污废水或污物的容器或装置。

（2）排水管道。排水管道包括器具排水管（含存水弯）、横支管、立管、埋地干管和排出管，其作用是将各个用水点产生的污废水及时、迅速地输送到室外。

（3）清通设备。污水、废水中含有固体杂物和油脂，容易在管内沉积、黏附，减小通水能力甚至堵塞管道。为疏通管道保障排水畅通，需设清通设备。清通设备包括设在横支管顶端的清扫口、设在立管或较长横干管旁的检查口和设在室内较长的埋地横干管上的检查井。

（4）提升设备。工业与民用建筑物的地下室、人防建筑物、高层建筑的地下技术层和地下铁道等处标高较低，在这些场所产生、收集的污废水不能自流排至室外的检查井，须设污水、废水提升设备。

（5）污水局部处理构筑物。当建筑内部污水未经处理不允许直接排入市政排水管网或水体时，须设污水局部处理构筑物，如处理民用建筑生活污水的化粪池，降低锅炉、加热设备排污水水温的降温池，去除油污水的隔油池，以及以消毒为主要目的的医院污水处理等。

（6）通气系统。建筑内部排水管道内是水气两相流。为使排水管道系统内空气流通，压力稳定，避免因管内压力波动而使有毒有害气体进入室内，需要设置与大气相通的通气系统。通气系统有排水立管延伸到屋面上的伸顶通气管、专用通气管以及专用附件。

三、排水系统的类型

污水、废水排水系统通气的好坏直接影响排水系统的正常使用。按系统通气方式，建筑内部污水、废水排水系统分为单立管排水系统、双立管排水系统和三立管排水系统。

（1）单立管排水系统。单立管排水系统是指只有一根排水立管，没有专门通气立管的系统。单立管排水系统利用排水立管本身及其连接的横支管和附件进行气流交换，这种通气方式称为内通气。根据建筑层数和卫生器具的多少，单立管排水系统又有五种类型：

1）无通气管的单立管排水系统。

2）有伸顶通气管的普通单立管排水系统。

3）特制配件单立管排水系统。

4）特殊管材单立管排水系统。

5）吸气阀单立管排水系统。

（2）双立管排水系统。双立管排水系统也叫两管制，由一根排水立管和一根专用通气立管组成。双立管排水系统是利用排水立管与另一根立管之间进行气流交换，所以叫外通气。因通气立管不排水，所以，双立管排水系统的通气方式又叫干式通气。干式通气适用于污水、废水合流的各类多层和高层建筑。

（3）三立管排水系统。三立管排水系统也叫三管制，由三根立管组成，分别为生活污水立管、生活废水立管和专用通气立管。两根排水立管共用一根通气立管。三立管排水系统的通气方式也是干式外通气，适用于生活污水和生活废水需分别排出室外的各类多层、高层建筑。

9.2.2　居住小区排水系统

居住小区排水系统汇集小区内各类建筑排放的污水、废水和地面雨水，并将其输入城镇水管网或经处理后直接排放。

一、排水体制

居住小区生活污水、工业废水和雨水是采用一个管渠系统来排除，还是采用两个及两个以上各自独立的管渠系统来排除，这种不同的排除方式称为排水系统体制。建筑小区排水系统的体制主要分为分流制和合流制两种类型。

（1）分流制。居住小区分流制排水系统是指将生活污水、工业废水和雨水分别在两套或两套以上各自独立的管渠内排除，见图 9-22。其中，排除生活污水、工业废水的系统称为污水排水系统，排除雨水的系统称为雨水排水系统。

（2）合流制。居住小区合流制排水系统是指将生活污水、工业废水和雨水混合在同一管渠内排除的排水系统，见图 9-23。

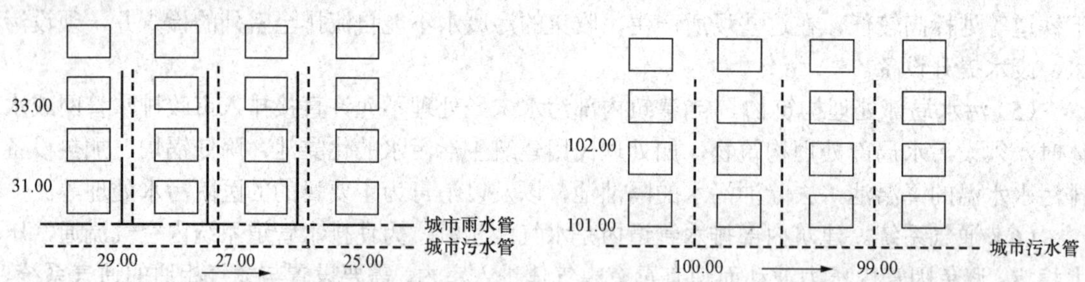

图 9-22　小区分流制排水系统示意图　　图 9-23　小区合流制排水系统示意图

居住小区排水系统体制的选择，应根据城镇排水体制、环境保护要求等因素综合比较确定。对于新建小区，当城镇排水体制为分流制，且当小区附近有合适的雨水排放水体或小区远离城镇为独立的排水体系等情况时，宜采用分流制；当居住小区的污水需要进行回用时，应设置分质、分流的排水体制。

根据我国目前加快城市污水集中处理工程建设的城建方针，居住小区的污水一般应排入城市排水管道系统，故居住小区排水体制一般与城镇排水体制相同。

二、排水系统的组成

(1) 污水排水系统的组成。污水排水系统主要由以下几部分组成:

1) 建筑内部排水系统及设备。

2) 小区室外排水管道。

3) 小区污水泵站及压力管道。

4) 小区污水处理站。

(2) 工业废水排水系统的组成。工业废水排水系统主要由以下几部分组成:

1) 车间内部管道系统和设备。

2) 厂区管道系统。

3) 污水泵站及压力管道。

4) 废水处理站。

(3) 雨水排水系统的组成。雨水排水系统主要由以下几部分组成:

1) 房屋雨水管道系统和设备。

2) 建筑小区雨水管道及雨水口。

3) 城镇雨水管道。

三、居住小区排水系统的水力计算

(1) 生活污水排水量。居住小区生活污水排水量是指生活用水使用后排入河水管道的流量,其数值应该等于生活用水量减去不可回收的水量。生活排水量一般为生活给水量的60%~80%,但也有地下水经管道接口渗入管内、雨水经检井口流入等原因,使排水量大于给水量。所以,取居住小区生活排水定额和小时变化系数与生活给水定额和小时变化系数相同;同样,小区内的公共建筑生活排水定额和小时变化系数与生活给水定额和小时变化系数相同。

(2) 雨水设计流量。居住小区雨水设计流量的计算与城市雨水设计流量的计算相同。其中,设计重现期应根据地形条件和地形特点等因素确定,一般宜选用 0.5~1.0 年。设计降雨历时包括地面集水时间和管内流行时间两部分。地面集水时间根据距离长短、地面坡度、地面覆盖情况定,一般取 5~10min。

(3) 污水管道的设计流速、设计坡度、最小管径。与设计流量、设计充满度、设计坡度相应的管内水流速度为设计流速,为防止流速过大冲刷管道或流速过小产生淤积,对设计流速规定了上、下限值。金属排水管的最大设计流速为 10m/s,非金属管为 5m/s,,在设计充满度下,最小设计流速为 0.6m/s。

(4) 雨水管道的设计流速、设计坡度、最小管径。雨水中常挟带大量的泥沙、无机颗粒物质,管内流速小时会沉积堵塞管道,流速过大又会冲刷管壁。因而规范规定金属雨水管的最大设计流速为 10m/s,非金属管为 5m/s,;最小设计流速为 0.75m/s。小区雨水口连接管的最小管径为 DN200,最小坡度为 0.01;小区雨水管道的最小管径为 DN300,最小坡度为 0.003。

(5) 合流制排水管道。居住小区合流制排水管道既排小区的生活污水,又排雨水,其设计流量为两流量之和,但生活污水取平均值。它的水力计算、最小设计坡度、最小流速、最小管径等规定与雨水排水管相同。

四、污水处理

居住小区污水处理设施的建设应由城镇排水工程总体规划统筹确定,并尽量纳入城镇污水集中处理工程范围。当城镇已建成或规划了污水处理厂时，居住小区不宜再设污水处理设施；若新建小区远离城镇，小区污水无法排入城镇管网，则在小区内可设置分散或集中的污水处理设施。目前，我国分散的处理设施是化粪池，今后将逐步被按二级生物处理要求设计的分散设置的地埋式小型污水处理装置所代替。当几个居住小区相邻较近时，也可考虑几个小区规划共建一个集中的污水处理厂（站）。

9.3 我国给水排水工程的发展前景

我国给水排水工程是城市发展的生命线工程，未来发展前景十分广阔。通过高新技术的引进、移植、嫁接等方式发展给水排水工程的高新技术，并由此积极发展水工业，是给水排水工程发展的重要思路。

9.3.1 我国建筑给水排水工程的发展前景

随着国民经济的快速增长、人民生活环境质量的不断提高、建筑事业的蓬勃发展，建筑给水排水技术将会取得更加迅速的发展。在管材方面，复合管材、薄壁铜管和薄壁不锈钢管将得到广泛应用，沟槽式管接头技术将继续发展。在增压供水方面，补气式气压给水设备的补气方式得到改进，隔膜式气压给水设备的隔膜形式得到发展。在控制闸阀方面，水力控制阀的使用向泄压阀和紧急关闭阀延伸和扩展。在水表计量方面，水表出产或水表的数字显示、先付费再用水的计量模式使水的计量出现变化。在水泵技术方面，出现了流量变化扬程不变的切线泵，以水冷替代风冷、运行噪声低的水冷泵，体积小、功效高的机电一体化水泵，占用面积小的深井泵，防锈蚀的不锈钢泵，应用非自灌方式而使水泵迅速投入运行的自吸泵以及无负压变频泵。在热水供应方面，浮动盘管换热器得以改进，高精度、高可靠性的温控阀和压力平衡阀得到发展。在消防方面，建筑消防正处于以消火栓给水系统为主向以自动喷水灭火系统为主，临时高压消防给水系统向稳高压消防给水系统发展，卤代烷灭火系统向系统替代卤代烷替代物替代的转折期。喷头也向快递响应、大水滴、雾化和低压方向发展。

在建筑排水方面，建筑排水的输送已不限于重力流和压力流，虹吸流出现在压力（虹吸）式屋面雨水排水系统中，真空流和真空式大便器应用于工程中。建筑中水作为污水处理回用中的一个重要环节，会得到发展。中水利用是节约水资源、减少排污、防治污染、保护环境的有效途径之一，特别适用于缺水或严重缺水的地区。同时，中水回用也可带来可观的经济效益。为缓解室外排水系统满流、室内排水管因房屋沉降而倒坡等排水管工况恶化问题，重力排水系统止回阀将得到广泛应用。

9.3.2 我国市政给水排水工程的发展前景

未来水处理将围绕着科技的革新，向着低能耗、高效率、资源化的方向发展，主要表现在生物处理和膜分离技术的进展。利用生物技术处理废水具有运行费用低、操作管理简便等优点。近年来，在传统生化处理技术上发展起来的纯氧曝气法、生物流化床等工艺，使处理过程中单位体积内保持较高的微生物量，营养和代谢产物的传质速度加快，大大提高了处理效率和耐负荷冲击能力，处理过程的稳定性明显得到提高。用生物处理技术与其他处理技术结合开发出的一些组合处理工艺，如生物活性炭工艺、膜生物反应器（MBR）等，大大提高了净化能力，是水处理技术近期发展的一大特点。随着人们节能意识的增强，不需供氧的厌氧生物处理技术也得到了很大的发展，厌氧生物滤池、厌氧生物流化床及上流式厌氧污泥床反应器在低浓度有机废水处理中的应用，使传统的厌氧处理工艺摆脱了分解效率低、停留时间长的弱点；由于工艺本身能耗少，且将废水中的污染物转化成沼气作能源，厌氧生物处理技术将是一种方向性的革新替代技术。近年来，生物工程技术的迅猛发展，为生物处理技术的发展提供了契机，利用现代生物技术筛选、驯化高效降解菌种，利用固定化酶和固定化细胞技术处理一些难降解的废水将成为生物处理技术发展的必然趋势。

此外，水中纳米级颗粒物的分离技术取得了突破性进展。一些新型膜材料的开发为膜分离技术的发展注入了新的活力，市政供水及饮用水处理中广泛采用的反渗透、超滤、微滤、离子交换膜、电渗析等占据了膜技术与膜产业的中心位置。随着中低压膜材料的开发应用及膜供应价格的逐步降低，膜分离技术在工业废水及城市污水处理中的应用日益广泛，其操作简单、节约能源、可回收利用废水和有价值物质的优点，越来越受到水处理工业界的重视与欢迎，已逐步成为开发水源、回用城市污水和工业废水的一种经济而有效的技术手段。

10 土木工程防灾减灾

10.1 灾害与防灾减灾概论

10.1.1 灾害的定义及其特性

灾害是指由于自然的、人为的或人与自然的原因，对人类的生存和社会发展造成损害的各种现象。根据其发生原因和表现形式，灾害可分为自然灾害和人为灾害两大类。

一般将地震、洪水、干旱、火山喷发、飓风扫掠等大自然"天灾"称为自然灾害，而将火灾、爆炸、空难、车祸、"三废"污染、工程事故等由人自身原因所致的损害人类自身利益的社会现象称为人为灾害。特别地，各种自然灾害中，有相当一部分是掺杂人类行为活动在内的"人为自然灾害"，如酸雨、气候异常等。特大洪灾往往与滥伐森林、围湖造田、水土流失等重要人为原因有关，开山建房或修路不当会引起滑坡，开采地下水过量会引起地面沉陷等。因此，灾害是大自然物质运动、变化和人类社会不合理行为活动两者的叠加和渗透的结果，即"七分天灾，三分人祸"。

灾害的一般性特征可以归纳为：

（1）危害性。灾害必然对人类生命、财产以及赖以生存的其他环境和条件产生严重的危害性，其程度往往为本社区或地区难以独立承受，而需要向外界求援。

（2）突发性。灾害的孕育往往有一个量变到质变的过程，这种过程有长有短，但最终均表现为灾害的突发。绝大部分灾害的发生不可预料或者难以精确预报，其往往在短暂时间内发生，有些仅在几秒钟内就可能造成惨重损失，如地震、泥石流、爆炸等。崩塌落石、高速滑坡、泥石流都具有突发性，振动作用所致的砂土液化、软土地基剪出破坏、边坡坍滑也往往是突然发生的。岩溶地面塌陷、坑道突水突泥发生均颇为突然。

（3）永久性。许多种类的灾害是由自然界的运动变化而引起，客观存在而不受社会主观意识行为而改变和转移，如地震、台风、洪水等，只要人类存在，就不会消失。

（4）周期性。各种灾害都按照自身规律频繁发生，相互间又可多向影响、交织诱发。气候条件变化具有周期性和季节性，地应力变化有一定规律，因此地震、洪水和台风等灾害的发生具有一定的周期性和准周期性（灾变期）。例如，长江流域的大水具有与太阳黑子活动相关的周期性、台风活跃期在每年的夏季、地震活动的周期性和震中的重复性早已被揭示。但这些灾害又不会十分准确地按周期循环重复发生，对灾害的暴发时间、地点、规模等都很难准确地预测和预报。

（5）区域性。各种灾害的分布十分广泛，但具体到某一种灾害，又具有一定的区域性。如自然灾害主要受气候、地貌、岩性、构造等地质地理条件所控制，空间分布上表现某种区域规律性，如受地表水热条件所控制的地带性、受地貌和岩性所控制的地域性、坡地地质灾害顺谷坡或构造带呈带状分布性、受坡向差异制约的坡向性等。

（6）群发性。由于自然灾害的时空分布具有非稳定性，灾害分布具有时间和空间上的群发性，许多自然灾害往往会在某一时间段或某一地区相对集中出现，形成众灾群发的局面。

如在山区局部暴雨中心和不利地形、地质条件组合下，某些小流域内的地质灾害格外发育，成群分布，流域上游区因谷坡较陡而崩塌、滑坡集中，中游区水土流失严重且将松散物质起动为泥石流，下游区淤积、漫流严重。地震、海啸、洪水等大灾就体现出鲜明的群发性。

（7）复发性。一些早已停歇或稳定的灾害，特别是地质灾害，由于自然或人为因素的变化会再次暴发或复活。山区最常见的是由于植被破坏、乱弃矿渣使早已停歇的泥石流再度暴发，古滑坡体由于工程建设的不合理切脚、堆载、渗水而复活。

10.1.2 我国灾害的特点

我国灾害具有以下特点：

（1）灾害成因背景复杂。我国处在欧亚板块、太平洋板块、印度板块的交界地区，新构造运动十分活跃，地形和地质构造都很复杂，并处在世界两大地震带（环太平洋地震带、欧亚地震带）之间。

（2）灾害种类多。我国的灾害主要有洪涝、台风、冰雹、霜冻、雪灾、地震灾害、滑坡、崩塌、泥石流、病虫害、火灾等。

（3）灾害频率高、强度大。有史以来，我国就是地震频发的国家。20 世纪以来，全球共发生 7 级以上的大地震 1200 余次，其中十分之一发生在我国；同时，每年大小崩塌、滑坡数以百万计，有泥石流沟 10000 多条。

（4）灾害群发。自然灾害的发生往往不是孤立的，它们常常在某一时间段或某一地区相对集中出现，形成众灾丛生的局面，这种现象称为灾害群发性。

（5）地域差异明显。各类灾害在地区上交织发生，但相对以某一主导灾害为核心，伴生其他自然灾害。旱灾主要分布在黄淮海平原和黄土高原；水灾多出现在七大流域中下游沿河两岸；台风多见于东南沿海，雪灾、寒潮大风主要分布于青藏高原和内蒙高原；沙暴多发生在西北地区；地震主要发生在华北、西北、西南三大地震带上；滑坡、泥石流集中以西南地区最盛。

10.1.3 灾害的类型与分级

灾害的种类繁多，分类方法各不相同。根据其发生原因和表现形式，灾害可分为自然灾害和人为灾害两大类。但从过程特征的发展快慢来看，自然灾害又可分为以下四种类型：

（1）突变型。缺少先兆、发作突然，发生的过程历时较短，但破坏性很大，而且可能在短期内重复发作，如地震、泥石流、大火。

（2）发展型。有一定的先兆，往往是某种正常过程累积的结果，发展较迅速，但因比突变型灾害缓慢得多，其过程具有一定可估计性，如暴雨、台风、洪水等。

（3）持续型。时续时间可由几天到半年甚至几年，如旱灾、涝灾等。

（4）演变型。也称环境演变型，是一种长期的自然过程，是自然环境演化的必然伴生现象，最难控制和减轻，如沙漠化、水土流失、冻土融解、海水入侵、海平面上升、局域气候干旱化等。

突变型和发展型灾害发作快、缺少征兆，危害最大，有时将两者合称为骤发性灾害。持续型灾害持续时间长、影响范围较大，可造成极大的经济损失。演变型灾害作为一种漫长的自然过程，会破坏人类的生存环境，长期的潜在损失最大。

许多自然灾害，特别是等级高、强度大的自然灾害发生后，常常诱发出一连串的其他灾害接连发生，这种现象叫灾害链。灾害链中最早发生的起作用的灾害称为原生灾害，而由原生灾害所诱导出来的灾害称为次生灾害。自然灾害发生之后，破坏了人类生存的和谐条件，由此还可以导生出一系列其他灾害，这些灾害泛称为衍生灾害。灾害的过程往往是很复杂的，有时候一种灾害可由几种灾因引起，或者一种灾因会同时引起几种不同的灾害。这时，灾害类型的确定就要根据起主导作用的灾因和其主要表现形式而定。

不论何种灾害，均会造成人员伤亡或财产（经济）损失，以此进行灾害分级。根据我国国情，灾害可分为以下五个等级：

（1）巨灾。死亡10000人以上，经济损失超过1亿元人民币。

（2）大灾。死亡1000～10000人，经济损失为1000万～1亿元人民币。

（3）中灾。死亡100～1000人，经济损失为100万～1000万元人民币。

（4）小灾。死亡10～100人，经济损失为10万～100万元人民币。

（5）微灾。死亡人数少于10人，经济损失小于10万元人民币。

10.1.4 土木工程防灾减灾

我国是世界上自然灾害最为严重的国家之一，灾害种类多、分布地域广、发生频率高、造成损失重。在全球气候变化和我国经济社会快速发展的背景下，近年来我国自然灾害损失不断增加，重大自然灾害乃至巨灾时有发生，灾害风险进一步加剧。在这种背景下，土木工程防灾减灾具有重要意义。

土木工程防灾减灾是土木工程中的边缘学科，涉及地震学、气象学、爆炸学、水利学、地质学和工程材料学等众多学科，对我国实施可持续发展战略有着积极作用。学科的主要任务是：建立和发展用于提高工程结构和工程系统抵御自然灾害和人为灾害能力的科学理论、设计方法和工程技术，通过工程措施最大限度地减轻未来灾害可能造成的破坏，保证人民生命和财产的安全，保障灾后经济恢复和发展的能力，提高国防工程和人防工程的防护能力。

目前，土木工程防灾减灾研究的灾害种类主要包括地震、风、偶然性爆炸、失控物体撞击等具有动态特征的灾害，火灾以及地质灾害等其他灾害。主要研究内容包括：

（1）各类灾害的成灾机理、毁损效应。

（2）各类工程结构与工程系统在灾害作用下的破坏机理。

（3）结构反应分析方法与试验技术。

（4）防灾减灾的设计理论、方法与工程技术。

（5）灾害荷载引起的工程结构与工程系统和周围环境的相互作用。

10.2 地震灾害与防震减灾

10.2.1 地震的基本概念

地震是一种具有突发性的自然现象，是由地壳破坏引发的地面运动，对人工建筑物可以造成严重破坏。据统计，地球上每年大约发生500多万次地震，其中人能感觉到的有5万次左右，造成破坏的约有800次左右，震级7级以上造成严重灾害的有10次左右。我国从公元前1831年有地震文献记载以来，所记载的6级以上的强震800多次。

2008年5月12日14时28分，四川龙门山构造带汶川附近发生8.0级强烈地震。此次地震不仅在震中区附近造成灾难性破坏（见图 10-1），而且在四川省和邻近省市大范围造成破坏，其影响更是波及全国绝大部分地区乃至境外，是新中国成立以来我国大陆发生的破坏性最为严重的地震。

1976年7月28日，河北省唐山市发生的7.8级大地震同样为400多年来世界地震史上悲

图 10-1 “5·12”汶川地震重灾区

惨的一幕。此次地震造成 242 769 人死亡，164 851 人重伤，毁坏公产房屋 1479 万 m^2，倒塌民房 530 万间（见图 10-2），直接经济损失高达 54 亿元人民币。

图 10-2 唐山大地震震害

地震学把地壳深处发生岩层断裂、错动的地方（实际上为一区域）称为震源（见图 10-3）。将震源视为一点，此点到地面的垂直距离称为震源深度。震源在地面上的投影点（实际上也是一区域）称为震中。震中附近地面运动最激烈，也是破坏最严重的地区，称为震中区或极震区。地面上某处到震源的距离称为震源距。从震中到地面上任何一点，沿地球表面所量得的距离称为震中距。

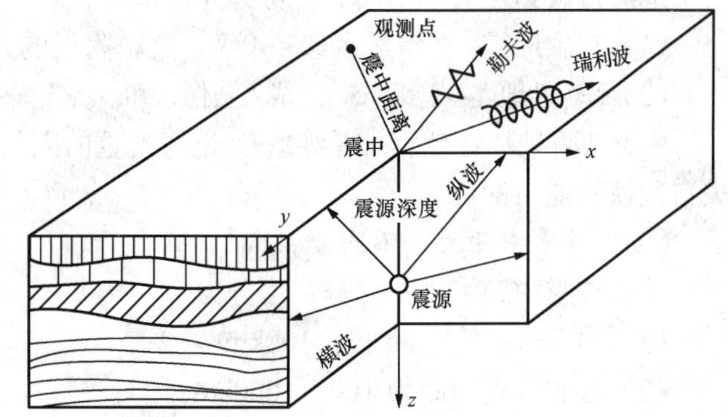

图 10-3 地震要素示意图

一、地震的分类

（一）按成因分

地震按成因分，可分为：

（1）天然地震（构造地震、火山地震、塌陷地震），即自然界发生的地震。

（2）诱发地震（矿山冒顶、水库蓄水等），即人为因素引起的地震。

（3）人工地震（爆破、核爆炸、物体坠落等），即人类的工程活动而引起的地震。

其中，构造地震破坏作用大、影响范围广，是抗震研究的主要对象。构造地震的产生是由于地球不断运动和变化，在构造运动作用下地壳逐渐积累了巨大的能量，在某些脆弱地带当地应力达到并超过岩层的强度极限时，岩层就会突然产生变形乃至破裂，或者引发原有断层的错动，将能量突然释放出来，从而引起大地震动。

全世界地震中，有 90%以上是构造地震。1906 年美国旧金山大地震（8.3 级）就与圣安德列斯大断裂活动有关。1960 年 5 月 21 日～6 月 22 日在智利发生的一系列强震（最大 8.9 级），就发生在秘鲁海沟断裂带上。构造地震破坏性最大、影响范围较广，我国大陆所发生的地震也几乎都属于这一类。

（二）按震源深度不同分

地震按震源深度不同分，可分为：

（1）浅源地震：震源深度小于 60km。

（2）中源地震：震源深度为 60～300km。

（3）深源地震：震源深度大于 300km。

地球上 75%以上的地震是浅源地震，震源深度也多为 5～20km。由于浅源地震能够产生更大的地球表面的震动，因此破坏力也最大。我国发生的绝大部分地震均属于浅源地震。

（三）按震级大小不同分

地震按震级大小不同分，可分为：

（1）微震：1 级≤震级＜3 级的地震。

（2）小震：3 级≤震级＜4.5 级的地震。

（3）中震：4.5 级≤震级＜6 级的地震。

（4）强震：6 级≤震级＜7 级的地震。

（5）大震：震级≥7 级的地震。

（6）特大地震：震级≥8 级的大地震。

（四）按破坏性大小不同分

地震按破坏性大小不同分，可分为：

（1）有感地震：2 级≤震级＜4 级，震中附近的人能够感觉到的地震。

（2）破坏性地震：震级＞5，造成人员伤亡和经济损失的地震，对建筑物就要引起不同程度的破坏。

（3）严重破坏性地震：震级＞7，造成严重的人员伤亡和财产损失，使灾区丧失或部分丧失自我恢复能力的地震。

（五）按震中距大小不同分

地震按震中距大小不同分，可分为：

（1）地方震：震中距小于 100km。

（2）近震：震中距为 100～1000km。

（3）远震：震中距为 1000km 以上。

二、地震波

地震引起的振动以波的形式从震源向四周传播，这种波就称为地震波（见图 10-4）。这就像石子投入水中，激起水波会向四周一圈一圈地扩散一样。地震波按其在地壳传播的位置不同，分为体波和面波。

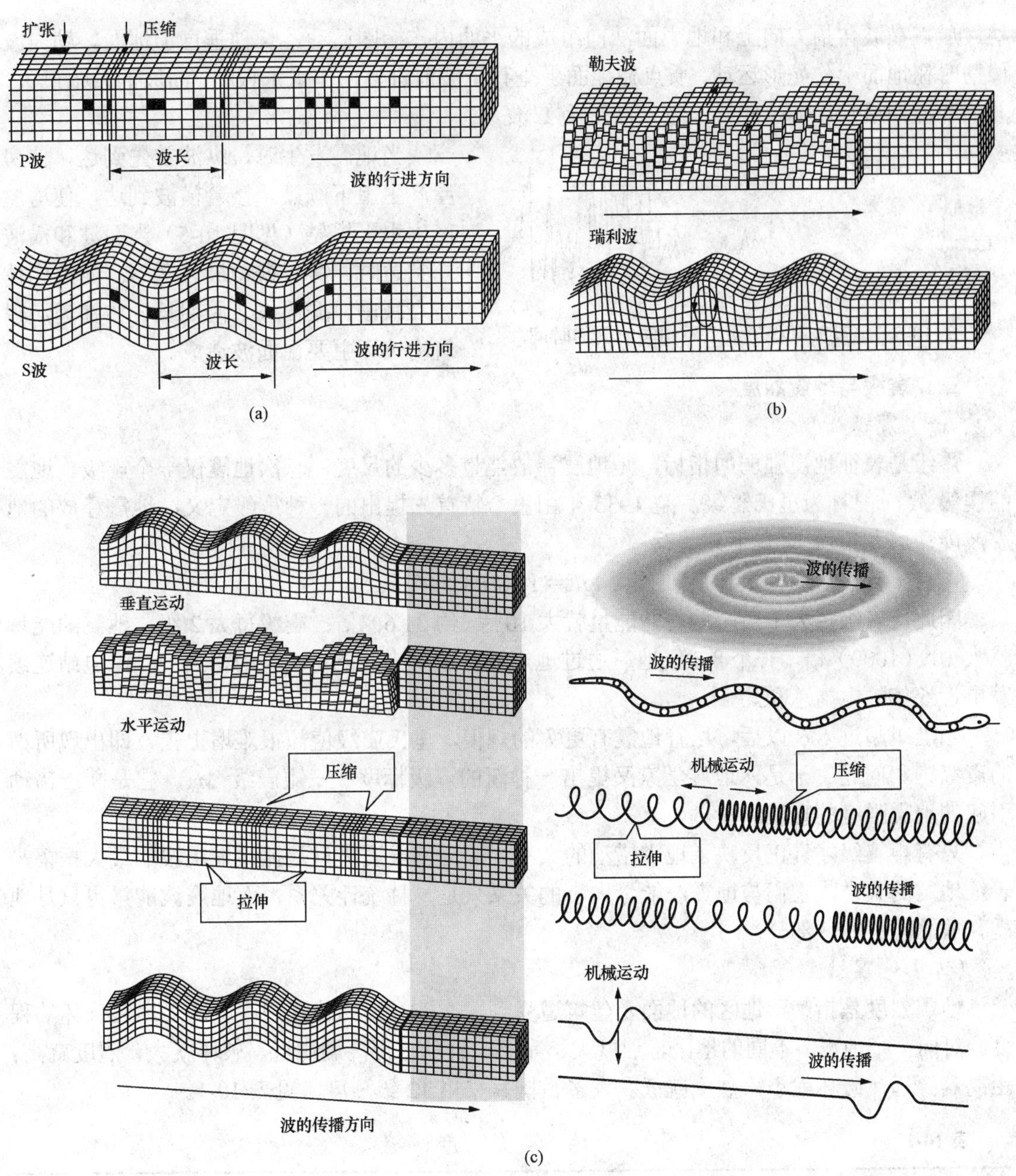

图 10-4 地震波

(a) 体波：纵波和横波；(b) 表面波：勒夫波和瑞利波；(c) 地震波与常见机械波类比

体波是在地球内部由震源向四周传播的波，又分为纵波（P 波）和横波（S 波）。纵波（P 波）是由震源向四周传播的压缩波，介质质点的振动方向与波的传播方向一致，引起地面垂直振动；周期短、振幅小、波速快。横波（S 波）传播的是由震源向四周传播的剪切波，介质质点的振动方向与波的传播方向垂直，引起地面水平振动，周期长、振幅大，波速较纵波慢，且仅能在固体介质中传播。

面波是体波经地层界面多次放射、折射形成的次生波，主要包括瑞利波和勒夫波。瑞利波的质点振动方向比较复杂，既引起地面水平振动又引起地面垂直振动；传播时在地面上滚动，质点在波传播方向上和地表面法向组成的平面内作椭圆运动，长轴垂直于地面。勒夫波传播时在地面上作蛇形运动，质点在地面上垂直于波前进方向作水平振动；面波的振幅最大，波长和周期最长，波速较横波慢，统称为 L 波。

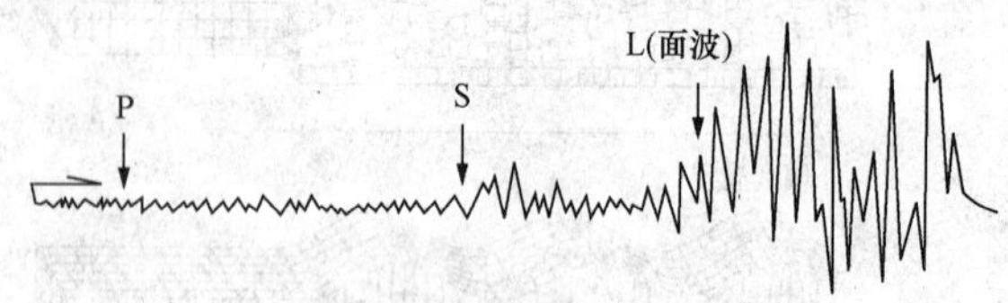

图 10-5　地震波时程记录上不同波的到达时间

当地震发生时，纵波首先到达，使房屋产生上下颠簸，接着横波到达，使房屋产生水平摇晃（见图 10-5）当面波和横波都到达时，房屋振动最为激烈。面波比体波衰减慢、振幅大、周期长、传播远，建筑物破坏主要由面波造成。

三、震级与地震烈度

（一）震级

震级是表征地震强弱的指标，是地震释放能量多少的尺度，一次地震仅一个震级。地震的震级 M 一般称为里氏震级，是 1935 年由里希特首先提出的一种震级定义。地震释放的地震波能量 E 与震级 M 有下列关系

$$\lg E = 11.8 + 1.5M$$

因此，震级每大 1 级，地震的能量就大 $10^{1.5}$（约 31.6）倍；震级每大 2 级，地震的能量就大 10^3（1000）倍。一个 8.5 级地震通过地震波释放出来的能量，大约相当于二滩电站连续发电近 6 年的电能总和。

当震级超过 8.6 以后，尽管地震有更大的规模，里氏震级值却很难增上去，即出现所谓的震级饱和问题。于是，地震学家又提出一种新的震级标度——矩震级 M_W。它是断层错动引起的地震强度的直接测量。

只有矩震级才真正反映了地震错动的大小。因为里氏震级只是抓住地震波的最大振幅来表征地震的大小，它们与地震波能量大小的关系只是一种统计关系，而地震波能量也只是地震释放总能量的一部分。

（二）地震烈度

地震烈度是指某一地区的地面及建筑遭受到一次地震影响的强烈程度或受地震破坏的程度。对同一个地震，不同的地区，烈度大小是不一样的。距离震源近，破坏就大，烈度就高；距离震源远，破坏就小，烈度就低。大多数国家采用 12 级烈度，见表 10-1。

表 10-1　　地　震　烈　度

Ⅰ	人无感觉，只有仪器能记录到	Ⅶ	房屋破坏，地面裂缝
Ⅱ		Ⅷ	
Ⅲ	夜深人静时人有感觉	Ⅸ	房倒屋塌，地面破坏严重
Ⅳ	睡觉的人惊醒，吊灯摆动	Ⅹ	
Ⅴ		Ⅺ	毁灭性的破坏
Ⅵ	器皿倾倒、房屋轻微损坏	Ⅻ	

（三）震级与地震烈度的区别

地震的震级与地震烈度是两个不同的概念，对于一次地震，只能有一个震级，而有多个

烈度。一般来说，离震中越远，地震烈度越小。震中区的地震烈度最大，并称为“震中烈度”。“5·12”汶川地震的强度达到 8.0 级，属于特大地震，而烈度达到Ⅺ度，属于毁灭性的破坏程度。1976 年唐山地震，震级为 7.8 级，震中烈度为Ⅺ度；受唐山地震的影响，天津市地震烈度为Ⅷ度，北京市地震烈度为Ⅵ度，再远到石家庄、太原等就仅有Ⅳ～Ⅴ度了。

同一地震中，具有相同地震烈度地点的连线称为等震线，它可通过地震烈度表进行评定。由于烈度是在没有仪器记录的情况下，凭地震时人们的感觉或地震发生后器物反应的程度、工程建筑物的损坏或破坏程度、地表的变化状况而定的一种宏观尺度，因此烈度的鉴定主要依靠对上述几个方面的宏观考察和定性描述。

影响地震烈度的五要素是震级、震源深度、震中距、地质结构和建筑物抗震性能。影响烈度的因素，除了与震级有关外，还与当地的地质构造是否稳定，土壤结构是否坚实，房屋和其他构筑物是否坚固耐震有关。

10.2.2 地震产生的主要震害

一、地震灾害的特点

（一）突发性

强烈的地震可以在几秒或几十秒的短暂时间内造成巨大的破坏，严重的顷刻之间可使一座城市变成废墟。发生在夜间的地震，后果更为严重。唐山大地震发生在凌晨 3 时 42 分，当时人们正在酣睡，事先毫无警觉，结果伤亡惨重，造成经济损失上百亿元以上。

（二）呈纵性

在一个区域，或者一次强烈地震发生后，为调整区域应力场或岩石破裂的延续活动，往往在某一时间内地震活动呈纵性出现，连续造成灾害。

（三）续发性

强烈的地震不仅可以直接造成建筑物、工程设施的破坏和人员的伤亡，而且往往引发一系列次生灾害和衍生灾害，造成更大的破坏，即“灾害链”效应。如由地震灾害诱发的火灾、水灾、毒气和化学药品的泄漏污染、细菌污染、放射性污染，以及滑坡、泥石流、海啸等次生灾害等。

2011 年 3 月 11 日，日本本州东北部发生里氏 9.0 级地震并引发海啸，造成人员与财产的巨大损失，进而又引发位于福岛的核电站爆炸，造成了严重的核泄漏污染事故。

二、地震导致的主要震害现象

（一）地表破坏

（1）地表错移、隆起或下沉（见图 10-6）。强烈地震发生时，地表一般都会出现地震断层和地表破裂（裂缝），在宏观上常沿着一定方向展布在一个狭长地带内，绵延数十至数百千米。汶川地震破裂主要发生的北川断裂带，其地表破裂长达 240km，有的断层单元分别出现了 4～7m 的断层错开量。

活断层的地面错动会直接损害跨越该断层修建的建筑物，有些活断层错动时附近有伴生的地面变形，也会影响到邻近的建筑物。

（2）地裂缝（见图 10-7）。地裂缝为地面裂缝的简称，是地表岩层、土体在自然因素（地壳活动、水的作用等）或人为因素（抽水、灌溉、开挖等）作用下产生开裂，并在地面形成一定长度和宽度的裂缝的一种宏观地表破坏现象。有时地裂缝活动同地震活动有关，或为地震前兆现象之一，或为地震在地面的残留变形，后者又称地震裂缝。地裂缝常常直接影响城乡经济建设和群众生活。

图 10-6　地表错动

图 10-7　地表破裂带、地裂缝

（3）土层液化、喷砂冒水。地震土层液化是饱水的疏松粉、细砂土在振动作用下突然破坏而呈现液态的现象，其机制是饱和的疏松粉、细砂土体在振动作用下有颗粒移动和变密的趋势，对应力的承受从砂土骨架转向水；由于粉和细砂土的渗透力不良，孔隙水压力会急剧增大，当孔隙水压力大到总应力值时，有效应力就降到 0，砂土颗粒悬浮在水中，砂土即刻由固体状态转变为液体状态，发生液化。

砂土液化后，孔隙水在超孔隙水压力作用下自下向上运动。如果砂土层上部没有渗透性更差的覆盖层，地下水即大面积溢于地表；如果砂土层上部有渗透性更弱的黏性土层，当超孔隙水压力超过盖层强度时，地下水就会携带砂粒冲破盖层或沿盖层裂隙喷出地表，产生喷水冒砂现象（见图 10-8），地上有一排形似火山口的喷砂孔。土壤液化使地表的承载力大大降低，造成地层下陷。

（4）滑坡、崩塌。斜坡破坏效应包括地震导致的滑坡、崩塌或泥石流等，主要发生在山区。地震波通过山体，先使土石松脱，丧失摩擦力，重力作用加上进一步摇晃，山区土石即会大量崩落、滑塌。“5・12”汶川地震下的大范围山体崩滑如图 10-9 所示。

（二）建筑物破坏

地震发生时，地震波在岩土体中传播而引起强烈的地面运动，使建筑物的地基基础以及上部结构都发生振动，相当于施加了一个附加荷载（即地震力）。当地震力达到某一限度时，建筑物即发生破坏。这种由于地震力作用直接引起建筑物的破坏，称为振动破坏效应。

（1）结构丧失整体性及垮塌，如图 10-10 所示。

图 10-8 地震下土层液化喷砂痕迹

图 10-9 “5·12”汶川地震下的大范围山体崩滑

图 10-10 汶川震区建筑、桥梁结构解体毁坏

（2）承重结构承载力不足而破坏，如图 10-11 所示。

图 10-11 墩、柱的地震破坏

（3）地基失效。强震时地震加速度很大，如果建筑物地基强度较低，就会导致地基承载力下降、丧失，以致错位、移动，由此造成建筑物的破坏，如土壤液化，使承载力消失、建筑物下陷或倾斜，如图 10-12 所示。

图 10-12 建筑物倾斜

（三）次生灾害

直接灾害发生后，破坏了自然环境原有的平衡、稳定状态，从而引发次生灾害。有时次生灾害所造成的伤亡和损失比直接灾害还大。

“5·12”汶川地震引发大量次生山地灾害，如滚石、崩塌、滑坡、堰塞湖和泥石流（见图 10-13）。其中，崩塌、滑坡、滚石是毁坏基础设施和导致人员伤亡的主要灾害类型；堰塞湖不仅淹没上游河谷及邻近区域，而且对下游地区的城镇和农村，以及基础设施形成巨大的溃决洪水威胁（见图 10-14）。地震诱发的山地灾害形成灾害链，即崩塌→滑坡→堰塞湖→溃决洪水或泥石流。

震后的次生灾害还包括：

（1）火灾：由震后火源失控引起。

（2）水灾：由水坝决口或山崩壅塞河道，继而溃决等引起。

（3）有毒物质泄漏：由容器或化工装置被地震破坏等所引起。

（4）瘟疫：由震后生存环境的严重破坏而引起。例如，唐山地震时正值盛夏，天气炎热、阴雨连绵，人畜尸体迅速腐烂，疫情非常严峻。

图 10-13 震区次生坡面泥石流灾害

图 10-14 汶川地震北川唐家山堰塞湖

（5）海啸：2004 年 12 月 26 日，印度洋海底暴发了里氏 9.0 级强烈地震，引发了印度洋大海啸，巨浪以每小时 800km 的起始速度冲向海岸。2011 年 3 月 11 日 13 时 46 分，日本本州岛附近海域发生里氏 9.0 级地震，震中位于宫城县以东太平洋海域，震源深度为 10km，引发海啸袭击本州岛东海岸，巨浪冲毁大量房屋和建筑，如图 10-15 所示。

图 10-15 地震引发海啸冲击海岸地区

10.3 地质灾害与防治

10.3.1 地质灾害概述

一、地质灾害及分类

地质灾害是指由于地质作用（自然的、人为的或综合的）使地质环境产生突发的或渐进的破坏，并造成人类生命财产损失的现象或事件。地质灾害与气象灾害、生物灾害等都是自然灾害的主要类型，具有突发性、多发性、群发性和渐变影响等特点。由于地质灾害往往造成严重的人员伤亡和巨大的经济损失，因此在自然灾害中占有突出的地位。

我国地质灾害种类齐全，按致灾地质作用的性质和发生处所进行划分，可分为以下 12 类 48 种：

（1）地壳活动灾害：如地震、火山喷发、断层错动等。

（2）斜坡岩土体运动灾害：如崩塌、滑坡、泥石流等。

（3）地面变形灾害：如地面塌陷、地面沉降、地面开裂（地裂缝）等。

（4）矿山与地下工程灾害：如煤层自燃、洞井塌方、冒顶、偏帮、鼓底、岩爆、高温、突水、瓦斯爆炸等。

（5）城市地质灾害：如建筑地基与基坑变形、垃圾堆积等。

（6）河、湖、水库灾害：如塌岸、淤积、渗漏、浸没、溃决等。

（7）海岸带灾害：如海平面升降、海水入侵、海岸侵蚀、海港淤积、风暴潮等。

（8）海洋地质灾害：如水下滑坡、潮流沙坝、浅层气害等。

（9）特殊岩土灾害：如黄土湿陷、膨胀土胀缩、冻土冻融、沙土液化、淤泥触变等。

（10）土地退化灾害：如水土流失、土地沙漠化、盐碱化、潜育化、沼泽化等。

（11）水土污染与地球化学异常灾害：如地下水质污染、农田土地污染、地方病等。

（12）水源枯竭灾害：如河水漏失、泉水干涸、地下含水层疏干（地下水位超常下降）等。

二、引发地质灾害的自然因素

（1）昼夜温差、季 节温度变化，促使岩石风化；夏季炎热使黏土层龟裂，遇降雨雨水沿裂缝渗入，易引发崩塌和滑坡。

（2）降雨和地下水位。降雨是触发滑坡、崩塌、泥石流的首要因素，降雨补给地下水，致使地下水位或水压增加，对岩土体产生浮托作用，引发地质灾害。

（3）地表水冲刷、淘蚀、溶解和软化裂隙充填物。地表水下渗，使土体达塑性；当水渗入不透水层上时，接触面湿润，减少其摩擦力和黏聚力，促使崩塌滑坡产生。

（4）水库和河道水流冲刷、潜蚀、淘蚀坡脚，削弱斜坡的支撑部分；河水涨落引起地下水位的深降，从而引起崩塌滑坡的失稳破坏。

（5）地震的影响。地震是诱发滑坡的重要因素之一，特别是由于地震产生的裂缝和断崖，助长了以后降雨的渗透。因此，地震后常因降雨而发生滑坡或山崩。

三、地质灾害的关联性

各种地质灾害具有各自形成、发展、致灾的规律，各灾害之间以及它们与其他因素之间又有一定的关联性：

（1）一个地域内的地质灾害可能有若干种，它们在成因上具有关联性，如我国四川、云南、贵州等省形成了以地震、滑坡、泥石流为主的灾害系统。该地带现代地壳运动强烈，地震频发、震级高。由于地壳活动强烈，山体中断裂发育、岩石破碎、风化严重，加上干湿季分明、暴雨集中，促使滑坡、泥石流灾害突发。

（2）在一次灾害发生过程中，往往由一种原发性的主灾诱发其他灾害，如地震诱发滑坡、崩塌、次生泥石流。

（3）人类活动及其对自然环境施加的影响，可以间接或直接诱发地质灾害。例如，人类对植被的破坏，使地表径流的水量和速度加大，是泥石流日趋频繁的重要原因；此外，人类大规模的工程活动，造成滑坡等灾害的事件时有发生。

10.3.2 滑坡灾害及防治

一、滑坡及危害

滑坡是指斜坡上的土体或岩体，受河流冲刷、地下水活动、地震及人工切坡等因素的影响，在重力的作用下，沿着一定的软弱面或软弱带，整体地或分散地顺坡向下滑动的地质现象，俗称“走山”、“垮山”、“地滑”、“土溜”等，如图 10-16 所示。滑坡是在斜坡上一系列内、外因素综合作用下，滑动体的下滑力与抗滑力相互演变关系的产物。

滑坡作为山区的主要自然灾害之一，常常给工农业生产以及人民生命财产造成巨大损失，有的甚至是毁灭性的灾难（见图 10-17）。我国是一个多山的国家，也是滑坡广泛分布的国家。每年，特别是雨季，都要发生很多滑坡，几乎遍及全国各省区，特别是我国的西南地区，滑坡更为频繁。据不完全统计，我国已受到滑坡威胁或可能受到滑坡威胁的地区占全国陆地面积的 1/5～1/4，必将对工程建设、工程使用安全造成很大的威胁。

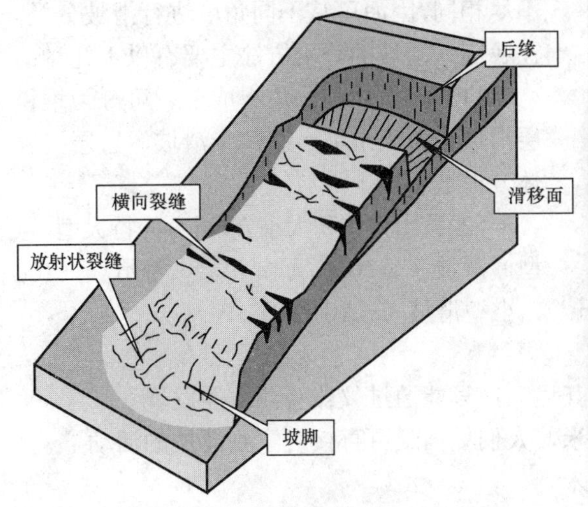

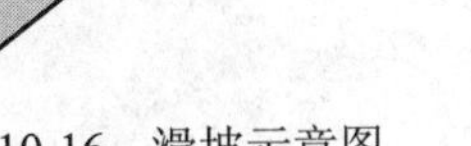
图 10-16　滑坡示意图

图 10-17　土体滑坡毁坏农房，造成人员伤亡

2003 年 7 月 13 日零时 20 分，三峡库区沙镇溪发生千将坪滑坡，致使 24 人失踪。滑坡的主要诱发因素是 6 月 21 日～7 月 11 日持续强降雨。据气象部门统计，在这 10 天时间里有 8 天降雨，总降雨量达 162.7mm。雨水大量渗入软化了岩石，增加了滑体的重力和渗透压力，降低了摩阻力，促使斜坡破坏，形成滑坡，如图 10-18 所示。

图 10-18　千将坪滑坡（滑动后）

1980 年 7 月 3 日 15 时 30 分，成昆铁路铁西车站发生滑坡，如图 10-19 所示。滑坡体从长 120m、高 40～50m 的采石场边坡下部剪切滑出。剪出口高出采石场坪台和铁路路基面 10m。滑坡体填满采石场后，继续向前运动，越过铁路达 25～30m，掩埋铁路涵洞、路基长 160m，堵塞铁西隧道双线进洞口，堆积在路基上的滑坡体厚达 14m，体积为 220 万 m^3，中断行车 40 天，造成严重的经济损失。

图 10-19 成昆铁路铁西车站滑坡

二、滑坡的分类

为了更好地认识和治理滑坡，需要对滑坡进行分类。但由于自然界的地质条件和作用因素复杂，各种工程分类的目的和要求又不尽相同，因而可从不同角度进行滑坡分类。在我国，滑坡的分类方法主要有以下几种：

（1）按滑体的物质组成分，可分为堆积层滑坡、黄土滑坡、黏性土滑坡、岩层（岩体）滑坡和填土滑坡。

（2）按滑体体积大小分，可分为特大型（巨型）滑坡（>1000 万 m^3）、大型滑坡（100 万～1000 万 m^3）、中型滑坡（10 万～100 万 m^3）、小型滑坡（<10 万 m^3）。

（3）按滑坡的滑动速度分，可分为：

1）蠕动型滑坡。人们仅凭肉眼难以看见其运动，只能通过仪器观测才能发现。

2）慢速滑坡。每天滑动数厘米至数十厘米，人们凭肉眼可直接观察到滑坡的活动。

3）中速滑坡。每小时滑动数十厘米至数米。

4）高速滑坡。每秒滑动数米至数十米。

（4）按滑坡体的厚度分，可分为浅层滑坡（厚度 $H<6$m）、中层滑坡（6m$<H<$20m）、深层滑坡（20m$<H<$50m）、超深层滑坡（$H>$50m）。

（5）按形成的年代分，可分为新滑坡（正在活动）、古滑坡（全新世以前的）、老滑坡（全新世以来发生，现未活动）。

（6）按力学条件分，可分为：

1）牵引式滑坡。滑体下部先变形滑动，上部失去支撑后而变形滑动形成的滑坡。

2）推动式滑坡。滑体上部先滑动，挤压下部变形滑动形成的滑坡。

（7）按滑动面与岩体结构面之间的关系分，可分为：

1）同类土滑坡。同类土滑坡发生在均质土体（如黏土、黄土等）或极其破碎的岩体中，滑动面不受岩土体中已有结构面的控制，而取决于斜坡内部的应力状态和岩土的抗剪强度关系，滑面通常近似为圆弧面，如图 10-20 所示。

图 10-20 同类土滑坡

2）顺层滑坡。顺层滑坡是沿着岩层面或软弱夹层面发生滑动而产生的滑坡，多发生在岩层走向与斜坡走向一致、倾角小于坡角、倾向坡外的条件下，在岩质边坡中较常见，如图 10-21 所示。

图 10-21 顺层滑坡

3）切层滑坡。切层滑坡是滑动面切过岩层面、沿断裂面、节理面等软弱的结构面滑动形成的滑坡，如图 10-22 所示。

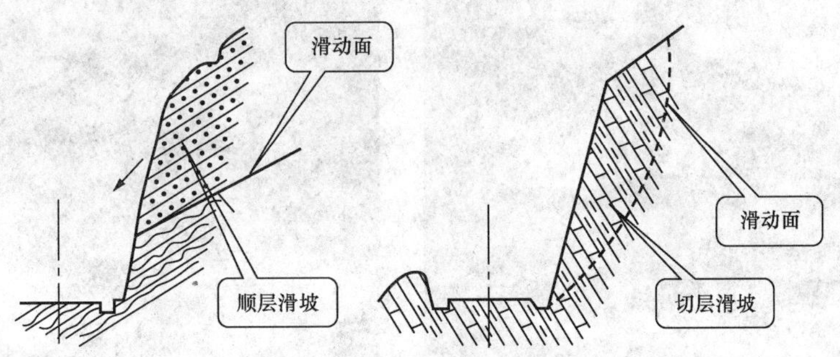

图 10-22 切层滑坡和顺层滑坡的对比

三、滑坡的组成要素

滑坡的组成如图 10-23 所示。

发育完全的比较典型的滑坡常具有以下构造特征：

（1）滑坡体。滑坡的整个滑动部分简称滑体。滑坡体体积为几百、几千立方米，大的可达几百万甚至几千万立方米。

（2）滑坡壁。滑坡体后缘与不动的山体脱离开后，暴露在外面的形似壁状的分界面，一般是高约数十厘米至数十米的陡壁，平面上呈弧形，是滑动面上部在地表露出的部分。

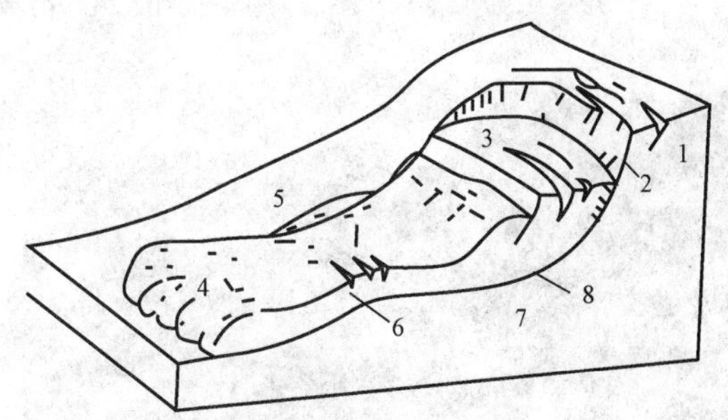

图 10-23 滑坡的组成

1—后缘环状拉裂缝；2—滑坡后壁；3—张拉裂隙及滑坡台阶；4—滑坡舌及鼓张裂隙；5—滑坡侧壁及羽状裂隙；6—滑坡体；7—滑坡床；8—滑动面（带）

（3）滑动面。滑坡体沿下伏不动的岩、土体下滑的分界面，简称滑面；有的滑坡有明显的一个或几个滑动面。大多数滑动面由软弱岩土层层理面或节理面等软弱结构面贯通而成。确定滑动面的位置是进行滑坡整治的先决条件和主要依据。

（4）滑动带。平行滑动面受揉皱及剪切的破碎地带，简称滑带；有的滑坡没有明显的滑动面，而有一定厚度的由软弱岩土层构成的滑动带。

（5）滑坡床。滑坡体滑动时所依附的下伏不动的岩、土体，简称滑床。

（6）滑坡舌。滑坡前缘形如舌状的凸出部分，简称滑舌，由于受滑床摩擦阻滞，舌部往往隆起形成滑坡鼓丘。

（7）滑坡台阶。滑坡体滑动时，由于各部分下滑速度差异或滑体沿不同滑面多次滑动，在滑坡上部形成的阶梯状错落台阶称为滑坡台阶。

（8）滑坡周界。滑坡体和周围不动的岩、土体在平面上的分界线。

（9）滑坡洼地。滑动时滑坡体与滑坡壁间拉开，形成的沟槽或中间低四周高的封闭洼地。

（10）滑坡鼓丘。滑坡体前缘因受阻力而隆起的小丘。

（11）滑坡裂缝。当山坡下滑时，由于各部分土体运动速度和受力情况不同，因而在滑坡体上及其周界附近会出现各种裂隙，称为滑坡裂隙。根据其性质，可将裂隙分为拉张裂隙（见图 10-24）、鼓张裂隙（见图 10-25）、剪切裂隙、扇形张裂隙（见图 10-26）。

图 10-24　滑坡后缘张拉裂隙

图 10-25　滑坡前缘鼓张裂隙

图 10-26　滑坡前缘扇形张裂隙

以上滑坡要素只有在发育完全的新生滑坡中才同时具备，并非任一滑坡都具有。

四、滑坡形成条件及影响因素

（一）滑坡形成条件

引起斜坡岩土体失稳的因素，称为滑坡因素。这些因素可使斜坡外形改变、岩土体性质恶化，以及增加附加荷载等而导致滑坡的发生。滑坡的形成条件包括：

（1）下滑力超过抗滑力。

（2）形成一个贯通的滑动面。

（二）内在影响因素

滑坡的内在影响因素主要有：

（1）斜坡外形。斜坡的存在，使滑动面能在坡前缘临空出露，这是滑坡产生的先决条件。不同外形的斜坡，直接影响着斜坡内部应力的分布，使斜坡失稳。斜坡越陡，高度越大。斜坡中、上部突出，下部凹进，且坡脚处无抗滑地形时，越容易产生滑坡。一般江、河、湖（水库）的斜坡，前缘开阔的山坡、铁路、公路和工程建筑物的边坡等都是易发生滑坡的部位。坡度大于10°且小于45°，下陡、中缓、上陡，上部呈环状的坡形是产生滑坡的有利地形。

（2）岩性条件。岩土体是产生滑坡的物质基础。结构松散、抗风化能力较低、在水的作用下其性质能发生变化的岩和土易发生滑坡，如松散覆盖层、黄土、红黏土、页岩、泥岩、煤系地层、凝灰岩、片岩、板岩、千枚岩等及软硬相间的岩层所构成的斜坡。

（3）构造条件。组成斜坡的岩体只有被各种构造面切割分离成不连续状态时，才有可能向下滑动。同时，构造面又为降雨等水流进入斜坡提供了通道。因此，各种节理、裂隙、层面、断层发育的斜坡，特别是当平行和垂直斜坡的陡倾角构造面及顺坡缓倾的构造面发育时，最易发生滑坡。

上述条件叠加区域，形成了滑坡的密集发育区，如我国从太行山到秦岭、经鄂西、四川、云南到藏东一带就是这种典型地区。该地区滑坡发生密度极大，危害非常严重。

（三）外界诱发因素

诱发滑坡的外界因素主要有：地震、降雨和融雪、地表水的冲刷、浸泡、河流等地表水体对斜坡坡脚的不断冲刷；不合理的人类工程活动，如开挖坡脚、坡体上部堆载、爆破、水库蓄（泄）水、矿山开采，以及海啸、风暴潮、冻融等作用也可诱发滑坡。

（1）地震作用。地震使岩土体结构破坏，同时使岩土体承受地震惯性力、增加下滑力，从而诱发滑坡。通常，地震烈度大于Ⅶ度的地区、坡度大于 25°的坡体，在地震中极易发生滑坡。尤其一次强烈地震的发生往往伴随着许多余震，在地震力的反复振动冲击下，斜坡土石体就更容易发生变形，最后就会发展成滑坡。

据统计，“5·12”汶川地震触发的崩塌滑坡约为3.5万处，分布面积达到$10\times10^4km^2$。

（2）水的作用。地下水活动，在滑坡形成中起着主要作用，主要表现在：软化岩、土，降低岩、土体的强度，产生动水压力（渗透力）和孔隙水压力，潜蚀岩、土，增大岩、土容重，对透水岩层产生浮托力等，尤其是对滑面（带）的软化作用和降低强度的作用最突出。地下水位的突然升高或降低对斜坡稳定极为不利。

（3）人为因素。违反自然规律、破坏斜坡稳定平衡条件的人类活动都会诱发滑坡。随着经济的发展，人类越来越多的工程活动破坏了自然坡体，因而近年来滑坡的发生越来越频繁，并有越演越烈的趋势。

10.3.3 崩塌灾害及防治

一、崩塌及危害

崩塌是指陡峻斜坡上的岩土体在重力作用下突然脱离坡体向下崩落的现象，如图 10-27 所示。落石是指陡坡上个别岩块突然脱离母岩体急剧下落的现象。大小不等、零乱无序的岩块（土块）呈锥状堆积在坡脚的堆积物称为崩积物，也称岩堆或倒石堆，如图 10-28 所示。

图 10-27 贵州开阳矿山崩塌

图 10-28 坡脚堆积的倒石堆

崩塌按崩塌体的物质组成可以分为两大类：一类产生在土体中，称为土崩；另一类产生在岩体中，称为岩崩。崩塌的规模巨大，涉及山体的，俗称山崩；当崩塌产生在河流、湖泊或海岸上时，称为岸崩。

1982 年 6 月，湖北省远安县盐池河磷矿发生崩塌，高 160m、约 100 万 m^3 的山体突然崩塌，冲击气浪将一栋四层大楼抛至对岸撞碎，如图 10-29 所示。

图 10-29 盐池河磷矿山崩

危岩体是指位于陡峭山坡上被裂缝分开的块石，如图 10-30 所示。这些块石有的规模很大，有的只是陡坡上的一块孤石。危岩体受到振动或暴雨影响，可能从陡峭的山坡上坠落；有时刮大风也可能把不稳定的孤石吹落下来。

图 10-30 危岩体

大型的崩塌不仅能够成段地破坏铁路、公路和各类建筑物，而且会堵塞河道，淹没上游良田和建筑物；溃决时，又会造成下游严重水灾。

二、崩塌的形成条件及影响因素

（一）形成崩塌的内在条件

岩土类型、地质构造、地形地貌三个条件又称地质条件，它是形成崩塌的基本条件。

（1）岩土类型。岩土是产生崩塌的物质条件。崩塌一般发生在坚硬脆性岩体中，因这类岩体能形成高陡的斜坡，斜坡前缘由于应力重分布和卸荷等原因，产生长而深的拉张裂缝，并与其他断裂面组合，逐渐形成连续贯通的分离面，在触发作用下发生崩塌。

通常，坚硬的岩石和结构密实的黄土容易形成规模较大的岩崩，软弱的岩石及松散土层往往以坠落和剥落为主。如果边坡底部有一层软岩，上部为硬岩，由于差异风化就会形成大规模的崩塌，而软、硬岩相间的互层分布形成崩塌的规模较小。如果硬岩边坡的底部有一层可溶岩，当地下水或河水对可溶岩产生溶蚀后也可能产生崩塌。

（2）地质构造。坡体中的裂隙越发育，越易产生崩塌（见图 10-31）。与坡体延伸方向近乎平行的陡倾角构造面，最有利于崩塌的形成。断层两侧岩石破碎，多崩塌。当节理的产状和组合关系出现楔形岩体时，有崩塌和落石的危险，若其中充满黏土、风化矿物，则干燥时较稳定，吸水后极危险。风化作用能使斜坡前缘各种成因的裂隙加深、加宽，对崩塌的发生起催化作用。

（3）地形地貌。陡峻的斜坡地形是形成崩塌的必要条件，地形切割越强，高差越大，形成崩塌的可能性越大，破坏也越严重。坡度大于 45°、高度超过 30m 的高陡边坡，孤立山嘴或凹形陡坡均为崩塌形成的有利地形，如江、河、湖（岸）、沟的岸坡，山坡、铁路、公路边坡，工程建筑物的边坡等。

在河谷地貌中，峡谷两岸通常为坚硬基岩裸露，坡度为 50°～70°，发育平行河流的卸荷裂隙和风化裂隙，故崩塌容易发生；宽谷两岸坡多低缓，但河曲凹岸，由于河流的侧蚀作用致使岸坡底部被掏空，有利于崩塌的产生。冲沟岸坡、山坡陡崖，其边坡常常也发生崩塌，如图 10-32 所示。

图 10-31 裂隙切割的危岩体

图 10-32 公路边坡的崩塌

（二）诱发崩塌的外界因素

（1）融雪、降雨。大雨、暴雨和长时间的连续降雨，使地表水渗入坡体，软化岩土及其中软弱面，从而诱发崩塌，即“大雨大崩，小雨小崩，无雨不崩”。地下水会增加岩土体质量，产生静、动水压力及浮托力，降低岩土体力学性质。宝成线鲁光坪4号明洞南口1981年大雨后发生崩塌，崩塌体约4万m^3，线路被破坏 100m，将轨道推入江中，将洞口封死，中断行车544h。

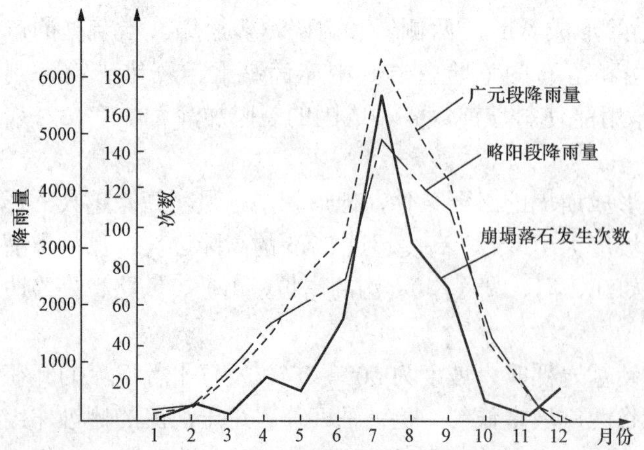

图 10-33 宝成铁路宝鸡—略阳段崩塌与降雨的相关性

宝成铁路宝鸡—略阳段崩塌与降雨的相关性如图 10-33 所示。

（2）地震。地震引起坡体晃动，破坏坡体平衡，从而诱发坡体崩塌，如图 10-34 所示。

图 10-34 地震导致的高位崩塌

（3）地表冲刷、浸泡。河流等地表水体不断地冲刷坡脚，削弱坡体支撑或软化岩、土，降低坡体强度，从而诱发崩塌。

（4）不合理的人类活动。如开挖坡脚、设计边坡过陡过高、施工中开挖由下至上、大爆破开挖、地下采空、水库蓄水、泄水、堆（弃）渣填土等改变坡体原始平衡状态的人类活动，都会诱发崩塌活动。

除以上因素外，还有一些其他因素，如冻胀、昼夜温度变化等也会诱发崩塌。

10.3.4 泥石流及防治

一、泥石流及危害

泥石流是一种含有大量泥沙、石块等固体物质突然暴发的、具有很大破坏力的特殊洪流，由暴雨、冰雪融水或库塘溃坝等水源激发，使山坡或沟谷中的固体堆积物混杂在水中沿山坡或沟谷向下游快速流动，并在山坡坡脚或出山口的地方堆积下来。

泥石流暴发时，混浊的泥石流体沿着陡峻的山沟，携带巨大的石块前推后拥，奔腾咆哮而下，地面为之震动，山谷犹如雷鸣，冲出山口之后，在宽阔的堆积区横冲直撞，漫流遍地。由于泥石流暴发突然、运动很快，因此其能量巨大，来势凶猛，破坏性极强。

1981 年 7 月 9 日凌晨 1 时 30 分，四川凉山州甘洛县大渡河支流利子依达沟就发生大型泥石流，流量达 3200 m^3/s，固体物质总量约 70 万 m^3，将成昆线利子依达沟铁路桥承台冲翻，1 号圆形墩墩身冲断，第一孔 31.7m 混凝土梁、第二孔 44m 结合梁冲入大渡河，如图 10-35 所示。当天凌晨 1 时 46 分，由格里坪开往成都的 442 次客车不幸与泥石流相遇，两辆机车、一节邮政车、一节客车及 300 多名旅客一起被推入大渡河中，并造成大渡河淤塞，致使一些工矿设施和地洼地带被淹没，并使下游的龚嘴电站产生淤积，造成很大的灾害。

2010 年 8 月 7 日 22 时许，甘南藏族自治州舟曲县突降强降雨，县城北面的罗家峪、三眼峪泥石流下泄，由北向南冲向县城，造成沿河房屋被冲毁，泥石流阻断白龙江，形成堰塞湖，如图 10-36 所示。

泥石流常常具有暴发突然、来势凶猛、迅速的特点，并兼有崩塌、滑坡和洪水破坏的双重作用，其危害程度往往比单一的滑坡、崩塌和洪水的危害更为广泛和严重。它对人类的危害具体体现在如下四个方面：

（1）对居民点的危害：泥石流最常见的危害之一是冲进乡村、城镇，摧毁房屋、工厂、企事业单位及其他场所、设施。淹没人畜，毁坏土地，甚至造成村毁人亡的灾难，如图 10-37 所示。

图 10-35　成昆铁路利子依达泥石流灾害

图 10-36　甘肃舟曲县城遭受特大泥石流灾害

图 10-37　泥石流摧毁、掩埋建筑

（2）对公路、铁路及桥梁的危害：泥石流可直接埋没车站、铁路、公路，摧毁路基、桥涵等设施，致使交通中断，还可引起正在运行的火车、汽车颠覆，造成重大的人身伤亡事故。有时泥石流汇入河流，引起河道大幅度变迁，间接毁坏公路、铁路及其他构筑物，甚至迫使道路改线，造成巨大经济损失。

2010 年 8 月 14 日凌晨 2 时，四川省汶川县映秀镇红村沟突发泥石流，约 70 万 m^3 的泥石流方量冲入岷江河道，导致河水改道和国道 213 线中断；水位抬升后，对岸映秀镇地震灾后重建新城区部分区域被淹没，如图 10-38 所示。

图 10-38 四川省映秀镇“8・14”泥石流致岷江改道，淹没新城

（3）对水利、水电工程的危害：主要是冲毁水电站、引水渠道及过沟建筑物，淤埋水电站水渠，并淤积水库、磨蚀坝面等。

（4）对矿山的危害：主要是摧毁矿山及其设施，淤埋矿山坑道，伤害矿山人员，造成停工停产，甚至使矿山报废。

二、泥石流的特点和类型

泥石流是介于水流和土石体滑动之间的一种运动现象。泥沙很少的泥石与一般的山洪相似，甚至难以区分，而泥沙含量多的泥石流又与土石滑体非常相似，没有截然的界限。泥石流很不稳定，流体的性质不仅随固体物质性质、补给量以及水体补给量的增减而变化，而且在运动过程中，又随着时间、地点的变化而变化。

合理的分类是综合整治泥石流的需要。根据泥石流的形成过程，泥石流沟的沟谷形态特征、泥石流所含固体物质、流体特征及泥石流的发育阶段等，有不同的分类组合。

（一）按泥石流流态特征分

（1）黏性泥石流：固体物质含量为 40%～60%，最高可达 80%；呈层流状态，固体和液体物质作整体运动的浓稠性浆体，又称为结构型泥石流。

（2）稀性泥石流：固体物质含量为 10%～40%，主要成分是水；呈紊流状态，固液两相物质不等速运动，石块在其中作翻滚或跃移前进的泥浆体，又称为紊流型泥石流。

（二）按物质组成分

（1）泥石流：由大量黏性土和大小粒径不等的砂粒、石块组成流质体的固体成分，如图 10-39（a）所示。

（2）泥流：以黏性土为主，含少量砂粒、石块，黏度大，呈稠泥状；细粒泥沙为主要固体物质成分，发育于我国黄土地区，如图 10-39（b）所示。

（3）水石流：由水、粗砂、砾石、大漂砾组成的特殊流体，主要发育于大理岩、白云岩、石灰岩、砾岩或部分花岗岩地区，如图 10-39（c）所示。

（三）按成因分

（1）冰川型泥石流：分布于高山冰川积雪盘踞的山区，其形成、发展与冰川、积雪的融化密切相关的一类泥石流。

（2）降雨型泥石流：以降雨为水体来源的一类泥石流。

（3）共生型泥石流：与其他地质作用，如滑坡、崩塌、地震等密切相关的一类泥石流。

（四）按泥石流流域地貌形态分

（1）沟谷型泥石流：沿沟谷形成，流域轮廓清晰，呈现狭长状的瓢形、长条形或树枝形。这种泥石流规模大、来势猛、过程长、强度大、危害大，如图 10-40（a）所示。

（2）山坡型泥石流：发生于坡面及斜坡面上的小型沟谷中，沟短坡陡，泥石流规模小、来势快、过程短、危害也小，如图 10-40（b）所示。

(a)  (b)

(c)

图 10-39　泥石流按固体物质分类

（a）泥石流；（b）泥流；（c）水石流

(a) (b)

图 10-40　泥石流按流域地貌形态分类

（a）沟谷型泥石流；（b）山坡型泥石流

另外，还可根据泥石流所处的地貌条件划分为峡谷型、宽谷型泥石流；根据所发育的阶段划分为发展期、旺盛期、衰退期、停歇期泥石流等不同的类型。

三、沟谷型泥石流的地貌特征

沟谷型泥石流一般是顺着坡降较大的狭窄沟谷活动，每一处泥石流自成一个流域，如图10-41所示。典型的泥石流沟流域可分为形成区、流通区和堆积区，如图10-42所示。

图10-41 泥石流沟全景

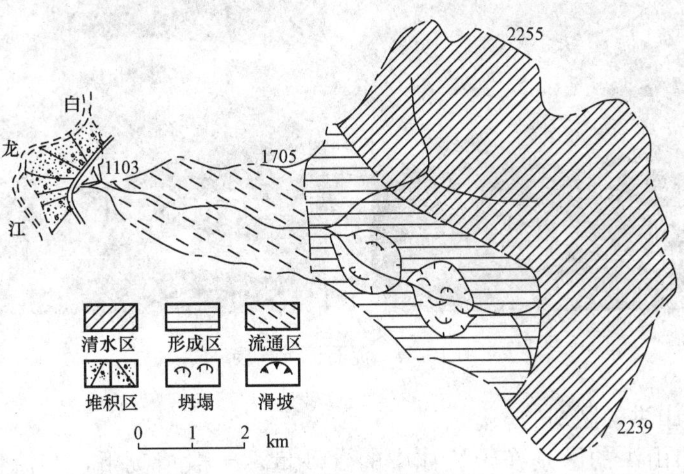

图10-42 典型泥石流流域分区

（1）形成区：一般位于泥石流的上、中游，又分为汇水动力区及固体物质供给区两部分，如图10-43所示。

1）汇水动力区是承受暴雨或冰雪融化水的场所，是供给泥石流的区域。

2）固体物质供给区是为泥石流储备与提供大量固体物质的地段，山体裸露，岩石内化强烈，水土流失严重，呈树冠状或羽毛状。

图 10-43　泥石流形成区

（2）流通区：位于泥石流沟中、下游，是泥石流高速搬运通过的地段，多为较短的深陡峡谷。

（3）堆积区：位于泥石流沟下游，山口以外，地形开阔，是泥石流固体物质堆积的场所，呈扇形（见图 10-44）、锥形或带形。

图 10-44　泥石流堆积扇

四、泥石流和山洪的区别

（1）泥石流和山洪的区别在于流体中的含砂量。一般情况下，当流体中的含砂量在 600kg/m^3（即容重为 1.3t/m^3）以上、泥流在 800kg/m^3（即容重为 1.6t/m^3）以上时，即可认定为泥石流。山洪的含砂量一般低于该指标。

（2）泥石流和山洪在流通区和堆积区的表现也有所不同。在流通区，洪水流动时基本沿一定的沟槽运动，所携带的泥沙颗粒粒径变化不大，侵蚀能力相对较小；泥石流流路不稳定，搬运能力巨大，往往携带巨大的砾石（见图 10-45），侵蚀能力一般为洪水的数倍或数十倍。在堆积区，洪积物一般的沉积序列为先粗粒，后细粒；而典型的泥石流扇往往相反，先沉积细粒物质，后沉积粗粒物质，在堆积扇前缘形成堆积垄。

（3）山洪暴发频率高，而泥石流形成必须具备一定的条件，因此暴发频率相对较低。一般常见的泥石流沟往往与山洪相间发生。

（4）泥石流的破坏作用强：黏性泥石流的龙头中央具有强大动能运动，直进惯性强；在弯道外侧可产生大于山洪2倍的泥位超高；如遇障碍物，产生巨大的流体整体动压力及巨石撞击力（统称冲击力），同时动能转换为位能，则可产生高达龙头高度3～5倍的泥位冲高，泥浆飞溅更高。

图10-45 泥石流搬运的巨石

（5）泥石流在运动过程中，由于沿途泥石物质的参与，坡面、支沟水土体的汇集，以及上游后续水体或泥石流的追上重叠，其成分沿途变化。稀性泥石流可因土体含量增多、结构性增强而转化为黏性。黏性泥石流也可被稀释而转化为稀性，甚至成为山洪。

五、泥石流的形成条件与时间规律

（一）泥石流的形成条件

泥石流的形成必须同时具备三个条件，即丰富的松散固体物质来源、陡峻的地形地貌、短时间内有大量充足的水源。人为活动对某些泥石流的发生与发展，也有着不可忽视的影响。

（1）地形地貌条件。

1）地形条件是泥石流形成的前提和活动场所，泥石流沟流域的地形条件要求有利于水的汇集和赋予泥石流巨大的动能。产生泥石流的地区，上游有一个面积大、山高沟深、地势陡峻、沟床纵坡比降大、沟谷形状便于流水汇集的汇水区，地形多为三面环山、一面出口的瓢状或漏斗状围谷形地貌，山坡坡度为30°～60°，坡面植被稀少，岩石风化强烈，山坡上储存大量的松散固体物质，又有利于水和松散土石的集中。

2）沟谷中游地形多为峡谷，谷壁陡峻，坡度为20°～40°，沟床狭窄、坡降大，使泥石流能够向下游快速流动；沟谷下游出山口一般位于大河谷地两侧，地形开阔、平坦，泥石流物质出山口后能够堆积下来。

（2）松散物质来源条件。储存松散固体物质的场地成了泥石流的发源地。固体物质的成分、多少、补给方式，决定泥石流的类型、性质和规模。地质构造活动、强烈的地震、重力作用形成的山坡岩土体运动的规模及地层岩性等，与松散的固体物质的形成有着密切的关系。沟谷斜坡表层岩层结构疏松软弱、易于风化、节理发育，有厚度较大的松散土石堆积物，可为泥石流形成提供丰富的固体物质来源。

（3）充足的水源条件。泥石流的形成必须有强烈的地表径流作为动力条件。水是泥石流的组成部分和搬运介质，其来源主要是集中的暴雨或高山冰雪强烈融化或水库溃决。我国云南、四川山区受孟加拉湿热气团影响较强烈，在西南季风控制下，夏秋多暴雨，降水历时短、强度大；东部地区则受太平洋暖湿气团影响，夏秋多台风和热带风暴。暴雨型泥石流是我国最主要的泥石流类型，气象水文条件是激发泥石流发生的决定性因素。如云南东川地区一次暴雨，6h 的降水量达 180mm，最大降雨强度达 55mm/h，形成了历史上罕见的暴雨型泥石流。

有冰川分布和大量积雪的高山区，当夏季冰雪强烈消融时，可为泥石流提供丰富的地表径流。西藏东部波密地区、新疆天山山区即属这种情况。

地下水对土和软质岩石能起浸润、潜蚀和溶解等作用，会增大孔隙度和湿度，降低土（岩）体强度和稳定性，从而导致滑坡和崩塌的发生，有些甚至直接发展成为滑坡型泥石流。

（4）人为因素影响。人类的经济活动，积极的方面是防治泥石流，化害为利，化险为夷，但处理不当则能够引起泥石流的发生、发展、复活或加剧其危害程度。滥伐森林造成水土流失，采矿堆弃在沟谷的弃渣堆土等，往往也为泥石流提供大量的物质来源。例如，云南东川因民铜矿所在的黑山沟坡度陡、落差大，山沟内因采矿致使固体物质很丰富。1984 年 5 月 27 日凌晨，由于暴雨导致泥石流暴发，泥石流流量达 400m^3/s，流速为 6.11m/s，沟床被掏深 2.5～5m，冲毁各种房屋约 4.3 万 m^2，如图 10-46 所示。

由于山区可供建设用地资源非常宝贵，人们常常在山洪泥石流的行洪区或堆积区人为地缩小河道宽度，或改变流通方向，从而致使泥石流地质灾害发生，如图 10-47 所示。

图 10-46 内昆铁路朱嘎隧道弃渣泥石流堵塞李子沟

图 10-47 泥石流沟流通区被人为改道和缩小断面，埋下灾害隐患

（二）泥石流发生的时间规律

（1）季节性：泥石流的暴发主要受连续降雨、暴雨、尤其是特大暴雨等集中降雨的激发。因此，泥石流发生的时间规律与集中降雨时间规律相一致，具有明显的季节性，一般发生于多雨的夏秋季节。四川、云南等西南地区的泥石流多发生在 6～9 月；而西北地区 7、8 两个月降雨集中，暴雨强度大，因此泥石流多发生在 7、8 两个月。

（2）周期性：泥石流的发生受雨、洪、地震的影响，而雨洪、地震总是周期性地出现。因此，泥石流的发生和发展也具有一定的周期性，且其活动周期与雨洪、地震的活动周期大体一致。当雨洪、地震两者的活动周期相叠加时，常常形成一个泥石流活动周期的高潮。

（3）泥石流的发生，一般是在一次降雨的高峰期，或是在连续降雨稍后。

10.4 风灾与风力等级

国内外统计资料表明，在所有自然灾害中，风灾造成的损失为各种灾害之首，世界每年因风灾造成的损失几乎占总自然灾害的50%。例如，1999年全球发生的严重自然灾害共造成800亿美元的经济损失，其中，在被保险的损失中，台风（飓风）造成的损失占70%。

风是空气相对于地面的运动，也是一种不可以避免的自然现象。因太阳对地球大气加热的不均匀性，导致不同地区产生压力差，从而产生趋于平衡的空气流动，便形成了风。常见的风灾有台风（飓风）、龙卷风和暴风等。

一、台风

发生在低纬度热带洋面上的低气压或空气涡旋统称为热带气旋。从1989年起，即采用国际标准，将热带气旋分为以下四类：

（1）热带低压：热带气旋中心附近的最大平均风力为6～7级。

（2）热带风暴：热带气旋中心附近的最大平均风力为8～9级。

（3）强热带风暴：热带气旋中心附近的最大平均风力为10～11级。

（4）台风：热带气旋中心附近的最大平均风力为12级或以上。

影响我国的热带气旋都发生在西北太平洋面上，在我国登陆的台风占整个西北太平洋台风总数的35%。一般来说，在大西洋上生成的热带气旋称为飓风，而在太平洋上生成的热带气旋称为台风。在北半球，热带气旋的风向按逆时针旋转；而在南半球，热带气旋的风向按顺时针旋转。

台风（飓风）为急速旋转的暖湿气团，直径为300～1000km不等，从台风中心向外依次是台风眼、眼壁，再向外便是几十至几千千米长的螺旋云带。靠近台风中心的风速常超过每小时180km，由中心到台风边缘风速逐渐减弱，如图10-48所示。

台风带来的灾害表现在狂风的摧毁力（见图10-49）、强暴雨引起的水灾和巨浪暴潮的冲击力三个方面。但台风在危害人类的同时，也在保护人类。台风给人类送来了淡水资源，大大缓解了全球水荒，一次直径不算太大的台风，登陆时可带来30亿t降水。另外，台风还使世界各地冷热保持相对均衡。

图10-48 2000年夏“杰拉华”台风的卫星照片

图10-49 台风摧毁建筑

1994年9417号台风袭击浙江省温州市，受灾人口达1100万，直接经济损失约100亿元人民币。9914号台风袭击福建沿海，风速达38m/s，直接经济损失达85.6亿元人民币。

1969年8月17日，从古巴方向吹来的“卡迈乐飓风”横穿密西西比海岸，西至路易斯安那，东至亚拉巴进入，沿密西西比州的整个宽度范围内发生了严重的风灾。

二、龙卷风

龙卷风是在极不稳定的天气下由空气强烈对流运动而产生的一种伴随着高速旋转的漏斗状云柱的剧烈强风涡旋（见图10-50），其中心附近风速可达100～200m/s，最大达到300m/s，比台风近中心最大风速大数倍，其破坏性极强（见图10-51）。

图10-50　龙卷风

图10-51　龙卷风摧毁房屋

全球受龙卷风袭击的次数每年高达1000次。龙卷风的活动区域极广，几乎遍及全球。其中，美国龙卷风出现频繁，原因是著名的墨西哥暖流给美国南部输送了大量的暖湿气流，形成了龙卷风的一个必要条件。在我国，龙卷风主要出现在长江三角洲和华南地区。

三、季风

由于大陆和海洋在一年之中增热和冷却程度不同，在大陆和海洋之间大范围的、风向随季节有规律改变的风称为季风。季风是由于地球表面性质不同，热力反映有所差异而引起，由海陆分布、大气环流、大地形等因素造成的，以一年为周期的大范围的冬夏季节盛行风向相反的现象。由于周围热力的原因，冬季形成大陆高压，夏季形成大陆低压，如图10-52所示。因亚洲大陆陆地辽阔，所以受季风的影响也非常强烈。

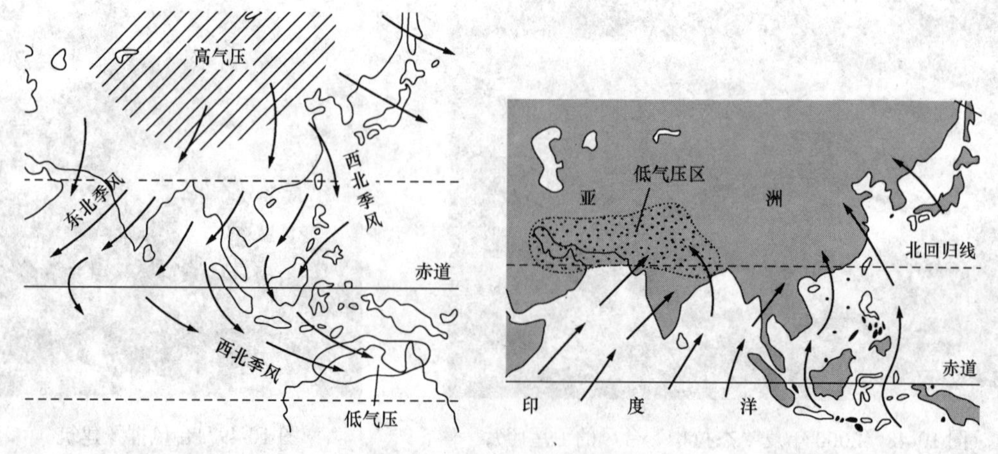

图10-52　我国冬季和夏季季风

四、风灾的次生灾害

台风和龙卷风发生的同时一般会引发风暴潮、巨浪和强暴雨等次生灾害，如图10-53所示。

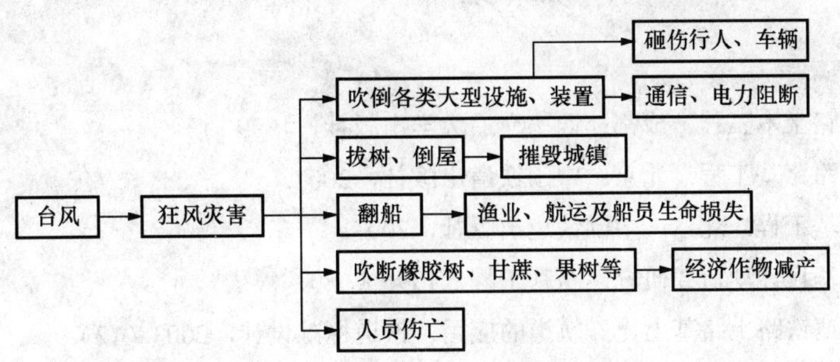

图10-53 台风的次生灾害

参 考 文 献

[1] 王其昌．高速铁路土木工程．成都：西南交通大学出版社，1999.
[2] 王炳龙．高速铁路路基工程．北京：中国铁道出版社，2007.
[3] 宫全美．铁路路基工程．北京：中国铁道出版社，2007.
[4] 周神根．铁路路基设计动荷载研究．路基工程，1996（68）.
[5] 王其昌，等．高速铁路土路基上无砟轨道的应用．铁道标准设计，2003（12）.
[6] 杨岳勤．铁路客运专线轨道类型的选择．铁道标准设计，2005（6）.
[7] 雷晓燕．轨道力学工程新方法．北京：中国铁道出版社，2002.
[8] 赵坪锐，刘学毅．板式轨道动力特征分析及参数确定．铁道建设，2004（5）.
[9] 王午生．铁道线路工程．上海：上海科学技术出版社，1999.
[10] 叶阳生，周镜．铁路路基结构设计的探讨．铁道工程学报，2005（12）.
[11] 王炳龙，宫全美，杨龙才，等．高速铁路软土路基工后沉降实验研究．同济大学学报（自然科学版），2003，31（10）.
[12] 地基处理委员会．地基处理手册．2 版．北京：中国建筑工业出版社，2000.
[13] 刘建坤，曾巧玲，侯永峰．北京：中国建筑工业出版社，2006.
[14] 杨广庆．高速铁路路基设计与施工．北京：中国铁道出版社，2001.
[15] 刘长安．浅谈高速列车的优越性．科技与社会，2008（4）.
[16] 郝瀛．铁道工程．北京：中国铁道出版社，2008.
[17] 易思蓉．铁路选线设计．成都：西南交通大学出版社，2009.
[18] 铁道科学研究院．客运专线无砟轨道铁路设计指南．北京：中国铁道出版社，2005.
[19] 铁道部经济规划研究院．铁路轨道设计规范．北京：中国铁道出版社，2006.
[20] 中华人民共和国铁道部．铁路线路设计规范．北京：中国计划出版社，2006.
[21] 孙岳源．铁路轨道．北京：中国铁道出版社，1994.
[22] 刘重庆，等．国外铁路主要技术领域发展水平与趋势．北京：中国铁道出版社，1994.
[23] 许实儒，等．铁路轨道基本理论．北京：中国铁道出版社，1997.
[24] 广钟岩．铁路无缝线路．北京：中国铁道出版社，1995.
[25] 刘学毅，王平．车辆—轨道—路基系统动力学．成都：西南交通大学出版社，2009.
[26] 冯焕，何勋隆．铁路车站及枢纽．北京：中国铁道出版社，1987.
[27] 马桂贞．铁路站场及枢纽．成都：西南交通大学出版社，1993.
[28] 铁道第三勘察设计院，铁道第四勘察设计院．新建时速 200 公里客运专线铁路设计暂行规定．北京：中国铁道出版社，2007.
[29] 铁道第三勘察设计院．新建时速 300～350 公里客运专线铁路设计暂行规定．北京：中国铁道出版社，2003.
[30] 朱利安•罗斯．火车站——规划、设计与管理．铁道第四勘察设计院，译．北京：中国建筑工业出版社，2007.
[31] 詹振炎．铁路选线设计的现代理论与方法．北京：中国铁道出版社，2003.

[32] 卓宝熙．高原多年冻土地区遥感图像工程地质的分区的探讨．铁道工程学报，2002，5（4）．
[33] 周虎利．多年冻土地区铁路工程地质选线．铁道工程学报，2001，6（4）．
[34] 韩康．艰险山区地震区铁路选线初步研究．铁道工程学报，2009，9（2）：7-9．
[35] 安晨，付永军．简论铁路新线中间站布设的合理性．铁道运营技术，2008，14（1）．
[36] 铁道部第四勘测设计院站场处．中间站设计．北京：人民铁道出版社，1979．
[37] 刘华．高速铁路车站合理站间距探讨．西南交通大学学报，2001，10（3）．
[38] 裴祥勋．论矿区铁路选线．煤炭工程，2003，10（5）．
[39] 伍洲明．山岳地区铁路选线的体会．铁道运营技术，2006，12（3）．
[40] 姜益民．铁路新线中间站分布的分析研究．交通科技，2003，3（2）．
[41] 朱颖．铁路选线理念的创新与实践．铁道工程学报，2009，8（6）．
[42] 李远富，薛波，邓域才．铁路选线设计多方案多目标决策模糊优选模型及其应用研究．西南交通大学学报，2000，35（5）．
[43] 铁道部第一勘测设计院．铁路工程设计技术手册（线路）．北京：中国铁道出版社，1994．
[44] 赵建昌，刘世忠，吉随旺．铁路选线中的工程地质问题．中国地质灾害与防治学报，2001，12（1）．
[45] 王福川．土木工程材料．北京：中国建材工业出版社，2001．
[46] 彭小芹．土木工程材料．重庆：重庆大学出版社，2007．
[47] 陈志源，李启令．土木工程材料．武汉：武汉理工大学出版社，2003．
[48] 罗福午．土木工程概论．武汉：武汉理工大学出版社，2005．
[49] 阎西康，赵方冉，伉景富，等．土木工程材料．天津：天津大学出版社，2004．
[50] 张雨化．道路勘测设计．北京：人民交通出版社，1998．
[51] 周荣沾．城市道路设计．北京：人民交通出版社，1997．
[52] 杨春风．道路工程．北京：中国建材工业出版社，2005．
[53] 吴树培．公路概论．北京：人民交通出版社，1996．
[54] 杨少伟．道路勘测设计．北京：人民交通出版社，2009．
[55] 李亚东．桥梁工程概论．成都：西南交通大学出版社，2006．
[56] 刘龄嘉．桥梁工程．北京：人民交通出版社，2006．
[57] 葛俊颖．桥梁工程．北京：中国铁道出版社，2007．
[58] 高海波．桥梁工程．成都：西南交通大学出版社，2006．
[59] 姚雨霖，任周宇，陈忠正，李天荣．城市给水排水．2 版．北京：中国建筑工业出版社，1986．
[60] 戴慎志，陈践．城市给水排水工程规划．合肥：安徽科学技术出版社，1999．
[61] 姚雨霖，周康伦，任周宇，等．城市给水排水．北京：中国建筑工业出版社，1982．
[62] 张健．建筑给水排水工程．重庆：重庆大学出版社，2002．
[63] 王增长．建筑给水排水工程．北京：高等教育出版社，2004．
[64] 张宝军，陈思荣．建筑给水排水工程．武汉：武汉理工大学出版社，2008．
[65] 谷峡．建筑给水排水工程．哈尔滨：哈尔滨工业大学出版社，2001．
[66] 尹紫红．土木工程概论．成都：西南交通大学出版社，2009．
[67] 姜玉松．地下工程施工技术．武汉：武汉理工大学出版社，2008．
[68] 关宝树．地下工程．北京：高等教育出版社，2007．
[69] 陈小雄．现代隧道工程理论与隧道施工．成都：西南交通大学出版社，2006．

[70] 何承义．隧道工程．哈尔滨：哈尔滨地图出版社，2006.
[71] 铁道部工程设计鉴定中心．高速铁路隧道．北京：中国铁道出版社，2006.
[72] 冯卫星．铁路隧道设计．成都：西南交通大学出版社，1998.
[73] 钱东升．公路隧道施工技术．北京：人民交通出版社，2003.
[74] 梁波，洪开荣，梁国庆．我国城市地下工程施工技术分类及发展趋势．公路隧道，2008（4）.
[75] 周云，李伍平，浣石，等．防灾减灾工程学．北京：中国建筑工业出版社，2007.
[76] 江见鲸，徐志胜，等．防灾减灾工程学．北京：机械工业出版社，2005.
[77] 陈颙，史培军．自然灾害．北京：北京师范大学出版社，2007.
[78] 胡聿贤．地震工程学．2 版．北京：地震出版社，2006.
[79] 何玉红．我国建筑工程结构抗震设计探讨．工程科技，2009（3）.
[80] 李勇军，王英红．工程结构减震控制技术的发展．辽宁工学院学报，2001，21（6）.
[81] 灾害事故抢险救援与善后处理实用手册编委会．灾害事故抢险救援与善后处理实用手册．北京：中国科技文化出版社，2007.
[82] 石辉，彭珂珊．我国主要自然灾害的类型及特点分析．河北师范大学学报，1999（4）.
[83] 蒋忠信，陈光曦，吴宗俭，等．中国山区道路灾害防治．重庆：重庆大学出版社，1994.
[84] 关凤峻，孙喜华，侯金武．崩塌、滑坡、泥石流防灾减灾知识读本．北京：地质出版社，2010.
[85] 黄恒栋．高层建筑火灾安全学概论．成都：四川科学技术出版社，1992.
[86] 项海帆．结构风工程研究的现状和展望．振动工程学报，1997，10（3）.